일본의 수환경행정

일본의 수환경행정

(사)일본수환경학회 편

한국환경공학회
이철희 · 신항식 · 이순화 감수

김성수 · 최우정 · 박종수 · 이영식 · 황운기 · 김상우 공역

아카데미서적

머리말

일본의 수질환경기준을 필두로하여 총량규제제도, 호소법 등 다양한 물환경보전을 위한 시책은 몇 가지 과학적 · 기술적인 지식에 기초하여 결정되고 있다. 모든 환경현상이나 환경동태가 모두 이해되는 것도 아니고, 정량적으로 평가되는 것도 아니다. 그러므로 완전한 지식과 정보를 바탕으로 기준값이나 시책을 결정하는 것이 아니다. 그렇지만 적어도 그 시점에서 입수 가능한 정보나 지식을 근거로 물환경을 보전하고 문제시되는 사건에 대해서는 그 개선이나 회복을 실시하기 위해서 시책이 결정 되고 있다.

과학적인 근거가 반드시 충분하지 않은 상황에서 결정된 기준이나 시책은 새로운 지식이나 정보가 얻어진 경우에는 그것을 재검토하여 얻어진 결과로 개정한다. 예를 들면 현행 수질환경기준에 도달하는 데에는 몇 번의 재검토나 개정이 행해져 왔다. 지금 국민의 물 이용이 다양화되면서 호소나 폐쇄성수역에서 기준 달성율이 떨어지고 있어 상시 수질감시하는 쪽으로 재검토되고 있으며, 이러한 배경으로부터 환경성에서 수질환경기준(생활환경항목)에 대한 재검토가 진행되고 있다. 이와같이 기준이나 시책은 항상 살아서 변하는 것이어야 한다고 이해할 수 있다. 그런 의미에서 일본의 물환경행정의 역사를 뒤돌아보고 수질환경기준 설정이나 수질보전시책의 과학적 근거를 계통적으로 정리하는 것은 매우 의미가 깊다.

이를테면, 기준이나 시책이 결정되는 시점에서 과학적 지식이나 정보가 어떤 것이고, 어떠한 판단으로부터 결정되는 가를 알지 못하는 한, 물환경분야의 행정 담당자, 조사 · 연구자에 의해서 그들을 정확히 재검토하는 것은 곤란하다. 또한 시책의 사후평가에 있어서 과제나 개선점이 나타나는 경우가 많기 때문에 시책을 정확하게 강화하는 것도 필요하다. 그런 이유로 인해서 과학적 · 기술적인 근거나 기초자료를 계통적으로 정리하여 자료로서 남기는 것이 필요하다.

그런 인식에 의해서 약 10년 전에 일본의 물환경행정에 관한 법제도나 시책체계에 관한 기초정보를 수집 정리하여 「일본의 수환경행정」을 편집하여 출판하는 것은 의미가 깊다고 생각된다. 새롭게 2005년도부터 일본수환경학회에서는 환경성 위탁연구「수환경건전성지표검토조사」의 틀 중에서 일본의 물환경행정 체계에 관한 자료와 최근의 동향을 정리하는 기회를 얻어 학회의 사업으로서 「일본의 수환경행정」이란 개정판을 발행하게 되었다.

여기서 구판의 분야분류를 일부 재검토하여 분야마다 착안 경위, 시책근거, 과제 및 새로운 대처에 관한 검토 · 재정리를 행하고, 최신의 시책동향을 실은 개정판 출판을 지향했다. 물론 초판과 같이 하천, 호소, 해역, 지하수 등으로 수역을 분류하여 관련법령, 보전대책, 과제나 새로운 대처 등에 대해 많은 그림, 표와 자료를 넣어 해설하기 위해 노력했다.

특히 이번 개정에 대해서는 새로운 물환경에 관한 법률체계의 장을 개설하여 법제도의 전체상(全体像)을 정리함과 동시에 최신의 물환경에 관한 법령, 기준, 제도나 시책을 재정리하는 것에 주안점을 두었다. 예를 들면, 다이옥신류나 내분비계교란물질, POPs 등 화학물질오염대책, PRTR 제도 등 환경위해의 관리, 수서생물보전을 위한 총아연 기준의 설정, 개정 호소법, 제5차나 제6차 총량규제, 토양오염대책법, 수도수질기준의 개정이나 수질모니터링 방법의 효율화 등 10년 동안에 물환경행정에 관한 시책동향이 상세하게 해설되어 있다. 또한 건전한 물 순환계의 확보 관점에서도 유역적인 시점에서부터 수질보전이나 주민참여를 유도하는 물환경 건전성 지표 개발 등 수질만이 아니라 물환경의 보전에 대한 새로운 움직임도 체계화하여 소개하고 있다.

물환경분야의 행정담당자, 현장조사담당자, 연구자들에게는 이 책을 활용하도록하여 물환경행정의 역사와 그 과학적인 근거를 이해하도록 함과 동시에 보다 효과적인 시책의 전개나 바람직한 물환경을 창조하기 위해 필요로하는 자료나 지식의 축적에 공헌하도록 하고 싶다.

더욱이 이 책은 학부나 대학원에서 물환경에 관한 강의자료, 물환경분야의 행정담당자, 현장조사담당자에 대한 교과서로서의 가치도 높다고 생각된다. 또한 아시아를 필두로하여 물환경문제를 가지고 있는 해외의 행정담당자나 연수행에 대한 강의 , 외국에서의 강연 등을 예상하여 영어판 발간도 예정하고 있다. 모두 활용하여 주셔서 일본의 물환경분야의 과학적인 지식의 확인이나 정리 할 수 있는 계기가 되었으면 한다.

2009년 3월

編輯委員代表 古 米 弘 明

역자머리말

이 책은 일본에서 발간된 「일본의 수환경행정」 개정판을 우리말로 옮긴 것이다. 역자들 중 한 사람인 이영식 박사가 일본 출장 중에 구입한 「일본의 수환경행정」 초판을 구입하였으나, 주역자는 2003년에야 처음으로 초판을 접할 수 있었다. 주 역자가 해양수산부 지원근무를 하는 중 「일본의 수환경행정」 개정판이 출간되었다는 소식을 접하고, 이영식 박사에게 부탁하여 바로 구입할 수 있었으나, 번역에 들어갈 때까지는 1년 넘게 소요되었다. 주역자가 해양수산부에서 추진중인 연안오염총량관리에 대한 업무를 지원하기 위해 중앙부처에서 근무하고 있을 당시 해양환경과(현 국토해양부 해양환경정책과)에서는 우리나라 해양환경관리를 효율적이고 과학적으로 추진하기 위하여 다양한 정책업무를 추진하기 시작하고 있었다. 특히 "해양환경기준 설정 및 개선방안 연구", "해양환경자료의 정도관리체제 구축 연구" 및 "연안오염총량관리" 등의 사업을 추진하고 있어서 이 책을 이용하여 조금이나마 해결의 실마리 혹은 교훈을 얻기 위하여 해석하기 시작하였다.

이 책에서는 주로 일본의 물 환경 정책 추진 및 관련 법령의 역사와 법률 체계를 소개하고 있으며, 수질환경기준의 역사와 과학적 근거는 물론 향후 개선방향에 대해 언급하고 있다. 또한 담수역의 수질보전대책 등에 대해 다루고 있으며, 수질오염총량제도의 역사적 배경, 추진상황 및 향후 과제 등을 다루고 있다. 이외에도 지하수의 수질관리와 토양오염대책, 물 환경 건전성 확보를 위한 유역관리, 과학적 조사방법, 유해화학물질 및 새로운 오염물질에 대한 관리대책, 물 환경 건전성지표 등에 대해 서술하고 있다.

우리나라는 1977년 일본의 해역수질기준을 처음으로 도입한 이후 약간의 수정을 거쳤을 뿐 20여년 전의 해역수질기준을 그대로 이용하고 있다. 그러나, 국토해양부에서는 2006년부터 기존의 해역기준을 개선하고, 해저퇴적물 및 해양생물에 대한 환경기준을 설정하기 위하여 "해양환경기준 설정 및 개선방안 연구"라는 정책과제를 추진하고 있다. 또한 우리나라의 대표적 오염해역인 마산만을 살리기 위하여 2005년부터 "마산만 오염총량관리제 도입"을 위한 정책과제를 추진해오고 있으며, 2012년부터 제2차 마산만 오염총량관지제도를 추진할 예정이다. 앞으로 연안오염총량관리제도는 부산연안, 시화호-인천연안등 다른특별관리해역으로 확대해 나갈 계획이다. 그리고 우리나라 해양환경 관련 기관에서 생산되는 자료들의 신뢰성 향상을 위하여 "해양환경자료의 정도관리 체제구축 연구"라는 정책과제를 수행하고 있으며, 대상 매질을 해수, 해양퇴적물, 해양생물로 확대할 예정이다. 이 외에도 효율적이고 과학적인 해양환경관리 정책을 수립하기 위하여 많은 노력을 기울이고 있다.

따라서, 이책은 중앙부처 담당공무원 뿐만 아니라 지방자치단체의 해양수산관련 업무를 수행하고 있는 담당공무원들의 참고자료가 될 수 있으며, 해양관련 NGO는 물론 해양관련 학과의 대학생 및 대학원생들의 참고교재로도 활용될 수 있을 것으로 기대해 본다.

끝으로 이 책이 나오기 까지 많은 지적과 정성어린 수정을 해주신 해양환경관리공단 기후 · 수질팀의 박주현님께 감사드리며, 저작권을 흔쾌히 양여해주신 대표편집위원이신 古米弘明에도 깊은 감사를 드립니다.

2010년 12월

대표역자 김 성 수

목 차

제1장
물 환경 행정 역사

1 산업기(식산흥업기) 및 전시 중의 공해문제

일본의 공해 문제는 쇄국정책을 해제하고 구미 강국들과 어깨를 나란히 하기 위해 산업발달을 국가의 주요 정책으로 삼은 메이지 시대(明治時代)에 이미 발생하였다. 그 예로 1887년경 아시오(足尾) 구리광산의 광독(鑛毒)사건으로 피해를 입은 주민들은 현(縣)에 진정서를 내고 동시에 국회에 질문서를 제출하기도 하였으며, 1891년에는 국회에서 아시오 광산의 광독사건에 대하여 회의가 열렸다.

그러나 이에 대하여 기업은 어떠한 실질적인 공해방지 조치를 강구하지 않았다. 이와 같이 광산지역의 독성문제는 1890년대 전반에 이미 발생하였으며, 도시를 벗어난 지역에서 농업이나 어업과 신흥의 근대적 공업과의 충돌이라는 형태로 문제가 나타남으로써 산업 간 조정을 위해 정부는 공업법에서 대책을 강구하게 되었다.

1911년 "공업법"이 제정되었지만 동 법은 주로 노동보호에 중점을 둔 법으로 공해 규제에 대해서는 부족한 점이 많았다. 또한 상 · 하수도가 전국적으로 충분히 정비되기 이전에는 음료수, 오수처리에 충분한 위생적 배려가 되지 않았으며, 전염병이 만연하고 다수의 환자와 사망자가 나오는 일도 자주 있었다.

제1차 세계대전 후 중화학공업화가 진행됨에 따라 공장에서 배출되는 오수 등에 대한 피해를 하소연 하는 주민이 많게 되었다. 상류의 배수로 농업 피해가 발생한 기후현(岐阜縣) 아라타강(荒田川) 오염물질 배수 문제는 하나의 사례다.

태평양 전쟁 중인 1938년 「국가총동원법」의 제정 등으로 전쟁의 수행이 최우선 사항이 됨으로써 환경보전 움직임도 여력을 잃었다. 전쟁으로 인해 일본 국토는 황폐화되었고, 전후 경제부흥을 지향하였지만, 물 등 환경자원의 중요성을 고려한 국가의 시책이 전개되기까지는 많은 시간이 필요했다.

2 전후 경제 고도성장기와 공해문제의 심각화(1945년~1966년)

1) 수질오염의 진행

1950년 6월 발발한 한국전쟁에 따른 미군특수로 광공업 생산은 전쟁 이전 수준으로 회복되었고, 1955년부터 진무경기(神武景氣)로 인하여 일본경제는 지금까지 한 번도 경험해 본적이 없는 성장과정에 들어서게 되었다. 1955년부터 경제성장 과정은 적극적인 공공투자 외 민간 설비 투자나 수출의 확대에 의해 주도되었고, 중화학 공업화가 급속히 진행되었다.

이와 같은 경제성장의 영향으로 수질오염은 급속히 진행되었다. 예를 들면 스미다강(隅田川)은 1940년대 후반부터 1950년대까지는 물도 깨끗하고, 고기도 많았으며, 사람들의 휴식 공간, 어업인들의 생활터전이었으나 1955년경부터 고기가 살 수 없게 되었고, 악취가 발생하는 하천으로 변했다. 또한 1961년 시즈오까현(靜岡懸)의 조사에서는 제지공업 등의 배수로에 위치한 다고포구(田子의 浦)를 중심으로 14 ㎢ 해역이 퇴적물로 오염된 것으로 보고되었다.

미나마타에서 1908년 질소 주식회사의 전신인 일본 카바이트 상회가 미나마타 공장을 건설한 이래 공장배수가 해역에 배출되기 시작하였고, 1950년대 초에는 미나마타만의 어류가 해면으로 떠오르고, 육상의 고양이나 돼지까지 광사(狂死)하기에 이르렀다. 1956년에 구마모토현(熊本懸) 미나마타 보건소에 뇌에 이상증상을 주로 호소하는 원인불명의 환자가 병원에 입원하면서 미나마타병이 공식적으로 알려지게 되었다.

1958년에는 에도강(江戶川)의 혼슈(本州)제지의 공장 배수로 인한 어업피해를 둘러싸고 어업인 약 700명이 공장에 난입하여 공장측과 난투하는 사건이 발생했다. 이것을 계기로 수질오염방지를 위한 입법화의 필요성이 인식되었고, 1958년 12월에 「공공용수역의 수질보전에 관한 법률」(이하 「수질보전법」), 규제실시법인 「공장배수 등의 규제에 관한 법률」(이하 「공장배수규제법」) (합쳐 「구 수질2법」라고도 함)이 제정되었다.

이 시기를 전후하여 아가노강(阿賀野川)유역에서 미나마타병 발생, 진즈강(神通川)에서 카드뮴 오염에 의한 이타이이타이병 발생 등이 나타났다. 또한 대도시 지역의 하천에서는 오염이 한층 더 진행되고, 어류의 대량폐사나 상수도의 취수정지 사태가 일어나는 등 일본은 확실한 수질오염시대에 들어서게 되었다.

2) 구 수질2법(舊水質2法)의 개요[(1)(7)]

구 수질2법은 공공용수역으로 유입되는 공장 등의 배수를 최초로 규제했다는 의미에서는 획기적인 것이었다. 이 법률은 국가가 특별히 지정한 공공용수역에 수질기준(배수에 관한 기준)을 설정하고, 그 기준 준수에 필요한 규제를 공장에 가하는 것이 주요 내용이었다. 단, 수질기준의 설정은 수질오염이 발생한 구역을 지정하는 사후 처리 형식이었고, 수질기준 준수 및 제재가 공장배수규제법 등 10개의 법률로 나누어져 있어 복잡하고, 기준 위반자에 대한 조치가 취약하다는 결점을 가지고 있었다.

3) 구 수질2법 등의 시행 및 행정 실시 상의 문제점[(1)(3)(4)(7)]

당시 수질보전법은 현실에 입각하여 당위성을 가지고 있었지만, 공공용수역을 정상적으로 보전한다는 이상적인 입장에서 다음과 같은 문제점이 있다는 것이 지적되었다.

① 목적 중 하나는 산업의 상호화합에 기여하는 것이고, 수질오염을 완전히 배제하는 내용은 없으며, 가해 산업과 피해 산업과의 화합적 관점에서 수질보전을 도모하는 것이었다.

② 수질기준을 정해 구체적인 수질을 규제하는 것은 공공용수역 중의 극히 한정된 지정수역이었다.

③ 수질기준은 배수구에서 방류수의 오염 허용한도이고, 공공용수역의 수질기준은 아니었다. 단, 이것은 구체적인 수질규제가 곤란하기 때문에 최종목표는 공공용수역의 수질 측면에서 물의 이용이나 공중위생에 영향이 없는 농도 이하로 한다는 것이었다.

④ 수질기준의 대상이 되는 오수 배출원은 공장배수규제법, 광산보안법, 수세탄업법(水洗炭業法) 및 하수도법에 정한 업종이었고, 그 외는 포함되지 않았다.

또한, 수질오염방지법이 제정될 당시 구 수질2법 등에 대한 제도에 있어 운용면의 결점은 다음과 같다.

① 수질오염 문제가 발생했거나 발생하고 있는 수역을 차례로 지정하는 등 사후관리 측면의 배수기준설정 방식이 문제였다.

② 수질기준은 수질보전법에서 통일적 · 일원적으로 설정되었지만 그 준수 및 제재 조치는 구 공장배수규제법이나 광산보안법 등 10개의 법률로 정해져 있었기 때문에 대상사업장의 업종마다 근거법령을 달리하여 그 형태나 정도도 각양 각색이었다.

③ 배수기준을 위반해도 처벌되는 일은 없었고, 이미 지나간 위반행위는 묻지 안고 그 다음 날부터 개선을 명령 받는 것 뿐 이었다.

④ 배수기준은 가중평균방식을 적용하고, 공장사업장의 배수구에서 배출되는 총량을 평균하여 전체가 기준 이하이면 양호, 더욱이 공장배수의 일평균 값을 기준으로 위반 여부를 판단하였다.

3 공해 정책의 정비 · 강화(1967년~1971년)

구 수질2법을 필두로 다양한 공해방지 대책은 각각의 공해에 개별적으로 대처하기 위한 규제 및 대책이었고, 날로 심화되는 각종 공해에 대해 종합적인 대책을 강구하기에는 불충분하였다. 이를 위해 공해방지에 관한 각종 시책이 상호 유기적인 관계를 유지하면서 보다 계획적이고 종합적인 공해 행정을 추진할 수 있도록 1967년 8월에 「공해대책기본법」이 제정 공포되었다.

공해대책기본법 제정 이후에도 일본 경제의 급속한 발전은 공해를 한층 더 다양화와 복잡화를 초래하였고, 지역도 전국적인 규모로 확대되었기 때문에 1970년 말에 열린 제64회 국회(소위 공해국회)에서 종래의 공해 관련 모든 법의 재검토가 이루어져 각종 신규 입법이 이루어짐과 동시에 공해대책 기본법의 개정안을 포함하여 매우 광범위하고, 획기적인 공해관련 14개 법안이 성립하게 되었다. 이어서 1971년에는 이제까지 각 성, 청(우리나라의 부, 처, 청에 해당)에 분산되어 있는 공해행정을 일원화하는 환경청이 발족되었다.

1) 공해대책기본법 제정 경위[(3)(7)(10)]

1966년에 들어서면서 잇달아 공해에 관한 답신(答申)이나 의견서가 제출됨과 함께 공해대책기본법을 제정해야 한다는 여론이 형성되었고, 국가차원의 결단이 요구되는 상황이 되었다.

동년 10월의 공해심의회 답신 「공해에 관한 기본시책에 대하여」에서는 공해대책의 추진방법으로서 일정한 목표를 명확하게 한 다음 종합적 · 계획적으로 추진해야하고, 환경기준에서는 그 목표의 중요한 역할을 부과하고, 향후에는 예방적 시책을 기조로 하는 것 등이 강조 되었다. 더욱이 「공해에 의해서 타인의 생명, 신체, 재산, 그 외의 이익을 참고하여 받아 들일 수 있는 한도를 초과하여 손해가 발생할 때에는 원인자가 그것을 배상하는 책임을 부여」하는 기본적으로 원인자의 무과실 책임 원칙을 명시하였다. 원인자는 국가가 정한 배출기준을 준수하는 공법상의 의무를 지고, 국가나 지자체가 실시하는 공해방지사업에 필요한 비용의 일부를 부담하게 되었다. 본 답신과 같은 시기에 공해대책에 관한 이해단체 및 관련 성·청(省·廳) 등에서 복수의 의견수렴이 이루어졌다. 이러한 활동의 영향을 받아 관련 15개 성·청(省·廳)의 사무차관회의가 거듭되었고, 공해심의회의 답신을 받은 후생성 시안(試案)을 기본으로 한 공해대책기본법 정부안이 1967년 5월에 국회에 제출되었다. 국회에서는 산업공해대책 특별위원회 등의 심의과정에서 「공해대책과 경제의 건전한 발전과의 조화」라고 하는 조항에 대해 격렬한 논쟁이 있었지만 정부 원안이 일부 수정된 후에 성립되었다.

2) 공해대책 기본법의 개요(2)(3)(7)

공해대책기본법은 대상 공해의 범위, 공해방지에 관한 관계자의 책무, 공해대책의 방법이나 방안에 대한 기본지침, 공해 행정 운영의 종합화를 위한 방안 등을 정하고, 공해대책에 관한 이념과 시책의 방향을 명확하게 한 것에 있어서 역사적으로 획기적인 의의를 가지는 것이었다. 공해대책기본법의 제정에 의해 종합적인 공해대책의 길이 열렸고, 그 방향에 따라 각종 구체적 시책이 실시되었다. 특히 환경기준은 행정목표로서의 기준을 명확히 하였고, 공해대책추진 전반에 걸쳐 목표 및 근거가 되었다. 그러나 환경기준의 설정과 공해방지계획의 작성을 제외하면 구체적인 규제나 조치가 정해지지 않았으며, 실질적인 규제나 조치는 이 법률의 취지를 받아서 제정된 수질오염방지법에서 이루어졌다.

3) 환경기준의 설정(2)(3)(9)(10)

1967년 공해대책기본법이 시행된 이후 수질오염에 관련되는 환경기준 설정을 위한 검토는 당시 수질보전 행정의 주관 관청이었던 경제기획청에서 이루어졌다. 1969년 10월부터 5개월간에 걸쳐 수질심의회 환경기준부회에서 조사, 심의를 거쳐 1970년 3월에 「수질오탁에 관한 환경기준 설정의 기본방침에 대하여(답신)」로 정리되었다.

그 후 경제기획청에서 「수질오탁에 관한 환경기준에 대하여(안)」이 작성되었고, 1970년 4월에 각의에서 결정되었다. 그 내용은 ①환경기준, ②공공용수역의 수질측정방법 등, ③환경기준의 달성기간 등, ④환경기준 달성을 위한 시책, ⑤환경기준의 재검토 등으로 되어 있다. 인간의 건강보호에 관한 환경기준으로 시안, 메틸수은, 유기인, 카드뮴,

납, 6가 크롬 및 비소 등 7개 항목, 생활환경 보전에 관한 환경기준으로서 하천, 호소 및 해역으로 나누어 수소이온농도(pH), 생물화학적산소요구량(BOD), 화학적산소요구량(COD), 부유물질(SS) 및 용존산소(DO) 등 5개 항목을 설정하였다(부록 표 2-2).

그 후 인간건강보호에 관한 환경기준 항목으로 1970년에 메틸수은 대신 알킬수은 및 총 수은을 추가하였고, 1975년에는 PCB의 추가, 1993년에는 유기인 삭제 및 트리클로로에틸렌(Trichloroethylene) 등 15개 항목이 추가되었고, 1999년에는 불소, 붕소, 질산성질소 및 아질산성질소가 추가되어 현재 26개 항목으로 설정되었다. 1993년에는 공공용수역 및 지하수에서의 검출상황 등을 고려하여 즉시 수질환경기준 건강항목으로 정하지 못하였으나, 계속 이어지는 공공용수역(공공수역)에서의 검출상황 등 지식의 축적에 노력해야 할 25개 항목을 〔주요감시항목〕으로 지정하였다. 1999년에 불소 등 3개 항목이 환경기준으로 격상됨에 따라 삭제되었고, 2004년에 5개 항목이 추가되어 현재 27개 항목이 지정되어 있다(제3장 2절).

생활환경 보전에 관한 환경기준 항목에 대해서는 1970년에 대장균군수의 추가, 1971년에는 해역에 대해서 노르말핵산추출물질이 추가되었다. 그 외에 다음에 설명되는 호소와 해역에서 총질소, 총인의 추가, 수서생물의 보전에 관한 환경기준이 추가되었다(제3장 3, 4, 5, 6절).

4) 공해국회[(9)(10)]

공해대책기본법의 제정 이후에도 공해는 점점 더 심해지고, 그 중에서 행정의 체계적 대응이 필요하면 할수록 각 성 · 청(省 · 廳) 간의 의견 차이나 이에 따른 대책의 지연 또는 불철저한 대책들이 발생하게 되었다. 이와같은 사태에 대처해서 정부는 공해행정의 추진주체로서 1970년 7월에 공해대책본부를 설치하고, 법체계의 근본적 정비를 도모하였다. 1970년 말 제64회 임시국회(공해국회)에서 「공해대책기본법」의 개정을 포함 14건의 공해관계법 개정 및 정비가 이루어졌다. 동 국회에서 공해관계법 정비의 주요 내용은 다음과 같다.

(1) 공해방지에 대한 국가의 기본적 자세의 명확화

경제의 건전한 발전과 공해대책의 조화에 대하여 언급한 소위 「경제조화조항」에 대해서는 공해대책기본법을 공해대책관계법에서 삭제하여 국민을 위한 공해대책보다 경제우선이 아닌가 하는 의구심을 불식시켰다.

(2) 규제의 강화

예를 들면 수질오탁에 대해서는 이미 오염된 지역에 한하여 규제하는 기존의 규제지역제를 개정하여 전국을 일률적으로 규제함과 동시에 규제 대상물질 및 항목의 범위 등을 확대하였다.

(3) 사업자 책임 명확화

공해의 원인이 되는 사업 활동에 대해서 엄격히 규제를 하고 「공해방지 사업비 사업자 부담법」의 제정으로 공해방지사업에 대한 사업자 비용부담 의무를 구체화시켰다.

(4) 지방공공단체의 권한 강화

특히 「수질오탁방지법」에서는 공해가 지역적인 문제이고, 지역의 실정을 고려하여 해결책을 모색하는 것을 기본으로 하고 있다. 여기서 국가가 전국 일률 규제기준을 설정하는 것 외에 지방공공단체에 보다 엄격한 규제 권한이 있는 것을 명기하였고, 또한 기준 달성을 위해 강제 권한을 거의 전면적으로 도도부현지사(都道府縣知事)에 이양하였다.

이 14건의 법안이 심의되는 과정에서 부대 결의로 공해대책 추진을 더욱더 강화하였고, 인간 환경보전을 위해 모든 시책을 강구한다는 취지에서 「환경보전선언」이 만장일치로 결의되었다. 이에 부응하여 정부는 「공해방지와 공해대책에 만전을 기한다」고 하는 소신을 표명하고, 「토양오염」을 추가한 전형적인 7 공해에 대해서 한층 더 엄격한 공해대책이 추진되게 되었다.

5) 수질오염방지법 제정[3][4][7][9]

수질오탁방지법은 공해국회에서 새롭게 제정된 공해대책기본법 제9조에 의거 설정된 「수질오탁에 관한 환경기준」의 확보 또는 유지달성을 목표로 하는 것이었다.

첫 번째 특징은 배출수의 배출규제이며, 기본법 제10조의 실시 규정상 필요한 조치이다. 두 번째는 수질오염 상황의 감시측정이며, 기본법 제13조의 실시를 위해 법제도를 정하는 것이었다. 특히 공공용수역의 수질감시측정은 수질오염방지 행정 상 중요한 사항이다. 배수규제는 그 자체가 목적은 아니며, 공공용수역의 수질오염방지가 목적이다. 따라서 배수규제가 목적 달성에 대해 얼마나 효율적으로 이행되었는 지는 공공용수역의 수질오염 상황을 감시 · 측정하는 것으로 확인할 수 있다. 이 행정목적과 행정수단 사이에서 상호 확인의 역할을 담당하는 것이 감시 · 측정이며, 감시 · 측정결과가 배수규제의 재검토 등이 피드백(feedback) 되는 것이다.

이로 인해 환경의 national minimum 및 행정목표로서의 환경기준이 공공용수역에 설정되었고, 배수기준을 위반하면 곧바로 처벌을 적용하는 규정이 가능하게 되었다. 따라서 공해의 사후대책에서 사전 예방형의 법 정비로 진전되었다.

6) 환경청 설치[9][10]

공해국회에서 「각 성 · 청(省 · 廳)에 걸쳐 있는 공해행정 일원화」라는 의견을 받아 들여 1971년 7월에 환경청이 설립되었다. 당시 공해행정을 실시하는 해당 부 · 과는 13개 성 · 청(省 · 廳)에 분산되어 있었다. 행정부 내 임시적으로 설치되어 있던 공해대책본부를 발전적으로 해산시키고, 지금까지 공해대책을 후생성과 통산산업성이 공동 관리해 온 경위에 근거하여 두 부처의 공해담당 부 · 과를 통일하는 형태로 환경청이 독립되었다.

모체가 된 것은 내각공해대책본부(총리부 공해대책실을 포함), 후생성(관방대신 국립공원부, 환경위생국 공해부), 통상산업성(공해보안국 공해부), 경제기획청(국민생활국의 일부), 임야청(지도부 조림보호과의 일부) 등 이었다.

그 기구의 권한과 예산 등에 대해서는 설립준비위원회에서 논의를 거듭하여 최종적으로 공해방지에 관한 사무에 대해서는 기획에서 실시까지를 포함한 일체의 권한을 일원적으로 가지고 자연보호에 관한 모든 사업을 실시하는 관청으로 위치를 자리매김하였다.

그 임무는 「공해의 방지, 자연환경보호 및 정비, 그 외 환경보전을 도모, 국민의 건강과 문화적 생활 확보에 기여하기 위해 환경보전에 관한 행정을 총괄적으로 추진하는 일」이었고, 국회에서 설치법안 설명에는 아래의 3가지 점이 강조되었다.

① 공해방지에 머물지 않고, 자연환경 보호 및 정비를 포함한 환경보전에 관한 모든 문제를 행정 대상으로 하여 종합적으로 다루는 것.

② 지금까지 공해규제의 권한이 많은 성 · 청(省 · 廳)에 분산되어 있었기 때문에 책임의 소재가 불명확하였고, 그 실시 면에서도 통일성의 부족, 불철저 등에 대한 비판이 있었다는 점을 개선하고, 공해규제에 관한 모든 권한을 환경청에 집중해서 행정의 일원화를 기하는 것.

③ 공해방지에 관한 과학적인 조사, 연구의 중요성에 비추어 국립공해연구소를 설립하는 것.

4 수질오탁방지법 등에 의한 대책 추진(1972~1992)

공해대책기본법에 기초한 환경기준을 중심으로 하는 일본의 공해대책은 수질오염대책도 포함하는 등 소정의 성과를 거두었다. 그러나 농도 규제 중심의 방법으로는 도시지역의 인구와 산업 활동의 집중에 따른 오염 확대, 폐쇄성 수역의 수질오염 악화 등에 대응할 수 없어서 1973년 「세토내해(瀨戶內海: Seto Inland Sea) 환경보전 특별조치법」 제정을 시작으로 일련의 총량부하 규제의 개념에 의한 법 정비가 진행되었다(제6장 2절). 1984년에는 「호소수질 특별조치법」이 제정되었다(제5장 2절). 이것은 폐쇄성 수역인 호소의 수질보전에 대하여 지금까지의 수질오탁방지법에 의한 대처만으로는 불충분함으로 보다 종합적인 시책의 필요성이 인식되었다. 또한 폐쇄성 수역에서 부영양화의 진행에 따른 조류의 증식을 억제하기 위해 영양염류인 질소 및 인 농도를 억제할 필요가 있었다. 이를 위해 호소에서는 1982년에, 해역에 대해서는 1993년에 총질소 및 총인에 관한 환경기준이 설정되었다.

1) 수질오염방지법에 의한 배수규제(3)(7)(11)

수질오염방지법에서는 공공용수역으로 오수를 배출하는 시설을 설치하는 공장과 사업장에서 배출수에 대한 배수기준이 정해졌다. 배수기준의 대상이 되는 시설은 건강항목인 유해물질을 배출하거나, COD 및 그 외의 생활환경 항목에 대해서 일정량 이상을 배출하는 시설이다. 이것은 「특정시설」로 정부의 령으로 정해졌다. 기준에 관한 큰 특징은 아래와 같다(제4장 4절).

(1) 일률기준

유해물질에 관한 전국 일률 배수기준 값은 많은 항목에서 인간건강보호에 관한 수질환경기준 값의 10배로 설정되었다. 이는 배수가 배수구에서 나와 공공용수역에 도달하는 사이에 적어도 약 10배 정도는 희석된다고 가정한 것이다. 한편 생활환경 항목에 관한 배수기준은 BOD, COD, SS, 총질소 및 총인에 대해 생활배수(생활잡배수)를 간이 침전처리 한 경우와 동등한 것으로 결정되어 최대값 이외에 일평균값 기준도 정했다. 어느 쪽이든 하나를 위반하면 벌칙이 적용되었다.

(2) 기준강화

오염 발생원이 집중되는 수역에서는 국가가 정한 일률기준에 의해서 환경기준을 달성하기 곤란한 경우가 있다. 이와 같은 수역에 대해서는 도도부현(都道府縣)이 조례로 일률기준보다 엄격한 기준을 정할 수 있고, 이것을 기준강화라고 한다. 기준을 강화시킬 때에는 그 기준에 의해서 수질오탁방지법의 규제가 적용된다(제4장 1, 2절).

2) 수질오탁방지법에 의한 공공용수역의 수질 상시감시[3][7]

공공용수역의 수질 상시감시는 수질오염 방지행정을 위해 필수 불가결한 것이다. 수질오염방지법에서는 도도부현(都道府縣)에 대해서 수질오염 상황의 상시감시를 의무사항으로 하고 있고, 그 실시는 수질오염 상황을 효율적으로 파악하기 위해 매년 측정계획을 작성하도록 하고 있다. 더욱이 상시감시에 의해서 밝혀진 수질오염 상황을 공표하는 것이 의무화 되어 있다(제10장 1, 2절).

3) 국립공해연구소 발족[9][10]

환경문제의 발생원인, 방지기술 개발 등에 관한 조사 · 연구는 환경행정의 기초가 되는 것이며, 국가가 중심으로 추진하는 것이 불가피 하다. 그러나 환경문제를 전문으로 하는 연구기관이 없었고, 환경문제는 관련 분야가 광범위하고, 각 분야가 서로 연계되어 있으므로 환경청 설치에 때를 맞추어 공해문제에 대한 종합연구기관으로서 1974년에 국립공해연구소가 설립되었다. 국립공해연구소는 대기오염이나 수질오염, 소음 등 인간의 건강 및 생활환경에 미치는 영향이나 그 감시 측정방법 등의 연구, 그 외 공해 전반에 걸친 방지 · 방제 연구를 전문적으로 행하는 연구기관으로 위치를 자리매김하였다. 또한 환경행정의 추진을 위해서는 환경청, 지방자치단체의 행정 및 연구 직원의 자질향상이 불가피하기 때문에 공해연구소가 설치되었다.

4) 수질총량규제제도[5][9][10][11][12]

수질오탁방지법에 의해 하천수질 개선은 나타났지만, 호소 및 연안역에서 인구나 산업입지가 집중하는 내만이나 내해에서는 부영양화 현상이 진행되어 녹조나 적조가 발생하였다. 특히 도쿄만(東京灣)이나 이세만(伊勢灣), 세토내해(瀨戶內海: Seto Inland Sea)

와 같은 폐쇄성 수역에서는 심각한 문제가 되었다. 그러나 호소나 폐쇄성 수역에서는 여러 개의 현(縣)이 연안에 접하여 있기도 하고, 또한 직접 접하고 있지 않아도 하천 상류의 내륙현(縣)을 배출원으로 하는 오염이 환경부하를 증대시키기 때문에 도도부현(都道府縣) 마다 적용되는 기준으로는 효과적인 규제를 기대하기 어렵다는 제도적 한계가 지적되어 근본적인 조치가 요구되었다.

1978년 수질오탁방지법 및 세토내해(瀨戶內海) 환경보전 임시조치법을 개정하고 인구, 산업 등이 집중되어 오염이 현저한 광역 폐쇄성 수역에서 수질환경기준을 확보하는 것을 목적으로 당해 지역 수질에 영향을 미치는 오염부하량을 전체적으로 삭감하는 수질총량규제제도가 도입되었다. 수질총량규제제도에는 총량삭감을 기본방침으로 지정수역에 대한 오염부하량의 삭감목표량, 목표연도 등을 정하였다. 여기에 기초하여 도도부현(都道府縣) 지사가 총량삭감 계획으로 도도부현(都道府縣) 내의 발생원별 삭감 목표량 및 그 달성방안 등에 관한 사항을 정하고, 계획에 의거하여 각 지역별로 필요한 대책이 실시되었다(제6장 2절).

1979년 이후 5개년을 하나의 계획기간으로 하여 제1차 총량규제에서 제4차 총량규제까지는 COD를 지정항목으로 하였고, 제5차 총량규제부터는 질소, 인이 지정항목에 추가되었다. 더욱이 2006년 1월부터는 2009년을 목표연도로 한 제6차 총량규제가 실시되고 있다(제6장 3, 4, 5절).

5) 세토내해(瀨戶內海) 환경보전 특별조치법(9)(10)(11)

세토내해(瀨戶內海)는 오래전부터 하얀 모래와 푸른 소나무로 유명하였고, 수려한 자연경관 뿐만 아니라 귀중한 어업자원의 보고였지만 그 주변에 산업 및 인구가 집중되어 1960년대에 수질오염이 현저하게 진행되었다. 1972년 하리마나다(播磨灘)에서 발생한 대규모 적조는 양식업을 중심으로 총액 71억엔에 달하는 피해가 발생하여 세토내해(瀨戶內海)의 환경보전 대책이 강하게 요구되었다. 이듬해에는 일정규모 이상의 특정시설의 설치를 허가제로 하는 것 등을 담은 「세토내해(瀨戶內海) 환경보전 특별조치법」이 제정되었다. 동 법은 세토내해(瀨戶內海)가 「일본 뿐만 아니라 세계적으로도 비교할 수 없는 아름다움을 자랑하는 명승지이며, 또한 국민이 먹는 귀중한 어업자원의 보고로서 그 혜택을 국민들이 동등하게 누리고, 후손에게 계승하는 것」을 이념으로 하였다. 이에 따라 정부에 세토내해(瀨戶內海)의 환경보전에 유효한 시책을 실시하도록 하기 위해 세토내해(瀨戸內海) 환경보전에 관한 기본계획의 책정을 의무화시켰다. 또한 배출되는 산업 배수의 COD 오염부하량을 1972년 당시의 절반 정도로 삭감하는 것을 목표로 관계 부·현(府·縣)에 부하량을 할당하였다. 이것에 기초하여 관계 부·현(府·縣)이 개별적으로 배수기준을 정하여 오염부하량을 경감하는 규제조치를 취했다.

동 법은 1978년에 대폭 수정되어, COD에 관한 총량규제의 도입, 부영양화에 의한 피해 발생 방지를 위하여 인 등의 삭감대책 등이 도입된 「세토내해(瀨戸內海) 환경보전 특별조치법」으로서 영구적인 법이 되었다.

6) 호소 수질보전 특별조치법(9)(11)

호소는 폐쇄성 수역으로 물의 정체시간이 길고, 오염물질의 축적이 용이하므로 수질오염 영향을 받기 쉬우며, 하천이나 해역에 비해서 환경기준 달성 상황이 나쁘다. 부영양화에 따른 수도의 여과 장애나 이상악취 문제, 수산피해 등의 장해가 발생한다. 이러한 배경으로 1979년 시가현(滋賀縣)에서 「시가현(滋賀縣), 비와호(琵琶湖)의 부영양화 방지에 관한 조례」가 제정되었다. 이 조례는 일본 최초로 질소와 인의 배출규제를 포함하는 것을 시작으로 인 함유 세제의 사용금지 등 수질보전을 위한 제한이나 각 종 폭넓은 방안이 규정된 점에서 획기적이었다. 또한, 1981년에 이바라키현(茨城縣)에서도 「이바라키현(茨城縣) 카스미가우라(霞ヶ浦) 부영양화 방지에 관한 조례」가 제정되었다. 호소 수질오염 요인은 종래 배수규제 대상인 공장, 사업장 뿐만 아니라 소규모 사업장 배수나 생활배수에 의한 오염부하량의 비율이 높고, 또한 농림축산·수산계의 오염부하 등 많은 분야에 걸쳐 있다. 그렇기 때문에 호소 수질보전을 위해서는 이전의 수질오염방지법에 의한 규제로는 충분하지 않다는 인식이 있어서 1984년에 「호소 수질보전 특별조치법(호소법)」이 제정되었다(제5장 2절). 이에 따라 폐쇄성 수역의 하나인 호소의 수질 오염 대책으로서 수질환경기준의 확보가 긴급하게 필요한 지정호소에 대해서는 하수도 정비 등의 수질보전에 투자하는 사업과 각종 오염원에 대해 극히 세부적인 규제 등의 조치가 종합적·계획적으로 추진되게 되었다(제5장 3절).

7) 질소와 인의 환경기준 추가

(1) 호소의 질소와 인

호소 수질에 관한 환경기준(COD)의 달성률은 기준 설정 시부터 극히 낮아 40% 정도였다. 더욱이 1970년대 후반부터는 부영양화에 따라 각종 물 이용(利水) 장애가 현저하게 나타났다. 식물플랑크톤의 대량증식에 따른 수질악화에 의해 투명도 저하나 물 색깔의 변화에 의해 경관의 열화 뿐만 아니라 정수장의 여과장애, 음용수로서 이상 악취 장애 발생, 어패류 폐사 등 호소 이용 상의 장애가 발생하게 되었다.

식물플랑크톤의 증식은 기본적으로 영양염이 있는 호소의 물 중 질소와 인의 농도에 의해 지배되므로 1982년에 물 중 플랑크톤의 증식에 의한 장애를 방지하기 위하여 생활환경 항목으로서 호소의 질소와 인에 대한 환경기준이 만들어졌다(제3장 4절).

(2) 해역의 질소와 인

해역은 하천이나 호소에 비하면 COD 달성률은 높지만 도쿄만(東京灣), 이세만(伊勢灣), 오사카만(大阪灣) 등과 같이 폐쇄성이고, 유역에 대도시가 위치하여 산업활동이 왕성한 해역에서는 달성률은 반드시 높지 않았다. 이것은 유입 오염부하량이 매우 많고, 여기에 오염물질의 내부 축적도 용이하므로 부영양화의 진행에 의해 내부생산이 증가하여 수역내부에서도 유기물이 생성되기 때문이라고 생각되었다. 이미 1978년부터 이러한 상황에 대처하기 위해 도쿄만(東京灣), 이세만(伊勢灣) 및 세토내해(瀨戸內海) 등 3개 해역에서는 수질총량규제제도가 도입되어 COD 부하의 삭감을 도모하여 왔다(제6장 2절). 그러나 질소와 인 부하량의 증가에 따라 내부생산에 의해 유기물이 증가하기 때문에 적조 발생에 의한 양식어업 피해가 발생하였다. 또한 여름철을 중심으로 저층의 빈산소화가 현저하였고, 해저퇴적물 악화나 청조라고 불리는 빈산소수괴가 솟아오름(湧昇)으로 인하여 저서 생태계에 악영향을 미쳤으며, 레크리에이션 및 경관 등에도 영향을 주었다. 이러한 현상에 의해 어패류의 서식상황이 변화하였고, 수산업에 악영향이 발생함과 동시에 해역 생태계의 변화가 인지되게 되었다.

이러한 상황에서 해역의 질소와 인에 대해서는 해역환경을 보전하고 유지하기 위한 기준으로 1993년에 환경기준이 설정되었고, 수질오염방지법에 근거한 배수기준이 정해졌다(제3장 5절, 제4장 2절). 그 후 2004년도를 목표연도로 하는 제5차 수질총량규제에서는 COD 뿐만 아니라 새롭게 설정된 질소와 인을 대상으로 종합적인 오염 삭감 대책이 강구되게 되었다.

8) 생활배수 대책 추진

생활용수 사용량 증대 등을 배경으로 도시 내의 중소하천 등 공공용수역의 오염원에 대해 1970년대 후반 이후 생활계 부하의 비중이 높아졌다. 이 때문에 환경청은 1990년에 수질오탁방지법을 개정하였다. 개정법은 생활배수에 노력하는 정부, 도도부현(都道府縣), 시정촌(市町村)의 책무 및 생활배수에 대한 국민의 마음가짐에 대해 명확히 하고, 도도부현(都道府縣)에 의한 생활배수 대책 중점지역의 지정 및 관계 시정촌((市町村)에 의한 생활배수 대책 추진계획의 책정 등과 동시에 총량규제 지역에서는 특별히 규제 대상이 되는 시설유형을 새롭게 만들었다(제4장 8절).

9) 지하수 오염의 사전 방지제도 도입

1982년에 실시된 지하수의 전국적인 개황 조사(대상: 전국 15개 도시, 우물 1,360 곳) 결과, 트리클로로에틸렌(trichloroethylene), 테트라클로로에틸렌(tetrachloroethylene) 등 2가지 물질이 각각 30% 가까운 대상 우물에서 검출되었고, 3~4%의 우물에서는 WHO 음용수 수질지침(guideline)을 초과하였다. 이러한 실태조사 결과를 바탕으로 1984년에 「트리클로로에틸렌(trichloroethylene) 등의 잠정 지도지침」이 정해졌고, 도도부현(都道府縣)에 의해 공장, 사업장에 대하여 행정지도가 이루어지게 되었지만 효과는 충분치 않았다. 이러한 상황에서 환경청은 1989년에 지하수 오염 사전방지 관점에서 수질오염방지법을 개정하였고, 유해물질을 사용하는 특정시설로부터 유해물질을 함유하는 물의 지하침투가 금지되었다. 또한 규제효과 담보를 위해 신고의무나 계획변경 의무 등 배수규제에 준한 규정이 정비되었다. 동시에 도도부현(都道府縣) 지사는 지하수 수질의 오염상황을 상시 감시해야 하는 의무가 부과되었다(제7장 1, 2절).

한편, 지하수는 유속이 완만하므로 일단 오염된 지하수에 대해서는 자연정화를 기대하기 어렵고, 수질개선을 꾀할려고 하지 않은 것이 감안되어 1996년에 수질오탁방지법이 개정되어 오염된 지하수에 대해서 인간의 건강보호를 위해 필요할 때에는 도도부현(都道府縣) 지사는 오염원인자에 대해 지하수의 수질 정화를 위한 조치를 명(정화조치명령)할 수 있게 되었다(제7장 2절).

또한 1997년 3월에 지하수에 관한 환경기준으로서 다른 수역에서의 「인간의 건강보호에 관한 환경기준」과 같은 형태의 기준이 고시되었다(제3장 7절).

10) 특정수도 물 이용(利水) 장애 방지를 위한 수도수원(水道水源) 수역의 수질 보전에 관한 특별조치법

수도는 공공용수역의 중요한 물 이용(利水) 목적의 하나이고, 원수 수질의 담보 측면에서 공공용수역의 수질보전은 중요한 역할을 해왔다. 그러나 수도의 정수과정(염소소독)에서 생성되는 발암성 의심 물질인 트리클로로메탄(trichloromethane) 등의 유해물질이 문제가 되었다. 트리클로로메탄(trichloromethane) 생성 원인물질의 하나로서 환경수중에 함유되어 있는 휴믹물질과 같은 유기물질 저감 등 공공용수역에서의 수도이용을 고려한 수질보전 대책이 광범위하게 요구되었다(제9장 1, 2절).

트리할로메탄(trihalomethane) 문제와 관련 공공용수역의 수도 원수 대책을 정한 「특정수도이수(水道利水) 장애 방지를 위한 수도수원 수역의 수질보전에 관한 특별조치법(수도수원법(水道水源法)」이 1994년에 시행되었고, 트리할로메탄(trihalomethane) 생성 원인이 되는 물질(휴믹물질 등의 유기물: 본 법률에서는 트리할로메탄(trihalomethane) 생성기로 파악) 규제 등의 제도가 만들어졌다(제9장 3절).

또한, 동년 「수도원수 수질보전 사업의 실시 촉진에 관한 법률」이 트리할로메탄(trihalomethane)이나 이취미(異臭味) 등에 의한 수도수원의 오염에 대처하기 위해 하수도 · 합병처리 정화조의 정비사업 및 하천사업 등을 촉진하는 것을 목적으로 제정되었다(제9장 3절).

11) 수질오염 주변 대책

지금까지 서술한 모든 시책은 수질오염 방지를 직접적인 목적으로 그 대책이 행하여졌다. 그 외에도 인간 및 동 · 식물에 대하여 유해한 영향을 주는 화학물질이나 농약에 대해서 그 제조 및 사용 규제가 행해지고 있다. 또한, 폐기물 처리의 각 단계마다 처리기준을 정하고, 수질오염 방지 그 외의 적정한 처리를 행하도록 하기 위한 제도가 만들어졌다.

PCB에 의한 환경오염 문제를 계기로 1973년에 「화학물질의 심사 및 제조 등의 규제에 관한 법률(화심법, 化審法)」이 제정되었다. 이 법률에 따라 새롭게 제조 · 등록되는 화학물질에 대해서는 난분해성, 고축적성 및 만성독성 등 3가지 관점에 대하여 그 제조 전 또는 수입 전에 심사를 함과 동시에 이러한 성상을 모두 가지는 화학물질을 제1종 특정화학물질로 지정하고, 제조(수입) · 사용 등의 규제를 실시하도록 하였다(제2장 5절, 제11

장 2절).

또한, 1986년에 동 법을 개정하여 축적성은 낮지만 난분해성, 만성독성이 의심되는 화학물질을 지정화학물질로 지정하고, 제조 및 수입량을 감시하게 되었다. 환경성에서는 화학물질의 잔류성을 고려 화심법의 제1종 특정화학물질을 중심으로 환경 중에 상당한 범위 및 농도로 잔류하고 있는 물질을 대상으로 1986년부터 화학물질 환경 안전성 총 점검의 일환으로 수질 · 퇴적물 모니터링 조사를 실시하였다(제11장 4절).

부정불량 농약품의 유통을 방지하기 위해 1948년에 제정된 농약단속법이 있었지만, 그 후 수산 동식물 피해방지 관점에서 1963년에 수산 동식물 중에 독성이 현저히 강한 것에 대해서 등록보류, 품질개량, 지정농약에 대한 사용 규제를 하는 것 등이 제도화 되었다. 또한 1971년에는 식품 중 잔류농약이나 잔류농약에 의한 토양오염, 수질오염이 된 것 등의 문제에 대해 대책을 정비 강화하기 위해 농약 잔류성 관련 등록 검사 강화나 농약 등록 취소 등의 규정 신설 등을 내용으로 하는 법 개정이 이루어졌다. 1990년에는 골프장에서 농약 유출사고가 발생하여 「골프장에서 사용되는 농약에 의한 수질오염 방지에 관한 잠정 지도지침에 대해서」가 고시되었다. 이로 인하여 21종의 농약에 대한 기준치가 표시되었으며, 오염 사전 방지 측면에서 수질감시가 이루어졌다. 그 후 45종으로 범위가 확대되었다(제11장 6절).

폐기물 처리 및 청소에 관한 법률에서는 소각시설 · 최종처분장 등의 폐기물 처리시설에 대하여 구조기준 및 유지관리 기준을 정하고, 일부 폐기물 처리시설에 대해서는 수질오탁방지법에서 특정시설로서 배수규제가 이루어졌다. 폐기물의 최종처분장은 매립 처분하는 산업폐기물에 의해 환경에 미치는 영향 정도에 따라 유해한 폐기물 최종처분장과 기와 조각류, 유리 등 그 성질이 안정하고, 생활환경 보전 상의 지장을 주는 정도가 적은 산업폐기물 최종처분장 및 그 이외의 산업폐기물 · 일반폐기물 최종처분장 등 3가지 유형으로 구분해서 각각 유형에 따라 기준이 정해졌다.

5 건전한 물 순환 형성을 향한 움직임, 지구환경 · 순환형 사회 형성 등 환경문제의 확대(1993년~)

공해방지기본법 제정으로 시작된 법 체계 정비에 의해 산업공해에 기인한 수질오염 방지 · 개선은 큰 성과가 있었다. 그러나 대도시의 대기오염이나 생활배수에 의한 수질오염 등 도시 · 생활형 공해 등의 개선은 진척되지 않았고, 더욱 지구온난화 등의 지구환경 문제가 대두되었다. 더욱이 1992년 리우 정상회의에서는 지구 환경문제가 인류공통의 과제라는 것을 명확히 하였다.

이와 같이 복잡 · 다양한 환경문제를 다루기 위해 1993년에 환경기본법이 공해대책기본법을 대신하여 제정되었고, 관계 18개 법률의 개정이 이루어졌다. 이에 따라 일본의 환경법 체계는 종래 공해 규제형에서 자연환경 보전이나 지구환경 등의 분야를 포괄하고, 사회경제 시스템이나 생활양식에 근본자세까지 파고드는 환경보전 · 관리형 제도로 진행되었다. 그 후 폐기물 문제나 다이옥신 등 미량화학물질 오염문제가 대두되는 반면에 도시환경 인프라로서 바다의 재생이나 풍요로운 마을 앞 바다를 만든다는 새로운 목표가 제시되었다. 그 시기를 전후하여 세계 각지에서도 사회를 규정하는 새로운 이념으로 「지속가능한 개발」이 제창되어 순환형 사회 형성으로 첫걸음을 내딛게 되었다.

1) 공해대책기본법에서 환경기본법으로(8)(9)(10)

일본의 환경행정은 공해대책기본법 틀을 주체로 진행되어 공해 극복에 상당한 성과를 거두었다. 그러나 오늘날은 대량생산, 대량소비, 대량폐기형의 사회경제활동을 일으키는 도시 · 생활형 공해문제나 지구규모의 환경문제가 심각하게 대두되었다. 이러한 문제에 대처하기 위해서는 규제적 방법 만을 중심으로 하는 종래의 틀 만으로는 충분하지 않았다. 그래서 1993년에 환경정책의 이념과 기본적인 시책의 방향성을 나타낸 종합적인 환경정책전개의 틀이 되는 「환경기본법」이 제정되었다(제2장 4절). 환경기본법 제정의 큰 계기가 된 것은 1992년 리우에서 개최된 지구정상회의였다. 지구정상회의 전에 이것을 계기로 했던 환경정책의 한층 더 전개되는 것을 목표로 하여 1991년 12월에 「지구화시대의 환경정책에 대한 근본 자세」에 대한 자문을 받고, 1992년 4월에는 당시 미야자와(宮澤) 내각 총리대신이 지구환경시대에 걸맞은 법률의 정비에 대해서 각 성 · 청(省 · 廳)에 검토를 지시한 것을 시작으로 환경기준법의 검토가 본격화 되었다.

2) 환경기본법 개요(8)(10)

환경기본법 제정에 의해 공해대책기본법은 폐지되었지만 환경기본법에서도 공해대책기본법의 모든 규정은 내용 그대로이거나 보다 발전된 내용으로 계승시켰다. 환경기본법은 수질오탁방지법을 시작으로 수질 관련 법규 보다도 상위 개념의 환경보전에 대한 기본 이념을 정하고, 국가, 지방공공단체, 사업자 및 국민의 책무를 명확히 하였으며, 환경보전에 관한 시책의 기본이 되는 사항이 정해졌다.

환경보전의 기본이념은 아래의 3가지로 환경을 시간적 · 공간적으로도 연속성을 지니는 것으로 자리 매김 하는 내용으로 되어 있다.

① 환경혜택의 누림과 계승

② 환경부하가 적은 지속가능한 사회 구축

③ 국제적 협조에 의한 지구환경보전의 적극적 추진

환경보전 분야는 전형(典型)적인 7 공해 이외에 폐기물 대책, 화학물질 대책, 자연환경보전, 지구환경보전 등도 대상이 되었고, 환경기본 계획의 책정이나 환경영향평가의 추진 등 신규시책도 정해졌다(제2장 4절). 또한, 환경기본법에 기초하여 1994년에 일본 환경보전 대책의 기본적인 방향을 나타내는 환경기본계획이 각의에서 결정되었다. 이 계획은「순환을 기본정책으로 하는 사회경제 시스템 실현」,「자연과 인간과의 공생」,「환경보전에 대한 행동에 참가하기」,「국제적 대처 추진」을 장기 목표로 내세우고 있다. 또한, 이러한 목표의 실현을 위해 정부 시책과 더불어 지방공공단체나 사업자, 국민, 민간단체 등에 기대하는 역할과 환경보전의 대책이 포함되어 있다.

또한, 환경기본법 제정과 시기를 같이하여 수질환경기준의 재검토가 행해졌고, 최근 여러 가지 화학물질의 생산이나 사용 등을 고려하여 인간건강 보호에 관한 환경기준 항목으로서 디클로로메탄(dichloromethane), 시마진이나 벤젠(benzene) 등 15개 항목이 추가되었고, 납과 비소에 대해서는 기준치가 강화되었다. 또한, 건강보호에 관계가 있고, 계속하여 지식을 축적해야 한다고 판단되는 것에 대해서는「감시필요항목(要監視項目)」이라는 틀로 설정되었다. 그 후 1999년에는 감시필요항목 중에서 질산성질소 및 아질산성질소, 불소 및 붕소가 기준항목에 추가되었다(제3장 2절).

3) 새로운 화학물질에 의한 위해도(risk) 대응

폐기물 소각시설에서 배출되는 다이옥신류에 의한 오염이 전국적으로 큰 문제가 되어 1999년에 다이옥신류에 의한 환경오염 방지 및 그 제거를 목적으로「다이옥신류 대책 특별조치법」이 제정되었다. 본 법에 의해 규제대상이 되는 특정시설이 지정되고, 각각에 대응하는 배출기준이 정해졌다. 또한, 다이옥신류에 대하여 환경기준이 사람의 건강을 보호하는데 있어 유지되는 것이 바람직한 기준으로서 대기, 수질, 수저의 퇴적물 및 토양에 대해 고시되었다(제3장 8절). 이것을 기본으로「일본에서 산업활동에 수반하여 배출되는 다이옥신류의 양을 삭감하기 위한 계획」이 결정되어 2000년부터 연간 삭감목표량이 제시되었다(제11장 8절).

이상과 같이 일본에서는 화학물질의 생산, 사용, 폐기 및 배출에 관해서 어느 정도의 법률이 제정되어 환경 위해(risk)의 크기가 과학적으로 증명된 물질에 대해 잠시 규제를 하고, 환경기준에도 반영해 왔다. 그러나 현실적으로 많은 수의 화학물질이 존재하고, 각각이 어느 정도의 환경 위해도를 가지고 있는 것을 고려하면 개별적으로 한정된 물질을 규제하는 것 만으로는 사람의 건강이나 생태계 건전성을 지키기 위해 충분하지 않다고 생각하게 되었다. 이러한 상황을 배경으로 많은 화학물질의 환경 위해도를 전체적으로 경감하는 것이 필요하여 그 전제로서 화학물질의 양적인 흐름 파악이 필요하게 되었다. 1999년에 「특정화학물질의 환경으로의 배출량 파악 및 관리개선의 촉진에 관한 법률」(화관법, 化管法)이 제정되었고, 「화학물질 배출 이동량 신고제도(PRTR)」가 시작되었다(제11장 3절). 354종 물질을 대상으로서 정부의 령으로 정해진 23개 업종의 대상 화학물질을 사용하는 사업자 중에 종업원 21인 이상으로서 연간 취급량이 1톤 이상의 사업소는 화학물질의 환경으로의 배출량을 대기, 공공용수역, 토양 마다 또한 폐기물이나 하수로의 배출량 신고가 의무화되었다. 이러한 정보는 공개되기 때문에 시민 사회적 압력에 의한 환경 위해도의 저감도 제도가 꾀하는 목적의 하나이다.

4) 환경보전 상 건전한 물 순환의 확보를 향한 대책

물 환경 · 지반환경의 보전을 향한 대처에 대해서는 1994년 12월에 정부가 정한 환경기본계획에 기초하여 각종 시책을 추진하게 되었다. 이것을 맡은 환경청에서는 「물 환경 비전 간담회」(1994~1995년) 및 「건강한 물 순환 확보에 관한 간담회」(1997)를 개최하였고, 물 환경, 물 순환에 관하여 폭넓은 의논을 시작하였다. 여기서는 물 환경을 수질 뿐만 아니라 수량, 수서생물, 수변지 등을 포함하여 종합적으로 받아 들임과 동시에 유역 등의 물 환경에 착안하여 「장(場)의 관점」과 더불어 「순환적 관점」을 가지고 받아 들이는 것의 중요성 등이 지적되고 있다(제12장 1절).

또한, 1999년 4월에는 중앙환경 심의회 수질부회 · 지반침하부회에서 「환경보전 상 건전한 물 순환에 관한 기본인식 및 시책의 전개에 대하여 - 풍부한 물 혜택의 영속을 목표로 - 」에 대하여 의견 제시가 이루어졌다.

2000년 12월에 각의 결정된 제2차 환경기본계획에서는 전략적 프로그램의 하나로 「환경보전을 위한 건전한 물 순환을 향한 대응」등이 강조되었다.

2006년 4월에 각의에서 결정된 제3차 환경기본계획에서는 제2차 환경기본계획을 계승하여 「환경보전을 위한 건전한 물 순환을 향한 대응」이 「지구온난화 문제에 대한 대응」 이나 「물질순환 확보와 순환형 사회구축」 등과 함께 중점 분야 정책 프로그램으로 자리 잡게되었다. 이 계획에서는 「물 순환 전체를 통하여 인간사회의 영위와 환경보전을 수행하는 물의 기능을 적절한 균형 하에서 함께 확보하고, 유역특성에 따른 수질, 수량, 수변지, 수서생물 등을 포함한 물 환경 등을 보전시키며, 지속가능한 이용을 도모할 수 있게 유역 전체를 파악하여 환경보전을 위한 건전한 물 순환의 구축 대응 추진」이 제시되었다. 또한 국가가 중점적으로 추진하여야 할 사항에 유역의 주민, 사업자, 민간단체 및 지방공공단체 등이 기대하는 대처를 새롭게 정립하였다(제8장 2절).

5) 수서생물 보전시책 도입(11)(13)

물 환경 보전에 관한 시책은 지금까지 사람의 건강 보호나 생활환경 보전의 관점이 중심이었지만, 차제에 생태계 및 수서생물, 그 서식환경 보전을 중심으로 시책의 중요성이 지적되었다. 이러한 움직임은 2003년 9월 중앙환경심의회 답신 「생물의 보전에 관한 수질환경기준 설정에 대하여」에 자세히 나와 있다. 구체적인 지적은 1993년 1월 중앙환경심의회 답신으로 「수질오염에 따른 사람의 건강 확보에 관한 환경기준 항목 추가에 대하여」를 시작으로, 「화학물질에 의한 물 환경 오염 대응을 검토하는 경우 사람의 건강보호 관점 뿐만 아니라 수서생물이나 생태계의 영향에 대한 고려도 중요하며, 화학물질에 의한 수서생물 등의 영향 방지라는 새로운 관점에서 환경기준 설정을 고려하는 방안을 일본에서도 조속히 검토할 필요가 있다」라고 지적하고 있다. 또한 환경기본계획에서도 도입 당시부터 그 중요성은 지적되었다.

구체적인 시책 전개로는 위에서 서술한 2003년의 답신을 근거로 삼아 수서생물의 보전에 관련이 있는 수질환경기준이 생활환경 항목의 하나로 설정되었다(제3장 6절). 그 후 수서생물 보전 소위원회에서 논의를 거쳐 2006년 6월에 다마강(多摩川) 등 4개 하천에서 최초로 유형지정이 이루어졌고, 2006년 11월에 배수기준이 설정되었다.

해당 기준 항목으로는 현시점에서 총아연 만으로 하고, 하천, 호소, 해역 마다 수서생물 서식상황의 적응성에 따른 유형을 설정하여 두고, 개별 수역에 유형을 맞추어 환경기준이 적용되는 것으로 되었다.

6) 아리아케해(有明海), 야쓰시로해(八代海) 재생 특별조치법

2000년도 아리아케해(有明海) 김 작황 부진을 계기로 국민적 자산인 아리아케해(有明海) 및 야쓰시로해(八代海)를 풍요로운 바다로 재생시키는 것을 목표로 「아리아케해(有明海) 및 야쓰시로해(八代海)를 재생하기 위한 특별조치에 관한 법률」(아리아케해 · 야쓰시로해 재생 특별조치법)이 제정되었고, 2002년 11월에 시행되었다. 이 법률에 근거하여 책정된 기본방침에 기초하여 정부 및 관계 현(縣)이 공동으로 빈산소수괴 영향 방지 대책, 퇴적물 개선, 해조장 조성 등 환경보전 및 개선, 수산자원회복 등에 의한 어업의 진흥을 도모하기 위한 각종 시책의 추진이 시행되고 있다.

또한 동 법률에 기초해서 환경성에 「아리아케해(有明海) · 야쓰시로해(八代海) 종합조사평가위원회」가 설치되었고, 시행 후 5년 이내에 실시되는 법률의 재검토와 관련하여 정부 및 관계 현(懸)이 행하는 종합적인 조사 결과에 기초하여 두 해역의 재생에 관한 평가를 실시하였다. 2006년 12월에 위원회 보고가 완료되었다.

7) 도시환경 인프라로서 바다의 재생[(14)(15)]

바다는 도시환경 인프라를 구축하는 중요한 요소이다. 수질오염이 만성화 되고 있는 대도시권 「바다」의 재생을 도모하기 위해 2001년 12월에 도시재생 프로젝트에 「바다의 재생」이 포함되어 2003년 우선 시범적으로 도쿄만(東京灣) 행동계획이 책정되었다. 이어서 2004년에는 오사카만(大阪灣), 2007년에는 이세만(伊勢灣)에 대해서도 행동계획이 책정되어 육역(陸域)으로부터의 오염부하 삭감이나 해양환경의 개선, 환경모니터링, 해역의 환경교육, 시민 참여형 이벤트 등이 실시되었다.

8) 풍요로운 마을 앞 바다(里海) 창조

폐쇄성 해역에서는 현저하게 오염된 것이 개선되기는 하였지만 그러나, 수산자원을 포함한 생태계 열화가 진행되고 있기 때문에 해조장, 간석 등의 보전 · 재생 · 창출, 수질오염대책, 지속적인 자원관리 등을 종합적으로 추진하는 것에 의하여 다양한 어패류가 서식하는 자연의 혜택이 풍요로운 바다를 창조하는 것이 중요하다. 이를 위해 21세기 환경입국 전략(2007년 1월)에 금후 1~2년 사이에 중점적으로 착수하여야 할 환경정책으로서 「풍요로운 마을 앞 바다(里海) 창조」를 자리매김하여 그 지원을 시작하고있다.

9) 물 환경에 관한 국제협력 전개

21세기는「물의 세기」라 일컬어진다. 급격한 인구증가나 도시집중, 산업발전에 의해 세계 각지에서 수질오염이나 물 부족, 홍수피해 증대 등 심각한 문제가 발생하고 있다.

국제연합개발계획(UNDP)이 발표한 2006년 판「인간 개발 보고서」에 의하면, 세계 11억 명이 안전한 음용수를 이용하지 못하고, 26억 명이 기본적인 위생시설을 이용할 수 없다고 보고하고 있다. 안전한 물 부족과 위생시설 결여는 질병이나 사망을 초래할 뿐만 아니라 물을 얻기 위한 어린이나 여성의 노동 때문에 교육이나 인간개발의 기회를 잃고 빈곤의 원인이 되는 등 생명, 건강, 경제, 사회의 면에서 커다란 문제가 대두되고 있다.

또한, 지구온난화에 따른 물 문제는 한층 심각하게 될 것으로 예측되고 있다. 한편, 일본에서는 자연 공생의 지혜와 전통, 세계에 자랑할 만한 환경·에너지 기술, 심각한 공해 극복의 경험과 지혜, 의욕과 능력이 넘치는 풍부한 인재를 가지고 있다. 환경성은 아시아 몬순 지역의 물 환경 거버넌스(governace) 향상을 목적으로 11개국의 파트너십(partnership) 하에 인재육성과 정보기반 정비를 총괄하는「아시아 물 환경 파트너십(Water Environment Partnership in Asia: WEPA)」을 2004년도부터 진행하고 있다.

또한, 2007년 4월 일·중 환경보호협력 공동성명에서 제1항목에 수질오염방지에 대해 협력을 실시하는 것이 강조된 것을 이어받아, 2008년부터 중국 농촌지역 등에서 저비용 분산형 수처리기술 보급을 목적으로 시범사업을 시작하였다.

이와 같이 일본의 수질환경행정은 태평양 전쟁 후 급격한 경제발전에 따른 극심한 수질오염 문제에 대중요법적인 대응에서부터 공해대책기본법 및 수질오염방지법에 나타난 바와 같이 예방적 대응으로의 커다란 발전을 보였고, 환경기본법 이후에는 생태계 보전 관점에서 새로운 발전을 보여 주고 있다. 세부적으로는 각각의 과제가 있지만 큰 틀에서 일본의 물 환경 행정은 역사적으로 평가할 만 하다고 생각되며, 표 1에「물 환경 행정의 발걸음」에 대한 주요 사항들을 시계열로 나타내었다.

표 1-1. 물 환경 행정의 발걸음

연	내 용
1891 (明治25年)	국회에서 아시오(足尾) 문제 토의
1897 (明治31年)	아시오(足尾) 광산 광독조사회 설치
1911 (明治44年)	공장법 제정
1948 (昭和23年)	농약단속법 제정
1949 (昭和24年)	광산보안법 제정 도쿄도(東京都) 공해방지 조례 제정
1955 (昭和30年)	이타이이타이병 보도
1956 (昭和31年)	미나마타(水俣)보건소 · 희귀병 발견 공업용수법 제정
1958 (昭和33年)	수질보전법 · 공장배수규제법(구 수질2법) 제정, 하수도법 제정
1961 (昭和36年)	건축물용 지하수 취급 규제에 관한 법률 제정
1965 (昭和40年)	중 · 참양원에 공해대책특별위원회 설치 아가노강(阿賀野川,니이가타) 제2 미나마타(水俣)병 표면화
1967 (昭和42年)	공해대책기본법 제정
1970 (昭和45年)	공해대책본부 설치, 수질환경기준 각의 결정 (소위 공해국회 개최), 공해대책기본법 등 개정, 수질오탁염방지법 제정, 농용지의 토양오염 방지 등에 관한 법률 제정
1971 (昭和46年)	환경청 발족, 중앙공해대책 심의회 발족
1972 (昭和47年)	세토내해(瀨戸內海) 대규모 적조발생에 의한 어업피해 발생 수질오탁방지법 개정(무과실배상책임 도입)
1973 (昭和48年)	세토내해(瀨戸內海) 환경보전 임시조치법 제정 화학물질 심사 및 제조 등 규제에 관한 법률 제정
1974 (昭和49年)	국립공해연구소 발족
1978 (昭和53年)	세토내해(瀨戸內海) 환경보전기본계획 각의 결정 세토내해(瀨戸內海) 환경보전 특별조치법 제정 수질오탁방지법 개정(수질총량규제 제도화)
1979 (昭和54年)	도쿄만(東京灣), 이세만(伊勢灣) 및 세토내해(瀨戸內海) 총량삭감 기본방침 책정, 시가현(滋賀縣) 비와호(琵琶湖) 부영양화 방지에 관한 조례 제정
1981 (昭和56年)	세토내해(瀨戸內海) 환경보전에 관한 부현(府縣)계획 책정, 이바라키현(茨城縣), 카스미가우라(霞ヶ浦) 부영양화방지에 관한 조례 제정
1982 (昭和57年)	호소에서 질소, 인의 환경기준 설정
1984 (昭和59年)	호소 수질 특별조치법 제정
1985 (昭和60年)	호소에서 질소, 인의 규제기준 설정, 노비(濃尾)평야, 지쿠고(筑後)·사가(佐賀)평야 지반침하 방지대책 요강 결정
1987 (昭和62年)	제2차 총량삭감기본방침 책정
1989 (平成元年)	트리클로로에틸렌(trichloroethylene), 테트라클로로에틸렌(tetrachloroethylene)에 관한 규제기준 설정 수질오염방지법 개정(지하수오염 사전방지 등 제도화)
1990 (平成2年)	수질오염방지법 개정(생활배수대책 제도화) 골프장에서 사용되는 농약에 의한 수질오염방지 잠정지침 고시
1991 (平成3年)	제3차 총량삭감 기본방침 책정 간토(關東)평야 북부지반침하방지 등 대책요강 책정 토양오염에 관한 환경기준 설정
1993 (平成5年)	수질환경기준 건강항목 확충 등 환경기본법 제정, 해역에서 질소, 인 환경기준 설정
1994 (平成6年)	특정수도 이수 장애 방지를 위한 수도수원(水道水源) 수역의 수질보호에 관한 특별조치법 제정, 토양환경기준항목 확충
1996 (平成8年)	수질오염방지법 개정(지하수오염 정화대책, 사고 시 기름에 의한 오염대책 제도화), 제4차 총량삭감 기본방침 책정
1997 (平成9年)	지하수 오염에 관한 환경기준 설정
1998 (平成10年)	수질환경기준 건강항목 확충
1999 (平成11年)	다이옥신류 대책 특별조치법 제정 토양 · 지하수 오염대책에 관한 조사 · 대책지침 책정
2000 (平成12年)	세토내해(瀨戸內海) 환경보전에 관한 기본계획 변경(조장 · 간석 보전책의 추가 등), 제2차 환경기본계획 책정
2001 (平成13年)	환경성 발족 제5차 총량삭감기본방침의 책정(질소, 인 추가)
2002 (平成14年)	아리아케해(有明海) 및 야쓰시로해(八代海)를 재생하기 위한 특별조치에 관한 법률 제정
2003 (平成15年)	아리아케해(有明海) · 야쓰시로해(八代海) 종합조사평가위원회 발족, 수질환경기준 생활환경항목 확충(수서생물 보전 관점에서 환경기준)
2005 (平成17年)	호소수질보전 특별조치법 개정(유출수 대책, 호소주변 환경보호대책 도입), 제3차 환경기준계획 책정(환경보전 상 건전한 물 순환의 확보를 향한 대응)
2006 (平成18年)	수서생물의 보전에 관한 수질기준 유형지정과 배수기준 설정 아리아케해(有明海) · 야쓰시로해(八代海) 종합조사 평가위원회 보고서, 제6차 총량삭감 방침 책정
2007 (平成19年)	21세기 환경입국 전략 책정

참고문헌

(1) 公害と防災編輯委員會(編) 自然災害 公害對策技術シリ-ズ No.2 水質汚濁(白亞書房, 1966年)
(2) 厚生省 "公害白書" (1969年~1971年)
(3) 環境廳水質保全局企劃課 水質管理課 (編) " 水質汚濁防止法の解釋と運用" (弟1法規出版, 1971年)
(4) 環境廳水質規制課(編) "公害と防止對策 水質汚濁上卷" (1973年)
(5) 武藤義一(監修) "總量規制の知識-公害對策の仕組みと實際-" (財團法人日本規格協會, 1983年)
(6) 北海學園大學開發研究所 "水質保全政策の課題と展望-隅田川を事例として-" (開發論集第39号) (1987年)
(7) 環境廳水質保全局監修 水質法令研究會(編) "水質汚濁防止法の解說" (1983年)
(8) 增原義剛(編) "圖で見る環境基準法" (中央法規, 1994年)
(9) 社團法人日本水環境學會(編) "日本の水産環境行政" (ぎょうせい, 1999년)
(10) 社團法人産業環境管理協會(編) "20世紀の日本環境史" (2002年)
(11) 大垣眞一郎ら(監修) "流域マネヅメント-新しい戰略のために-" (技報堂出版, 2002年)
(12) 環境省環境管理局水環境部 "水環境行政のあらまし" (2004年)
(13) 中央環境審議會(答申) "水生生物の保全に係する水質環境基準の設定について" (2003年)
(14) 東京彎再生推進會議 "東京彎再生のための行動計劃" (2003年)
(15) 大阪彎再生推進會議 "大阪彎再生行動計劃" (2004年)

제2장
물 환경에 관한 법률 체계

참조 ◆ 제1장

1 기초 법률 용어

물 환경 문제는 개인이나 각 기업 등의 규범과 행동이 관련되어 있으며, 행정 시책이나 규제에 크게 의존한다. 이것에 관한 법령은 다종 다양하기 때문에 그것을 파악하는 것이 일본 물 환경 행정의 이해를 위한 기본이 된다. 본 장은 물 환경에 관한 법령을 체계적으로 다룬다. 역사적 경위, 국제조약, 환경기본법, 화학물질, 자연환경창생, 행정의 순으로 정리하였지만, 우선 기본 법률 용어를 설명한다.

표 2-1. 일본법령 종류와 내용(1)(5)(6)

헌법: 국가의 기본 질서를 정한 기본 규범

조약: 국제법 상 국가 간 또는 국제연합 등의 국제기관과 체결된 성문법. 헌장, 협정, 의정서 등의 명칭으로 체결된 경우도 있지만 법적으로는 조약으로 취급한다.

법률: 성문법의 한 형식으로 국회의 의결을 거쳐 제정된다.

명령: 국가 행정기관 등이 제정하는 법의 형식 및 그 법의 총칭. 법률의 범위 내에서 정해지며, 법률에서 위임한 경우를 제외하고 벌칙이나 의무를 만들 수 없다. 정령, 내각부령, 성령 등이 있다.

정령: 내각이 그 법률의 실시에 필요한 규칙이나 법률이 위임하는 사항을 정하기 위해 제정. 각의에서 결정되며, 주무 국무대신이 서명하고 내각총리대신이 연서, 천황이 공포한다.

부령: 내각부의 권한에 관한 행정사항에 대하여 내각총리대신의 명령으로 내각총리대신이 발표한다.

성령: 각 성 대신이 주무 행정사무에 대하여 그 기관의 명령으로 발표 하는 것.

고시: 공공기관이 지정 · 결정에 근거 그 기관의 담당사무를 일반에게 알리는 사항으로 관보에 게재

통달: 공공의 상급기관이 관할의 제 기관에 그 기관의 담당사무를 시달하기 위해 소관 제 기관 및 직원에 발표 하는 것. 법령의 해석, 운용이나 행정집행의 방침 등 실무담당자의 참고자료가 된다.

조례: 지방자치단체 의회에서 제정되는 법 형식으로 법률의 범위 내에서 제정. 해당 지방공공단체 내에서만 효력을 가지며, 국가법령에 위반되어서는 안 된다. 지방공공단체가 의무를 부과하고, 또는 권리를 제한하기 위해서는 법령에 특별히 정한 경우를 제외시켜야 하며, 또한 조례에 의해야 한다.

지방공공단체의 규칙: 지사나 시정촌(市町村)장이 정하는 규정으로 법률의 실시에 필요한 세부사항을 정하는 것.

표 2-1에 정리한 바와 같이 일본 법령은 법률(의회가 제정한 법 규범)과 명령(행정기관이 제정한 법 규범)으로 대별된다. 법률에는 근본 규범인 헌법, 국가 간이나 국제기관과 체결한 조약도 포함되며, 명령에는 정부 · 내각부령 · 성령 등이 있다. 더욱이 그 구체적인 실무를 보완하는 고시, 통달(通達)이 있다. 한편, 이러한 국가 법령 이외에 지방공공단체가 정한 조례 · 규칙이 있다. 예를 들면 수질오탁방지법(법률)에 연관하여 수질오탁방지법시행령(정령), 수질오탁방지법 시행규칙(환경성령)이 있고, 또한 배출수 기준에 관한 강화기준(국가 기준치의 강화), 확장기준(규제항 외의 규제)은 조례에 따른다. 법령에는 구속력의 차이가 있으며, 일반적으로 그림 2-1과 같이 상하 관계가 있다.

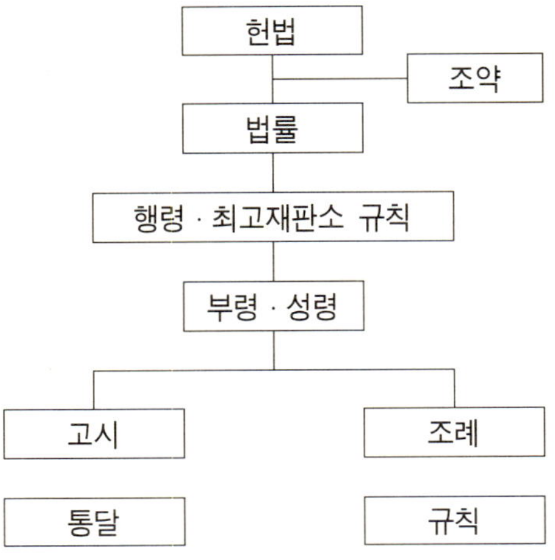

그림 2-1. 법령의 상하관계

물 환경행정은 더욱이 통달 등을 근거로 실시되고 있다. 구체적인 예로서 환경기준의 BOD에 관한 보고내용으로서 자료의 비초과 확률 75% 값을 채택하는 근거를 설명해준다. 환경성의 「통달」(환경관리국 물 환경부장이 도도부현(都道府縣) 지사 정령시 시장에게 「환경기준법에 근거한 환경기준 수역유형의 지정 및 수질오탁방지법에 기초한 상시감시 등의 처리기준에 대하여」(2001년 5월 31일)에 근거하여 "비초과율 75% 값 채택"을 요청하고 있다. 그 환경기준의 BOD 값은 환경성의 「고시」(수질오염에 관한 환경기준에 대하여, 1971년 환경청 고시 59호)에 나타나 있으며, 더욱이 환경기준을 설정하는 것은 「법률」(환경기본법 제16조, 1993년 법률 91)에 규정되어 있다. 환경기본법의 근거로는 일본헌법 제13조(행복 추구권: 모든 국민은 개개인으로 존중된다. 생명, 자유 및 행복추구에 대한 국민 권리에 대해서는 공공복지에 반하지 않는 한 입법, 그 외의 국정에서 최대한 존중), 제25조(생존권: 모든 국민은 건강하고 문화적인 최저 한도의 생활을 영위할 권리를 가진다)에 나타나 있다.

2 환경문제와 법 정비

일본은 유감스럽게도 많은 경우 공해 · 환경문제의 발생을 계기로 법령의 정비나 제정 등 환경행정의 진전이 이루어졌다. 따라서 일본에서 환경법 체계 및 내용은 그 역사와 연계하면 이해하기 쉽다. 부록 표 1-1에 일본 물 환경 관련 법률, 일본에서 환경관련 사건, 국제조약 · 해외에서의 사건으로 나누어 연대표로 정리하였다.

3 국제조약과 국내법[8][9]

1) 개요

국제조약은 헌법 이외의 국내법에 대해 상위에 위치한다. 따라서 발효 · 체결은 일본의 국내법의 성립에 큰 영향을 미친다. 여기서 환경관계 국제조약을 환경선언, 물 환경에 관한 중요한 국제조약으로 크게 나누어 국내법과의 관련도 고려하여 설명한다. 더욱이 조약의 서명 · 체결 · 효력의 의미를 표 2-2에 나타내었다.

표 2-2. 조약에서 서명, 체결, 발효의 의미

서명: 지명된 각국의 고관(통상은 국가원수나 외무장관)이 채택된 조약의 조문에 동의하고, 그것을 체결하여 체약국이 되는 의지를 나타내는 것.
체결: 조약에 구속되는 것에 대해 국가의 합의를 확정하는 것. 체결에는 국내 수속 수순의 차이로 「비준」, 「승인」, 「수락」, 「가입」의 4종류가 있지만 각 조약에 특정의 규정이 없는 한 국제적 효력은 전부 동일하다. 통상 서명 후 각국의 의회에서 조문의 내용을 실시하는 것으로 승인하고 그 뜻을 국제연합사무총장에게 전한다.
발효: 국제적 법률로서 조약이 효력을 가지는 것

2) 환경선언

국제연합을 중심으로 한 환경 관련 선언은 표 2-3과 같이 1972년 스톡홀름을 시작으로 10년마다 100개국 이상이 참여하여 개최하고 있다.

최초 회의(국제연합 인간환경회의)에서 「인간환경 보전과 향상을 위한 원칙」「인간환경의 보호와 개선은 전적으로 정부의 의무」「인위적인 해로움, 인구증가」에 대해 토의되었고, 존엄과 복지를 유지하는 환경으로 자유 평등, 충분한 생활수준을 향유하는 기본적 권리, 현재와 미래를 위해 천연자원의 보호, 야생동물보호, 갱신 할 수 없는 자원의 이용, 유해물질의 배출 규제, 해양오염, 인구정책, 핵무기에 관한 「인간 환경선언」이 선언되었다. 10년 후인 1982년, 나이로비에서 국제연합환경계획 회의에서 인간환경선언 이후의 새로운 과제로 오존층 변화, 이산화탄소 증가, 산성비, 숲의 감소, 사막화, 낭비적 소비형태의 경계 등이 제기되어 환경문제는 국경을 초월하는 것이 되었다.

1992년에는 환경과 개발에 관한 국제연합회의/지구정상회의가 개최되어 「환경과 개발에 관한 리우 선언」이 선언되었다. 그 중에는 지구의 불가분성, 상호 의존성을 인식하고 27개의 원칙을 선언하였으며, 지속가능한 발전(국제연합의 「환경과 개발에 관한 세계위원회」의 보고(우리의 공통 미래, 1987)에 의해 개발과 보전의 조화, 지속적 발전 고려), 환경영향평가, 여성, 전쟁에 관한 문제가 제시되었다. 또한, 행동계획도 「Agenda 21」에 제시되었다.

표 2-3. 국제연합을 중심으로 한 환경관련 선언

연	월	선언/행동계획	회의	장소	참가국
1972	6	인간환경선언/환경국제행동계획	국제연합인간환경 회의	스톡홀름	113
1982	5	나이로비 선언	UNEP관리이사회특별회의	나이로비	105
1992	6	리우 선언/Agenda 21	환경과 개발에 관한 국제연합회의 (지구정상회의)	리우데자이네로	180
2002	9	요하네스버그 선언	국제연합주체 수뇌회의	요하네스버그	190

3) 물 환경에 관한 중요한 국제조약

표 2-4는 물 환경에 관한 중요한 국제조약에 대해 정리하였다. 이것은 화학물질의 국제적 취급 방법을 정한 것으로 자연환경 및 생물보전 정책으로 구별된다. 먼저 여기서는 화학물질에 관한 조약에 대해서 설명하며, 그 다음에 생물의 보전정책에 관한 조약에 대

표 2-4. 물 환경 관련 중요한 국제 조약

조약명(약칭)	내용	채택	발효	일본 체결	비준국 수 (조사년월)
런던조약	육상에서 발생한 폐기물의 해양투기 · 소각의 규제	1972	1975	1980	85(2008/10)
MARPOL73/78조약	선박으로부터 유류 등 유해물질 배출 등에 관한 규제	1978	1983	1983	148(2009/1)
바젤 조약	유해 폐기물의 국경 이동과 처분의 규제	1989	1992	1993	170(2007/4)
로테르담 조약	유해물질의 무역에 있어 사전 수속	1998	2004	1999	127(2008/12)
스톡홀름 조약	잔류성 유기오염물질의 배출 규제	2001	2004	2002	162(2008/11)
람사르 조약	습지 및 물새의 보전	1971	1975	1980	158(2009/1)
워싱톤 조약	멸종위기 야생동식물 종의 국제 거래	1973	1975	1980	175(2009/1)
생물다양성 조약	전 세계적인 생물다양성 보전 방안	1992	1993	1993	191(2008/1)

해서 이들의 개요를 설명한다. 특히 후자에 대해서는 본장 6절에서 상세히 설명한다.

(1) 런던 조약(런던 덤핑 조약)

폐기물 및 그 외 물질의 투기에 의한 해양오염 방지 조약(Convention on the prevention of marine pollution by dumping of wastes and other matter).

이 조약은 폐기물의 해양투기·해양소각을 규제하고, 해양오염을 방지하기 위해 1972년 런던에서 제정되었다. 일본은 1973년에 서명하였고, 1980년에 비준했다. 당초에는 유해물질(유기할로겐, Hg, Cd, 플라스틱, 고준위 방사능 물질 등)의 규제로 시작되었지만, 전면금지 한다는 방향으로 진행되고 있다. 일본에서는 이를 위해「해양오염 등 및 해상재해 방지에 관한 법률(1970년, 1993년 개정)이 제정되었다.

(2) 바젤 조약

유해물질의 국경이동 및 그 처분 규제에 관한 바젤 조약 (Basel convention on the control of transboundary movement of hazardous wastes and their disposal)

바젤조약은 1989년 스위스 바젤에서 작성되어 1992년 발효되었으며, 일본은 1993년에 가입하였다. 본 조약은 유해 폐기물의 처리 처분을 가능한 자국 내에서 행하는 것을 목적으로 하였고, 비 체결국으로 수출도 금지하고 있다.

(3) 로테르담 조약

국제무역의 대상이 되는 특정유해화학물질 및 구제제(驅除劑)에 대하여 사전 정보에 근거한 동의 수속에 관한 로테르담 조약(The Rotterdam convention on the prior informed consent procedure for certain hazardous chemicals and pesticides in international trade, PIC 조약)

이 조약은 유해화학물질 등의 국제취급에 있어 상대국의 수입의지에 따름과 동시에 정보교환을 하고 화학물질의 적정관리를 촉진하는 것을 목적으로 1998년에 채택되었다.

(4) 스톡홀름 조약 또는 POPs 조약

잔류성유기오염물질에 관한 스톡홀름 조약(Stockholm convention on persistent organic pollutants(POPs))

이 조약은 규제대상 잔류성유기오염물질의 제조·사용을 원칙적으로 금지하고, 배출 삭감을 지구 레벨에서 추진하는 것을 목표로 하고 있다. DDT, 다이옥신 등 12종의 잔류성유기오염물질(POPs)이 대상으로 지정되었다.

(5) 람사르 조약

물새의 서식지로서 국제적으로 중요한 습지에 관한 조약(Convention on wetlands of international importance especially as waterfowl habitat)

(6) 워싱턴 조약

멸종위기 야생동식물종의 국제간 거래에 관한 조약(Convention on international trade in endangered species of wild fauna and flora)

(7) 생물다양성 조약

생물 다양성에 관한 조약(Convention on biological diversity)

4 환경기본법과 관련법규[4]

1) 공해대책기본법에서 환경기본법으로

일본 환경정책의 근간을 정하는 환경기본법은 현재 폐지된 공해대책기본법을 그 전신으로 한다. 공해대책기본법은 1967년에 제정되어 전형 7 공해(대기, 물, 지반침하, 토양오염, 소음, 진동, 악취)를 규정하였고, 그에 대한 다양한 대응조치도 규정되었다. 그 후 1970년 공해국회에서 소위 경제조화 조항(당초는 「생활환경의 보전에 대해서는 경제의 건전한 발전과의 조화를 꾀하는 것으로 하였다」가 제1장(목적)에 기재)의 삭제를 포함한 여섯 번의 개정을 거쳐 1993년에는 환경기본법에 그 내용은 계속 이어졌다. 1993년 환경기본법 책정 시 제1장 5절 (1)「공해대책기본법에서 환경기본법으로」에도 기재한 바와 같이 한 국가 뿐만 아니라 세계 각국이 같은 의식으로 대처해야 되는 문제로 직면하고 있는 것을 배경으로 지구정상회의(1992)가 개최되었다. 이를 계기로 폐기물이나 도시형·생활형의 환경문제 등 일반적인 사회경제 활동에 의한 환경으로의 부하 증대, 표면화된 지구적 규모로 대처해야 할 문제, 주변 자연의 감소 등을 대상으로 한 지구환경시대에 대응하는 법률에 대한 정비가 검토되었다. 그 결과 공해문제에서 환경문제 일반으로 확장(목적의 1장에서 미래 국민 및 인류의 복지를 추가)이 도모되었고, 공해대책기본법의 조문을 계승하였고, 자연환경보전법의 일부가 도입되었다. 또한 지구환경보전이 그 대상이 되었다. 제정 후 열번의 개정(2008년 8월까지)을 거쳐 현재에 이르렀다. 현재의 환경기본법에서는 공해대책기본법의 주 목적인 공해방지에 더하여 세계 전체 및 장래 환경 설계를 기반으로 저환경부하 사회 구축 및 지구환경보전을 목표로 하였다.

2) 환경기본법

3장 46조에 달하는 현 환경기본법의 주요 내용을 요약하면 다음과 같다.

제 1장 총칙

① 목적(제1조): 환경보전의 기본 이념을 정하고, 국가 · 지방공공단체 · 사업자 · 국민의 의무를 명확히 함. 환경보전 시책을 종합적 · 계획적으로 추진하여 현재 및 미래의 국민 건강으로 문화적인 생활의 확보 및 인류복지에 공헌

〈환경보전 기본 이념〉

② 현재 및 미래 세대가 환경의 혜택을 향유하고, 미래에 계승(제3조)

③ 모든 사람의 공평한 역할 분담 하에 환경으로의 부하가 적은 지속적 발전이 가능한 사회의 구축(제4조)

④ 국제적 협조로 적극적인 지구환경 보전 추진(제5조)

〈각주체의 책무〉

⑤ 국가의 책무(6조): 환경보전에 관한 기본적 활동, 종합적 시책을 책정, 실시

⑥ 지방공공단체의 책무(제7조): 국가에 준하는 시책과 그 구역에 적합한 시책을 책정, 실시

⑦ 사업자의 책무(제8조): a) 사업활동에 수반하는 매연, 오수, 폐기물 등의 처리 등 자연환경보전에 필요한 조치 실시, b) 폐기물로 되었을 경우 적정한 처리가 가능하도록 제품화, c) 환경부하의 저감 · 재자원화

⑧ 국민의 책무(제9조): 일상생활에 수반하는 부하의 저감에 노력

제2장 환경보전에 관한 기초적 시책

⑨ 환경기본계획(제15조): 환경보전의 종합적 · 계획적 추진을 위해 정부가 정함

⑩ 환경기준(제16조): 인간건강 보호와 생활환경 보전을 위한 대기, 수질, 토양, 소음에 대하여 바람직한 기준을 정부가 정한다. 수치는 환경성 고시로 나타냄

⑪ 공해방지계획(제17조): 환경대신의 지시에 의해 도도부현(都道府縣)이 a) 공해가 현저하고, b) 인구의 급격한 집중 장소로 정한다.

⑫ 환경영향평가(제20조): 토지 형질 변경, 공작물의 신설 등을 수반하는 사업자는 그 것에 의한 환경 영향을 조사하고 예측 또는 평가를 행한다. 국가는 그것에 기초하여 보전을 위해 필요한 조치를 한다.

제3장 환경보전에 관한 심의회와 그 외의 합의제의 기관 등

3) 관련법규와 기준

환경기본법은 일본에서 환경보전의 이념과 원칙을 나타내는 것이다. 실제 보전을 위해 다양한 법률이 제정 · 시행되고 있다. 그림 2-2는 물 환경에 관한 주요한 규칙과 규제를 정리한 것이다. 환경기본법에서는 사람의 건강을 보호하고, 생활환경을 보전 유지하는 것이 바람직한 수질오염에 관한 「환경기준」을 정하여 규정하고 있다. 그 달성을 위해 공장 및 사업장에서 수질오염방지법의 「배수기준」으로 규제를 실시하고, 일반가정의 생활배수 대책으로 하수도법에 의한 수도 보급을 추진하고 있다. 또한 호소에 대해서는 호소 수질보전 특별조치법으로 호소환경 보전을 도모하고, 수도에 대해서는 수도법으로 환경위생을 확보하고 있다.

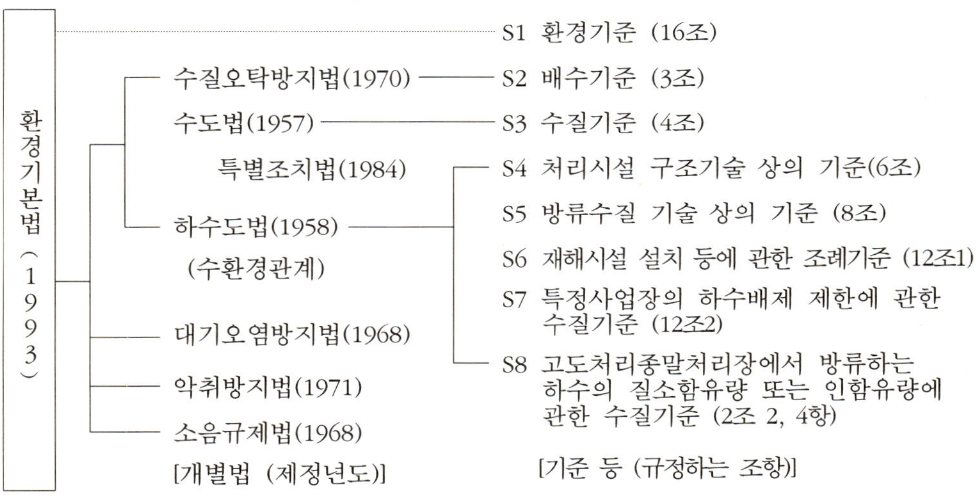

그림 2-2. 물 환경 관련 법규와 기준

그림 2-3은 이들 각종 법률에 정해져 있는 각종 기준의 관계를 도식화한 것이다. 우리들의 건강에 직접 관련 있는 수도에 대해서는 수질기준(S3)이 기준이 되지만 처리를 담당하는 정수장은 원칙적으로 탁도와 병원균의 제거를 목적으로 한다. 정수장에서 모든

유해물질이 제거 가능한 것은 아니므로 수도수질기준 달성은 원수수질을 안전한 수준이 되게 한다. 환경기준(S1)은 이를 위한 기준으로 BOD, SS 등의 생활환경 항목에서는 유형별로, 중금속 등 건강 항목에서는 전국에 일률적으로 기준이 설정되어 있다. 환경기준을 달성하기 위해 벌칙 규정을 가진 「배수기준」(S2)으로 공장 등의 사업소를 규제하고 있다. 한편, 일반 가정 배수기준의 적용은 곤란하므로 하수도 보급률 향상 등으로 대처하고 있다. 하수처리장은 일반 가정이 오염원이 되는 생활환경 항목 중 SS, 대장균군수, BOD를 관리지표로 처리하여 유기성 오염방지나 역학적 안전성을 확보하고 있다. 최근에는 부영양화 방지도 중요하여 질소와 인을 제거하는 시설이 증가하고 있다. 하수처리장은 생활환경 항목의 적극적인 제거시설로서 건설되기 때문에 일반 사업소에 부과되는 배수기준(S2)과 더불어 생활환경 항목에 대하여 보다 엄격한 방류수 수질의 기술기준(S5)과 처리시설 구조의 기술기준(S4)이 하수도법에 규정되어 있다. 폐쇄성 수역으로 방류하는 고도처리 하수처리장에서는 더욱이 질소와 인의 규제기준(S8)을 적용받고 있다.

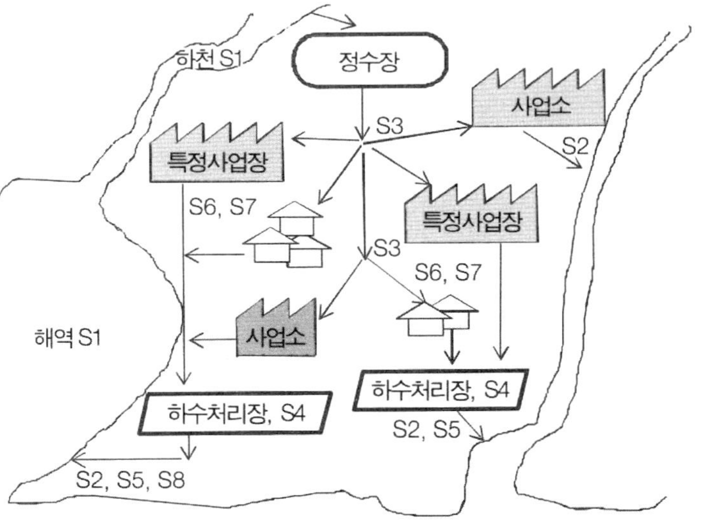

(S1~S7은 그림 2-2의 기준에 대응)

그림 2-3. 각 기준값의 적용

하수처리장은 일반 가정 뿐만 아니라 공장 등 각종 사업소의 폐수도 유입된다. 이러한 사업소는 하수도 사용 요금을 지불하는 대신에 공공용수역에 방류하는 경우에 적용되는 배수기준이 면제된다. 그러나 하수처리장은 생활환경 항목 만이 처리가 가능하므로 건강항목에 대해서는 원칙적으로 처리능력을 갖추지 않는다. 그래서 하수처리장에서는 특정사업장에 대해서 하수배제 제한기준(S7)을 적용하고 있다. 또한, 하수처리장 처리기능에 영향을 주는 수질에 대해 제외시설의 설치 등에 관한 조례기준(S6)을 만들어 대처하고 있다(제4장 3절).

5 화학물질에 관한 법률

1) 개요

현재 우리 주변에는 다양한 화학물질이 사용되고 있지만 그 중에는 우리의 건강이나 생활환경에 부정적인 영향을 미칠 가능성이 있는 물질이 많다. 물 환경의 직접적인 관리 · 규제를 위해 「환경기준」(환경기본법)이나 「배수기준」(수질오탁방지법)이 정해져 있지만 동시에 수입, 제조, 판매, 사용 등 다양한 단계에서도 다양한 법률로서 규제되고 있다.

표 2-5. 화심법의 대상범위

1. 물질
   1.1 대상이 아닌 것
      방사능 물질 · 원소 · 천연물
      특정독물(독물 및 극물단속법)
      각성제 · 동 원료(각성제단속법)
      마약(마약 및 향정신제단속법)
   1.2 대상이 되는 것
      난분해성 물질
2. 용도(이용)
   식품 · 동 첨가물 · 동 용기포장 · 동 장난감 · 동 세정제(식품위생법)
   농약(농약단속법)
   보통비료(비료단속법)
   사료첨가물(사료의 안전성 확보 및 품질개선에 관한 법률)
   의약품 · 의약외부품 · 화장품 · 의료용구(약사법)
3. 과정
   3.1 규정이 있는 과정
      제조 · 수입: 실적 제출 ~금지
      사용: 제한
   3.2 규정되지 않은 과정
      저장 · 판매 · 배출 · 폐기 · 수출

화학물질에 관한 법률을 고려할 경우 ①화학물질 종류, ②용도(이용), ③과정(제조, 수입부터 폐기과정)이 중요하고, 이것에 주목하여 각종 법률의 역할 및 장악 범위를 정리하고, 이해 할 필요가 있다. 본 절에서는 화학물질에 관한 중심적 법률「화학물질의 심사 및 제조 등의 규제에 관한 법률」(1973년 제정,「화심법」)과 기타 법률에 대하여 개요를 설명한다.「화심법」의 주요한 법규에 대해서는 제11장에서 상세히 서술한다.

2) 화심법의 내용과 범위(4)(10)(11)

화심법은 난분해성으로 사람의 건강이나 동·식물의 생식에 장애를 주는 화학물질에 의한 환경오염방지를 목적으로 하고 있다. 이를 위해 신규제조, 수입예정 물질의 사전 심사제도 및 특정 성상을 가진 화학물질의 제조·수입·사용에 대한 규제를 정하고 있다(제1조). 본 법은 화학물질에 관한 총체적인 문제를 다루지는 않는다. 본 법의 대상범위는 ①물질의 종류, ②용도(이용), ③과정 등 3가지 관점이 중요하며, 표 2-5에 정리하였다.

①물질의 종류에 대해서는 동법 제2조에서 "이 법률에서「화학물질이란 원소 또는 화합물에 화학반응을 일으켜 이것에 의해 얻어지는 화합물(방사능 및 다음에 게제한 물질 제외)을 말한다"로 정의 되어 있다. 이런 의미에서 천연물이나 원소는 제외하고, 방사성 물질이나 제2조 각 호에 지정된 물질(표 2-5의 1.1)은 대상에서 제외된다. 대상 외의「특정물질」「각성제」「마약」은 표 내의 ( )에 명기되어 있는 법률에 의해 엄격하게 규제된다.

②용도에 대해서는 동법 제40조에 예외 규정이 있으며, 특정화학물질이 특정의 목적·용도(식품·의료 등)에 사용되는 경우 그것에 관한 법률에 규제를 위임하고 있다. 단지 전기의 물질 종류와는 달리 이들과 다른 각 법률에서 지정된 물질도 지정된 용도 외에 사용되는 경우 화심법의 적용범위가 된다. 예를 들어 사카린(saccharin)은 식품위생법에서 식품첨가물로 규제되어 있지만 이것이 공업용도로 이용되는 경우 화심법의 규제대상이 된다.

③과정에 대해서는 화심법에서 수입·제조 및 사용 이외에는 서술되어 있지 않다. 이것 이외의 과정(저장·판매·배출·폐기·수출)에 대해서는 다른 법률에 위임되어 있다. 그러나 제1종 특정화학물질과 같이 제조·수입이 거의 금지되고 또 회수명령도 가능한 규제물질은 실질적으로 판매·배출·폐기·수출을 규제할 필요가 없다고 고려되었다.

3) 화심법 이외의 화학물질 취급과 PRTR제도

위에서 서술한 바와 같이 현 상황에서 화심법은 특정 성상의 화합물에 대해 특정 용도 이외의 경우 그 제조, 수입 및 사용을 규제하고 있으며, 그 외의 경우는 각종 법률에 의해 규제되고 있다. 관련 법률 및 대상물질 · 용도 · 과정에 대하여 주요한 내용을 부록 표 1-2에 정리하였다.

우선, 대상물질의 관점에서 관련 법률을 설명한다. 방사능물질은 「원자력기본법」을 중심으로 하고, 「방사능 동위원소 등에 의한 방사능 장애방지에 관한 법률」이나 「핵 원료물질 및 원자로의 규제에 관한 법률」 등에서 규제되고, 별도의 법률체계 하에서 관리되고 있다. 방사능 물질은 화심법 뿐만 아니라 많은 환경 관련 법률(수질오탁방지법 외)에서 예외로 적용되고 있다. 특정물질, 각성제, 마약 등은 각각 「독물 및 극물단속법」, 「마약 및 향정신제단속법」, 「각성제단속법」에서 규제하고 있다. 화심법은 제조 · 수입 · 사용 규제이지만, 방사능 물질도 포함하는 물질은 그 관련 법규에 의해 소지 · 저장 · 운반 · 양도 등도 규제되고 있다. 화심법 법문 내에는 특별한 기술은 없지만 화학병기(독가스 성분), 다이옥신에 대해서는 각각을 대상으로 하는 특정 법률이 있다.

한편, 용도에 대해서는 표 2-5에 나타낸 각각에 대하여 부록 표 1-2의 법률에서 규제되고 있다.

물질의 제조에서 폐기에 이르는 각종 과정은 다양한 법률에 정비되어 있다. 노동안전위생법은 노동자의 건강장애방지를 위해 특정 제조물 · 사용물에 대하여 그 제조 · 수입 · 양도 · 제공 · 사용금지 등을 규제하고 있다. 환경 중(호소 · 하천 · 해역의 만 · 지하수), 수도, 배수, 하수로의 배제수 및 동 처리수 등의 수질에 대해서는 환경기준법 외 각종 법률에서 다수의 유해물 농도규제 등이 있다. 한편, 폐기나 해양투기, 수출입에 대해서는 「폐기물의 처리 및 청소에 관한 법률」에서 규제를 받는다.

이상의 대부분은 화심법과 상호 보완적으로 기능하는 형태의 법규이지만 「특정화학물질의 환경 배출량 파악 및 관리개선 촉진에 관한 법률」(화관법)은 화심법이 제조를 중심으로 규제하는 법률(입구 규제)임에 비해 환경으로의 방출량의 파악이나 정보제공으로 사업자의 자주적인 관리에 대하여 규정하는 것으로 화학물질 규제에서 중요한 역할을 담당하고 있다. 본 법에 대해서는 제11장에서 상세히 서술한다.

6 자연환경의 창생과 생물다양성 보호

1) 개요(12)

지구상에는 알려진 것만도 175만 종의 생물이 있지만, 미 발견 종을 포함하면 1,000만 ~3,000만 종에 달한다고 추정되고 있다. 그리고 이러한 종은 현재 1년 사이에 4만종이 멸종되고 있다고 하며, 역사적으로 일찍이 경험하지 못한 속도로 많은 종이 없어지고 있다. 인간을 포함한 생물군의 관계는 기후, 온도, 지형, 토양 등의 자연환경을 포함하여 대단히 복잡하게 연관되어 있다. 따라서 갑짝스런 종의 멸종은 지금까지 장기간에 걸쳐 균형을 유지하면서 이루어졌으므로 생태계에 악영향을 미치지 않았다. 물 환경에 대해 살펴보면, 호소, 습지, 하천 등의 수생태계는 매우 미소한 균형으로 생태계를 형성하고 있다. 가시연꽃이나 노랑어리연 등 인간에 의해 환경이 악화되어 멸종 위기에 처한 수서식물은 많다. 이러한 연안역의 개발은 생물 서식지를 파괴할 뿐만 아니라 어업자원의 감소, 정화기능 저하를 일으키고 있다. 또한, 서식지 감소나 노화가 멸종 원인의 80% 이상을 차지하고 있다고 국제자연보호연합(IUCN)이 보고하였다.

2) 국제조약(13)(14)

자연환경이나 생물다양성 보호와 관련한 국제조약의 개요를 표 2-4에 나타내었다. 1960년대 초기 구미 각국에서는 물새(水鳥)의 개체 수 감소가 현저한 것으로 보고되어 물새의 중요한 서식지인 습지를 지키려는 목소리가 높아졌다. 「생물다양성의 요람」으로 일컬어지는 습지는 사회경제 성장에 따라 감소하게 되어 자연보호의 관점에서 무엇인가의 대책을 강구할 필요가 있었다. 1971년 이란의 람사르라고 하는 카스피해 연안의 작은 도회지(町)에서 물새와 습지에 관한 국제회의가 개최되었고, 여기서 「특히 물새의 서식지로서 국제적으로 중요한 습지에 관한 조약」(람사르 조약)이 채택되었다. 목적은 특히 물새에 주목하고 그 서식지로서 국제적으로 중요한 습지 및 그곳에 서식하는 동・식물 보전과 습지를 현명하게 이용하는 것이다. 1973년 「멸종 위기에 있는 야생동식물 종의 국제취급에 관한 조약(워싱턴 조약)」이 미국의 워싱턴에서 채택되었고, 1980년 일본도 체결하였다. 그러나 람사르 조약, 워싱턴 조약 등은 특정 지역 및 종의 보전만을 다루는 것이며, 생물다양성 전체의 보전은 다루지 못한다는 인식에서 보전을 위한 포괄적인 틀로서「생물다양성에 관한 조약」이 제안되어 1992년에 채택되었다. 목적은 ①생물다양성의 보전, ②생물다양성 구성요소의 지속가능한 이용, ③유전자원의 이용으로부터 발생하는 이익의 공정한 배분 등 3가지이다.

3) 일본 내의 법률[15]

일본에서 자연환경 보호에 관한 법률은 명치시대로 거슬러 올라간다. 당시, 부국강변을 위해 도시의 무질서한 개발이 활발하게 이루어 졌고, 급속하게 자연 경관이나 중요한 동식물이 소실되는 것에 위기를 느껴 1895년에 수렵법, 1931년에 국립공원법이 정비되었다. 본 법은 1949년에 일부개정, 1957년에 전면개정이 이루어져 자연공원법으로 되었다. 목적은 우수한 자연풍경지를 보호함과 함께 그 이용의 증진을 도모하므로서 국민의 보건, 휴양 및 교화에 기여하는 것이다. 자연공원으로 지정된 구역 내에는 보호의 중요도에 따라 각종 행위가 규제되고, 건축물 설치나 나무와 대나무의 벌채 등의 행위를 할 때에는 환경대신 또는 도도부현(都道府縣) 지사의 허가가 필요하게 되었다.

1951년에 제정된 수산자원보호법은 수산자원의 보호 배양을 도모하고, 더우기 그 효과를 미래에도 유지하며, 어업의 발전에 기여하는 것을 목적으로 하고 있다. 1963년 수렵법이 조수보호법(조수의 보호 및 수렵에 관한 법률)로 개정되었다. 도도부현(都道府縣) 지사는 환경대신이 정한 기준에 따라「조수보호사업계획」을 마련하고, 여기에 기초하여 조수보호구역 등의 설정이나 인공증식 등의 조수보호사업을 추진하였다. 본 법에서는 원칙적으로 수렵 조수 이외의 야생 조수는 포획이 금지되어 있다.

1964년 신하천법이 제정되었다. 그러나 그 후 물 이용(利水)의 고도 이용에 따라 하천환경이 현저히 훼손되는 사례가 많았고, 과도한 하천개발에 대한 비판이나 경종을 울리는 의견이 많아져서 1997년에 대폭 개정되었다. 이 개정의 최대 특징은 하천환경의 유지 · 보전을 법의 목적에 넣은 것이다. 예를 들면 종래의 콘크리트로 주로 이루어진 호안공사의 수정, 발전용 댐을 포함한 댐의 하천유지방류 의무 부과, 하천생태계나 식생의 보호 · 육성이 하천관리의 목적에 추가되었다(제8장 5절).

1960년대에는 경제의 고도성장에 수반하여 국토개발이 광역화 · 대규모화되어 자연보호를 위한 개발규제 등은 개별 법률로는 대처가 어렵게 되었다. 그래서 자연보호를 위한 기본 이념을 명확히 하고, 자연보호 정책을 강화하기 위해 1972년에 자연환경보전법이 제정되었다. 본 법은 자연환경 보전에 관한 기본적 사항을 정한 법률로서 자연공원법이나 그 외의 자연환경 보전을 위한 법률과 함께 자연환경의 적정한 보전을 종합적으로 추진하는 것을 목적으로 하고 있다. 그 후 1993년에는 복잡화 · 지구규모화 하는 환경문제에 대처 가능하도록 환경기준법이 제정됨에 따라 자연환경보전법의 일부가 개정되었다.

1992년에는 멸종위기에 있는 야생동식물 종의 보호에 관한 법률(통칭: 종보존법)이 제정되었다. 본 법에서는 멸종위기에 있는 야생동식물종을 지정하고 해당 종의 포획 · 채취, 양도 등을 원칙적으로 금지함과 동시에 필요에 따라 그 서식환경을 보호하기 위해 서식지 등 보호구역의 지정이나, 적극적으로 종의 보호를 위해 보호 증식사업의 실시를 규정하고 있다.

생물다양성조약에 기초하여 일본에서는 생물다양성 보전과 지속가능한 이용에 관한 국가정책 목표와 대처 방안을 정하는 것으로써 생물다양성 국가전략이 책정되었다. 1995년 「생물다양성 국가전략」 결정 후 2002년의 「신생물다양성 국가전략」을 거쳐, 2007년 11월에 「제3차 생물다양성 국가전략」이 각의에서 의결되었다. 제3차 생물다양성 국가전략은 「전략」과 「행동계획」의 2부로 구성되어 있다. 「전략」으로는 삶을 지탱하는 생물다양성의 중요성을 이해하기 쉽게 설명함과 동시에 표면화되고 있는 지구온난화의 영향을 새롭게 서술하고 있다. 또한, 생물다양성으로부터 본 국토의 바람직스러운 모습의 이미지를, 과거 100년 간 파괴해 온 국토의 생태계를 100년에 걸쳐 회복하는「100년 계획」을 제시하는 것과 함께 지방 · 민간 참여의 필요성을 강조하고 있다. 이러한 선상에서 향후 약 5년 동안에 다루는 시책의 방향성을 "[1]생물다양성을 사회에 침투시키고, [2]지역에서 인간과 자연의 관계를 재구축 하고, [3]숲, 마을, 하천, 바다의 연계성을 확보하여, [4]지구규모의 시야를 가지고 행동한다"는 4가지 「기본전략」으로서 정리하였다.

상기와 같이 야생생물에 관한 법률에는 조수보호법이나 특정외래생물법, 종보호법 등이 있지만 법률마다 이념이나 규제배경이 각양각색이다. 생물다양성을 장래에 걸쳐 확보하기 위해서는 관련 시책을 종합적 · 계획적으로 추진할 필요가 있다. 이것을 실현하기 위해 2008년에 의원 입법으로 생물다양성기본법이 제정되었고, 생물다양성 국가전략은 동법에 그 책정이 명기되는 것으로부터 법적근거를 확보하였다.

훼손된 자연을 회복하기 위해 자연재생추진법이 제정되었다. 본 법은 자연재생에 대한 기본이념을 정하고, 실시자 등의 의무를 명확히 함과 동시에 자연재생 기본방침의 책정, 그 외의 자연재생을 추진하기 위해 필요한 사항을 정함으로써 자연재생에 관한 시책을 종합적으로 추진하고, 생물다양성 확보를 통해 자연과 공생하는 사회 실현을 도모하고, 지구환경보전에 기여하는 것을 목적으로 하고 있다.

제3조에는「자연재생은 지역에서 자연환경의 특성, 자연 복원력 및 생태계의 미묘한 균형을 바탕으로 하고 더욱이 과학적 지식에 기초하여 실시되어야 한다」「자연재생 사업은 자연재생 사업의 착수 후에도 자연재생 상황을 감시하고, 그 감시결과에 과학적 평가를 실시하여 해당 자연재생 사업에 반영하는 방법으로 실시되어야 한다」라고 기재되어 있고, 현재에는 자연재생 사업을 과학적으로 평가하기 위한 연구가 각 방면에서 진행되고 있다.

7 행정 각 부 · 국의 역할 분담

수질관리는 강우량, 물 이용, 역사적인 물 이용 관행 등 지역성이나 역사적으로 물 관리는 다른 섹타(sector), 다른 계층성 등에 걸쳐 있으므로 세계적으로도 물 관리를 일원적으로 행하는 일은 거의 없다. 일본의 물 관련 행정도 수평적인 연결이 미약하고 상하 관계로만 업무가 분담되어 있다. 지방정비국, 지방농정국, 지방산업경제국 등 지역에 있어서의 국가기관이 각각의 입장에서 관리하고, 도도부현(都道府縣), 정령시(政令市) 등 지방자치단체에서도 국가의 조직 · 시책에 대응한 체계로 되어 있는 경우가 많다.

표 2-6은 물 행정 관리와 규제, 물 이용, 배수관리의 관점에서 관계되는 국가의 부와 국을 나타낸 것이다. 또한 이들 부와 국이 주로 소관하는 물 행정에 관한 법률을 표시함과 동시에 물 행정에 관한 소관 개요를 나타냈다. 환경성(수질, 생태계, 폐기물, 정화조), 국토교통성(수자원, 하천, 하수도), 후생노동성(수도), 농림수산성(용배수, 산림, 수산), 경제산업성(공업용수, 수력발전) 등 앞에서 언급한 바와 같이 수량, 수질, 생태계, 유역관리가 모두 각 성 · 청(省 · 廳)에 걸쳐 있고, 더욱이 같은 성 · 청(省 · 廳) 내에서도 복수의 부 · 국에 걸쳐 있어서 물 행정을 일원적으로 종합관리하는 체계와는 거리가 먼 실정이다. 이 때문에 수원 개발, 물 공급시설 정비, 치산 · 치수 대책, 산림의 보전 · 정비 · 수도수원 등의 수원보전 대책, 유역의 수질보전 대책, 점오염원 · 비점오염원의 배수 대책, 지하수 이용의 적정화, 잡용수 이용 촉진 등 제 시책이 개별적 · 경쟁적으로 실시되어 왔으며, 수자원 관리나 물 환경보전이 반드시 적절히 수행되고 있다고는 말하기 어려운 현상이다.

이러한 현상에 대한 반성으로 최근 각 성, 청, 부(省 · 廳)의 심의회나 연구회, 관련 기관에서 물 순환이나 물 환경 관점을 중시하고, 유역 단위의 종합적 수질관리를 요구하는 의견이 많이 나오고 있다. 또한, 1998년 8월에는 6개 성 · 청(省 · 廳)(당시) 담당과장 수

표 2-6. 일본 수산행정에 관한 주요 국가조직과 소관업무

	성청	부국	소관 주요 법률	소관업무	관리자 · 사업자
관리 · 규제	환경성	종합환경정책국	환경기본법 환경영향평가법 등	공해방지계획 환경평가(assessment) 등	도도부현, 정령시
		환경보건부	화학물질의 심사 및 제조등의 규제에 관한 법률 특정화학물질의 환경으로의 배출량의 파악및 관리의 개선 촉진에 관한 법률	화학물질대책 PRTR 등	도도부현
		수 · 대기환경국	수질오탁방지법 특정수도이수장애방지를 위한 수도수원(水道水源)수역의 수질보전에 관한 특별조치법 세토내해환경보전특별조치법 호소수질보전특별조치법 다이옥신대책특별조치법 토양오염대책법 공업용수법	하천, 호소, 해역의 수질환경기준 지하수의 환경기준 다이옥신류의 환경기준 배수규제 총량규제 수질보전계획 수도수원(水道水源)수질보전 폐쇄성수역수질보전계획 호소수질보전계획 토양 · 지하수오염대책 지하수지반침하대책	도도부현, 정령시
		지구환경국	해양오염 등 및 해상재해 방지에 관한 법률	해양의 수질오탁 방지 등	
	국토교통성	토지 · 수자원국 수자원부	수자원개발촉진법 수원지대책특별조치법 등	수자원계획, 수자원유효이용시책, 수원지대책 등	
		하천국	하천법 특정도시하천침수피해대책법 특정다목적댐법 해안법 수방법 수도원수수질보전사업실시촉진에 관한 법률	하천 · 댐사업 수이권 치수 · 이수 · 하천환경 해안사업 방재 수도원수보전사업 등	지방정비국 수자원기구 도도부현, 시, 정촌
		사방(砂防)부	사방법 등	사방사업 등	지방정비국 도도부현
		항만국	항만법 등	항만사업 등	지방정비국 도도부현
		종합정책국	해양오염 등 및 해상재해방지에 관한 법률	해양의 수질오탁방지 등	
	농림수산성	농촌진흥국	토지개량법 등	토지개량사업, 농지관리 등	도도부현
		임야청	산림법 등	수원, 산림정비 등	
물이용	후생노동성	건강국	수도법 수도원수수질보전사업의 실시 촉진에 관한 법률	수도사업 수도원수보전사업 등	도도부현, 시정촌등
	농림수산성	농촌진흥국	토지개량법 등	농업용수 토지개량사업 등	지방농정국 도도부현, 토지개량구
		수산청	어업법, 수산자원보호법 등	수산자원보호 등	
	경제산업성	경제산업정책국	공업용수법 공업용수도사업법 등	공업용수와 공업용수사업 등	
		자원에너지국		수력발전사업 등	전력사업자
배수관리	환경성	폐기물 · 리사이클 대책부	폐기물 처리 및 청소에 관한 법률 정화조법 등	폐기물 처리기준 시설기준 정화조 구조 · 관리 등	도도부현시정촌 정화조 관리자등
	국토교통성	도시지역정비국 하수도부	하수도법 등	하수도사업 유역별하수도정비종합계획 하수처리수재이용사업 등	도도부현, 시, 정촌
		주택국	건축기준법 정화조법 등	급배수건축설비 정화조 구조 등	건축물소유자 시, 정촌
	농림수산성	농촌진흥국		농촌집락배수사업 등	토지개량구 등
		임야청		산촌집락배수사업 등	지역
		수산청		어업촌집락배수사업 등	지역
		생산국	축산배설물의 관리적정화 및 이용촉진에 관한 법률	가축배수관리 등	

준에서 「건전한 물 순환계 구축에 관한 관계 성 · 청(省 · 廳) 연락회의」가 설치되었다. 본 연락회의는 2003년 10월 「건전한 물 순환계 구축을 위한 계획 수립을 향하여」를 매듭지웠고, 물 순환의 건전화를 위해 지역에서 실천하고 있는 주체에 대해서 응답하고, 어떠한 목표나 과정으로 실제로 대처할 것인가, 지역의 주체적 · 자립적인 생각, 구체적인 시책을 도출하기 위한 기본적인 방향이나 방법을 제시하였다. 이 중에는 앞으로 본 연락회의를 통하여 지역현상을 파악하는 「수자원 평가(assessment)」나 「유역 물 정보」등의 조사검토를 실시하고, 그 성과를 「건전한 물 순환계 구축을 위한 계획」 추진에 활용토록 하고 있다(제8장 2절).

수자원백서에는 유역의 수질 · 수량의 일원적 관리의 바람직한 형태를 명확히 하고, 그 실현을 향한 공공용수역의 유입부하량 삭감 · 시설배치 등의 구체적인 수질대책, 위기관리대책 · 제휴 방안 등의 대처 내용을 검토하고, 이것을 관계자가 제휴하여 작성하는 계획에 자리매김한 다음에 실시하는 것이 효과적이라고 기록하고 있다. 또한 대책 실시에는 관계자 간 대처 상황 등의 정보교환, 진도 조정 등을 면밀하게 실시하는 것에 의하여 대책의 실효성을 높일 수 있다고 판단하였다. 이러한 일련의 대처를 원활하게 실시하기 위해서는 관계자의 연대나 조정의 장으로서 유역마다 수량, 수질에 관련 있는 사람이 한 곳에 모일 수 있는 장소, 국가차원에서도 공통인식의 형성, 연대 · 협력의 방법에 관한 검토 · 정리를 행하기 위한 장소가 필요하다. 이것을 활용하여 대책을 추진하는 것이 유의하다고도 한다. 그러나 지금까지 현실적으로 이러한 방향으로의 실질적인 움직임은 거의 나타나지 않았다.

참고문헌

(1) 交告尙史・臼杵知史・前田陽一・黑川哲志『環境法入門』(有斐閣,2005年)
(2) 山村恒年『環境法入門-その可能性と課題-全面改訂2版 』(昭和堂, 2004年)
(3) EICﾈｯﾄ: http://www.eic.or.jp/
(4) 法庫: http://www.houko.com
(5) 林雄介『 法令・條例實務入門』(ぎょうせい, 2004年)
(6) 金子宏・新堂辛司・平井宣雄『法律學小辭典』第 4版(有斐閣,2004年)
(7) 畠山武道『自然保護法講義(第 2版) (北海道大學圖書刊行會, 2001年)
(8) 西井正弘編『地球環境條約-生成發展と國內實施-』(有斐閣,2005年)
(9) 石野耕也・磯崎博司・岩間徹・臼杵知史編『國際環境事件案內』(信山社, 2001年)
(10) 經濟産業省・厚生勞動省・環境省「逐條解說 化審法」
http://www.env.go.jp/chemi/kagaku/etc/tikujyo-faq.html (2004年)
(11) 環境省保健部(化審法HP)
(12) 生物多樣性政策硏究會編『生物多樣性ｷｰﾜｰﾄﾞ辭典』(中央法規, 2002年)
(13) 環境省パンフレット「ラムｻｰﾙ條約と登錄濕地」(2007年)
(14) 外務省ﾎｰﾑﾍﾟｰｼﾞ(ワシントン條約)
http://www.mofa.go.jp/mofaj/gaiko/kankyo/jyoyaku/wasntn.html
(15) 自然再生推進法(平成14年12月11日法律14号)

제3장
수질환경기준

참조 ➜ 제2장 4절, 제4장, 제6장

1 환경기준으로서의 특징

1) 행정목표로서의 기준

환경기준은 환경기본법(1993) 제16조에 근거하고 있고, 정부가 정한 환경보전 행정상의 목표이다. 이러한 법적성격에 대해서는 환경기본법의 전신인 공해대책기본법에서부터 법적으로 달성되어야 할 의무는 아니며, 「유지되기를 바라는 기준」으로서 행정상의 정책목표이다. 그러나, 기준은 단지 이상적인 비전이 아니고 구체적인 시책의 도달 목표로서 착실히 달성되고, 유지되어야 한다. 기준값을 최대허용한도로 설정하는 것을 생각해 볼 수도 있지만 보다 적극적으로 유지되는 것이 바람직하다는 성격을 가지고 있다. 이것은 국민이 건강하고 문화적인 생활을 확보하기 위해서 참고 받아들여야 하는 소극적인 것보다는 정책목표로서의 입장을 취하는 것이다. 따라서 오염이 진행되지 않는 지역에 대해서는 적어도 현 상태보다 악화되지 않도록 환경기준을 설정하는 것이 바람직하다.

단, 생활환경 보전 관점에서는 수역이 평상 상태에 있는 경우를 전제하여 유지되어야 하기 때문에 갈수기 등 특이한 상태에서는 예외적으로 유지되지 않는 경우도 있다.

이와 같이 환경기준은 행정상의 목표이기 때문에 기준이 달성되지 않는 경우에도 법적으로 문책하거나 각종 오염원에 대한 책임이 즉시 부과되는 것은 아니다. 규제조치 등 법적인 구속력을 가지는 규범에서는 제2장 제4절이나 제4장에 기록되어 있는 수질오탁방지법이 해당된다. 기준이 달성되지 않는 것은 배수규제 등 각종 시책이 충분하지 않는 것을 의미하며, 수질환경기준은 배수기준의 강화나 발생원 대책 등을 유도하는 간접적인 규제 역할을 하고 있는 것이라고도 바꾸어 말할 수 있다.

아직 다이옥신류에 대해서는 「다이옥신류대책특별조치법(1999)」을 근거로 하여 수질오염 환경기준이 정해져 있다(본장 8절 참조).

2) 기준에서 보호나 보전의 대상

환경기준은 국민의 건강이나 생활환경 그 외의 이익을 위해 환경보전 상 지켜야 할 조건을 정한 것이다. 그래서 공공수역에서는 그 보호대상이 되는 항목에 「사람의 건강보호에 관한 환경기준」과 「생활환경보전에 관한 환경기준」으로 나누어 설정되어 있다. 이 중에 전자는 모든 공공용수역에 대하여 일률적으로 적용하도록 설정되어 있다. 이것은 사람의 건강을 우선해서 존중해야 하는 관점에서 일부 수역의 적용 제외나 수치에 차이를 두는 것은 적절하지 않기 때문이다. 한편 후자는 본 장의 3절에서 언급하는 것과 같이 수역별 이용목적에 따라 수역의 특성을 고려해서 기준을 설정하는 것이 적절하다고 생각된다. 또한, 지하수에 대해서는 「사람의 건강 보호에 관한 환경기준」만이 설정되어 있다(7절 참조).

3) 기준의 재검토에 관하여

환경기준은 항상 적절한 과학적 판단에 근거하여 필요하다고 판단되면 개정되어야 한다. 따라서 환경기준은 고정된 것이 아니라 다음과 같은 관점에서 적절하게 재검토하여 필요한 경우 개정되어야 한다.

① 과학적인 판단기술의 향상에 따라 기준값의 변경, 환경상 조건이 되는 항목의 추가 등

② 수질오염 상황과 수질 오염원 상황 등의 변화에 따른 환경 상 조건이 되는 항목의 추가 등

③ 수역 이용 상태변화 등에 따른 각 수역 유형의 해당 수역 및 해당 수역 유형에 관련한 환경기준의 달성기간 변경

①이나 ②에 해당되는 것으로서 유기염소화합물이나 농약물질에 대한 건강항목의 추가, 납이나 비소에 대한 기준치 강화, 유기인계 농약의 사용 중지에 따른 항목의 삭제, 호소나 해역에 유입되는 총질소나 총인에 대한 기준 추가 등이 행해질 수 있다. 이것은 과학적인 조사연구가 진행되고 새로운 오염물질의 발견, 인체나 생활환경 등에 대한 새로운 영향이 판명됨에 따라 재검토된 예이다. 1993년에 수도수질기준의 개정과 함께 사람의 건강 보호에 관한 기준항목이나 기준치가 큰 폭으로 개정되었다. 추가항목 및 비소의 기준치는 같지만 납에 대해서는 향후 개정 예정인 수도수질기준을 고려해서 엄격하게 설정되었다. 이와 같이 개정에 대해서는 행정의 계속성이 고려되고 있다. 또한 이들의 기준 개정에는 WHO의 먹는 물 수질 가이드라인이나 미국 안전음용수법 수질기준 등이

참고 되었지만 반드시 국제적인 기준치를 그대로 적용하는 것은 아니며, 일본의 사회실태에 따라 기준치를 재검토하는 것이 중요하다.

③에 해당되는 것으로는 다음과 같은 것을 들 수 있다. 일본에서는 1970년대에 많은 수역에 대해서 지정되었지만 많은 공공용수역에서 그 이용목적이나 수질오염 상황이 변화하였음에도 불구하고 재검토가 충분히 이루어지지 않았다. 그래서 유형지정에 대한 실태 파악을 위해 총 점검을 실시하여 수역 유형 지정 재검토작업이 진행 중이다. 예를 들면, 현재의 상태에서 하천의 이용목적과 부합하지 않은 하천을 적절한 이용목적의 유형으로 개정하고, 현재 상태의 수질이 상위유형을 달성하고 있는 하천에 대해서는 현재 상태의 수질을 유지하는 쪽으로 기준을 재검토하고, 저수량 1,000만m^3 이상의 인공호수에 대해서는 호소의 유형을 재검토하는 것을 들 수 있다. 이상과 같은 재검토나 개정은 중앙환경심의회에 심의를 거쳐 각료회의에서 결정하고, 환경청이 고시 하는 순서로 이루어진다.

예를들면, 나가강(中川)하류, 아라강(荒川)하류, 오고우치(小河內)댐 저수지에 대해 재검토했다. 1998년 3월에 제1차로 답신했다[(1)]. 계속해서 제2차에서는 다마강(多摩川) 중류・하류, 이나강(猪名川) 하류, 고우자키강(神崎川), 미야마(深山)댐저수지, 가와지(川治)댐저수지, 하니시(土師)댐저수지, 야가(弥榮)댐저수지, 고새강(小瀨川)댐저수지에 대해서 수질부회의 및 수질부회의 육역(陸域)환경기준 전문위원회에서 재검토하여 2차로 답신이 매듭지어져 오고 있다[(2)].

2 공공용수역의 수질환경기준(건강 항목)

1) 수질환경기준 항목의 선정방법

1970년 4월 시안, 수은, 유기인, 카드뮴, 납, 6가 크롬, 비소 등 7개 항목이 환경기준 건강 항목으로서 각의에서 결정되었고(부록 표 2-2. 별표 1), 5월에 수은에 대해서는 알킬수은과 총수은으로 나눈 후에 1971년에 환경청 고시로 환경기준 건강 항목이 설정되었다. 게다가 1974년에는 총수은에 관한 기준치가 개정되었고, 1975년에는 PCB가 추가되었다.

이러한 일련의 과정 중에서 1993년 공공용수역이나 지하수의 오염이 우려되어 건강 영향 등에 관한 과학적인 자료를 바탕으로 유지되기를 바라는 수치로서 새로운 항목의 추가 및 기준치의 강화 등에 대해 개정되었다(부록 표 2-1 별표 1). 이 개정에서는 1992년 수도수질에 관한 기준 설정에서 이미 검토된 항목을 중심으로 유사하거나 또는 관련 있는 화합물로서 사람의 건강에 크게 영향을 미칠 가능성이 있는 항목 중에 일본에서의 생산량이나 사용상황 및 공공용수역이나 지하수에서의 검출 상황 등을 고려하여 검토하였다.

예를 들면, 트리클로로에틸렌(trichloroethylene)이나 테트라클로로에틸렌(tetrachloroethylene)은 생산량이 증가하고 광범위하게 사용되고 있는 실적과 공공용수역이나 지하수에서 검출되는 상황을 고려해서 선정하였다. 디클로로메탄(dichloromethane)은 트리클로로에틸렌(trichloroethylene)과 테트라클로로에틸렌(tetrachloroethylene)이 규제대상이 됨에 따라 용제의 대용품으로 사용량이 증가할 것으로 예상되어 기준항목에 추가하였다.

트리클로로에틸렌(trichloroethylene)은 환경 중에서 1,1-디클로로에틸렌(1,1-dichloroethylene)이나 시스-1,2-디클로로에틸렌(cis-1,2-dichloroethylene)을 생성한다고 생각되어 생산 실적은 정확하지 않지만 건강에 미치는 영향과 검출 상황을 고려해서 추가하였다. 사염화탄소(carbon tetrachloride)나 1,1,1-트리클로로에탄(1,1,1-trichloroethane)은 오존층의 파괴 원인 물질이기 때문에 앞으로 세계적으로 사용량이 감소할 것으로 예상되는 물질이지만 지하수를 오염시키는 원인 물질이기 때문에 추가하였다.

또한, 일본에서 생산 · 출하량이 많은 농약 중에서 공공용수역에서 검출 상황을 고려하여 4개 항목을 선정하였다. 예를 들면, 시마진(simazine)은 폭넓게 사용되고 있기 때문에 선정하였다. 티우람(Thiuram)은 고무가황촉진제로서 농약 외에도 사용되고 있기 때문에 특정지역 뿐만 아니라 전국적으로 오염될 가능성이 있어 선정되었다.

불소는 자연적인 유래 비율이 높고, 질산성질소 및 아질산성질소는 비료 등 비점오염원 부하가 많다. 두 항목도 높은 수준의 오염 보고가 있으며, 저감대책도 곤란하다. 수도수질기준에서는 이전부터 이들 두 항목도 기준항목으로 되어 있었다(부록 표 3-1).

현재까지 얻어진 독성 자료로부터 기준치를 구할 수 있는 화학물질 모두에 대해서 기준을 설정한다는 검토방식이 아니고 이들 화학물질 중에서 공공용수역이나 지하수에서 기준치에 가까운 수준으로 검출되는 물질을 기준항목으로 하였다. 이는 이들 화학물질로 인하여 물의 오염을 통해 사람의 건강에 영향을 미칠 위험성이 있으므로 수질 오염에 관한 감시나 배출규제 대책의 필요성이 높다고 생각되기 때문이다.

2) 환경기준치의 설정방법

기준치의 설정에는 먹는 물을 경유한 장기간의 음용을 가정한 영향에 대해서는 공공용수역의 물이 오염된 체로 잘못하여 사람이 먹는 물로 사용될 위험성이 있기 때문에 세계보건기구(WHO) 등이 수질 가이드라인 설정에 채택하고 있는 방법을 기초로 대기, 식품 등 물 이외의 폭로원으로 부터의 기여도를 고려하여 일생 동안 연속적으로 섭취해도 건강에 영향이 발생하지 않는 농도로서 안전성을 고려한 독성평가를 실시하고 있고, 수도수질에 관한 기준설정에 채택되고 있는 방법과 수치를 기초로 검토하였다. 더욱이 수질오염에 유래하는 식품 경유 영향에 대해서는 식품이 되는 어패류에 대한 농축성에 관하여 현시점에서 얻어진 지식을 참고하여 위에서 산정한 평가값을 추가로 검토하여 기준치가 설정된다.

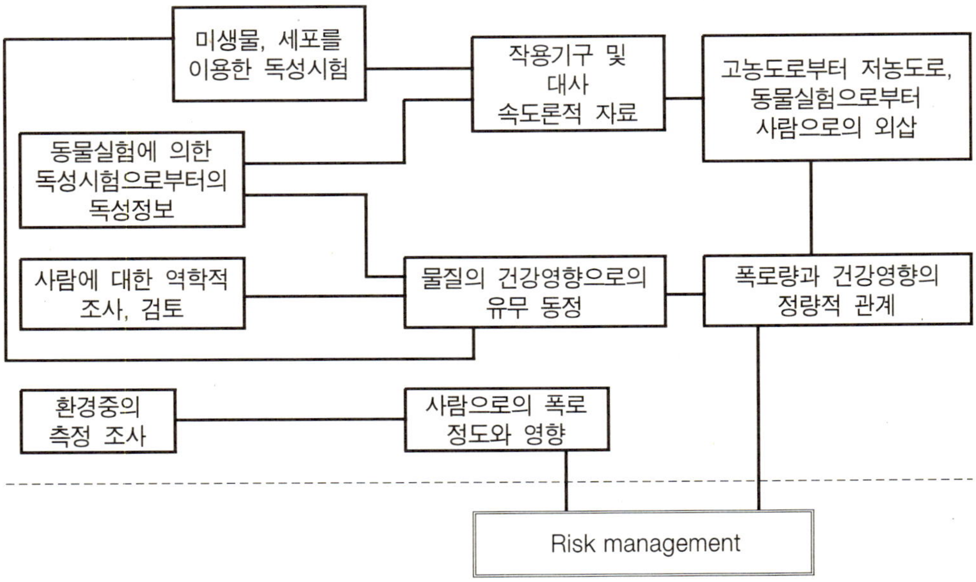

그림 3-2-1. Risk assessment, risk management의 흐름

표 3-2-1. IARC에 의한 발암성평가

구분	내용설명
1	사람에 대하여 발암성을 가지는 화학물질(사람에 대해 발암성을 나타낸 사례가 충분한 것)
2A	사람에 대하여 발암성을 나타낼 가능성이 높은 화학물질(사람에 대한 발암성을 나타낸 자료가 한정되어 있고, 실험동물에 대하여 발암성을 나타낸 자료가 충분한 것)
2B	사람에 대하여 다분히 발암 가능성이 있는 화학물질(사람에 대한 발암성을 나타낸 자료가 한정되어 있고, 실험동물에 대하여 발암성을 나타낸 자료도 충분하지 않는 것)
3	사람에 대한 발암성에 의해 분류될 수 없는 화학물질(사람에 대한 발암성을 나타내는 자료가 충분하지 않고, 실험동물에 대한 발암성을 나타내는 자료도 충분하지 않는 것)
4	사람에 대하여 발암성이 없을 가능성이 높은 화학물질(사람 및 실험동물에 대한 발암성이 없다는 자료가 있는 것)

구체적인 방법으로서 그림 3-2-1에 위해도 평가(risk assessment)에 대한 흐름의 개요를 나타냈다. 우선 동물실험에 의한 독성시험과 사람에 대한 역학조사로부터 독성정보에 기초하여 환경 중에 존재하는 물질 중에서 위해성 평가를 해야 할 물질을 선택한다. 독성정보에는 급성독성, 변이독성, 단기독성, 장기독성, 발암성, 기형 촉진성, 생식독성, 면역독성, 체내동태 등의 정보가 포함된다.

일본에서는 발암성의 유무평가는 IARC(International Agency for Research on Cancer)의 발암성평가(표 3-2-1)에 기초하여 IARC의 분류 중 1과 2A에 대해서는 I 류, 2B에 대해서는 I 류 또는 II류(비 유전자 장애성으로 판단하는 것이 타당한 경우에 II류를 적용), 3에 대해서는 II류 또는 III류(발암성 고려 필요성이 높다고 판단되는 경우는 II류 적용), 4에 대해서는 III류로 구분하는 것을 기본으로 하고 있다.

I 류 위해성 수준은 단일물질에 의해 물로부터 섭취되는 것으로 일생을 통해서 위해도가 10^{-5} 이내인 것을 기본으로 하고, 발암 위험에 대해서는 외삽법(extrapolation)에 의해 값을 설정하고 있다. 외삽법으로서는 선형다단외삽법을 기본으로 한다. III류는 보통 TDI(Tolerable Daily Intake: 1일 허용 섭취량) 접근법에 의해 값을 설정하고 있다. TDI에 대한 물의 분배는 음식물(食物), 공기 등 다른 폭로원으로부터의 기여도를 고려해서 결정하지만 이들이 명확하지 않는 점이 많기 때문에 일반적으로는 물로부터의 섭취량을 TDI의 10%로 하고 있다. II류는 TDI 접근법에서 발암성의 위험을 고려해 변수를 추측하고, III류에서 사용한 산출법으로 계산된 수준의 1/10을 기본으로 하고 있다. 다음으로 유해성이 확인된 물질에 대해서 용량 · 반응관계를 평가해서 사람에 대하여 외삽한다.

역가가 존재하는 물질의 경우에는 동물실험결과로부터 최대무작용량(대조군과 비교해서 유의한 영향이 인정되지 않는 최대용량, NOAEL)을 구한다. 최대무작용량을 구할 수 없을 경우에는 최소작용량(대조군과 비교해 유의한 영향이 인정되는 최소용량, LOAEL)을 구해서 대신 사용한다. 이것을 불확실계수(UF)로 나누어 1일 섭취 허용량(TDI)을 산출한다. 불확실계수(또는 안전계수)는 동물종간의 차이, 개체간의 차이, NOAEL(No Observed Adverse Effect Level) 대신 LOAEL(Lowest Observed Adverse Effect Level)을 사용하거나 실험기간의 짧기, 태아에 대한 기형을 유발하거나 발암성에 관여하고 있는 경우 등 영향이 심각한 것에 대하여 적용되는 계수이다. 각각 1부터 10의 수치가 계수로서 전문가의 견해에 기초하여 설정된다. TDI가 정확하지 않기 때문에 총적산수는 10,000을 초과해서는 안 된다. 10,000을 초과하는 경우에는 불확실성이 높기 때문에 잠정값으로 하고 있다. 참고로 WHO의 먹는 물 수질 가이드라인값 산정의

criateria를 표 3-2-2에 나타내었다. 또한, 예로서 WHO의 가이드라인 값 산출시에 사용되는 디클로로메탄(dichloromethane)과 트리클로로에틸렌(trichloroethylene)의 방법을 아래에 나타내었다.

디클로로메탄(dichloromethane)은 사람이 섭취할 경우 고농도에서 마취작용이 있는 물질이지만, 급성독성은 낮다. WHO에서는 Serota 등[7]의 연구결과를 기초 자료로 이용하고 있다. 그의 연구에 의하면 암수 각각 85 마리의 Fischer 344 쥐에 디클로로메탄(dichloromethane)이 함유된 먹는 물을 104주간, 1일당 평균, 수컷에게는 6, 52, 125, 235 ㎎/㎏체중, 암컷에게는 6, 58, 136, 263 ㎎/㎏체중을 투여했다. 하루에 52 ㎎/㎏체중 이상 투여한 군에서 간장에 조직학적 변화가 관찰되었다. 투여에 의한 사망률이나 기관 중량의 변화 및 병리학적 변화는 특히 관찰되지 않았다. 이러한 결과로부터 디클로로메탄(dichloromethane)의 NOAEL은 1일 6 ㎎/㎏체중으로 정했다. 불확실계수로는 개체와 종간의 차이로서 100, 잠재적 암에 관한 영향으로서 10에 의해 1,000이 사용되고, TDI는 6 ㎍/㎏ 체중으로 산정되었다. WHO의 지침값은 TDI 수치로부터 체중 60㎏의 사람이 하루에 2L 물을 섭취하고 먹는 물의 기여율(10%)을 고려하여 20 ㎍/L로 계산되었다.

트리클로로에틸렌(trichloroethylene)은 사람이 섭취할 경우 고농도에서 구토, 복통, 일시적 의식불명을 일으킨다. WHO에서는 Buben과 O`Flaherty[8]의 연구결과를 기초 자료로 이용하고 있다. Swiss-Cox 수컷 생쥐에 6주, 주 5일간, 하루에 0, 100, 200, 400, 800, 1600, 2400 및 3200 ㎎/㎏체중을 강제로 투여했다. 100 ㎎/㎏체중 이상의 투여군에는 농도의존적으로 간세포에 DNA의 증가, 간장 비중량, 간장의 비대가 관찰되었다. 이 결과로부터 LOAEL은 하루 100 ㎎/㎏체중이 정해졌다. 불확실계수로는 개체간과 종간의 차이로서 100, 발암에 관한 한정된 결과에 대하여 10, 투여기간의 짧고, NOAEL 대신으로 LOAEL을 사용하기 때문에 3을 적용하여 3,000이 사용되고 있다. 이 연구의 하루 100 ㎎/㎏체중의 LOAEL을 이용해 23.8 ㎍/㎏체중의 TDI가 구해졌다. WHO 지침값은 이 TDI 수치로부터 체중 60㎏의 사람이 하루 2L의 물을 섭취하고, 먹는 물의 기여율(10%)을 고려해 70 ㎍/L 이란 값이 산출되었다.

알킬수은과 메틸수은을 다량으로 축적한 어패류를 반복 섭취함으로서 생기는 지각, 청력, 언어 등의 장애, 시야 협착, 사지의 마비, 중추신경장애를 포함한 만성중독에 대한 영향을 고려하였다. 또한 상수도에서도 정수처리과정에서 제거, 분해되기 어렵기 때문에 「검출되어서는 아니 됨」으로 설정하였다.

한편 발암 가능성이 있는 물질에는 유전자에 한번이라도 장애를 일으키면 앞으로 암

표 3-2-2. WHO 먹는 물 수질 가이드라인 산정의 criteria

측정항목	경구반수치사량 (mg/kg체중)	최대무작용량/최소작용량(LO) (mg/kg체중)	1일허용섭취량 (ug/kg체중)	불확실계수	발암성평가 IARC(*3), USEPA(*4)
카드뮴	쥐 60~5,000 생쥐 60~5,000	PTWI(*1) 0.007			2A
총시안		LO 1.2	12	100	
납		PTWI(*1) 0.025			2B
6가 크롬	쥐 20~250				1 D
비소		$6*10^{-4}$(*2)			1
총수은		PTWI(*1) 0.2			
알킬수은					
PCB					
디클로로메탄 (dichloromethane)	쥐 2,121 생쥐 1,987	6	6	1000	2B B2
사염화탄소	쥐 1,000~12,000 생쥐 1,000~12,000	1	0.71	1000	2B B2
1,2-디클로로에탄 (1,2-dichloroethane)	쥐 680 생쥐 860	10^{-5}(*2)			2B B2
1,1-디클로로에틸렌 (1,1-dichloroethylene)	쥐 200~1,800 생쥐 200	LO 9	9	1000	3 B2
시스-1,2-디클로로에틸렌 (cis-1,2-dichloroethylene)	쥐(시스와트란스혼합물) 770 생쥐 1,987	17	17	1000	D
1,1,1-트리클로로에탄 (1,1,1-trichloroethane)	수종의 동물 5,700~14,300	1,365 mg/m^3	580	1000	3 D
1,1,2-트리클로로에탄 (1,1,2-trichloroethane)	쥐(수컷) 497 생쥐(암컷) 378				3 C
트리클로로에틸렌 (trichloroethylene)	쥐 4,920	LO 100	23.8	3000	3 B2
테트라클로로에틸렌 (tetrachloroethylene)	쥐 3,000~4,000 생쥐 8,400~10,300	14	14	1000	2B B2
1,3-디클로로프로펜 (1,3-dichloroprophene)	쥐 250~500 생쥐 640	10^{-5}(*2)			2B B2
티우람(thiuram)	쥐 820 생쥐 1,200				
시마진(simazine)	쥐 5,000 생쥐 5,000	0.52	0.52	1000	C
티오벤카브	쥐 920 생쥐 560				
벤젠(benzene)	쥐 0.001~0.01 생쥐 0.001~0.01	10^{-5}(*2)			1 A
셀렌(selenium)		0.004			3

*1 : 잠정주간허용섭취량 *2 : 발암위험 *3 : 국제암연구기관 *4 : 미국환경보호청

으로 발달할 가능성이 있으므로 역치는 없다고 생각되고 있다. 검출 한계 이하일지라도 안전하다고 할 수 없다. 현실적으로 용량이 적으면 위험은 떨어지므로 일생의 위험을 충분히 낮게 억제 한다고 가정하고 지침값을 설정하고 있다. 일반적으로 10^{-5} 정도의 값이 사용되고 있다. 이 위험률은 사람의 수명을 70년으로 하면 $10^{-5}/70 = 1.4*10^{-7}$의 위험률이 된다. 즉 1억 명의 사람이 1년간에 14명 정도가 그 유해물질로 건강에 영향을 받는 것을 뜻한다.

발암 위험을 고려한 경우의 한 예로서 1,2-디클로로에탄(1,2-dichloroethane)의 산출방법을 아래에 나타내었다. 1,2-디클로로에탄(1,2-dichloroethane)은 사람이 섭취할 경우 간장에 장애를 일으킨다. WHO에서는 미국국립암연구소(NCI: National Cancer Institute)[9]의 연구결과를 기초 자료로 활용하고 있다. Osborne-Mendel은 쥐를 대상으로 하루에 47 또는 95 ㎎/㎏체중 또는 B6C3F1S 생쥐의 수컷에 하루에 97 또는 195 ㎎/㎏체중, 암컷에 하루에 147 또는 299 ㎎/㎏체중에 78주간, 주 5일 강제로 투여한 결과 발암성이 확인되었다. 수컷 쥐에는 위의 앞부분에 편평세포암과 순환기계의 혈관내피육종이, 암컷 쥐에서는 유선의 선암 발생율이 유의하게 증가했다. 암컷 생쥐에서는 유선암과 자궁내막간질의 폴립 또는 육종(肉腫) 발생율이 증가와 암수 양쪽의 생쥐에서 폐포부(alveolus)와 가는 기관지 부분의 선종 증가가 나타났다.

TDI를 구하기 위해 적절한 장기 노출실험 결과가 없으므로 NCI의 암컷 쥐에 대하여 78주 동안 강제로 투여하여 관찰한 후 혈관내피육종의 발생 결과가 지침값 산출에 사용되고 있다. 지침서로서 선형다단계 모델을 이용해서 10^{-4}, 10^{-5} 및 10^{-6}의 암 발생 위험에 상당하는 먹는 물 농도를 각각 300, 30, 3 ㎍/L로 산정하고 있다.

3) 감시필요 항목의 설정

사람의 건강과 관련된 물질로 되어 있지만 지금까지 공공용수역에서 검출된 상황을 보면 검출수준이 낮아서 계속해서 식견을 축적할 필요가 있다고 판단되는 물질 27개 항목에 대해서 공공용수역 등을 대상으로 수질을 측정하여 계속해서 검출 실태 추이를 파악하기 위해 「감시필요 항목」으로 설정하였다(부록 표 2-1 별표 3). 이들 항목은 수질측정결과를 평가하기 위해 수치로서 지침값이 설정되었다.

예를 들면, 농약은 골프장 농약 7종, 일반 농약 5종이 지정되었다. Chloronitropen (CNP)은 담낭암 사망률에 지역적인 상관관계가 있다고 보고되었으나, 지금까지 인정해온 1일 섭취 허용량(ADI: acceptable daily intake)을 설정하지 않기로 하였다. 따라서 지침값 설정에서도 제외되었다.

클로로포름(chloroform)은 수도수질기준에서 소독부산물의 하나로서 기준항목으로 지정되었지만 환경기준에는 사용 실적이나 검출 상황을 고려하여 감시필요 항목으로 설정하였다.

4) 환경기준의 적용

사람의 건강보호에 관한 환경기준은 사람의 건강에 영향을 미칠 위험성이 있는 물질이므로 생활환경 항목과는 달리 모든 공공용수역에 대해 일률적으로 적용하고 있다. 즉, 수역의 이용 상태, 오염원의 주변 환경, 수량 등 수역의 조건에 관계 없이 항상 유지되어야 하는 것으로 설정하였다. 이것은 하천, 호소의 물을 수도수원(水道水源)으로 사용하는 수역에서는 수도의 정화처리 과정에서 제거 또는 분해가 되지 않아서 수도물을 통하여 섭취될 위험성이 있기 때문이다. 또한, 수도수원(水道水源)으로서 이용되지 않는 수역에서도 어패류를 통한 섭취 및 수역에서 대기로의 순환 등도 고려해야 할 필요가 있기 때문이다. 따라서 이러한 생각에 기초를 두고 환경기준이 건강 항목 기준치 미만으로 수질이 달성되면 수서생물에 대한 영향을 포함하여 넓은 의미로 유해물질에 의한 환경영향 오염방지에도 도움이 될 것으로 기대된다.

또 지하수와 공공용수역은 일체로 되어서 물 순환계를 구성하고 있기 때문에 지하수에 있어서도 공공용수역에 적용되는 수질오염에 관련된 사람의 건강보호에 관한 환경기준을 생각하는 방식을 적용시키는 것으로서 정합성을 가지기 때문에 지하수에 있어서도 공공용수역의 기준치를 적용하고 있다.

수은, 납, 비소 등은 인위적인 원인 뿐만 아니라 자연적 유래에 의해서도 자연계에서 검출된다. 환경기준에서는 자연적 원인이든 인위적 원인이든 공공용수역에 존재하는 한 동일한 양상으로 사람의 건강에 영향을 줄 수 있으므로 원인 유무에 관계없이 일률적인 값으로 설정되었다.

그러나 해역에서는 불소나 붕소 등 자연유래에 의해 존재하는 물질이 환경기준치를 자연상태 그대로의 값을 초과하는 경우가 있다. 이 경우 해당 물질이 존재하는 것이 바다가 자연상태로 있는 것을 의미하기 때문에 해역에서는 해당 물질의 환경기준 건강 항목으로 설정하지 않았다.

5) 환경기준 달성상황의 평가

기준치는 장기적으로 섭취했을 경우 건강에 미치는 영향을 고려하여 설정된 값이므로 기준치는 연평균값으로 평가한다. 이는 일시적으로 기준치를 초과해도 즉시 건강 상의 문제로 연결되지 않지만 안전을 고려하면 기준치를 초과하지 않도록 대책을 추진할 필요가 있다. 즉 장기간에 걸쳐 평균적인 수준을 기준치 이하로 유지해야 하는 것이다.

각 항목의 시험조작은 기본적으로 정해진 방법에 따라야 한다. 측정 방법의 진보나 측정기기의 개량에 따라 정량한계가 낮아지는 것을 고려하여 총시안, 총수은, 알킬수은 및 PCB를 제외한 항목의 정량한계는 기준치의 1/10로 하고 있다. 총시안은 급성독성의 염려가 있어서 연간 모든 측정결과의 최고값이 0.1 ㎎/L 미만이 되어야 한다. 알킬수은과 PCB는 「검출되어서는 아니 됨」이라고 기준치가 설정되어 있으며, 연 중 모든 측정값이 정량한계인 0.0005 ㎎/L 미만의 값일 때 환경기준이 달성되는 것이다.

여기서 중요한 것은 기준치의 의미가 기준치의 수준까지 오염을 허용한다는 의미가 아니다. 깨끗한 수질은 깨끗한 상태를 유지하여 기준치 미만으로 오염을 유지하는 것 뿐만 아니라 가능한 보다 청정한 상태로 개선하는 것을 강력히 요구하고 있다. 또한, 측정값이 일시적으로 기준치를 초과한 경우 원인을 구명하고, 그 후 추이를 계속 감시하며, 필요에 따라 적절한 대책을 검토하고 시행해야 한다.

부록의 그림 1-1과 그림 1-2에는 건강 항목에 대한 환경기준의 미달성률과 달성률의 추이를 나타내었다.

3 공공용수역의 수질환경기준(생활환경항목)

1) 환경기준 설정을 위한 기본적인 생각

(1) 생활환경 항목과 수역 유형화

환경기본법에 따른 수질오염 관련 환경기준은 앞 절에서 기술한 것처럼 사람의 건강 보호에 관한 것(건강 항목)과 여기서 언급하는 생활환경의 보전에 관한 것(생활환경 항목) 등 두 가지로 구성되어 있다. 건강항목이 공공용수역에 일률적으로 설정하고 있는 것과는 달리 생활환경 항목은 우선 공공용수역으로서 하천, 호소, 해역별로 그 이용목적에 따라 수역 유형을 설정하고 있다. 그리고 각각의 기준치를 설정하고, 각 공공용수역에 대해 수역 유형을 지정하고 있다(부록 표 2-1 별표 2 및 부록 표 2-2 별표 2).

생활환경보전에 관한 환경기준을 이와 같이 수역군별 방식을 채택하게 된 것은 각 공공용수역의 이용 목적이 수역별로 다양하기 때문에 수질오염방지를 위한 행정 상의 목표인 환경기준도 그에 맞게 설정해야 하기 때문이다. 바꿔 말하면, 환경기준을 일률적으로 설정하는 것이 적절하지 않다는 것을 의미한다. 여기서 보전 대상인 「생활환경」의 범위는 통상적인 의미보다 넓은 의미이며, 「사람의 생활과 밀접한 관계가 있는 재산과 동 · 식물 및 그 생육환경도 포함하는 것」으로 상수도, 공업용수 또는 농업용수, 수산업용수 등도 포함된다. 구체적으로는 이용목적에 따라 자연환경보전, 수도 1, 2, 3급, 수산 1, 2, 3급, 공업용수 1, 2, 3급, 농업용수, 환경보전 등으로 구분하여 설정되어 있다.

따라서 수역 유형 설정은 환경기준 설정 당시(1971년)에 앞서 작성했던 「수산용수기준(부록 표 5-2 1965년, 일본수산자원보호협회)」, 환경기준 설정 작업과 동시에 진행된 「수도원수의 수질기준(부록 표 3-3 1970년, 후생성 자문기관 생활환경 심의회)」, 「농업용수기준(부록 표 4 1970년, 농림성 공해연구회)」, 「공업용수기준(부록 표 6 1971년, 일본공업용수협회)」 작성 시 검토했던 사항을 참고로 하여 수역의 각 이수목적에 적응하는 환경상의 조건을 하천 6개 유형, 호소 4개 유형, 해역 3개 유형으로 구분하였다. 현재까지도 이 유형수에는 변화가 없다. 본 절에서는 생활환경에 설정된 BOD나 COD 등 7개 항목에 대해서 설명한다.

그 후 기준을 재검토하여 생활환경 항목에 부영양화를 방지할 목적으로 호소와 해역에 총질소와 총인에 대한 기준도 설정하였다. 이 기준은 호소의 경우 1982년에, 해역은

표 3-3-1. 환경기준 설정 및 항목 추가 변경의 변천

년	기준 항목 설정, 항목 추가 변경 등에 관한 내용
1970	「수질오염에 대한 환경기준의 취급에 대해서」 각의 결정(부록 표 2-2참조) 메틸수은을 알킬수은, 총수은으로 재검토
1971	공공용수역의 수질오염에 대한 환경기준 설정
1974	총수은에 대한 기준치 개정
1975	PCB의 건강 항목 추가
1982	호소에 있어서 총질소, 총인을 생활환경 항목에 추가
1993	휘발성유기화합물, 농약류 등(15항목)이 건강항목으로 추가 납과 비소의 기준치 변경, 유기인의 삭제, 시안에서 총시안으로 명칭 변경 해역에서 총질소와 총인을 생활환경 항목으로 추가
1997	지하수의 수질오염에 대한 환경기준 설정
1999	불소, 붕소, 질산성질소 및 아질산성질소(3항목)의 추가
2003	수서생물의 보전에 대한 환경기준 항목(총아연)의 추가

1993년에 추가되었고, 이 항목에 대해 별도로 호소는 5개 유형, 해역은 4개 유형이 설정되었다. 총질소와 총인 기준은 이 장의 4절과 5절에서 설명한다.

더욱이 2003년 11월 환경성 고시에 의하면, 수서생물의 보전에 따른 수질환경기준으로 총아연이 추가되었고, 수서생물의 생식 상황 적응성에 따른 유형을 설정하는 기준치가 마련되었다. 이 기준은 이 장의 6절에서 설명한다. 환경기준 설정이나 기준 항목의 추가 변경에 대한 변천에 대해서는 본 절에서 설명하고 있으며, 건강 항목도 포함하여 표 3-3-1에 정리하였다.

(2) 수역 유형 지정에 대하여

각 수역은 그 이용 형태나 목적에 따라 구분되어 있다. 수역 유형 지정은 1971년 5월까지 국가가 지정했지만, 그 이후에는 복수의 도도부현(都道府縣)과 관련된 중요한 수역인 키타카미강(北上川) 등 37개 하천, 도쿄만(東京灣) 등 10개 해역 등 총 47개의 수역을 제외하면 그 지정 권한이 해당 수역이 속한 도도부현(都道府縣) 지사에게 위임하였다. 수역 유형 지정에서 고려해야 할 점은 다음과 같다.

① 수질오염에 따른 공해가 심하거나 또는 심해질 위험성이 많은 수역을 우선할 것.

② 해당 수역의 현재와 미래의 이용 목적 추이를 고려할 것.

③ 해당 수역에서 수질오염 상황, 수질오염원의 입지 상황 등을 감안할 것.

④ 해당 수역 수질이 현 상태보다 적어도 악화되는 것을 허용하지 않도록 배려 할 것.

⑤ 목표 달성을 위해 시책과의 관련에 유의하고, 그 달성기간에 대해서 배려할 것.

(3) 기준 달성기간에 대하여

환경기준은 행정 상의 목표이며, 그 목표 달성에는 일정한 기한을 붙이고 있다. 건강항목은 설정 직후에 달성 · 유지되도록 노력하고 있지만, 생활환경 항목은 공공용수역별로 수역의 오염상황에 따라 지정할 때 달성기간을 설정하고, 시책을 추진해가면서 가급적 빨리 달성 · 유지되도록 하고 있다. 그 때에 다음과 같은 사항을 고려하여 달성기간을 설정하고 있다.

① 인구집중이나 대규모 공업개발 등이 진행되고 있는 지역과 관련된 수역에서 뚜렷하게 수질오염이 발생하고 있거나 또는 계속해서 발생할 가능성이 있는 곳은 5년 이내에 달성하는 것을 목표로 한다. 단 대책을 종합적으로 수립하더라도 5년 이내에 달성이 곤란하다고 생각하는 수역은 예외적으로 5년을 넘어도 부득이한 것으로

보고, 개선 목표치를 알맞게 설정해서 단계적으로 수질을 개선한다. 이 경우에도 원칙은 대체로 10년 이내에 달성하는 것을 목표로 한다. 특히 호소는 10년 이내에 달성이 곤란하고, 단계적으로 수질개선을 도모하는 경우에는 잠정 목표를 현재의 시책 및 개선 전망 등을 충분히 고려하여 결정하고, 대체로 5년 마다 수정한다.

② 상기 ①외의 수역은 설정 직후에 달성 유지되도록 수질오염방지를 위해 노력한다라고 되어 있다.

2) 각 수역의 수질환경기준(BOD, COD 등 7항목)(10)(11)(12)

생활환경 항목으로서 pH, BOD, COD, SS, DO, 대장균군수, 노르말헥산 추출물질(유분 등)의 선정에 대해 설정 당시 전체적인 경위로서 다음과 같은 것이 열거되었다.

① 각종 용수기준에서 검토사항을 참고로 기준이 설정되었기 때문에 각 용수기준에서 공통적인 수질 항목 만을 채택한 이른바 일반적인 항목에 한정되었다. 예를 들면, 전기전도도, 총질소(농업용수기준), 색, 망간, 철(수도원수의 수질기준)등과 같이 공통 항목이 아닌 것은 선택되지 않았다.

② 중요 항목으로 하천이나 호소의 농업용 이수 측면에서는 pH, DO, 해역에서 식용굴 양식장의 이수 측면에서는 대장균군수, 김 양식 및 공업용수 이수 측면에서는 COD가 기준치로 선택되었다. 해역은 중요한 이수목적인 수산에 문제가 없었던 SS를 환경기준에 포함시키지 않았고, 유분을 추가하였다.

③ 유기오염 지표로서 하천은 BOD, 호소와 해역은 COD를 채택하고 있지만, 이것은 환경기준 설정 당시(1971년) 호소나 해역에 대한 BOD 측정결과가 많지 않았고, 더욱이 BOD 측정표준법이 명확하지 않았으며, 식물플랑크톤 유래의 유기물 오염 영향을 고려하여 BOD보다 COD가 적당하다

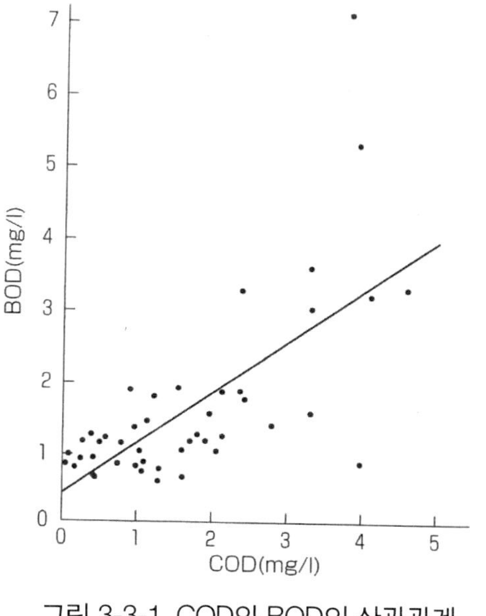

그림 3-3-1. COD와 BOD의 상관관계 (해역의 예)

고 판단했기 때문이다. 당시 공공용수역의 측정자료는 수도수원(水道水源)에서 수도법에 근거한 과망간산칼륨 소비량에 대한 측정자료나 해역에서 알칼리성법에 의한 수산 관계 COD 측정 자료에 한계가 있으며, 그것들을 참고로 기준 설정을 실시할 수밖에 없는 상황도 항목 선정에 관련이 있다. 또한, 호소와 같이 정체성 수역에 있어서는 유기물은 생물학적으로 산화 분해되는데 5일 이상 소모되므로 오염지표로는 BOD보다 COD가 적당하다는 의견도 수렴하였다. 특히 자연수역의 과망간산칼륨에 의한 COD와 BOD의 관계는 자료가 제한적이지만 참고로 해역에서 두 성분의 상관관계를 그림 3-3-1에 나타내었다.

(1) 하천 환경기준(BOD 등 5항목)

하천 환경기준은 부록 표 2-1 별표 2에 나타낸 것과 같이 pH, BOD 등 5개 항목에 대해 설정되어 있다. 그리고 수역 유형은 AA부터 E까지 6개 유형으로 분류하고 있다. 다만 하천을 막아서 건설된 인공호수는 저수량 1,000만m^3 이상이며, 체류시간이 4일 이상인 것을 호소로 취급하고 있다. 더구나 기준치는 모두 일평균값이다. 아래에 항목별 설정 근거를 설명하였다.

① pH

일반적으로 일본 하천의 pH는 감조역을 제외하면 7.0 전후이다. 그림 3-3-2에 나타낸 것처럼 환경기준 설정 당시에는 일평균 5,000m^3 이상 취수한 수도사업장의 표층수를 원수로 하는 곳의 pH가 7.0 전후의 수질이 많았다. 또한, 수도원수로서 pH가 8.5를 초과하면 염소 살균력이 감소하고, 한편 6.5 이하가 되면 응집효과가 떨어진다. 수도관 등의 부식 측면에서도 6.5~8.5가 바람직하다. 목욕(水浴)에 대해서도 미국 내무성의 조사 자료에서 이 범위를 벗어나면 눈에 자극을 주기도 한다고 보고하였다. 또한, 수산동식물의 생육, 증식, 식물에 의한 영양소 섭취에 대한 pH의 영향도 고려되었다. 농작물 중 특히 벼에 끼치는 영향으로 낮은 pH에서는 뿌리의 발육 불량이나 토양 중의 염기 유실에 의한 생육 불량, 높은 pH에서는 철의 결핍에 의한 황화현상(黃化現象)을 나타내며, 초세(草勢 : 농작물의 생육 상태 초기 잎) 측면에서는 생산성이 저하된다. 일반적으로 생육에 적당한 pH는 6.0~7.5이므로 농업 이수 측면에서는 pH를 6.0~7.5로 설정했다.

② BOD

하천의 유기오염 지표는 자정작용을 고려하여 COD보다 BOD가 적당하다고 생각된다. BOD 1 ㎎/L 이하의 하천은 인위적인 오염이 없는 하천이며, 자연경관 측면에서도 가장 적당하다. 표 3-3-2에 나타낸 것처럼 수도원수의 BOD가 1 ㎎/L 이하의 수도가 수원의 개수로서 전체의 40%, 취수량으로 30% 이다. 이 수치는 총 수도 인구 5,000명 이상의 수도를 대상으로 한 것이며, 이보다 총 수도인구가 적은 간이수도는 그 수도원의 대부분이 1 ㎎/L 이하의 수도원수로부터 취수하고 있다고 환경기준 설정 당시에 고려되었다.

또한 간이수도 등과 같이 소규모 수도는 관리능력이나 수질의 안전성 측면에서 AA유형의 기준치로서 BOD 1 ㎎/L 이하가 적당하다고 생각했다. 또한, 같은 표 3-3-2에 나타낸 것처럼 수도원수로서 BOD 3 ㎎/L 이상인 수원의 수는 전체의 약 8% 정도로 적었고, 취수량으로도 전체의 14% 정도였다. 수도 수질기준에서는 BOD 항목이 없지만 BOD 3 ㎎/L를 초과하면 침전여과 등 일반적인 처리방법으로는 음료에 적합하도록 하기 어려워 특수 처리가 필요하다. 따라서 수도 2급과 3급(A 및 B유형에 해당함)의 기준치로서 각각 2, 3 ㎎/L이 설정되었다.

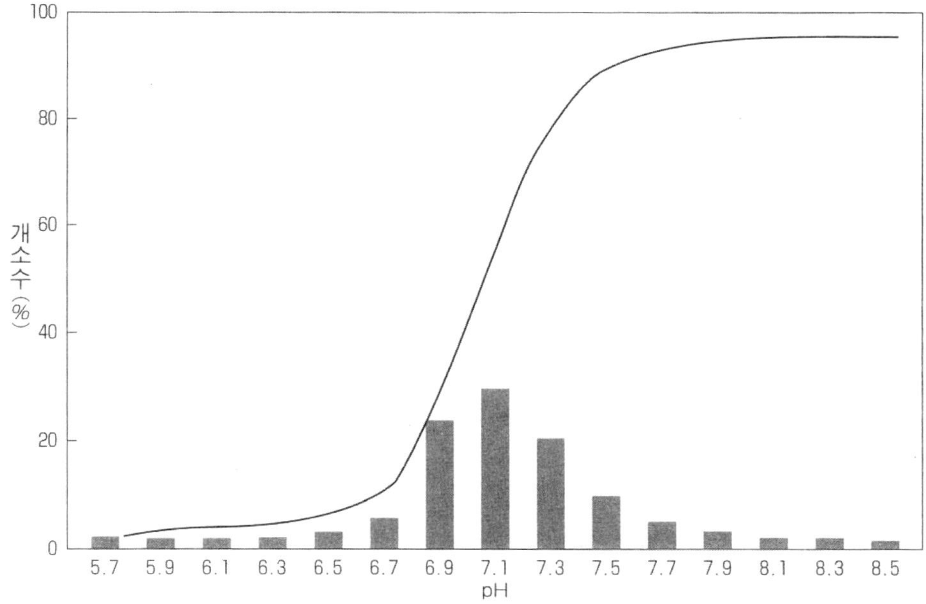

출처: 1967년도 후생성조사

그림 3-3-2. 상수도원수의 pH와 취수개소수

수산 동식물에 대한 영향으로서 빈부수성 수산생물 중에서도 계곡천 등 청수성 수역에 서식하는 송어, 곤들매기의 경우 BOD 2 ㎎/L 이하, 은어, 연어 등 빈부수성 생물은 3

표 3-3-2. 수도원수의 과망간산칼륨 소비량으로부터 추정한 BOD

과망간산칼륨 소비량		0~4.0 mg/L	4.1~8.0 mg/L	8.1~12.0 mg/L	12.1 mg/L~
BOD(추정)		~1.0 mg/L	1.1~2.0 mg/L	2.1~3.0 mg/L	3.1 mg/L~
상수도 수원	개수	154	150	50	29
	(%)	(40.2)	(39.2)	(13.0)	(7.6)
평균 취수량	천m^3/일	3,409	3,267	2,731	1,511
	(%)	(31.2)	(29.9)	(25.0)	(13.8)
수원 수 합계 : 383개소			취수량 합계 : 10,913천m^3/일		

출처 : 1967년도 수도통계

mg/L 이하, 또 중부수성 수역에 서식하는 잉어, 붕어 등은 5 mg/L 이하로 설정할 필요가 있다고 생각된다. 이에 대해 각각 수산 1~3급(A부터 C유형에 해당함)의 기준치가 설정되었다. 환경보전 측면(E유형에 상당)에서는 악취 한계로 10 mg/L 이하가 고려되었다.

③ SS

하천에서 부유물질은 주로 수산생물의 생육에 문제가 된다. 일반적으로 25 mg/L 이하이면 정상적인 생산활동을 유지할 수 있으며, 50 mg/L 이하일 때는 어류의 패사를 방지할 수 있다(표 3-3-3). 또한 자연현상으로 25 mg/L 정도가 되는 경우도 있다. 수도용수로서 완속여과법으로 처리되는 것은 일반적으로 탁도 30도 이하가 이상적이라고 한다. 탁도 1도는 SS 1 mg/L에 해당하므로 25 mg/L 이면 완속여과로 처리하는 수질로서 적당하다. 농업용수에 대한 영향은 무기질 미립자의 유입으로 토양의 침수성 악화와 그로 인해 생육 저해가 고려되었다. 농업시험장 결과에 따라 퇴적 두께 3 cm가 허용되고 있다. 이로부터 농업용수는 100 mg/L 이하가 적당하다고 판단된다. 환경보전의 측면에서는 일상생활에서 불쾌감을 느끼지 않는 한도로서 쓰레기 등이 떠 있지 않으면 적당하다고 보고 있다.

표 3-3-3. SS의 어업에 대한 영향

SS 농도	영향내용
25 mg/L 이하	어업에 유해한 영향이 없음
25~80 mg/L	양호, 상기 보다 약간 영향 있음
80~400 mg/L	좋은 어업을 기대할 수 없음
400 mg/L 이상	거의 어업이 불가함

출처 : European Inland Fisheries Advisory Commission : EIFAC 자료

④ DO

자원조사회의 수질오염방지에 관한 권고(표 3-3-4)에 의하면, 비교적 수질이 양호한 수역에서는 7.5 ㎎/L 이상이다. 수산용수(부록 표 5-1 및 5-2) 측면에서 연어, 송어 등의 알 부하에 대한 환경조건으로 7.0 ㎎/L 이상이 적당하고, 그 외 일반적인 수산생물에 대해서는 6 ㎎/L 이상이 바람직하다고 하지만, 미국 오하이오(Ohio)주의 수산용수 유수기준은 5 ㎎/L 이상이다. 따라서 수산 2급 및 3급에 대해서는 5 ㎎/L 이상으로 설정하였다.

이수목적에 농업용수를 포함한 D유형의 기준치는 2 ㎎/L 이지만, 본래 농업용수로서는 5 ㎎/L 이하가 되면 뿌리가 썩는 등의 장애가 발생한다. 따라서 농업용수 이수 측면의 경우 5 ㎎/L 이상으로 되어 있다. 환경보전상의 기준은 혐기성 발효를 방지하고, 악취가 발생하지 않는 한계로서 2 ㎎/L 이상이 적당하다.

표 3-3-4. 수질등급과 물의 용도

등급	용존산소(㎎/L)	용도별
A	7.5 이상	수영, 수도용수
B	7.5 이상	수영, 수도용수, 공업용수, 어패류증식용
C	5 이상	공업용수, 수산용수, 농업용수
D	설정값 없음	공업용수로서도 침전 및 여과처리를 필요로 함. 농업용수
E	설정값 없음	상수원에 부적합, 공용수원으로서는 고도처리를 필요로 함, 수산용수에 부적합, 농업용수에도 의문

출처 : 자원조사회의「수질오탁방지에 관한 권고」

⑤ 대장균군수

대장균 자체는 사람의 건강에 유해한 것은 아니지만 공중위생 상 병원균이 존재할 가능성을 나타내는 지표로 사용되고 있다. 기준 설정 당시 음료수 수질기준(부록 표 3-3)에서는 음료수 중 대장균군수는「검출되어서는 안됨」이라고 설정되어 있고, 후생성 생활환경심의회의 답신(答申)에서는 수도에서 염소멸균에 의해 사멸시킨 대장균군수의 안전한계값을 50 MPN/100 mL로 설정하고 있다. 한편, 수도에서 정수처리에 의한 대장균군의 제거율은 완속여과의 경우 약 99%, 급속여과로는 보통 95%, 고수준관리로는 약 98%로 되어 있다. 이것에서 통상적인 관리조작을 상정한 수도 2급에서는 1,000 MPN/100 mL, 고도의 정수조작을 상정한 수도 3급에서는 2,500~5,000 MPN/100 mL이 수도원수의 안전한계라고 생각된다. 따라서 기준을 5000 MPN/100 mL로 설정하였다. 또한, 수영은 동일한 생활환경(부록 표 7-2) 심의회의 답신(答申)에 의한 수영장 기준으로서 1,000

MPN/100 mL 이하가 적당하다.

(2) 호소 환경기준(COD 등 5항목)(13)

호소 환경기준은 부록 표 2-1 별표 2에 나타낸 것처럼 총질소와 총인을 포함하여 7개 항목에 대해 설정하였다. 수역유형은 COD등 5개 항목에 대해 AA부터 C까지 4개 유형이 마련되었고, 기준치는 일간 평균값으로 설정하였다. 아래에 항목별 설정 근거를 설명하였다. 특히 pH와 대장균군수는 하천에 준해서 설정되었다. 또한, 호소의 부영양화에 의한 이수 장애에 초점을 맞추어 이를 방지하기 위해 유지 달성되어야 할 총질소와 총인의 기준에 대해서는 본장 4절에 설명하였다. 여기서 호소는 천연호소와 저수량 1,000만 m^3 이상이며, 물의 체류시간이 4일 이상인 인공호수가 포함되어 있다.

① COD

앞에서 언급한 것처럼 호소의 유기물 오염지표는 플랑크톤 증식의 유기물 오염화에 대한 영향을 감안하여 BOD보다 COD가 적당하다고 보고, 과거의 수질자료 축적 측면에서 중크롬산칼륨에 의한 COD가 아닌 과망간산칼륨에 의한 COD가 채택되었다.

COD 1 ㎎/L 이하는 거의 인위적인 오염이 없는 것으로 보고 자연경관을 이수 목적으로 할 때에 적합하다고 본다. 수도용수로서는 후생성령의 수도법에 따라 기준 설정 당시의 음료수 수질기준(부록 표 3-3)은 과망간산칼륨 소비량으로 10 mg/L 이하로 되어 있었다. 이것을 COD로 환산하면 2.5 mg/L 이하가 된다. 환경기준 설정 당시 후생성의 조사에서는 표 3-3-5에 나타낸 것처럼 수원인 호소의 대부분이 COD 3 ㎎/L 이하이고, 이 실태와 처리과정의 기술능력으로부터 판단하여 수도용수로서 AA, A유형에 해당하는 기준치가 설정되었다. 또한, 수산용수를 빈영양형과 부영양형으로 나누면 빈영양호 중에서 특히 청정한 수역을 선호하는 수산생물(예 각시송어)이 생육하는 경우는 1 mg/L 이하, 빈영양호 중 보통 정도의 수역 및 부영양호 중에서 비교적 청정한 수역을 선호하는 수산생물(예 은어)이 생육하는 경우에는 3 ㎎/L 이하, 보통의 부영양호에서 잉어나 붕어가 서식하는 경우에는 5 ㎎/L 이하가 적당하다고 판단하였다.

수영은 3 ㎎/L 이하라면 특별히 문제가 발생하지 않는다. 또한, 농업용수는 COD가 높으면 토양의 환원 촉진 등에 의해 벼의 활력 저하나 뿌리가 썩는 다는 시험결과에 따라 6 ㎎/L 이하로 유지되는 것이 바람직하다는 것이 고려되었다. 그 외 공업용수의 수원이나 환경보전을 위해서는 8 ㎎/L 이하면 문제가 발생하지 않는다.

표 3-3-5. 수도용수를 취수하고 있는 호소의 수질

과망간산칼륨 소비량		0~4.0 mg/L	4.1~8.0 mg/L	8.1~12.0 mg/L	12.1 mg/L~
COD		~1.0 mg/L	1.1~2.0 mg/L	2.1~3.0 mg/L	3.1 mg/L~
상수도수원 (水道水源)	개수	29	26	12	2
	(%)	(42.0)	(37.6)	(17.3)	(2.8)
평균 취수량	천m^3/일	2,166	756	273	27
	(%)	(67.1)	(23.4)	(8.4)	(0.8)
수원수 합계 : 69개소			취수량 합계 : 3,222천m^3/일		

출처 : 1967년도 수도통계

② SS

호소의 SS는 일반적으로 투명도가 3m 이상 일 때 1 ㎎/L 이하라고 알려져 있다. 또한, 빈영양호의 경우 투명도가 5m 이상(OECD에 의한 판정기준: 연평균 투명도 6m 이상)인 경우가 많다. 한편 부영양호에서는 투명도가 낮고, 5m 이하(OECD 판정기준 : 연평균 투명도가 1.5~3m)가 많은 것 같다. 따라서, 자연경관적인 호소에서는 일반적으로 SS가 1 ㎎/L 이하가 적당하다고 생각한다. 또한, 비와호(琵琶湖)나 스와호(諏訪湖), 인바호(印旛沼) 등의 측정 자료를 참고하여 호소에 대한 SS의 실정을 감안해 기준치를 정하는 것이 적당하다고 본다.

환경보전 측면에서는 하천과 같이 일상생활에 불쾌감이 발생하지 않는 한도로서 쓰레기 등이 떠 있지 않는 것이 적당하다. 특히 수산 1, 2, 3급은 기준 설정 당시에는 당분간 SS의 기준치를 적용하지 않기로 했다.

③ DO

일반적으로 비교적 청정한 호소의 DO는 7.5 ㎎/L 이상이다. 수산용수 수질기준(부록 표 5-1 및 5-2)은 은어, 연어에 대해 7.5 ㎎/L, 그 외의 수산생물은 6 ㎎/L 이상이며, 플랑크톤의 존재에 의한 영향으로 DO가 낮아지는 경우가 있어 5 ㎎/L를 한계로 보고 있다. 이러한 것들을 감안하여 AA에서 B유형에 대한 기준치가 설정되었다. 하천과 같이 악취의 발생한계는 2 ㎎/L이기 때문에 환경보전의 한계로서 이 값을 채택하고 있다.

(3) 해역 환경기준(COD 등 5항목)

해역의 환경기준은 부록 표 2-1 별표 2에 나타낸 것처럼 7개 항목에 대해 설정되었다. 해역에서의 주요 이수목적은 수산이지만 SS를 기준항목에 포함시키지 않았고, 유류오염

방지 측면에서 유분이 추가되었다. 수역 유형은 COD 등 5개 항목에 대해 A부터 C까지 3개 유형이 설정되었다. 특히 호소와 같이 COD 등 5개 항목에 관한 기준치는 일간 평균값이다. 아래에 항목별 설정근거를 설명하였다. 특히 총질소와 총인 기준은 본장 5절에 설명하였다.

① pH

하구 등 담수가 유입되는 지역을 제외하면 해역의 pH는 일반적으로 7.8~8.3이므로 A, B 유형의 기준치는 이 자연조건을 참고로 결정하였다. 이 범위에서는 수산생물의 생육에도 지장이 없을 것으로 생각된다. 또한, 해수는 완충능력이 강하고 자연조건에서 큰 폭으로 pH가 변화하기 위해서는 상당한 양의 부하량이 가해 져야 된다는 생각 때문에 환경보전의 측면에서는 7.0~8.3의 범위에 있으면 거의 문제가 없다고 보고 있다.

② COD

수산용수에서는 적조발생을 방지하는 것을 하나의 목표로 생각하여 기준을 정하고 있다. 즉 정체 조건하에 있는 수역에서 적조로 인정되려면 규조류로서는 수천 세포/mL 이상이 될 때이므로 1,000 세포/mL 이하가 되면 적조는 방지될 수 있다고 생각하였다. 이것에 상당하는 탄소량으로부터 계산하면 COD는 약 1 ㎎/L 이고, 유기물의 산화 분해 후 어류가 생육 가능한 정도의 용존산소가 남는 경우 3 ㎎/L 이하이다. 양자를 감안해서 일반수역으로서 A유형을 COD 2 ㎎/L 이하로 설정하였다.

김 양식장은 알칼리성법에 의한 측정값으로 평가된 발아 장애 한도나 사상균의 발생을 조장하는 한도 및 당시의 김 양식장의 수질농도를 참고하여 수산 2급으로서 3 ㎎/L 이하로 설정하였다. 또한 공업용수는 3 ㎎/L 이하일 때 냉각수로서 이용 가능한 것으로 고려되었다. C유형에 상당하는 환경보전의 측면에서는 일상적으로 불쾌감이 발생하지 않는 한도 즉 악취 발생의 한계로서 8 ㎎/L 이하로 설정하였다.

③ DO

해역의 DO는 염소이온의 존재에 의해 하천이나 호소에 비해 일반적으로 낮다. 또한 수산 측면에서는 5 ㎎/L 이상이면 충분하다고 보고 있다. 인위적인 오염이 거의 없는 수역에서는 실측값이 7.5 ㎎/L 이상이었다. 환경보전의 측면에서는 하천이나 호소와 같이 악취 발생 한계로서 2 ㎎/L를 채택하였다.

④ 대장균군수

하천과 똑같은 사고방식으로 설정하였다. 단지 굴 양식장이 있는 해역에서는 1967년에 식품위생법에서 「식품 첨가물의 규격기준」이 정하는 수질규제가 있어서 70 MPN/100 mL 이하를 채택하였다.

⑤ 노르말헥산 추출물질(유분 등)

노르말헥산 추출물질이란 노르말헥산에 가용성인 유분 등을 말한다. 해역에서 유분이 문제가 된 것은 석유계 유분에 의해 이상한 냄새가 나는 어류가 발생되는 것이며, 과거부터 그 피해방지를 위해 수질규제가 행해졌다. 또한, 유막에 의해 해수욕장의 환경보전상 지장이나 수산생물에 대한 피해를 발생할 우려도 고려했다.

석유계 유분 농도와 어류에 대한 착취(着臭)와의 관계에 대한 과학기술청의 연구보고에 의하면 착취의 한도는 0.01~0.1 mg/L로 보고되고 있다. 통산성의 자료(석유정제배수)에서는 0.2~3 mg/L 이며, 수산청 자료(석유화학 및 석유정제배수)에서는 0.002~0.1 mg/L 이다. 상당히 낮은 농도에서도 물에 착취 또는 이취미(異臭味)를 내는 고기를 발생시킬 가능성이 있기 때문에 환경농도를 가능한 낮게 할 필요가 있다. 그러나, 설정 당시에는 이와 같이 낮은 농도까지 석유계 유분을 정량적으로 분리 측정하는 공정측정방법이 없었기 때문에 해당 검정방법은 JIS 방법으로 정하였고, 기준은 검출되어서는 안되는 것으로 설정하였다. 특히 정량한계는 검수량 10 L의 경우 0.5 mg/L 이다.

한편 노르말헥산 추출물질을 해역에만 적용한 것은 하천이나 호소에서는 노르말헥산으로 추출되는 물질로서 석유계 유분 이외에 각종 유기물도 대상으로 될 가능성이 있기 때문이며, 이들 유기물은 BOD로 대표할 수 있기 때문이었다.

3) 환경기준 달성상황 평가[14]

부록 그림 2-1에는 생활환경 항목에 대한 환경기준의 달성율 추이를 나타내었다. 유형이 지정된 수역에서 BOD와 COD의 환경기준 달성 상황의 연간 평가에서는 고시에 의해 일간 평균값에 기초하여 평가하게 되어 있다. 해당 수역의 환경기준점에 대해서 아래의 방법에 의해 구한 「75% 수질값」이 해당수역에서 정해진 유형의 환경기준에 적합한 경우에는 해당 수역이 환경기준을 달성한 것으로 판단한다(제2장 1절 참조).

이 75% 수질값은 연간의 일간 평균값의 모든 자료를 그 값이 작은 것에서부터 순차적으로 0.75×n 번째(n는 일간 평균값 자료 수)의 자료 값을 가지는 75% 수질값으로 한다. 구체적으로는 0.75×n이 정수가 아닌 경우 소수점 이하를 절삭하여 정수 번째의 값을 취한다. 또한, 복수의 환경기준점을 가지는 수역은 해당 수역내의 모든 환경기준점에 대해서 환경기준에 적합한 경우에 해당 수역이 환경기준을 달성한 것이라고 판단한다.

수질오탁방지법에 근거하여 도도부현(都道府懸) 지사는 공공용수역의 수질 오염상황을 상시 감시해야하고, 도도부현(都道府懸) 마다 매년 작성되는 측정계획에 따라 국가 및 지방공공단체가 공공용수역의 수질측정을 수행하고 있다.

4) 앞으로 과제(15)(16)(17)

현행 환경기준에 도달하기까지 이미 어느 정도 수정이나 개정하여 왔지만 설정 때부터 지금까지 과학적 식견도 축적되고, 사회적 배경이나 사정도 끊임 없이 변화하고 있어서 당연히 수질환경 기준 항목의 설정에 대한 문제점이 계속 지적되고 있다.

환경성에서도 국민의 물 이용의 다양화, 호소나 폐쇄성 수역에서 기준 달성률이 옆걸음 치고 있는 것과, 수질상시감시 방법이 재검토되고 있는 배경으로부터 2006년도부터 수질환경기준(생활환경 항목)에 대한 재검토가 진행되어 오고 있다. 아직 재검토에 대한 최종적인 결론이 나오지 않았지만, 어느 정도 검토되었거나 논의되고 있는 것에 대한 요점을 여기서 소개한다.

① 해역에 있어서 환경기준항목(COD)과 내부생산(클로로필 a)이나 투명도, 저층 DO의 관계를 조사하고, 기존 환경기준 항목이 해역의 상태(산소소비, 청정함 등)를 적절하게 파악할 수 있는지에 대해서는 검증되고 있다. 그래서 투명도, 저층 DO에 대해서는 COD와의 상관성이 적다는 것이 분명해지고 있기 때문에 투명도, 저층 DO의 상태를 나타내는 지표로서의 가능성이 계속 검토되고 있다.

② 육역에 있어서 BOD, COD와 투명도, 표층 DO, 하부층 DO, TOC, 클로로필 a 등과의 관계를 검증하고 있다. 그래서 투명도가 BOD, COD와 반드시 명확한 상관성을 가지는 것은 아니라는 것이 확인되었고, 투명도, 대장균군 등 새로운 지표에 대한 가능성이 검토되고 있다. 또한, 호소에서 저층 DO, 난분해성 유기물의 실태파악, 측정 및 제어의 필요성이 있다고 지적되었다.

아래에 향후에 합리적인 기준으로 개정하기 위해서 저자로서 생각해온 점을 보다 구체적으로 정리하였다.

(1) 해역 환경기준에 관한 문제

해역에서 A유형의 DO 기준치는 7.5 ㎎/L로 설정하고 있지만 정상적인 해역에서는 여름에 수온이 높을 경우 과포화가 되지 않으면 기준치를 만족할 수 없다는 점이 지적되고 있다. 따라서, 기준치를 염분 농도나 수온의 영향을 받는 농도로 표현하지 말고 포화도로 적용하는 것도 생각해 볼 필요가 있다. 또한, 호소를 포함한 정체 수역은 식물플랑크톤의 광합성작용에 의해 DO가 과포화되어, 수질이 악화되고 있음에도 불구하고 기준치를 만족하는 경우도 있다. 이런 점을 고려하여 DO에 포화도 개념의 기준을 설정하는 것도 고려해야 한다.

C유형은 원래 오염된 육수의 영향이 예상되는 수역이지만, 비교적 물의 교환이 원활하고 오염이 적은 해역과 오염된 물이 정체하기 쉬운 해역으로 다시 구분된다. 도쿄만(東京灣)이나 오사카만(大阪灣)에서는 COD 8 ㎎/L은 높은 기준이라고 생각되지 않지만 그 외 해역에서는 정체하기 쉬운 지점에서도 5 ㎎/L 이하가 거의 대부분이고, 현재의 실태와는 약간 동떨어진 감도 있다. 또한「내만」이나「연안」해역과「항내」나「운하 등」의 해역으로 나누어 검토해서 전자에 대해서는 B유형(COD 3 ㎎/L)과의 중간적인 어떤 기준을 설정하는 것도 생각해 볼 수 있다.

유분 등의 오염을 알기 위해 노르말헥산 추출물의 기준치는「검출되어서는 아니 됨」이라고 설정되어 있지만, 그 검출한계가 0.5 ㎎/L(시료량 10 L)이고, 유분 이외의 화합물도 측정되는 단점을 가지고 있다. 미량의 유분으로 해산물이 냄새가 베어 있는 것을 고려하면 보다 감도가 좋고, 유해시약을 사용하지 않는 분석방법이 개발되기를 기대하고 있다.

(2) 대장균군의 측정방법에 관한 과제

대장균군수는 분변오염지표로서 널리 이용되고 있지만 현행 시험방법으로는 분변계 유래 이외의 균종의 검출 등에 의한 실태와 맞지 않는 결과를 발생할 가능성이 있다. 수영장의 수질기준 판정에는 이미 분변성 대장균군수가 지표로 이용되는 경우도 있으므로 분변계 오염지표로서 대장균군수의 검토가 바람직하다.

(3) 유기성 오염지표에 관한 과제

유기성 오염지표는 건강항목과는 달리 대상이 되는 물질이 명확하지 않고 3개 수역에 공통된 지표가 없기 때문에 서로 다른 수역간에서의 자료 비교가 불편하다. 이러한 문제가 종합적인 물 환경정책을 입안하는데 한 가지 장애가 된다. 수역 특성이 다르거나 과거의 자료 축적에 관련이 되더라도 통상적인 지표 설정이 바람직하다. 또한, 일본에서는 과망간산칼륨법에 의한 COD 측정법이 채택되고 있지만 국제적으로는 중크롬산칼륨법에 의한 COD 측정법이 일반적이다. 또한, 해역과 같이 농도가 낮은 지역에 대한 COD 측정법에 문제가 있으므로 김 양식의 이수 문제를 제외하면 공업배수 측정용으로 이용되는 표준화된 산성법을 이용하는 것이 지적되고 있다.

또한, 수도수질기준에서 유기물 오염지표도 과망간산칼륨법에서 TOC로 변경되었기 때문에 그 관점에서 BOD나 COD라는 유기오염지표의 평가를 재검토해야 할 것이라 생각된다.

4 수질환경기준(호소의 질소, 인)

1) 호소의 질소와 인에 관한 환경기준 설정 배경

호소 수질의 환경기준(COD) 달성률은 기준 제정 때부터 지금과 같이 매우 낮아 40% 정도에 그치고 있다(부록 그림 2-2). 게다가 1975년대부터는 부영양화에 따른 각종 수질 장애가 현저하게 나타났다. 즉 식물플랑크톤이 대량 증식에 따른 수질 악화로 인하여 투명도 감소나 물 색깔의 변화에 의한 경관 악화 뿐만 아니라 정수장에서의 여과장애, 먹는 물에서의 이취미(異臭味)가 발생하고, 어패류 폐사 등 호소 이용 상 장애가 발생되어 왔다. 이러한 장애의 원인인 식물플랑크톤 증식은 기본적으로 호소수 중의 질소와 인 농도에 의해 영향을 받고 있다.[18][19]

이러한 배경에서 1982년 수중 식물플랑크톤 증식에 의한 장애를 방지하기 위해 생활환경을 보전할수 있는 기준으로서 호소의 질소와 인에 관한 환경기준이 설정되었다.

호소의 질소와 인에 대한 환경기준을 설정하는 데는 호소의 이용 목적을 만족하는 질소와 인 농도를 정할 필요가 있었다. 이 때문에 부영양화에 의한 이수장애를 방지하기 위해 수질목표를 설정하였다. 1980년에 우선 인에 관한 수질목표를 설정하고, 1982년에 바람직한 환경조건과 동시에 그것을 달성하기 위한 질소와 인의 농도 수준에 관하여 질소에 대한 수질목표를 설정하였고, 이것들을 기초로 환경기준을 설정했다.

2) 호소의 질소와 인에 대한 수질목표

호소의 질소와 인에 대한 수질목표를 표 3-4-1에 나타내었다. 부영양화가 유광층에서 식물플랑크톤을 증식시키기 때문에 그 농도는 호소 표층(0.5 m)의 연간 평균치를 지표로 하였다. 또한, 이에 대응하는 참고 항목 즉 부영양화에 따른 수질장애에 직접 관련이 있는 수질지표로는 호소 표층의 연평균 총질소와 총인 농도에 대응하는 기대치이다.

표 3-4-1. 호소의 질소와 인에 관한 수질목표

수준	총질소 년간평균값 (mg/L)	참고항목		
		여름철 클로로필 a 농도(mg/L)	투명도 (m)	여름철 저층의 용존 산소농도(포화 %)
I	0.07 이하	1 이하	6 이상	50% 이상
II	0.15 이하	3 이하	4 이상	—
III	0.4 이하	20 이하	2 이상	—
IV	0.6 이하	40 이하	1 이상	—
V	1.0 이하	—	—	—

수준	총인 년간평균값 (mg/L)	참고항목		
		여름철 클로로필 a 농도(mg/L)	투명도 (m)	여름철 저층의 용존 산소농도(포화 %)
I	0.005 이하	1 이하	7 이상	50% 이상
II	0.01 이하	3 이하	4 이상	50% 이상
III	0.03 이하	20 이하	2 이상	—
IV	0.05 이하	40 이하	1 이상	—
V	0.10 이하	100 이하	—	—

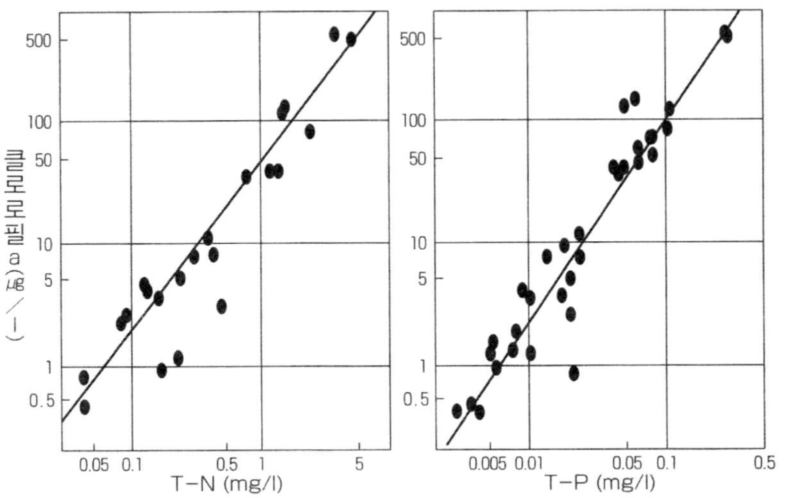

그림 3-4-1. 여름철 표층수중 chlorophyll-a 농도와 총인 및 총질소 농도와의 관계

(1) 총인, 총질소 농도와 클로로필 a 농도와의 관계

Sakamoto[20]에 의해 영양도가 다른 몇 개의 호소에서 여름철 표층수 중 클로로필 a 농도와 총인(TP) 및 총질소(TN)농도와의 관계를 그림 3-4-1에 나타내었다. 그림에서 볼 수 있는 것처럼 질소와 인 농도가 증가 할수록 식물플랑크톤의 농도가 증가한다.

그림 3-4-1에서 얻어진 클로로필 a 농도(chl-a, ㎍/L)와 TP(㎎/L)의 관계는 다음 식으로 표현된다.

$$\log[\text{chl-a}] = 1.583 \log[\text{TP}] + 3.615 \quad (1)$$

위와 같은 관계는 parameter 값에 다소 상이하기는 하지만 일본 뿐만 아니라 여러 나라의 연구자 또는 미국환경보호청의 조사에서도 얻어지고 있다[21]. 그 값과 식 (1)을 참고하여 표 3-4-1 값을 얻었다.

한편 그림 3-4-1로부터 얻어진 클로로필 a 농도(㎍/L)와 TN(㎎/L)의 관계는 다음 식으로 표현된다.

$$\log[\text{chl-a}] = 1.393 \log[\text{TN}] + 1.660 \quad (2)$$

식 (2)와 일본내 다른 호소의 질소 자료도 참고해서 표 3-4-1의 수질 목표치를 얻었다.

한편 그림 3-4-2에는 1978년(TP)과 1979년(TN)에 얻은 호소 수질 설문지 결과에 따라 일본 호소의 클로로필 a 농도와 TP, TN과의 관계를 수질목표치와 함께 나타내었다.

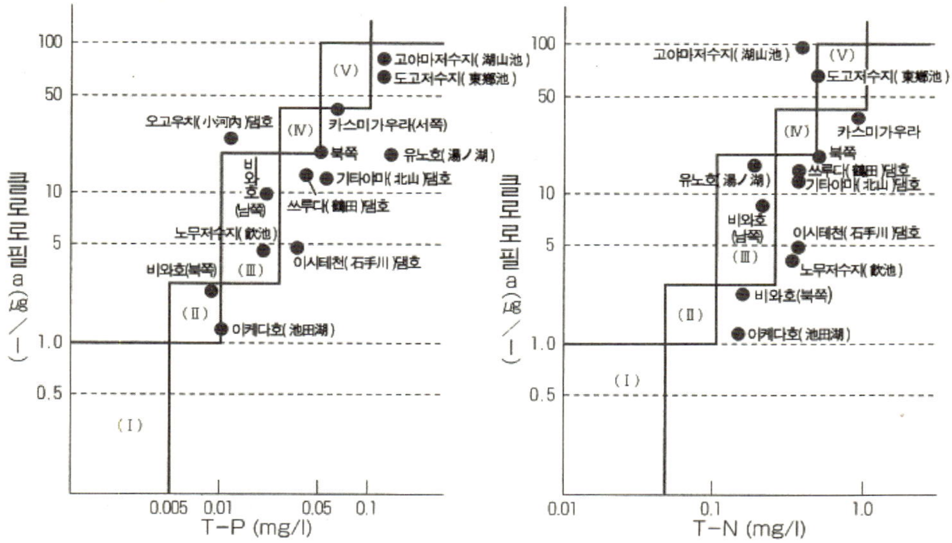

그림 3-4-2. 일본 호소의 chlorophyll-a 농도와 총인, 총질소와의 관계
(호소 중앙부의 연간 평균값)

(2) 총인, 총질소 농도와 투명도(Tr)와의 관계

투명도(Tr, m)는 Ichimura 등[22]에 의해서 일본 호소에서 다음과 같이 클로로필 a 농도와의 관계가 얻어졌다. 따라서, (1) 또는 (2)식을 대입하면 TP, TN과 투명도와의 관계가 식 (4), (5)와 같이 얻어진다.

$$\log [Tr] = 0.789 - 0.49 \log [chl\text{-}a] \quad \cdots (3)$$

$$\log [Tr] = -0.776 \log [TP] - 0.982 \quad \cdots (4)$$

$$\log [Tr] = -0.683 \log [TN] - 0.0244 \quad \cdots (5)$$

클로로필 a 농도와도 마찬가지로 타 연구자에 의한 관계식도 참고해서 표 3-4-1의 목표치를 얻었다.

(3) 총인 농도와 저층수의 DO 농도와의 관계

부영양화에 의한 수질 장애 중에서 수서생물에 직접 나쁜 영향을 미치는 대표적 수질 변화는 저층수에서의 용존산소 농도 감소이다. 여름철 성층기에 생산층에서 생산된 식물플랑크톤의 대부분은 생산층에서 분해되지만, 일부는 깊은 수층으로 침강하여 분해한다. 그 비율은 생산량의 10~15% 정도에 불과하지만 분해되면서 용존산소를 소비하므로, 저층의 DO는 서서히 감소한다. 호수 외부로부터 유기물에 의한 기여분을 제외하면 저층의 DO 감소 속도는 생산층에서 공급되는 유기물량에 의해 결정된다. 생산된 유기물량은 TP농도에 의존하기 때문에 성층기의 기간, 생산층과 깊은 수층의 용적비가 주어지면 DO의 감소 수준을 추정할 수 있다.

일본의 호소 자료에 의하면 생산층에서 생산된 유기물이 깊은 수층에서 분해되는 비율을 15%, 표층수에서의 생산속도를 10 ㎎C/㎎Chl-a/day, 생산층이 호소 총체적에서 차지하는 비율을 50%로 가정하면, 호소중의 TP가 0.03 ㎎/L일 경우 성층기간이 4개월에서 심층수의 DO는 0이 되는 것으로 추정되었다. 또한, TP가 0.018 ㎎/L인 경우에는 DO가 50%로 줄어드는 것으로 추정되었다. 따라서 표 3-4-1에 나타낸 것처럼 TP 농도가 0.01 또는 0.005 ㎎/L 이하에서는 50% 이상의 포화도가 기대될 수 있다고 생각된다.

마찬가지로 질소에 대해서는 일본 호소에서의 실측 결과에 따라 표층수의 TN 농도가 0.2 ㎎/L인 수역에서는 순생산 속도가 높은 경우에 성층기가 4개월에서 심층수의 DO가 0이 되는 것으로 추정되었다. 이것으로부터 표 3-4-1에 나타낸 것처럼 TN 농도가 0.07 ㎎/L 이하에서는 50% 이상의 포화도가 기대될 수 있다.

3) 이용목적과 질소 및 인에 관한 환경기준의 설정

(1) 자연환경보전

자연환경보전이란 자연풍경 관광 등 물 이용이 가능한 수준의 수질을 목표로 한다. 수역이 부영양화 되면 조류의 증식으로 투명도가 낮아짐과 동시에 물은 녹색 또는 갈색을 띄게 된다. 그 결과 자연경관이 나빠져 자연풍경 관광 등의 이용 상 바람직하지 않는 상태가 된다.

투명도를 미관 상 충분히 유지하기 위해서는 클로로필 a의 농도를 1.0 ㎎/L로 유지하는 것이 바람직하다. 일본에서 투명도가 충분히 유지되는 호소는 마슈호(摩周湖)와 시코쯔호(支笏湖) 등이고, 이들 호수의 수질을 감안해서 자연환경 보전 상의 관점에서 그 기준치를 TN은 0.1 ㎎/L 이하, TP는 0.005 ㎎/L 이하로 설정하였다.

(2) 수도

수도 장애는 정화조작 방법에 따라 장애 내용이 달라지는 것에 입각하여 다음과 같이 설정하였다

수도 1급(여과 등에 의해 간단한 정수조작을 행하는 것)에는 완속여과 과정으로 냄새나는 물질이 분해 제거되기 때문에 이취미(異臭味) 문제는 없다고 생각된다. 그러나 원수 중 조류 증식으로 인하여 여과지가 막혀서 여과 능력이 현저하게 떨어질 수 있다.

완속여과지에서 여과장애를 일으켰던 비와호 남호(琵琶湖 南湖), 야마구치(山口)-미라야마(村山)저수지, 노지리호(野尻湖) 등 수원 호소의 인 농도를 표 3-4-2에 나타내었다. 이것들과 장애가 없는 수원 호소의 수질을 감안하여 TP농도가 0.01 mg/L 이하 또는 TN 농도가 0.15 mg/L 이하가 되면 완속여과 장애가 일어나지 않는 것으로 추정되었다. 이러한 이유로 수도 1급 기준치는 질소가 0.2 mg/L 이하, 인을 0.01 mg/L 이하로 판단하였다.

수도 2급(침전 · 여과 등으로 일반적인 정수 조작을 행하는 것) 또는 수도 3급(전처리를 포함한 고도 정화 조작을 행하는 것)은 원수 중 조류의 증식으로 인하여 응집침전지에서 약품 사용량의 증가나 급속여과지의 여과 지속시간이 단축되는 등 정수 조작 상 각종 장애를 일으킬 수 있다. 표 3-4-3은 이와 같은 장애를 일으킨 카스미가우라(霞ヶ浦), 사가미호(相模湖) 등의 수원 호소 및 장애가 없는 수원 호소의 수질을 나타내었다. 이것으로부터 TN이 0.4 mg/L 이하, TP가 0.03 mg/L 이하가 되면 급속여과 장애가 일어나지 않는 것으로 판단되었다.

표 3-4-2. 완속여과 장애를 일으키는 수원 호소의 질소와 인 농도

완속여과	수원 호소명	T-N 농도(mg/L)	수원 호소명	T-N 농도(mg/L)
장애 있음	도바루(道原)저수지	0.35~0.68	야마구치(山口)저수지	0.03~0.07
	노지리호(野尻湖)	0.15~0.41*	무라야마(村山)저수지	0.02~0.05
	야마다(山田)저수지	0.26~0.57*	비와호 (남호)[琵琶湖(南湖)]	0.014~0.071
	고모다(菰田)저수지	0.27~0.39*	아사히카와호(旭川湖)	0.03*
장애 없음	-	-	오고우치(小河内)저수지	0.012~0.033

※ 무기 N, P 농도에 의해 추정

표 3-4-3. 급속여과 장애를 일으키는 수원 호소의 질소 및 인 농도

급속여과	수원 호소명	T-N 농도(mg/L)	수원 호소명	T-P 농도(mg/L)
장해 있음	카스미가우라(霞ヶ浦)	1.21	카스미가우라(霞ヶ浦)	0.10~0.24
	톤덴(屯田) 저수지	0.76~1.57	사가미호(相模湖)	0.2*
	하타(畑)저수지	0.40~0.66	-	-
장해 없음	-	-	야마구치(山口)저수지	0.03~0.07

※ 무기질소, 인 농도에 의한 추정

급속여과에 의한 정화 조작은 취기물질 제거가 어렵기 때문에 수도수의 이취미(異臭味)에 대한 장애가 발생할 수 있다. 일본 수도협회 이취미(異臭味) 대책 전문위원회 등이 정리한 것에 의하면 장애 발생이 보고 된 수원 호소의 수질로부터 무기질소 농도가 0.3 mg/L 이상, 무기인 농도가 0.006 mg/L 이상의 저수지에서 곰팡이 냄새의 발생률이 높은 것이 분명해졌다.

이 농도로부터 추정한 TP농도는 약 0.009 mg/L이었다. 또한, 남조류 출현이 관찰되는 호소와 저수지에서는 곰팡이 냄새가 자주 발생하고, 무기질소가 0.1 mg/L를 초과하면 곰팡이 냄새가 발생하는 저수지의 수가 증가하였다. 이러한 현상은 TN으로서 0.15 mg/L 정도였다. 따라서 곰팡이 냄새와 같이 이취미(異臭味)를 내는 물이 발생되지 않도록 하기 위해서는 TN이 0.2 mg/L 이하, TP는 0.01 mg/L 이하가 바람직하다. 특히 호소의 질소와 인에 관한 기준에서는 수도 3급 중 활성탄 흡착과 같은 것에 의해 취기물질 등을 제거할 수 있는 특수한 정화 조작을 할 경우(이하 「특수한 것」이라고 함)도 고려했다. 취기물질은 활성탄으로 제거되기 때문에 「특수한 것」은 급속여과 장애가 발생하지 않는 것이 바람직하다.

이 결과로부터 수도 2급 및 수도 3급(「특수한 것」을 제외함)의 기준치는 이취미(異臭味)를 방지하기 위해 TN을 0.2 mg/L 이하, TP를 0.01 mg/L 이하로 설정하였다. 또한, 수도 3급의 「특수한 것」의 기준치는 이취미(異臭味) 문제가 없기 때문에 급속여과에 문제를 일으키지 않도록 TN을 0.4 mg/L 이하, TP를 0.03 mg/L 이하로 설정하였다.

(3) 수영

수영에 대해서는 수역이 부영양화되면 조류 등의 증식 때문에 물이 탁해지고, 이취미(異臭味)가 발생하는 등 불쾌감을 불러 일으키게 된다. 현재 수영장으로 이용되고 있는 대표적인 호소는 비와호 북호(琵琶湖, 北湖)이다. 비와호(북호)는 현재까지도 양호한 상태지만 바람직하지 않은 수영장도 있으므로 1960년대 중반의 양호한 비와호 수질을 감안하여 수영장 기준을 TN은 0.2 mg/L 이하, TP는 0.01 mg/L 이하로 설정하였다.

(4) 수산

수중의 질소와 인의 농도가 증가하면 조류가 대량 발생하고, 빈산소수괴가 발생하며, 수산생물의 번식과 생육에 영향을 미친다. 질소와 인의 농도가 낮은 호소는 송어 등 연어과 어류나 은어가, 중간 수준에서는 빙어가 많이 서식하는 반면에, 질소와 인의 농도가 높은 호소에서는 잉어, 붕어 등 오염에 강한 어류가 대부분 우점한다(부록 표 5-1). 따라서 수산생물을 대표 어종으로 (i) 연어과 어류 및 은어 (ii) 빙어 (iii) 잉어, 붕어 등 3개의 그룹으로 나누어 각각의 수산생물이 자연적인 번식과 생육(재생산) 할 수 있는 조건을 검토했다.

각시송어 등 연어과 어류나 은어는 청정한 물을 좋아하며, 이들이 서식하는 대표적인 호수는 주젠지호(中禪寺湖)와 비와호(琵琶湖)가 있다. 이들 호소의 수질을 감안해서 수산 1종 기준치는 TN을 0.2 ㎎/L 이하, TP를 0.01 ㎎/L 이하로 설정하였다. 수산 2종의 기준치는 빙어의 생산이 높은 스와호(諏訪湖) 수질을 감안하여 TN을 0.6 ㎎/L 이하, TP를 0.05 ㎎/L 이하로 설정하였다. 잉어, 붕어는 질소가 1 ㎎/L, 인이 0.1 ㎎/L을 초과하면 장애가 발생한다. 이 농도를 초과하는 고지마호(兒島湖), 테가늪(手賀沼), 인바늪(印旛沼) 등의 수질을 감안하여 수산 3종 기준치는 TN을 1.0 ㎎/L 이하, TP를 0.1 ㎎/L 이하로 설정하였다.

(5) 농업용수

벼는 농업용수 중 질소(특히 암모니아 질소) 농도가 높으면 영양생장기(묘를 논에 이

식한 후 약 40일간)에 조기 성장함에 따라 병해를 받기 쉽기 때문에 벼 수확이 감소한다. 농림수산성은 1970년에 각종 조사 연구 결과에 근거하여 벼에 피해가 발생하지 않게 하기 위한 바람직한 농업용수의 TN 기준치를 1 ㎎/L로 발표하였다(부록 표 4). 따라서 TN은 1 ㎎/L 이하가 바람직하다고 판단하였다.

(6) 공업용수

수역이 부영양화되면 조류의 증식으로 물이 흐려져서 공업용수로 이용하는데 장애가 발생된다. 공업용수로 이용하고 있는 카스미가우라(霞ヶ浦)와 비와호(琵琶湖) 등 주요 호소의 수질을 보면, 질소가 약 1.0 ㎎/L 이하, 인은 약 0.1 ㎎/L 이하에서 장애가 발생하지 않았다. 따라서 공업용수의 기준치는 TN을 1.0 ㎎/L 이하, TP를 0.1 ㎎/L 이하로 설정하였다.

(7) 환경보전

환경보전이란 연안의 산책을 포함한 일상생활에 불쾌감을 느끼지 않을 정도의 수질을 목표로 한다. 부영양화가 진행되면 조류의 이상 증식이나 대형 수초가 무성하게 되며, 그것들이 부패하여 악취가 발생하는 등 사람의 일상생활에서 불쾌감을 주게 된다. 일본의 호소 가운데 이와 같은 상황에 있는 것은 인바늪(印旛沼)과 코지마호(兒島湖) 등이다. 이들 호소의 수질을 감안하여 환경보전 상의 관점에서 그 기준치를 TN은 1.0 ㎎/L 이하, TP는 0.1 ㎎/L 이하로 설정하였다.

4) 환경기준 적용

호소의 질소와 인에 관한 환경기준은 부록 표 2-1 별표 2에 나타내었다. 이들 값은 표층(0.5m)의 연평균치로서 농업용수는 총인의 환경기준을 적용하지 않았다. 특히 연평균치를 사용하는 것은 환경기준치 설정의 기초 자료 즉 질소와 인 농도에 연간 변동이 있으므로 그것을 연간 평균값으로 사용하도록 하였다.

또한, 수역 유형 지정은 호소 식물플랑크톤의 현저한 번식이 일어날 수 있는 호소에 대한 것으로 총질소의 기준치는 총질소가 호소의 식물플랑크톤 증식 요인이 되는 호소 즉 ①TN/TP비가 20 이하, ②TP농도가 0.02 ㎎/L 이상에 대해 적용하였다.

5) 환경기준 달성 상황 추이

(1) 환경기준 달성 상황 평가방법

호소의 질소와 인에 관한 환경기준은 호소 중심의 수질 연간 평균치로 설정하였다. 카스미가우라(霞ヶ浦)와 비와호(琵琶湖) 수질의 경년변화 자료를 보면 호소에서는 방류의 영향이 적고, 각 기준 지점의 수질이 비슷한 경향으로 변화하는 것으로 나타났다. 따라서 각 기준지점 중에서 최대농도를 나타내는 지점의 농도로 판단해도 해당 호소 전체의 수질변화를 충분히 파악할 수 있다. 또한, 최대농도를 나타내는 지점의 농도가 해당 수역의 부영양화에 관한 수질 상황을 종합적으로 파악하기 위해 적당하다고 생각된다. 이러한 이유 때문에 호소의 질소와 인에 관한 환경기준 달성, 미달성은 같은 호소 내에서 복수의 환경기준 지점이 존재할 경우 해당 각 기준지점의 연평균치 중에서 최고치로서 당초에는 평가하기로 하였다.

그렇지만 2001년 5월 통지[23]에 따라 호소에서 총질소와 총인의 환경기준 달성 상황 평가는 해당 수역의 환경기준점에 대해 표층의 연간 평균값이 해당 수역에 적용되는 유형의 환경기준에 적합하고 있는 경우에는 해당 수역이 환경기준을 달성한 것으로 판단하였다. 또한, 복수의 환경기준점이 있는 수역은 해당 수역내 모든 환경기준점에 대해 환경기준에 적합한 경우에 해당 수역이 환경기준을 달성하고 있다고 판단하고 있다.

총질소와 총인의 환경기준은 1982년에 추가되었지만, 초기에는 적용되는 수역수가 적었다. 따라서 1985년 이후 호소의 질소와 인에 대한 환경기준 달성률 추이를 부록 그림 2-2에 나타내었다.

5 수질환경기준(해역의 질소, 인)

1) 질소와 인 환경기준 설정 배경과 필요성

해역의 수질환경기준 중 생활환경 항목인 COD에 대한 기준 달성 상황은 전체적으로 호소에 비해 높다. 그러나 부록 그림 2-3에 나타낸 것처럼 도쿄만(東京灣), 이세만(伊勢灣), 오사카만(大阪灣)등 폐쇄성이 강하고 유역에 대도시가 있어 산업활동이 활발한 해역에서는 그 달성률이 반드시 높지 않았다. 이는 ①유입 오염부하량이 극히 많아 내부에 축적되기 쉽고, ②부영양화 진행에 의한 내부생산이 증가하여 수역 내부에서도 유기물이 생산되기 때문이라고 생각된다.

이와 같은 상황에 대처하기 위해 도쿄만(東京灣), 이세만(伊勢灣) 및 세토내해(瀨戶內海)등 3개 해역은 이미 1978년부터 수질총량규제 제도가 도입되어 COD부하량 삭감을 도모하고 있다(제6장 참조). 그럼에도 불구하고 질소와 인의 유입량이 증가함에 따라 식물플랑크톤 생산량이 증가하여 수질이 악화되는 이른바 부영양화 현상이 현저하게 나타났다[23]. 그림 3-5-1에 나타낸 것처럼 식물플랑크톤 증식에 의해 유기물이 증가(내부생산)하여 여름철에 주로 저층 빈산소화를 유발하여 청조라는 빈산소수괴가 발생하며, 저층 퇴적물의 악화를 초래한다. 이와 같은 수역에는 적조 발생에 의해 양식어업에 피해가 발생할 뿐만 아니라 레크레이션 및 경관 등에도 영향을 미친다. 이러한 현상에 의해 어패류의 서식상황이 변하고, 수산업에 나쁜 영향을 미치는 등 해역 생태계 변화가 확인되었다.

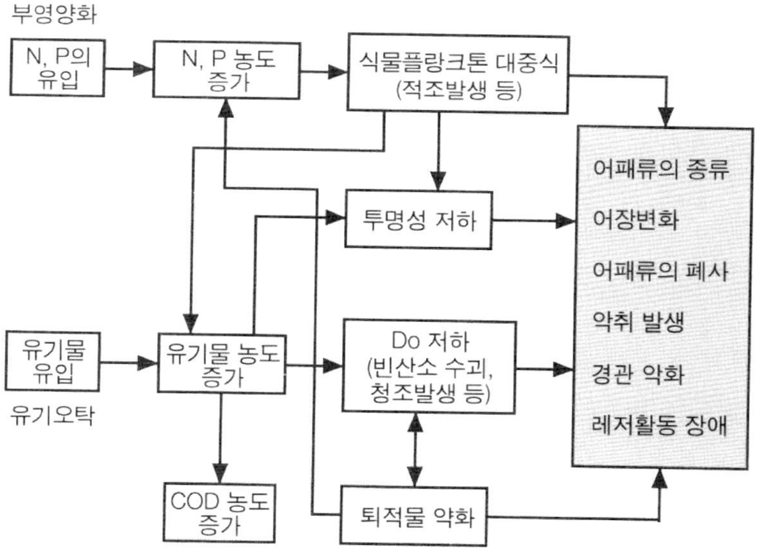

그림 3-5-1. 부영양화와 유기물 오염에 의한 물 이용 장애 발생에 도달하는 과정 개념도

그림 3-5-2는 △COD법과 클로로필법으로 추정한 총 COD부하량에서 내부생산 COD부하량이 차지하는 비율을 나타내었다. 내부생산은 여름철에 50~60%, 연평균은 총부하량의 40~50%를 차지하는 것으로 추정되었다. 이것이 환경기준(COD) 달성을 어렵게 한다고 보기 때문에 부영양화 대책이 불가한 것으로 판단하였다.

이로 인하여 해역의 질소와 인에 대한 해역 환경을 보전하기 위해 유지되는데 바람직

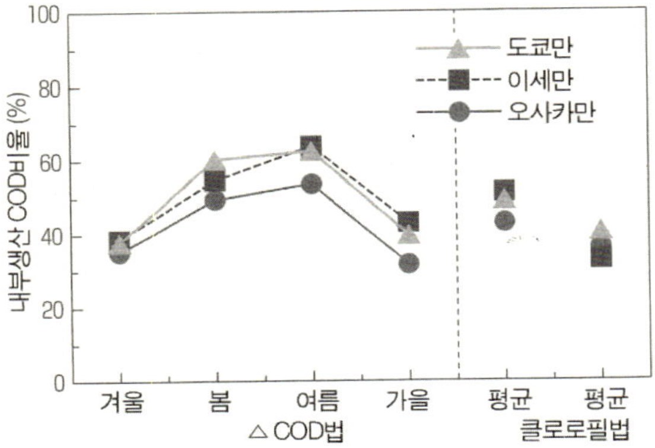

그림 3-5-2. 내부생산 COD가 총COD 부하량에서 차지하는 비율

한 기준으로서 1993년에 「공해대책기본법」에 준하여 환경기준을 설정하고, 수질오탁방지법에 근거하여 배수기준을 설정하였다.

2) 해역의 질소와 인 환경기준

(1) 환경기준 설정의 기본적 사고

그림 3-5-3에 나타낸 것처럼 해역의 질소와 인 농도와 수질지표(클로로필 a 농도, COD 농도, 투명도, 여름철 저층의 용존산소 포화도) 사이에는 일정한 상관관계가 성립되었다. 환경기준 설정은 이와 같은 상관관계를 이용하여 해역의 이용목적을 만족할 수 있는 질소와 인 농도를 설정하였다[24]. 그 순서는 그림 3-5-4와 같다.

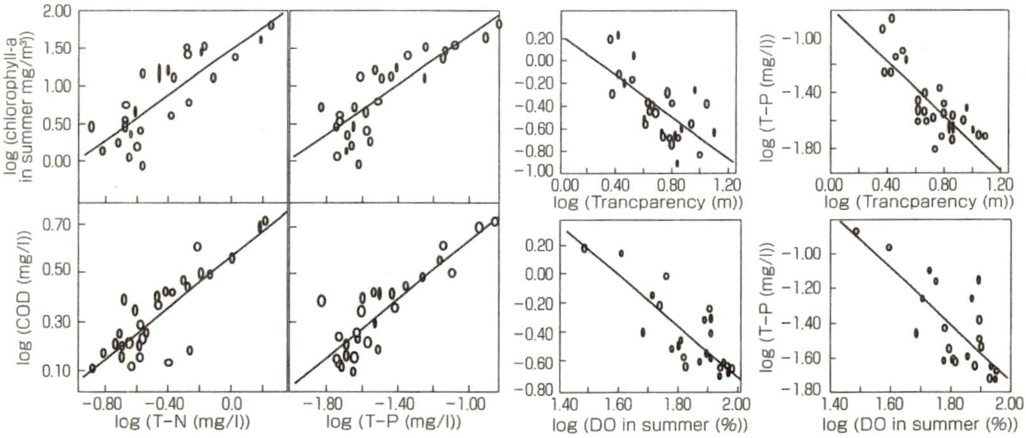

그림 3-5-3. 수질항목 사이의 상관관계(해역)

① 해역의 물 이용목적을 정한다.

② 물 이용을 만족하는 수질수준을 명확히 한다.

③ 필요한 수질수준과 질소 및 인 농도와의 관계를 구한다.

④ 물 이용을 만족하는 질소와 인 농도 및 제약조건을 고려하여 환경기준을 설정한다.

특히 해역의 식물플랑크톤 생산량은 연중 표층의 질소와 인 농도의 거동에 따라 영향을 받는다. 그러므로 질소와 인 농도의 대표값으로서 해역 표층(0.5m)의 총질소(TN)와 총인(TP) 농도의 연평균값을 이용하였다.

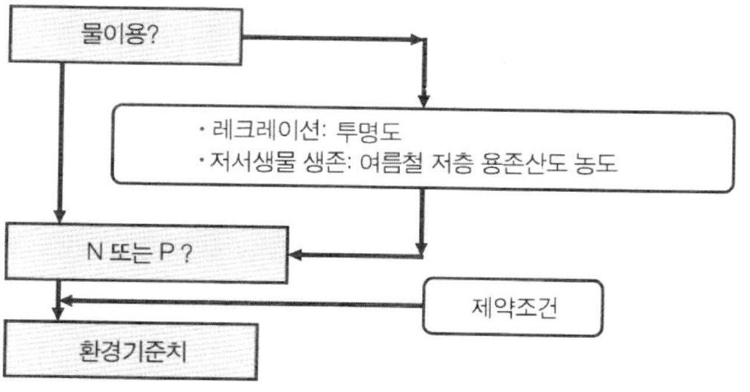

그림 3-5-4. 환경기준과 물 이용목적의 관계

(2) 수질기준 항목

해수 중 질소와 인의 비(해수의 N/P비)가 식물플랑크톤 증식에 필요한 질소와 인 비(식물플랑크톤의 N/P비) 보다 작을 경우에는 식물플랑크톤의 증식은 질소에 의해 제한된다. 태평양과 같은 해양(외해역)은 이 경우에 해당되어 질소가 제한된다고 보고 있다. 한편, 대부분의 담수에서는 역으로 수중의 N/P비가 식물플랑크톤의 N/P비 보다 커서 인이 제한된다고 보고 있다.

그러나 환경기준을 설정하려는 해역은 하천수를 경유한 질소와 인의 유입이 많기 때문에 담수와 해수의 중간적인 해역이 된다. 이러한 이유로 일본 내만에서의 N/P비는 그림 3-5-5에 나타낸 것처럼 5에서 20까지 큰 폭으로 차이가 있다. 또한, 같은 수역 내에서도 계절(그림 3-5-6)과 장소 또는 강우의 영향에 따라서도 변한다[(26)(27)(28)]. 한편, 해역의 식물플랑크톤 중 N/P비는 종류, 환경조건에 따라 큰 폭으로 변화하고, 낮은 경우에는 2 정도, 높은 경우에는 30정도의 값이 보고되고 있다. 그러므로 질소와 인에 대해 일정한 대

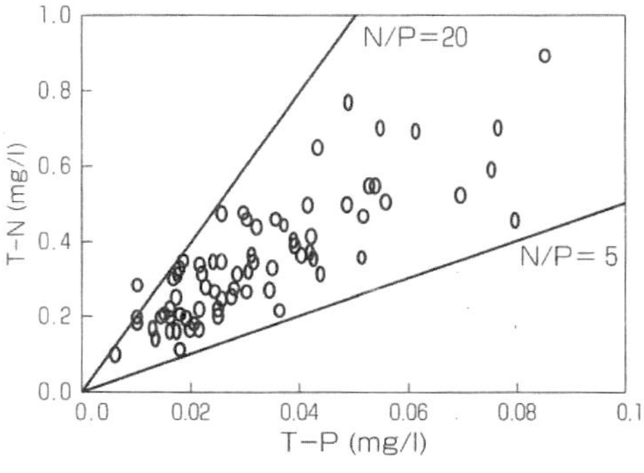

그림 3-5-5. 일본 내만 및 연안해수의 N/P비

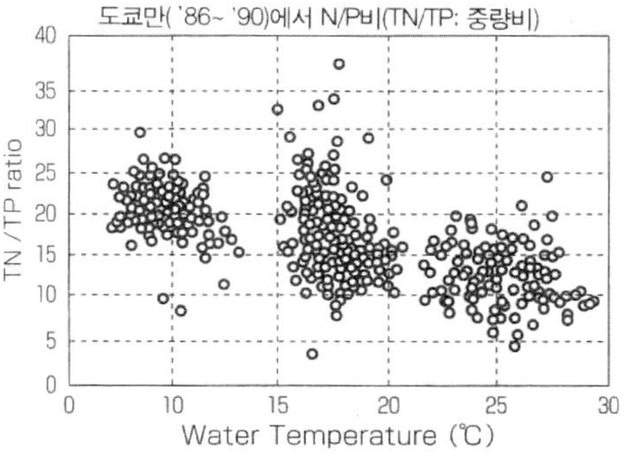

그림 3-5-6. 동경만에서 N/P비의 계절변화

소 관계를 찾아내기 어렵다.

따라서 질소 또는 인 중 어느 한 성분만이 식물플랑크톤 증식을 제한한다고 하기는 어렵다. 또한 해역의 N/P비가 정상적인 값보다 크게 변화한 경우 해역 생태계의 건전성을 잃어버릴 위험성이 있다. 이런 관점에서 질소와 인에 대해 환경기준을 설정하였다.

(3) 이용목적과 질소 및 인의 환경기준 설정

질소와 인의 환경기준은 패쇄성 해역의 물 이용으로서 ①자연환경보전, ②해수욕, ③생물서식환경보전, ④수산 : 1, 2, 3급, ⑤공업용수 등 5개 항목을 상정하였다. 해역의 질소와 인 환경기준치는 부록 표 2-1 별표 2에 정리하였으며, 그 설정근거를 다음과 같이 정리하였다.

① 자연환경보전

자연환경보전은 경관, 자연관찰, 다이빙 등의 물 이용을 목적으로 하기 때문에 가능한 자연 그대로의 보전이 필요하다. 수역이 부영양화 되면 식물플랑크톤 증식에 의해 투명도가 낮아지고 경관이 나빠지는 등 자연관광 등의 이용상 좋지 않은 상태가 된다. 이러한 이유 때문에 선택된 수질항목이 투명도이다. 그러나 설정 당시에 얻어진 자료는 반드시 충분하지 않았다. 그래서 그림 3-5-3에 나타낸 상관관계에 따라 많은 수의 측정값이 있는 COD로부터 질소와 인의 농도를 추정하였다(표 3-5-1의 계산치).

표 3-5-1은 해양공원지역의 수질과 질소와 인 농도와의 관계를 나타낸 것이다. 일본에서 투명도가 충분히 유지되고 있는 수역으로서 해양공원지역의 청정한 수질을 확보하기 위해서는 10m 정도 이상의 투명도를 목표로 하는 것이 적당하다고 본다. 또한, 제약조건으로 일본 주변 외해역의 질소와 인 농도도 참고하여 자연관광을 위해 환경보전 상 바람직한 수질수준을 설정하였다. 그 결과 대체로 질소(표층 총질소의 연간 평균값)가 0.2 ㎎/L 이하, 인(표층 총인의 연평균값)은 0.02 ㎎/L 이하로 설정되었다.

표 3-5-1. 해양공원지역의 수질

항목	지점수	자료수	평균값	최소값	최대값	목표값 달성률*(%)
T-N (㎎/L)	6	16	0.16	0.07	0.24	88
T-N (계산값)	19	55	0.15	0.07	0.24	95
T-P (㎎/L)	6	16	0.015	0.010	0.024	88
T-P (계산값)	19	55	0.013	0.008	0.024	96
COD (㎎/L)	16	48	1.0	0.5	2.2	98
투명도(m)	18	54	13	7	20	83

* 목표값 : T-N 〈 0.2 ㎎/L, T-P 〈 0.02 ㎎/L, COD 〈 2.0 ㎎/L, 투명도 〉 10m

② 해수욕

해수욕장은 부영양화와 더불어 투명도 감소나 해수욕 장애가 발생하지 않도록 현재 양호한 환경이 유지되고 있는 해수욕장에서 수질수준을 목표로 하는 것이 적당하다. 표 3-5-2에 나타낸 것처럼 기존 해수욕장 인근의 평균 투명도는 6m 이상이고, 이때의 수질자료나 식물플랑크톤 증식에 의한 장애가 발생한 경우의 수질자료를 종합적으로 감안하여 해수욕을 위해 확보해야 할 바람직한 수질기준은 질소가 0.3 ㎎/L 이하, 인이 0.03 ㎎/L 이하로 설정하였다.

표 3-5-2. 기존 해수욕장 인접해역의 수질

항목	지점수	지료수	평균값	최소값	중앙값	75%값	최대값
T-N (㎎/L)	47	141	0.36	0.05	0.30	0.41	1.45
T-N(계산값)	86	257	0.33	0.05	0.29	0.38	1.45
T-P (㎎/L)	48	144	0.027	0.008	0.023	0.030	0.12
T-P(계산값)	86	257	0.027	0.008	0.024	0.032	0.12
COD (㎎/L)	101	302	1.4	0.5	1.4	1.7	6.9
투명도(m)	76	227	6.7	2.0	6.2	8.6	16

③ 생물서식환경보전

해역의 부영양화는 저층의 빈산소화를 초래하기 때문에 수서생물 특히 저서생물의 서식환경 나아가서는 해역 전체의 생태계에 나쁜 영향을 가져온다. 환경보전 조건으로는 저층수에서 연중 저서생물이 서식 가능한 용존산소량을 확보 가능한 것을 목표로 하였다.

그림 3-5-7에 나타낸 것처럼 몇몇 저서생물은 용존산소 농도가 4 mL/L(약 5.7 ㎎/L) 이하에서 서식에 어느 정도 영향이 나타나며, 2 mL/L(약 2.9 ㎎/L) 이하가 되면 대부분의 종에서 영향이 나타난다. 또한, 용존산소 농도가 3 mL/L(약 4.3 ㎎/L) 이하에서는 저서생물 군집의 종수, 밀도 또는 종의 다양성이 현저히 낮은 수준이 된다는 의견도 있다. 따라서 최저한 유지되어야 할 수준은 여름에도 저층 용존산소 농도가 2 mL/L 이상을 목표로 하였다. 이에 대한 질소와 인의 수준은 질소가 1.0 ㎎/L 이하, 인이 0.09 ㎎/L 이하로 설정되었다.

④ 수산

일반적으로 어획량 즉 고차소비자인 어패류의 생산량은 그림 3-5-8에 나타낸 것처럼 기초생산량에 비례한다. 그럼에도 불구하고 부영양화가 진행된 해역의 어획물 조성은

플랑크톤 식성인 정어리류와 전어, 현탁물 식성인 모시조개 등 영양단계가 낮은 종류가 많아짐과 동시에 저층 빈산소화의 영향을 받아 새우류, 게류를 중심으로 하는 영양단계가 높은 저서 어패류가 감소하는 경향이 있다. 과거의 지식 및 도쿄만(東京灣), 오사카만(大阪灣), 히로시마만(廣島灣)에서 주요한 어패류의 어획량과 수질과의 관계에 대한 검토 결과 등으로부터 부영양화의 진행에 따라 어획량의 증감 관계가 비교적 명확한 수산생물을 추출하여서 수산에 관한 바람직한 수질수준을 검토하였다. 그 결과 다음과 같은 3가지 수질 그룹으로 어업 형태나 생태계 상황을 분류하였다(부록 표 5-1).

ⓐ 수산 1종(질소 0.3 ㎎/L 이하, 인 0.03 ㎎/L 이하)

이 해역은 저서어류(감성돔, 갯장어), 갑각류(새우류, 게류), 두족(頭足,연체)류(문어류, 오징어류), 패류(대합, 피조개) 등의 저서 어패류가 풍부하다. 특히 다른 해역에 비해서 새우류나 게류 등 저층 빈산소화의 영향을 받기 쉬운 수산 생물종의 어획이 많다. 또한, 저서생물 식성의 새우류나 게류를 포함한 저서 어패류 등 영양단계가 높은 수산생물

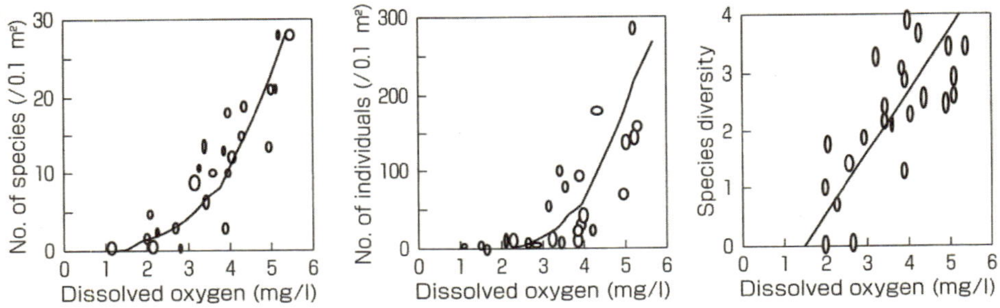

그림 3-5-7. 여름철 저층수에서 저서생물이 서식 가능한 용존산소 농도

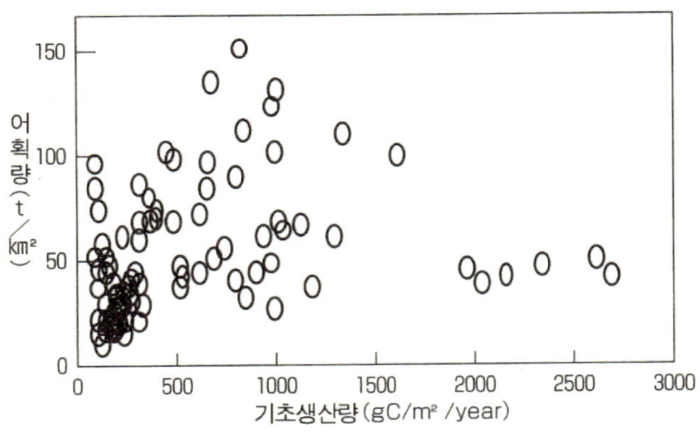

그림 3-5-8. 기초생산량과 어패류 생산량의 관계

이 많이 어획된다. 이것은 식물연쇄를 통한 해역의 생물생산이 유용하게 이용되고 있다는 것을 나타내고, 정상적인 내만 생태계를 나타내고 있는 가장 바람직한 해역 환경이라고 말할 수 있다.

ⓑ 수산 2종[질소 0.6 ㎎/L 이하, 인 0.05 ㎎/L이하 (ⓐ의 수산 1종의 농도범위 제외)]

이 해역에는 정어리류, 전어, 농어, 가자미류 등 뜨는 어류부터 저어류까지의 어류, 수산동물인 갯가재, 해삼 등이 어획되고, 어류를 중심으로 한 수산생물이 많이 어획되고 있다. 그럼에도 불구하고 새우류, 게류 등 저층 빈산소화에 의한 영향을 받기 쉬운 종류의 어획량이 적다. 이와 같이 일부 저서 어패류의 서식에 이 해역의 수질환경이 바람직하지 않다.

ⓒ 수산 3종[질소 1.0 ㎎/L 이하, 인 0.09 ㎎/L 이하(ⓐ 및 ⓑ의 수산 1종 및 2종의 농도범위 제외)]

이 해역에서는 정어리류, 전어, 농어 등의 어류, 모시조개 등의 패류가 어획된다. 그러나 오사카만(大阪灣)의 경우에는 플랑크톤 식성의 정어리류, 도쿄만(東京灣)에서는 현탁물 식성의 모시조개 등 이들 특정 종에 의한 어획이 대부분을 차지하고 있다. 저서 어패류의 어획량은 상당히 감소하고, 이 해역의 수질환경은 많은 저서 어패류에 좋지 않다. 생태계로서 균형이 나쁘고, 불안정한 내만 생태계를 나타내고 있다.

특히 수산 3종을 초과하는 질소와 인의 농도를 나타내는 해역은 여름철 저층에 빈산소수괴(貧酸素水塊)의 형성이 상시로 나타나고, 청조에 의한 모시조개의 폐사와 같은 수산장애가 자주 발생하는 환경이다. 이 등급과 질소와 인 농도, 그 외 수질항목과의 관계를 표 3-5-3에 정리하였다.

표 3-5-3. 수산에 관한 수질등급과 질소와 인의 바람직한 수질 수준

등급	T-N	T-P	(참고) T-N, T-P 농도 상대값		
			DO	COD	투명도
1	0.3 mg/L 이하	0.03 mg/L 이하	4.0 ml/L 이상	2.0 ml/L 이하	5m 이상
2	0.6 mg/L 이하	0.05 mg/L 이하	3.0 ml/L 이상	3.0 ml/L 이하	4m 이상
3	1.0 mg/L 이하	0.09 mg/L 이하	2.0 ml/L 이상	4~5 ml/L 이하	3m 이상

ⓓ 공업용수

해수의 공업용수 용도는 주로 냉각수이지만 제염업 등 원료용수로도 사용되고 있다. 부영양화된 수역에서는 원료용수로 이용할 경우 여과기 막힘 등의 장애가 발생한다.

표 3-5-4에 나타낸 것처럼 현재 공업용수로 이용되고 있는 수역의 수질상황, 현행 해역

환경기준 설정 상황 등을 감안하면 공업용수는 질소가 1.0 mg/L 이하, 인이 0.09 mg/L 이하의 수질에서 지장이 없는 것으로 판단하고 있다.

표 3-5-4. 현재 사용되고 있는 공업용수의 수질

이용	항목	자료수	평균값	최소값	중앙값	75%값	최대값
원료용수	T-N(mg/L)	8	0.15	0.57	0.42	1.00	1.5
	T-P(mg/L)	10	0.007	0.041	0.036	0.05	0.13
냉각용수	T-N(mg/L)	28	0.1	0.79	0.78	0.88	3.9
	T-P(mg/L)	28	0.02	0.074	0.06	0.08	0.37

3) 유형지정 방법

환경기준치(부록 표 2-1 별표 2)가 정해지면 정부 또는 도도부현(都道府縣)에서 해역별 환경기준의 유형지정, 즉 기준을 적용한다. 그 기본적인 방법은 다음과 같다.

① 유형지정은 부영양화 방지를 위해 필요한 모든 해역을 대상으로 지정해야 되지만 부영양화가 상당히 진행된 곳이거나 또는 진행될 가능성이 있는 해역을 우선 한다.

② 해당 수역의 이용목적은 현재의 이수 상황 뿐만 아니라 과거의 이수 상황도 참고하여 결정한다.

③ 환경기준 달성기간은 해당 수역의 수질 상황, 인구나 산업 동향, 달성 방법 등을 포함하여 장래의 수질 예측을 명확히 한 후 결정한다. 그 때 부영양화의 진행이 현저하고, 환경기준을 신속히 달성하기 곤란한 수역은 시책 실시 상 잠정적인 개선 목표값을 설정한다.

4) 환경기준 달성상황 평가방법

(1) 환경기준 달성상황 평가방법

해역의 질소와 인에 대한 환경기준은 전국 30개 수역의 총질소 및 총인과 다른 수질 항목간의 상관관계에 준하여 각 이수목적을 확보하기 위해 바람직한 수질수준을 설정하였다. 수역 내에 복수의 수질측정지점이 있는 경우에는 측정지점별 연평균 수질의 지점 평균 수질을 이용한다. 따라서 해당 수역 내에 복수의 환경기준점이 있는 경우에는 각 지점별 연평균값이 수역 내 지점 평균값을 이용하여 판단하고 있다. 특히 해역의 경우 조석 등에 따라 호소보다 수질변동이 심하기 때문에 최대값으로 판단하는 것은 안정화된 수질평가가 될 수 없을 위험성이 있다. 따라서 동일 수역 내에 복수의 환경기준 지점이 존재하는 경우 해당수역의 환경기준 달성 또는 미달성은 당초 각 기준지점의 연평균값에 의해 평가하기로 하였다. 이 점은 2001년 5월 통지에 나타나 있다[29].

특히, 1995년 이후에 해역에서 총질소와 총인의 환경기준 달성률의 추이를 부록 그림 2-4에 나타내었다.

(2) 환경기준점 설정방법

환경기준의 달성 여부는 환경기준점의 선택에 따라 크게 영향을 받는다. 수역 내 모든 환경기준점의 지점 평균값으로 평가할 경우 바깥쪽의 비교적 수질이 양호한 지점을 환경기준점으로 많이 지정하면 기준달성 가능성이 높아지는 것은 자명한 사실이다. 따라서 환경기준점 선정에서는 다음과 같은 방법을 채택하고 있다.

① 수역의 대표지점으로서 수역 중앙부를 선택하고, 만 구석부분 등 유입 하천의 영향을 직접 받는 지점은 선정하지 않는다.

② 효율적이고 효과적인 수질감시를 위해 기존의 COD 환경기준점을 활용한다.

③ 수역의 넓이에 대해 기준점의 수는 통상 30~140 ㎢에 대해 1지점으로 한다.

④ 다음과 같은 조건을 만족시키는 경우 필요에 따라 만 구석부분과 같은 소수역에 대해서도 환경기준점을 선정한다.

㉠ 지형적으로 폐쇄도가 높고, 수역으로서 독립성이 있다.

㉡ 어느 정도 이상(약 5 ㎢)의 면적이다.

㉢ 이수용도 및 수질 상황이 주위와 다르다.

6 수질환경기준(총아연)

1) 수서생물의 보전과 관련된 환경기준치 설정 배경과 필요성

일본에서 물 환경 보전에 관한 시책은 사람의 건강 보호와 생활환경의 보전이라는 두 가지 관점에서 진행되었고, 특히 사람에게 양호한 환경보전이 중심이었다. 그러나, 생태계나 수서생물은 물론 그 서식환경을 중심에 두는 시책은 지금까지 없었다. 선진 외국의 화학물질관련 법과 제도에서는 사람의 건강에 대한 환경보호가 목적이며, 야생생물에 대한 내분비계 교란작용이 의심되는 영향이 주목을 받는 등 생태계나 생태계를 구성하는 생물에 대한 화학물질 영향의 중요성이 확인되고 있어서 일본의 대응은 늦어져 있다.

환경기본계획(2000년 12월)에서는 이러한 시책 상황을 직시하고, 다양한 화학물질에 의해 생태계에 대한 영향의 적절한 평가와 관리를 보여주는 화학물질대책 추진이 과제가 되었다. 또한 과학적 지식의 수집과 지식에 근거한 화학물질에 의한 환경위해의 정량적 평가를 추진하여 위험 저감을 위한 다양한 방법을 추진하는 것이 시책의 기본적인 방향이었다. 또한, 2002년 1월에는 OECD에 의해 일본의 환경정책에서 생태계 보전에 관한 수질목표 및 법규제의 필요성이나 화학물질 규제에서 생태계 보전 관점 확대 필요성이 권고되었다. 이러한 배경에서 중앙환경심의회 수환경부회 수서생물보전 환경기준 전문위원회에서 검토되었고, 2003년 11월 5일에 「수질오염에 관한 환경기준의 일부를 개정하는 건」(환경부 고시 제123호)로서 수서생물의 보전에 관한 환경기준(부록 표 2-1 별표 2)이 고시되었다.

2) 수질 목표값 설정과 환경기준치 설정

환경기준치를 설정할 때는 다음과 같은 순서를 취했다. 우선 보전 수준으로서 「공공용 수역에서 수서생물의 서식 보호라는 관점에서 세대교체가 적절하게 일어날 수 있도록 수서생물의 개체군 수준으로의 존속에 영향을 방지할 필요가 있으므로 특히 감수성이 높은 생물개체의 보호까지는 고려하지 않고, 집단의 유지를 가능하게 하는 수준」으로 함과 동시에 수산생물에서 「최대 허용 농도」나 「감내할 한계」에 한정시킬 것이 아니라 유지하는데 바람직한 수준으로 하였다. 또한, 어패류와 먹이생물 모두를 대상으로 만성영향의 관점에서 검토하였다. 수역 구분은 크게 주요 서식역(棲息域)에 따라 담수 냉수역(곤들매기, 연어수역), 담수 온수역(잉어, 붕어 수역)과 해역으로 구분하고, 더욱이 산란장 및 감수성이 높은 치어 등의 시기에 이용하는 수역에 대해서는 특별 수역으로서 별개의 목표값을 결정하도록 하였다.

구체적인 목표값 설정 순서는 그림 3-6-1에 나타내었다. 이 순서에 따라 총아연, 아닐린(anilin), 카드뮴, 클로로포름(chloroform), 2,4-디클로로페놀(2,4-dichlorophenol), 나프탈렌(naphthalene), 페놀(phenol), 포름알데하이드(formaldehyde) 등 8개 물질에 대해 목표값이 산출되었다. 이 목표값과 환경중에서의 검출 상황을 비교하여 목표값을 초과하는 지점이 있는지 또는 목표값에 근접한 수준이 될 수 있는 개연성이 있는 지를 보고 환경기준으로 설정한다는 생각으로 총아연에 대해 환경기준이 설정되게 되었다. 기준치는 담수역의 경우에는 결과적으로 냉수역과 온수역에 관계없이 또한 특별역(特別域)의 유무에 관계없이 모두 30 ㎍/L로 하고, 해역의 특별역(特別域)은 10㎍/L로 설정하였다.

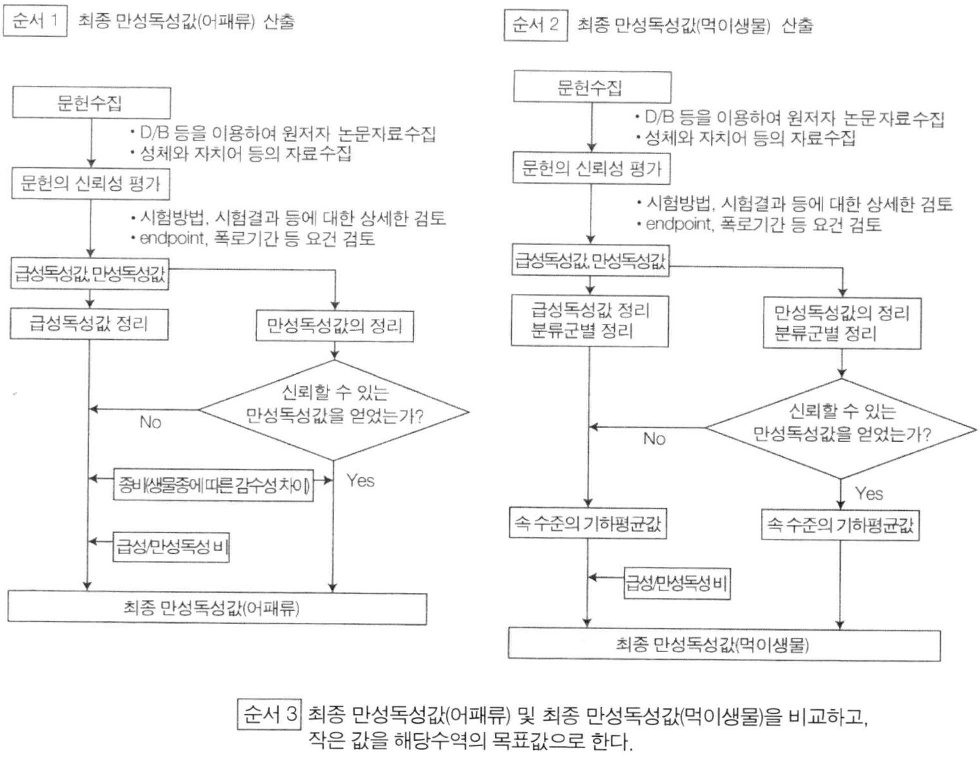

그림 3-6-1. 목표값 설정 순서[30].

3) 우선 검토물질과 감시필요항목 설정

환경기준 설정에 앞서 「유해물질에 의한 수서생물 영향 검토회」가 국내외 법률 등에 근거하여 규제대상물질(787 물질)등에서 폭로 가능성이 높은지?(제조, 생산, 사용, 수입량이 많은지? 물 환경 중에서 검출되었는지?) 수서생물에 독성이 높은지?(물 환경 중 농도수준이 최소 독성값에 안전계수를 적용한 수치를 초과하고 있는지? PRTR생태독성 class 등) 등을 감안하여 2000년 12월에 우선 검토물질로 81개 물질을 선정하였고, 환경성 수환경부에 설치된 수서생물 보전 수질검토회에서는 ①환경 중 농도가 기존 문헌의 급성독성값을 초과하는 물질, ②환경성 환경보건부에서 실시한 생태위해 초기평가에서 상세하게 평가한 후보물질들을 중심으로 26개 물질을 2002년 8월에 선정하였다. 이 26

개 물질 중에서 앞에서 서술한 것과 같이 중앙환경심의회 수환경부회 수서생물 보전 환경기준 전문위원회가 8개 물질에 대해 목표치를 산출하였다.

이 목표치와 검출 상황과의 비교로부터 감시필요항목으로 클로로포름(chloroform), 페놀(phenol), 포름알데하이드(formaldehyde)가 선정되었다(부록 표 2-1 별표 3). 아닐린은 해역의 생물에 대한 독성자료가 충분하지 않아서 해역의 목표치를 산출하지 못하였고, 카드뮴은 목표치와의 비교가 가능한 저농도 수준의 현황조사 자료가 충분하지 않은 것이 과제가 되고 있다.

4) 앞으로의 과제

총아연 환경기준은 설정 단계(2003년 11월)에서 다음 5가지 점이 과제로 제시되었다.

① 과학적 지식이 추가됨에 따라 재검토

② 어패류 등을 이용한 독성실험 실시

③ 환경 중 농도조사 실시 및 측정법 개발

④ 유형적용의 원활한 추진을 위한 정보수집

⑤ 적절한 환경관리시책 검토

또한 중앙환경심의회 수환경부회 산하에 수서생물 보전 소위원회, 수환경부회 수서생물 보전 배수규제 등 전문위원회, 수환경부회 수서생물 보전 환경기준 유형 지정 전문위원회가 설치되었고, 수서생물의 보전에 따른 수질환경기준 운용이나 환경관리 시책의 구체화 등을 추진하기 위해 검토 작업이 진행되고 있다. 2006년 4월에는 「수서생물 보전에 따른 배수규제 등의 방법에 대해(답신)」(중환심 제330호)가 나왔고, 같은 해 12월 환경성령 개정에 의해 일률 배수기준치가 강화(아연 함유량 5 ㎎/L에서 2 ㎎/L로) 되었다. 또한 유형 지정에 있어서는 2006년 4월 제1차 답신, 2008년 6월 제2차 답신에 의해 총 17개 수역에 대해 검토되었고, 나머지 하천 21개 수역과 해역 9개 수역에 대해서도 검토가 진행될 것이다.

7 지하수 수질환경기준

1) 지하수 환경기준 설정 배경과 필요성

지하수는 일본 물 사용량의 약 1/8이며, 생활용수 등 도시용수의 약 1/4을 차지하는 등 최근 귀중한 수자원으로서 널리 활용되고 있다. 이 외에 재해 시 수원으로도 중요성을 가지는 등 하천, 호소 등의 공공용수역과 마찬가지로 중요한 수자원이다[31].

지하수의 수질오염 방지는 1989년 수질오탁방지법의 일부 개정에 의해 유해물질의 지하 침투 규제가 실시되어 오염을 미연에 방지하는 것을 도모해 오고 있다. 또한 오염된 지하수의 수질정화를 도모하기 위해 수질오탁방지법의 일부를 개정하는 법률이나 정령이 1996년에 공포되었다.

이와 같이 지하수에 있어서는 트리클로로에틸렌(trichloroethylene) 등 유해물질에 의한 수질오염이 전국에서 발생하여 사람의 건강에 관련한 피해발생의 우려가 있는 것을 고려하면 이들의 시책에 더해서 지하수의 수질오염방지에 관한 행정 상 목표를 설정하여 관련 있는 여러 시책을 종합적으로 추진할 필요가 있었다.

지하수는 물 환경을 구성하는 중요한 자원이고, 양호한 상태를 미래 세대에 물려줘야 하므로 지하수는 공공용수역에 비해 상황 파악이 곤란하여 오염의 자연정화도 기대할 수 없다. 이와같은 상황에 입각하여 지하수 수질의 종합적 보전을 도모하기 위하여 환경기준을 설정하여 각종 시책을 강구하는 것이 중요하다 라는 판단이 명확해지게 되었다.

2) 환경기준치 설정 방법

(1) 기본적인 설정에 대한 방법[32]

지하수 환경기준은 우선 사람의 건강을 보호하는 관점에서 설정되었다. 특히, 지하수는 청정하게 되어 있어야 한다는 인식이 있기 때문에 환경기준치까지 오염을 허용하는 것이 아니라는 생각에 유의해야 한다. 그러나, 지하수는 공공용수역과 하나의 물 순환계를 구성하고 있다는 관점에서 공공용수역에서의 환경기준 건강항목과 같은 항목에 대해서는 동일한 기준치를 설정하는 것이 마땅하므로 1997년 3월 13일에 처음으로 설정하였다(부록 표 2-3). 기준 적용방법은 사람의 건강을 보호한다는 관점에서 공공용수역과 같이 용도에 관계없이 자연오염도 포함하여 모든 지하수에 적용해야 하는 것이 마땅하다.

또한, 달성기간은 사람의 건강과 관련이 있으므로「즉시 달성되도록 노력한다」라고 생각하는 것이 타당하다. 다만, 자연적인 오염은 대책이 곤란하기 때문에 구체적인 달성기간을 설정하지 않는 것이 적당하다고 생각하였다.

(2) 재검토 방법

지하수 특성이나 공공용수역과의 관련성에 유의하고, 과학적 판단의 향상 등을 감안하여 적절히 개정하는 것이 필요하다. 다음과 같이 적절히 개정하는 것으로 하고 있다.

① 과학적인 판단 향상에 따라 기준치의 변경 및 환경 상 조건이 되는 항목 추가

② 수질오염 상황과 수질오염원 사정 등의 변화에 따라 환경 상 조건이 되는 항목 추가 등

3) 지하수 오염과 지하수의 수질조사

지하수 수질의 상시 감시(이하 모니터링 이라고 함)는 물 환경 행정의 기본이고, 수질오탁방지법에 자리매김하여 다루는 일이다. 물 환경 변화를 지속적으로 파악하고, 대책과 연결하는 것이 그 목적이지만 동시에 환경기준 설정과 개정을 위한 기초 자료를 얻는 것 등에도 도움이 되고 있다.

도도부현(都道府縣) 지사는 수질오탁방지법 제15조에 근거하여 지하수의 수질오염 상황을 상시 감시하도록 하고 있고, 도도부현(都道府縣) 마다 매년 측정계획을 작성하고, 그에 따라 국가 및 지방공공단체는 지하수의 수질측정을 수행하고 있다. 측정계획은 표 3-7-1에 나타낸 것과 같이 구분되어 있다. 또한, 환경기준 달성상황을 조사하기 위해 지하수의 수질 측정을 시행하는 경우에는 다음 사항에 유의해야 한다.

① 측정방법은 부록 표 2-3의 측정방법 란에 수록되어 있는 대로 한다.

② 측정은 항목 마다 지하수의 유동 상황을 감안하여 해당 항목에 따라 지하수의 수질오염 상황을 적절히 파악할 수 있다고 인정되는 장소에서 실시한다.

지하수 오염은 토양오염과도 밀접한 관련이 있어서 1999년 1월 29일에는 「중금속 등에 관한 토양오염조사 · 대책지침 및 유기염소계 화합물 등에 관한 토양 · 지하수 오염조사 · 대책 잠정지침」[1994년 지침]을 정화기술 등에 관한 새로운 지식의 집적이나 지하수 환경기준 설정에 대응하기 위해 전면적으로 개정하여 새롭게 「토양 · 지하수 오염에 관한 조사 · 대책지침」 및 운용기준[33]을 책정하여 도도부현(都道府縣), 관련 성 · 청 등에 통지하였다.

2005년 6월에는 지하수 수질모니터링의 이상적인 자세에 관한 검토회로부터 중간보고회가 있었다[34]. 그 중에서 지하수의 수질오염과 관련된 환경기준은 1997년에 정해졌지만, 그 후 1999년에 항목이 추가되었다. 향후에도 필요에 따라서 항목이 추가될 수 있도록하고, 모니터링을 효율적이고 효과적으로 실시해가는 것을 요구하였다. 2005년에

이른바 삼위일체 개혁에 의해 지방공공단체의 수질모니터링 사업에 대한 국고보조금이 폐지되었지만, 지방공공단체에서는 세원(稅原)을 이양 받은 재원을 기본으로 스스로 역량을 발휘하여 확실하게 효율적으로 모니터링을 행할 필요가 있기 때문에 모니터링 적정 수준 확보에 따라 조치를 강구할 필요가 있다. 따라서 통지나 처리기준의 개정 등 어떤 대응이 필요한지와 그 방향성에 대해 검토되었다.

표 3-7-1. 측정계획에 근거한 조사 구분

조사구분	조사목적
개황조사	지역 전체적인 지하수 수질 개황을 파악하기 위해 실시하는 조사. 연차계획을 수립하여 계획적으로 실시
오염관정 주변 지구 조사	개황조사에 의해 새롭게 발견된 오염에 대해서 그 오염범위를 확인하기 위해 실시하는 조사
정기 모니터링 조사	확인된 오염의 연속적인 감시 등, 경년적인 모니터링으로서 정기적으로 실시하는 조사

4) 환경기준 달성 상황과 앞으로의 과제

(1) 달성 상황과 달성 방법[35]

지하수의 전체적인 오염상황은 지역의 전체적인 지하수 수질상황 파악을 목적으로 개황조사에 의한 평가를 기본으로 하고 있다. 2006년에 개황조사 결과, 실시한 관정 4,738개 중 320개의 관정에서 몇 개의 항목이 환경기준을 초과하였으며, 전체적으로 환경기준 초과율은 6.8%였다. 항목별 환경기준 초과율은 질산성질소 및 아질산성질소(4.3%)가 가장 높았고, 다음으로 비소(2.1%), 불소(0.8%), 테트라클로로에틸렌(tetrachloroethylene) (0.3%), 붕소(0.2%), 납(0.2%), 시스-1,2-디클로로에틸렌(cis-1,2-dichloroethylene) (0.2%), 트리클로로에틸렌(trichloroethylene) (0.2%) 순이었다.

더욱이 환경기준을 초과한 관정의 소유자에 대한 조치는 일반 먹는 물 관정이나 기타 관정에 관계없이 많은 사례에서 상수도로의 교체, 음용(사용)법의 지시(음용지도)가 행해지고, 건강피해 방지가 계획되었다.

현행 수질오탁방지법에 근거한 조치 등을 적절히 운용함과 동시에 오염이 발견된 경우에는 지하수의 용도 등을 고려하여 신속한 조사나 대책을 행하는 것이 매우 중요하다.

(2) 앞으로의 검토과제

다음과 같은 관점에서 검토하는 것이 중요하다는 지적이 있다[36].

① 질산성질소 등 감시필요 항목이나 미 규제물질, 병원미생물은 공공용수역과 함께 실태파악이나 대책수립에 대한 검토를 진척시킬 필요가 있다.
② 지하수 유동에 대한 과학적 지식의 충실을 계획할 필요가 있다.
③ 물 순환 관점에서 지하수 함양 지역에 대한 이상적인 대책을 마련하는 방법을 향후 검토할 필요가 있다.
④ 지하수 환경에서의 물질의 변화 등에 대해 조사검토를 진척시킬 필요가 있다.
⑤ 지하수 오염조사 · 대책기술에 대해 더 한층 개발하는 것을 진척시킬 필요가 있다.
⑥ 공공용수역과 결부하여 생태계로의 영향에 관한 검토를 진척시킬 필요가 있다.
⑦ 오염상황 추이를 근거로 하여 환경기준 달성 방안에 대한 더욱 진전되는 조치를 검토할 필요가 있다.
⑧ 지하수에 관한 국민의 인식을 높이기 위해 노력해야 한다.

8 다이옥신류의 환경기준

1) 기준치 설정 배경과 필요성

다이옥신류에 의한 환경오염방지를 위해 다이옥신류에 대한 시책의 기본과 시책을 시행하는 환경기준을 정하는 것 등에 의하여 국민의 건강을 보호할 목적으로 1999년 7월에 다이옥신류 대책 특별조치법(1999년 법률 제105호)이 제정 · 공포되었다. 동법 제7조에는 다이옥신류에 의한 수질오염(수저 퇴적물의 오염 포함)에 대한 환경 상 조건으로서 사람의 건강을 보호하는데 유지되는 것이 바람직한 기준을 정하게 되었다. 중앙환경심의회 수질부회에 다이옥신류 환경기준 전문위원회가 설립되었고, 1999년에 수질기준을 검토하였다. 또한, 퇴적물은 물과 늘 접촉하고 있어서 다이옥신류에 오염된 퇴적물은 물로 부상하거나 용출에 의해 물에 대한 다이옥신류의 공급원(오염원)이 되고 있다. 이와 같은 관점에서 모니터링 자료, 과학적 지식의 집적에 근거하여 동 위원회에서 2001-2002년에 퇴적물 기준에 대해서도 검토되었다. 역시 대기나 토양도 포함한 기준치와 측정방법을 부록 표 2-4에 나타내었다.

2) 다이옥신류 오염경로와 기준치 설정 방법

다이옥신류는 대기, 토양, 수역 등 전 환경매체를 통하여 섭식, 호흡 등에 의해 인체로 섭취된다. 또한, 다이옥신류는 각 환경 매체로 직접적인 배출만이 아니라 대기에서 토양, 토양에서 수역으로의 환경 매체 사이에 복잡하게 이동하면서 환경농도가 형성된다는 특징이 있다.

수질기준 설정은 다이옥신류 대책 특별조치법 시행(2000년 1월 15일)까지 수질환경기준을 반드시 설정해야 하는 상황을 고려하여 우선 「먹는 물로 이용을 고려하는 방식」에 의해 기준치를 산정하고, 기존의 지식을 정리할 수 있는 범위에서 「생물농축을 고려한다」는 관점에서도 이 계산값이 가지는 의미에 대해 검증 · 평가하는 것 등 이 두 가지가 감안되었다. WHO의 「먹는 물 수질 가이드라인」에 따라 다이옥신류는 먹는 물 이외의 경로에 의한 폭로가 크다는 것을 고려하여 TDI의 1%를 배당하게 되었다. 1999년 6월에 정리한 「다이옥신류의 1일 섭취 허용량(TDI)」(중앙환경심의회, 생활환경심의회, 식품위생조사회)에 근거한 TDI를 4 pg-TEQ/kg/일로 하고, 체중 50 ㎏의 사람이 1일당 2L의 물을 먹는 것을 기준으로 하면 수질기준치는 1 pg-TEQ/L로 산출된다. 또한, 몇 가지 가정하에서 생물농축 관점으로부터 계산된 요구 수질농도는 실제로 나타나는 현상으로서 1 pg-TEQ/L을 초과하는 지점의 수질이 기준을 만족할 수준까지 개선되어 달성되었을 때의 평균적인 수질농도와 거의 같은 정도라는 것이 확인되었다.

퇴적물 기준은 어패류로 유입되는 것과 퇴적물로부터 물로 부상 및 용출 등 2가지의 영향 경로가 고려되지만 전자는 검토 시점에서 지식이 충분하지 않아 수치 산출이 불가능하였다. 후자에 대해 검토되었고, 분배평형의 이론에 근거하여 수질환경기준치인 1 pg-TEQ/L에 대응하는 퇴적물 농도를 157 pg-TEQ/g으로 산출하고, 기준치를 150 pg-TEQ/g으로 설정하였다. 더욱이 이에 맞추어 고농도의 다이옥신류를 함유한 퇴적물을 이용한 분배시험을 실시하고, 1 pg-TEQ/L에 대응한 퇴적물 농도의 평균값으로서 196 pg-TEQ/g이라는 값을 얻었지만, 시험한 퇴적물의 대표성 등을 감안하여 최종적인 기준치는 150 g-TEQ/g으로 설정하였다.

참고문헌 · 인용문헌

(1) 環境省 [「水質汚濁に係る生活環境の保全に關する環境基準の水域類型の指定の見直しについて」及び「水質汚濁防止法の特定施設の追加等について」の中央環境審議會の答申について] 平成10年 3月9日 http://www.env.go.jp/press/press.php?serial=736

(2) 環境省 「水質汚濁に係る生活環境の保全に關する環境基準の水域類型の指定の見直しについて」 平成12年 9月6日 http://www.env.go.jp/press/press.php3?serial=1395

(3) 早水輝好「環境基準と水道水質基準の改定について」水環境學會誌 16, pp. 2-8(1993年)

(4) 日本水道協會「WHO飲料水水質ガイドライン(第2版)」第1劵(1994年)

(5) Guidelines for Drinking-water (2nd ed. Vol. 2) (1996) World Health Organization, Geneva.

(6) 小川洋二 社團法人日本化學會編「環境 · 防災ライブラリ-, 環境の基準-その化學的背景-」3 水質(丸善, 1979年)

(7) Serota, D. G., Thakur, A. K. And Ulland, B. M. (1986) Food Chemistry And Toxicology, 24, pp.951-958.

(8) Buben, J. A. and O' Flaherty,E.J. (1985) Toxicol.Appl. Pharm., 78, pp.105-122.

(9) National Cancer Institute(1978) Washington,DC.US Department of Health, Education, and Welfare, (NCI-CG-TR-55).

(10) 環境廳 水質保全局「水質汚濁 (上, 下)」公害と防止對策(白亞書房, 1973年)

(11) 日本化學會「環境の基準-その科學的背景-」(丸善, 1979年)

(12) 環境廳 水質保全局「改訂水質汚濁防止法の解說」(中央法規出版, 1988年)

(13) 環境廳 水質保全局「湖沼の水質保全 その現狀と新しい制度」(地球社, 1986年)

(14) 環境省「環境基本法に基づく環境基準の水域類型の指定及び水質汚濁防止法に基づく常時監視等の處理基準について」 平成13年 5月31日 環水企92号
http://www.env.go.jp/hourei/syousai.php?id=5000086

(15) 環境省 中央環境審議會 水環境部會 (第18回) 資料13「水質環境基準(生活環境項目)に係る見直し檢討について」 (2006年) http://www.env.go.jp/council/09water/y090-18/mat13.pdf

(16) 環境廳 昭和62年度 環境廳委託業務結果報告書「水質環境基準檢討調査-生活環境に係る環境基準についての諸檢討」(1988年)

(17) 環境廳 平成元年度 環境廳委託業務結果報告書「水質環境基準檢討調査-海域の環境評價に關する檢討調査」(1990年)

(18) Hutchinson,G.E.(1957) A Treatise on Limnology, John Willey & Sons, New York.

(19) Cooke, G.D., Welch, E.G., Peterson, S.A. & Newroth, P.R. (1986) Lake and Reservoirs Restoration, Butterworth Publishing Co., Stoneham. p.392

(20) Sakamoto, M.(1966) Primary production by phytoplankton community in some Japanese lakes and dependence on lake depth, Arch.Hydrobiol. pp.62, 1-28

(21) Ryding, S.O. & Rast, W (1989) The Control of Eutrophication of Lakes and Reservoirs, UNESCO, Paris.

(22) Ichimura, S. (1956) Bot. Mag. Tokyo, 69, pp.219-226.

(23) 環境省「環境基本法に基づく環境基準の水域類型の指定及び水質汚濁防止法に基づく常時監視等の處理基準について」平成13年 5月 31日 環水企92号
http://www.env.go.jp/hourei/syousai.php?id=5000086
(24) Jorgensen, B.B. & Richardson, K.R. (1996) Eutrophication in Coastal and Marine Ecosystems, American Geophysical Union, pp.273, Washington, D.C..
(25) 環境廳「海域に係わる窒素・りん等水質目標檢討調査結果報告書」(1994年)
(26) Fisher, T.R., Peele, E.R., Ammerman, J.W. and Harding, L. (1992) Nutrient limitation of phytoplankton in Chesapeake Bay, Marine Ecology Progress Series, 82, pp.51-63.
(27) Y.S.Lee, T.Seiki, T.Mukai, K.Takimoto, M.Okada (1996) Limiting nutrients of phytoplankton community in Hiroshima Bay. Water Research, 30(6), pp.1490-1494.
(28) 李英植, 山田崇央. 清水徹水徹, 向井徹雄, 瀧本和人, 岡田光正「廣島灣における植物プランクトンの增殖に對する集中降雨に伴う陸水の影響」水環境學會誌 19(12), pp.995-1003 (1996年)
(29) 環境省:「環境基本法に基づく環境基準の水域類型の指定及び水質汚濁防止法に基づく常時監視等の處理基準について」平成13年 5月 31日 環水企92号
http://www.env.go.jp/hourei/syousai.php?id=5000086
(30) 環境省「水生生物保全環境基準設定までの流れ」「中央環境審議會水環境部會水生生物保全環境基準專門委員會「水生生物の保全に係る水質環境基準の設定について(第一次報告)」平成15年 6月 參考資料14 (2003年) http://www.env.go.jp/info/iken/h150610a/a-5-10.pdf
(31) 國土廳水資源部「日本の水資源」平成20年版 (2008년)
(32) 環境省「地下水の水質汚濁に係る環境基準について」環境廳 告示 第10号 (1997年)
http://www.env.go.jp/kijun/tika.html
(33) 環境省「土壤・地下水汚染に係る調査・對策指針及び同運用基準の策定」(1999年)
http://www.env.go.jp/water/dojo/ref01.html
(34) 環境省「今後の地下水質のモニタリングの方あり方について(中間報告)」(2005年)
http://www.env.go.jp/water/report/h17-02.pdf
(35) 環境省「平成18年度地下水質測定結果」(2007年)
http://www.env.go.jp/water/report/h19-05/index.html
(36) 環境省 [「地下水の水質の汚濁に係る環境基準の設定しについて」の 中央環境審議會の答申について] (1997年) http://www.env.go.jp/press/press.php3?serial=346

제4장
배수규제 및 수질보전대책과 그 성과

참조 ➡ 제3장

1 배출규제와 배출기준

수질오탁방지법에 의한 배출수의 규제는 넓게 공공용수역을 대상으로 한 배수기준에 기초한 규제와 특정수역의 수질을 보전하기 위한 총량규제가 있다. 배수 규제는 배수기준 설정과 배수기준 준수의 강제에 의해 이루어진다. 유해물질 배수기준은 전국에 걸쳐 일률적으로 설정되어 있고, 기준 농도는 수질환경기준 중에서 사람의 건강 보호에 관한 기준치의 약 10배로 규정되어 있다.

이것은 공공용수역으로 배출된 배출수가 하천수에 유입된 후 희석되므로 그 비율이 배수구로부터 일정 거리를 지난 공공용수역에서는 통상 약 10배 정도라고 판단되기 때문이다. 이 일괄 배수기준은 배수기준 위반을 쉽게 인정할 수 있게 배수수질의 최대치로 설정되어 있다. 따라서 사업자는 측정결과가 배수기준을 초과한 경우에는 즉시 위반 사실을 인정할 수 있게 하는 것이 가능할 수 있다.

생활환경 항목의 일률적인 배수기준은 BOD, COD 및 SS에 대해 일반 가정하수를 간단한 침전 방법에 의해 처리하여 얻어지는 수치와 동등하게 정하고 있다. 이것은 규제대상이 아닌 일반가정과 같은 수준정도 농도까지 처리하는 것이 사업자가 맡아야 할 최소한의 책임이라는 생각에서 결정된 것이다. 생활환경 항목의 일률적인 배수기준 중 BOD, COD 및 SS는 최대치 및 일 평균치로 설정하였고, 이 기준에 적합하지 않는 배출수를 배출해서는 안 된다.

수질오탁방지법 상 도도부현(都道府縣)은 수질오염방지의 관점에서 전국 일률 배수기준으로는 부족하다고 생각되는 수역에 대해서는 조례에 의해 보다 엄격한 기준(강화기준)을 설정하는 것이 가능하도록 되어 있다. 표 4-1에는 카나가와현(神奈川縣)과 시가현(滋賀縣)에서 추가 강화기준을 일률기준과 같이 나타내었다. 강화기준이 설정되지 않은 항목은 일률기준이 적용된다. 카나가와현(神奈川縣)은 수역 및 기설/신설에 따라 상이한 강화기준을 설정하고 있고, 일률 배수기준에 비해 카드뮴, 납 및 그 화합물, 6가 크롬 및 총크롬, 비소 및 그 화합물, 구리, 아연, 용존철, 용존망간 등의 중금속과 시안화합물, 유기인화합물, 불소 및 그 화합물, n-헥산추출물, 페놀류 등에 대해 더욱 강화된 기준을 실시하고 있다. BOD와 COD는 가장 엄격한 수역의 경우 일 최대치가 5mg/L, 일 평균치가 3 mg/L로 되어있다.

시가현(滋賀縣)에서도 카드뮴, 시안화합물, 유기인화합물, 6가 크롬 및 총크롬, 구리, 아연, 페놀류 등에 대해 더욱 강화된 기준을 실시하고 있고, 전국일률기준에는 없는 추가 항목으로서 안티몬(antimony)에 대해 배수 기준치를 지정하고 있다.

표 4-1. 현(縣) 조례에 의한 강화배수 기준의 예와 전국 일률 기준의 비교 수질 항목

수질항목	카나가와현(神奈川縣)								시가현(滋賀縣)		전국 일괄
	갑수역				을수역		해역				
	수질보전 호소 등		수질보전 호소 이외								
	신설	기존	신설	기존	신설	기존	신설	기존	신설	기존	
건강항목											
카드뮴 및 그 화합물		Nd	ND	0.05					0.01		0.1
시안화합물		0.5		0.5					0.1		1
유기인 화합물		ND	ND	0.2	0.2		0.2		ND		1
납 및 그 화합물		0.05	0.05								0.1
6가크롬 화합물		0.05	0.05						0.05		0.5
비소 및 그 화합물		0.01	0.01						0.05		0.1
불소 및 그 화합물		0.8	0.8						8		8 (하천,호소) 15 (해역)
생활환경항목											허용한도
수소이온 농도(pH)							5.8-8.6		6.0-8.5		5.8-8.6(하천,호소) 5.0-9.0(해역)
BOD	5(3)	20(15)	15(10)	25(20)	25(20)	60(50)			15-120	20-120	160(120)
COD	5(3)	20(15)	15(10)	25(20)	25(20)	60(50)	25(20)	60(50)	15-120	20-120	160(120)
SS	15(5)	50(35)	35(20)	70(40)	70(40)	90(70)	70(40)	90(70)	60-150	60-150	200(150)
n-헥산추출물(광물유)	3	3	3						5		5
n-헥산추출물(동식물유)	3	3	3	5	5	10	5	10	20		30
페놀류 함유량		0.005	0.005	0.05	0.5	0.5	0.5	0.5	1		5
구리 함유량	1	1	1	1	1		1		1		3
아연 함유량	1	1	1	1	1	3	1	3	1		5
용해성철 함유량	0.3	0.3	0.3	1	3		3		10		10
용해성망간 함유량	0.3	0.3	0.3	1	1	1	1	1	10		10
크롬 함유량		0.1	0.1	1					0.1		2
대장균군수(개/cm^3)	(1000)								(3000)		(3000)

주) 단위: mg/L, ND : 검출되지 않은 것, ( ) : 일평균

2 질소와 인에 관한 배수규제

1) 질소와 인에 대한 배수규제의 기본 사고방식

질소와 인에 대한 배수규제는 호소에서부터 시작되었으며 부영양화 되기 쉬운 호소 및 호소로 유입되는 공공용수역이 대상이 된다. 부영양화 되기 쉬운 호소의 판정은 물의 체류정도를 주요 지표로 하고, 댐은 댐의 조작실태 등을 감안하여 판정하였다. 일본 호소 중에는 조류(algae) 증식에 따라 질소와 인 모두가 제한적인 호소와 인만 제한적이 된 호소가 있는 것으로 판단하기 때문에 인의 배수기준은 부영양화 되기 쉬운 호소 모두를 대상으로 하고, 질소의 배수기준은 조류(algae) 증식에 질소가 제한된다고 판정된 호소를 대상으로 하고 있다.

질소 배수기준이 적용되는 호소의 판정기준은 물속의 질소/인 비가 20 이하이고, 인 농도가 0.02 ㎎/L 이상인 호소로 하며(수질오탁방지법시행규칙 제1조의3의1), 이 외의 호소는 개별 검토결과에 따라 질소가 제한적이라는 것이 판단되어 진다. 이러한 판정기준에 따라 인과 질소 중 어느 한 성분이 또는 질소와 인 모두가 규제 대상이 되는 호소는 환경장관이 정하여 공표하고 있다. 질소 및 인을 영양원으로 하는 조류가 증식하기 위해서는 조류(algae)의 성장에 필요한 일정한 시간이 필요하다. 따라서 부영양화 되기 쉬운 호소는 일정기간 이상 호소 내에 물이 체류하는 것이 조류증식에 중요한 조건이 된다. 물 순환이 빠르고 하천과 같이 흐르고 있는 호소에서는 증식하는 것 이상으로 조류(algae)가 유출된다. 조류(식물 플랑크톤)의 생식이 인정되는 호소는 물의 체류일수가 3~4일 이상일 것과 부영양화에 의한 문제 발생률이 체류일수 3~4일에 상당하는 연간회전수를 100을 경계로 해서, 그 이상에서는 급격하게 저하하는 것으로부터, 주로 연간회전수를 이용하는 것이 적용되고 있다. 연간회전수는 호소의 물이 연간 교체되는 회수를 말한다.

폐쇄성이 심한 해역 중에서도 호소와 같이 부영양화에 따른 식물플랑크톤의 이상 증식이 물 이용에 장애가 되기 때문에 부영양화의 원인 물질인 질소나 인의 농도를 제어할 필요가 있다. 이 때문에 1993년 8월에 해역에 대한 질소와 인의 환경기준 및 배수기준을 설정하였고, 배수기준은 1993년 10월부터 식물플랑크톤이 현저하게 증식할 위험성이 있는 해역에서 적용되고 있다. 이런 규제는 다음 식으로 계산한 폐쇄도지수를 기준으로 그 값이 1 이상인 해역 및 해역으로 유입되는 공공용수역에 대해 질소와 인의 배수기준을 적용하고 있다(수질오탁 방지법시행규칙 제1조의 3의 2).

$$\text{폐쇄도 지수} = \frac{\sqrt{S} \cdot D_1}{(W \cdot D_2)}$$

여기서 S는 해역의 면적(㎢), W는 해당해역과 다른 해역과의 경계선의 길이(km), D_1은 해당 해역의 가장 깊은 곳의 수심(m), D_2는 해당 해역과 다른 해역과의 경계에 있어

가장 깊은 곳의 수심(m)이다. 현재 이 판단기준에 의한 대상해역은 환경장관이 88개 해역을 결정하여 공표하고 있다.

해역중에서도 도쿄만(東京灣), 이세만(伊勢灣), 세토내해(瀨戶內海) 등의 내만(內灣) 및 내해(內海)에서는 배후지에 있는 대도시 등으로부터 질소 및 인의 유입 증가에 따라서 식물플랑크톤이 대규모로 현저하게 증식하여 수질이 악화되는 등 부영양화가 진행되어 적조 및 청조의 발생에 따라 어업피해를 시작으로 여러 영향이 생기고 있다. 이와 같은 폐쇄성 해역의 환경을 보전하기 위해서 수질오탁방지법에서는 일반해역에 대한 대책에 추가하여 총량삭감 제도를 신설하였다(제6장 참조). 총량규제 도입 당시에는 COD만 규제하였지만 2001년(제5차 총량규제)에는 질소와 인을 총량규제 대상 물질에 추가하였다.

2) 질소와 인의 배수기준

(1) 일률 배수기준

질소 및 인에 대해서도 기존 종래의 생활환경항목의 배수규제를 검토하는 방법을 답습해서 일반 가정오수는 침전처리 후에 포함된 질소와 인의 농도를 기준으로 일률배수기준을 설정하였다. 일률 배수기준치는 질소가 120 ㎎/L(일 평균 60 ㎎/L), 인은 16 ㎎/L(일 평균 8 ㎎/L)이다. 일 평균치는 하루의 조업시간 중 조업개시 직후와 조업종료 직전의 배출수가 배출되는 시점을 포함하여 3회 이상 측정한 결과의 평균치로 하고 있다. 이 일률 배수기준은 하루의 평균 배출수량이 50m^3 이상인 특정사업장을 대상으로 하고 있다.

(2) 강화 기준

호소에 대한 질소와 인의 강화 배수기준 설정은 해당 호소에 환경기준 유형을 지정한 후 설정하였다. 또한, 호소에 대한 질소와 인의 발생원인이 다양하기 때문에 호소의 질소와 인 농도를 효과적으로 억제하기 위해서는 수질오탁방지법의 배수규제와 규제대상 이외의 발생 원인에 대한 대책도 추가하여 호소의 부영양화 대책을 종합적으로 추진할 필요가 있다.

표 4-2에 질소와 인에 대한 시가현(滋賀縣)의 강화기준을 나타내었다. 일률 배수기준(질소 : 최대치 120 ㎎/L, 일 평균치 60 ㎎/L, 인 : 각각16 ㎎/L 및 8 ㎎/L)에 비해 배출수량마다 엄격한 강화 기준이 설정되어 있다.

표 4-2. 시가현(滋賀縣)에서 질소 · 인에 관한 강화배수 기준

항목	구분	기설(배출수량, m³/day)				신설(배출수량, m³/day)			
		10-30	30-50	50-1000	〉1000	10-30	30-50	50-1000	〉1000
질소	음료품제조업	40	25	20	15	30	20	12	10
	도시락제조업	60	30	25	20	45	25	20	20
	섬유공업	40	15	12	10	30	12	8	8
	화학공업	20	12	10	8	15	10	8	8
	젤라틴제조업	20	20	15	12	15	15	10	10
	그 외 제조업	40	15	12	8	20	12	8	8
인	음료품제조업	8	4	3	2	2	2	1.5	1
	도시락제조업	8	5	5	3	6	4	3	2
	섬유공업	6	2	1.5	1	2	1.2	0.8	0.5
	화학공업	5	2	1.5	1	2	1.2	0.8	0.5
	젤라틴제조업	5	2	1.5	1	2	1.2	0.8	0.5
	그 외 제조업	2	1.5	1.2	0.8	2	1	0.6	0.5

3 하수도로의 배출에 관한 기준

특정사업장은 공공용수역이 아닌 종말처리장이 설치된 공공하수도나 유역 하수도에 배출수를 배출하는 경우에 수질오탁방지법에서 정하는 배수기준의 적용에서 제외되었다. 한편 하수도 종말처리장은 수질오탁방지법에 특정 시설로 되어있고, 배수기준이나 총량규제 기준 등 처리장의 방류수는 여러 가지의 규제를 받는다.

현재 하수 종말처리장의 처리방식은 활성오니법(activated sludge process)을 중심으로 한 생물학적 처리로서 BOD, SS, 대장균군 등 생활환경 항목의 제거를 목적으로 하고 있어 카드뮴을 비롯한 중금속 등 건강항목의 효과적인 제거는 어렵다.

그래서 후자의 항목(카드뮴 등 건강항목)에 대해서는 특정사업장에서의 하수배제를 제한할 수 있도록 하수도법(제12조2)에 정하였고, 그 항목 및 기준치는 하수도법시행령에 정해져 있다.

본 제한은 BOD 등 종말처리장에서 제거 가능한 것들에 대해서도 처리기능을 저하시키지 않도록 상한농도를 정해 놓고 있지만, 이 농도는 표 4-3에 표시한 것과 같이 배수기준 보다 높게 설정되어 있다.

하수도법 제12조에서는 이들 배출 제한항목을 포함하여 하수도의 기능을 방해하거나 시설을 손상하는 하수를 계속해서 배제하는 자에 대해서는 제해시설을 설치하는 것을

의무화 하고 있다.

그 하수의 조건으로서 온도, pH, 노르말헥산추출물질 등 하수도법시행령 제9조에 정해져 있다. 더욱이 BOD 등은 처리장에서 제거가 가능하지만 그 농도가 높을수록 처리를 위한 비용이 증가한다. 따라서 오수 배출량이 많은 사업장은 보다 엄격한 방류기준을 설정하고 있다.

또한 하수도 사용료의 산정에 수질요금을 설정하고 있는 자치단체가 많이 있으며, BOD가 200 ㎎/L 또는 COD와 SS가 300 ㎎/L를 초과하면 농도에 비례해서 하수도 사용요금이 가산된다.

표 4-3. 특정사업장에서 하수배제 제한농도와 기타 기준

규제 · 기준	법률[주)]	대상	BOD (㎎/L)	T-N (㎎/L)	T-P (㎎/L)	Cd (㎎/L)	대장균군 (개/mL)
하수배제 제한	제12조의 2	특정사업장	〈300-600	〈150-240	〈20-32	≤0.1	-
배출기준	수질오염방지법	특정사업장	≤160	≤120	≤16	≤0.1	≤3000
구조상 기준	제7조	종말처리장	≤10-15	≤10~	≤0.5~	-	-
환경기준	환경기본법	공공용수역	≤1-10	≤0.1-1	≤0.005-0.1	≤0.01	≤0.5-10

주) 이 외에 하수도법에서는 방류수질의 기술상 기준(제8조)이나 재해시설의 설치기준(제12조)이 있지만 상기의 수질에 대해서는 규제치가 없다.

4 배수기준 적용과 특정시설 지정

수질오탁방지법의 규제는「공장 및 사업장으로부터 공공용수역으로 배출하는 물의 배출」행위이고, 일정 요건을 갖춘 오수 또는 폐수를 배출하는 시설(특정시설)을 정령(政令)으로 지정하여 이러한 시설을 설치하고 있는 공장 또는 사업장(특정사업장)에서 공공용수역에 배출하는 배출수의 배출에 대한 규제가 이루어지고 있다.

일정요건을 갖춘 배수는 ①카드뮴과 그 외에 사람의 건강에 대해 피해를 발생할 위험성이 있는 물질로서 정령(政令)으로 정하는 물질(카드뮴, 시안화합물 등 수질환경기준 중 건강항목의 26항목)을 포함할 것, 또는 ②화학적산소요구량과 그 외에 물의 오염상태(열에 의한 것을 포함, 상기의 건강항목을 포함하지 않음)를 나타내는 항목으로서 정령(政令)으로 정하는 항목(수질환경기준 중 수소이온농도, 생물화학적산소요구량, 부유물질 등의 생활환경 항목)에 대해 생활환경에 관한 피해를 발생할 위험성이 어느 정도 있는

것으로 규정하고 있다.

표 4-4. 특정시설지정 추가와 대상사업장

시행연도	특정시설
1972	축산농업 또는 서비스업의 돈사시설(총면적 50 m² 이상), 축사시설(총면적 200m² 이상) 마방시설(총면적 500 m² 이상)
1974	방적업 또는 섬유제품의 제조업 혹은 가공업용으로 제공하는 직물시설 여관업으로 이용되는 주방시설, 세탁시설, 입욕시설 과학기술에 관한 연구, 시험, 검사 또는 전문교육을 행하는 사업장의 세정시설, 소각시설
1976	전문학교 1만m³/일 이상의 수도, 공업용수도 등 정수시설의 침전시설, 여과시설 수산물 중앙시판시장의 시판장, 중시판장
1979	병상이 300개 이상의 병원 주방시설, 세정시설, 입욕시설 일반폐기물처리시설의 소각시설
1982	냉동조리식품제조업의 원료처리시설, 탕재시설, 세정시설 담배제조업의 수세식 탈취시설, 세정시설 일반제조업 또는 목제칩 제조업의 습식가마 합판제조업의 접착기 세정시설 파티클보드 제조업의 습식가마, 접착기 세정시설 신문, 출판, 인쇄, 제판업의 자동필름현상세정시설, 자동감광막인쇄판 현상 세정시설 자동차용 타이어 · 튜브제조업, 고무호스 제조업 등 고무제품 제조업의 직접가류시설 의료용 · 위생용 고무제품제조업, 고무장갑제조업 등의 라텍스 성형형 세정시설 빈병 시판업의 자동식 세병시설 자동차 분해정비사업의 세차시설 산업폐기물 처리시설 총면적 1,000 m² 이상의 지방시판시장의 시판장, 중간시판장
1988	도시락제조업 · 도시락배달 시설, 공동조리장, 음식점 주방
1991	트리클로로에틸렌(trichloroethylene), 테트라클로로에틸렌(tetrachloroethylene)을 사용하는 세정시설 및 증류시설
1998	폐 PCB 등의 산업폐기물 처리시설
2001	석탄화력발전소 폐가스 세정시설

생활환경 항목에 대한 일률 배수기준은 1일 평균 배출수량이 50m³ 이상인 공장 또는 사업장의 배출수에 적용된다. 그러나 유해물질의 일률 배수기준은 모든 특정사업장의 배출수에 적용된다.

위에서 언급한 것처럼 전국 일률 배수기준이 설정되었지만, 당초에 배수기준을 설정할 당시에는 ①사업 규모에 비해 오수처리시설에서 현저히 많은 비용이 필요한 업종(식료품제조, 염색업, 유피(무두질한 가죽)제조업, 모피제조업, 폐동물취급업 등), ②당시 배수처리기술로 일률 배수기준 준수가 매우 곤란한 업종(전분제조업, 석탄광업, 비금속 광업, 비철금속제조업), ③오수처리시설이 설치 및 제조공정의 개선에 일정기간이 필요한 업종(펄프제조업, 증류주 · 혼성주제조업)은 생활환경 항목에 대해서만 잠정기준을 설정하고, 일정 유예기간 후 잠시 일률 배수기준으로 이행 적용하였다. 유해물질에 대해서는 원칙적으로 모든 업종에서 일률적으로 배수기준을 시행하고 동시에 적용시켰지만, 그 후 추가 항목에 대해서는 일부의 업종에 대해서 잠정기준을 적용한 경우도 있다.

표 4-4에 특정시설 지정 경위를 정리하였다. 수질오탁방지법에 준하여 1972년부터 특정시설을 지정하기 시작했으며, 각종 사업장 외에 축산시설, 병원, 연구교육시설, 수도시설, 산업폐기물 처리시설 등을 특정시설로 지정하고 있다.

5 배수기준 준수 조치

배출수 오염상태를 배수기준에 적합하도록 하기 위한 조치로서는 ①특정시설 설치 신고, 계획변경, 명령 등에 따른 사전 예방조치, ②배출기준 위반을 즉시 처벌하는 직벌 조치, 조업 중인 특정사업장에 대한 오수처리방법 개선명령 등의 사후적 조치가 규정되어 있다.

공장 또는 사업장 내에 특정시설을 설치할 때는 도도부현(都道府縣) 지사에게 신고해야 된다. 도도부현(都道府縣) 지사는 오수 등 처리방법이나 오염상태 등을 파악해서 배수기준에 적합하지 않는 배수가 배출될 경우 특정시설 설치의 계획변경 또는 폐지를 명령할 수 있다. 배수기준에 적합하지 않은 배수를 배출할 수 없기 때문에 배수기준 위반의 원인이 오수처리시설의 구조적인 측면에 있고, 또한 다시 위반할 것이 명백한 경우에는 도도부현(都道府縣) 지사는 오수처리방법에 대한 개선명령을 내릴 수 있다. 이 개선명령은 배출수의 배출 일시정지, 즉 사실상의 조업정지를 명령할 수 있다. 사업자는 배출수의 오염상태를 직접 조사하여 항상 파악해야 하는 측정과 기록의 의무가 부가되어 있다. 배수기준을 사업자가 준수하도록 하기 위한 조치과정을 그림 4-1에 나타내었다.

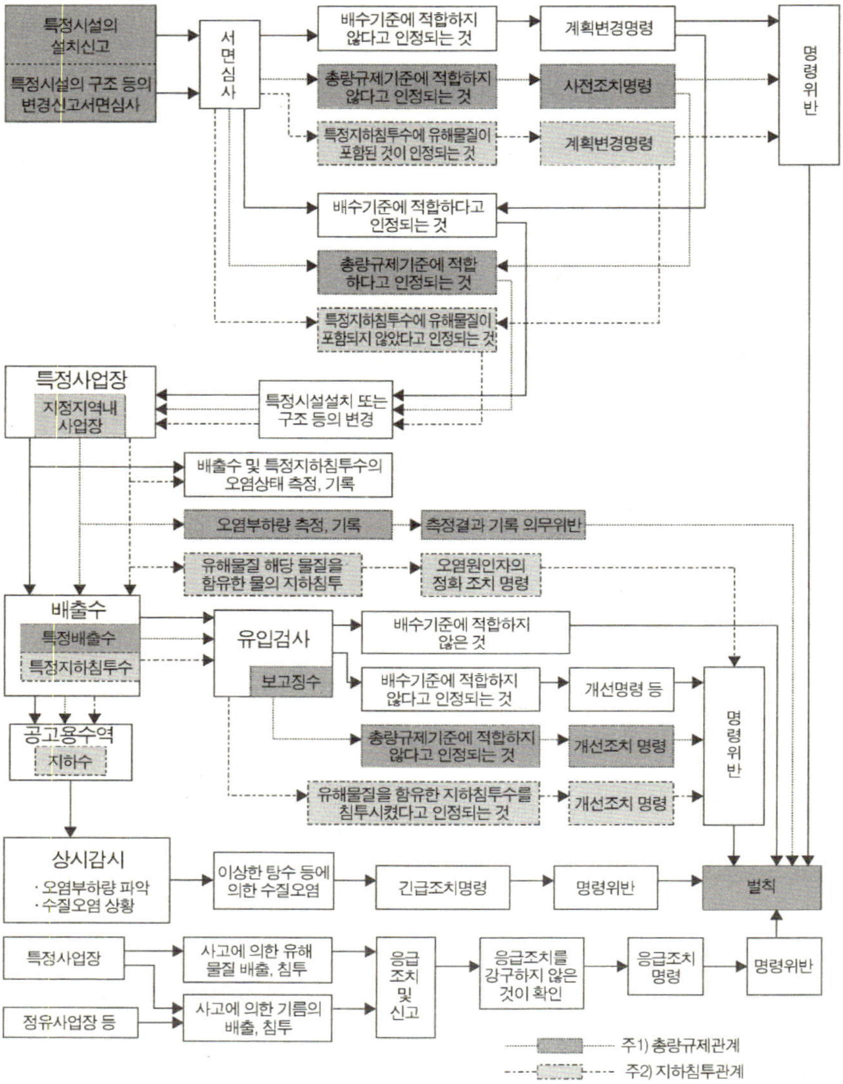

출처: 수환경행정의 개요(환경성, 2004)

그림 4-1. 방류수의 방류규제 절차 및 순서

6 수질보전을 위한 지방자치단체의 역할과 활동

공공용수역의 수질오염방지는 환경청과 더불어 관계된 다른 성(省)이나 청(廳)도 각 분야에서 역할을 분담하고 있다. 후생노동성은 수돗물의 수질보전을 담당하고 있다. 경제산업성은 산업과 경제사회에 관계하는 감독관청으로서 사업소의 지도감독과 환경보전기술 및 환경부하 저감을 위한 생산기술 연구개발을, 국토교통성은 선박의 항해나 항만 활동으로 인한 수질오염방지나 더욱이 하수도 건설 · 유지관리와 하천의 수리 관리를 각각 분담하고 있다. 농림수산성도 농업, 임업 및 수산업 보전과 발전의 관점에서 수질오염방지를 위해 노력하고 있다.

앞에서 서술한 것과 같이 도도부현(都道府縣)은 전국 일률 배수기준에 더 보태어 정령(政令)으로 규정한 바에 따라서 보다 엄격한 강화기준을 설정할 수 있을 뿐만 아니라 특정시설의 현장조사를 포함하여 수질보전을 위한 지도감독, 공공용수역의 수질감시 활동을 담당하고 있다. 이와 같은 지도감독과 수질감시 활동은 수질오탁방지법에서 규정한

표 4-5. 수질감시항목

항목구분(수)		항 목
사람의 건강보호에 관한 항목	건강항목 (26)	카드뮴, 총시안, 납, 6가 크롬, 비소, 총수은, 알킬수은, PCB, 디클로로메탄(dichloromethane), 사염화탄소, 1,2-디클로로에탄(1,2-dichloro- ethane), 1,1-디클로로에틸렌(1,1-dichloroethylene), 시스-1,2-디클로로에틸렌(cis-1,2-dichloroethylene), 1,1,1-트리클로로에탄(1,1,1-trichloroethane), 1,1,2-트리클로로에탄(1,1,2-trichloroethane), 트리클로로에틸렌(trichloroethylene), 테트라클로로에틸렌(tetrachloroethylene), 1,3-디클로로프로펜(1,3-dichloroprophene), 티우람(thiuram), 시마진(simazine), 티오벤카브, 벤젠, 셀렌, 질산성 질소 및 아질산성 질소, 불소, 붕소
	감시항목 (27)	클로로포름(chloroform), 트란스-1,2-디클로로에틸렌(trans-1,2-dichloroethylene), 1,2-디클로로프로판(1,2-dichloropropane), p-디클로로벤젠(p-dichlorobenzene), 이소삭티온(Isoxathion), 다이아지논(diazinone), 페니트로티온(MEP), 이소프로치올란(Isoprothiolane), 옥신구리(유기구리), 클로로탈로닐(TPN), 프로피자미드(propyzamide), EPN, 디클로로보스(DDVP), 페노부카브(BPMC), 이프로벤포스(IBP), 클로로니트로펜(CNP), 톨루엔(toluene), 키실렌(xylene), 프탈산디에틸헥실(DOP), 니켈, 몰리브덴, 안티몬, 염화비닐모노마, 에피클로로히드린(epichlorohydrin), 1,4-디옥산(1,4-dioxane), 총망간, 우라늄
생활환경 보전에 관한 항목	생활환경항목 (10)	pH, BOD, CODMn, SS, DO, 대장균군수, n-헥산추출물, 총질소, 총인, 총아연
	수생생물에 관한 감시항목(3)	클로로포름(chloroform), 페놀(phenol), 포름알데히드(formaldehyde)

108개 정령시(政令市)에서도 시행하고 있다(2009년 4월 현재).

공공용수역에서 수질모니터링 항목의 예를 표 4-5에 나타내었다. 하천에서 모니터링 빈도는 하루 4회, 6시간 마다 채수하고, 연 4회 측정하고 있다. 하천에서는 유량이나 오염물질이 일별 · 계절별로 변동되기 때문에 이와 같은 빈도가 설정되었다. 한편 호소에서는 일간 변화가 크지 않기 때문에 계절에 따른 변동만 측정하고 있다. 지방자치단체에서는 지역의 수질환경보전을 위해 다음과 같은 대책을 실시하고 있다.

① 수질오탁방지법 및 관련 현(懸) 조례에 준한 사업소 배수 규제 · 지도
② 유역하수도 및 종말처리장 건설과 유지관리
③ 수도수원(水道水源)인 하천이나 호소의 부영양화(곰팡이 냄새 발생) 방지대책
④ 운하, 수로 등의 수질 개선
⑤ 전자공업 등 첨단산업에 의한 수질오염방지

7 특정사업장에 대한 지도감독과 공해방지 관리자의 설치

지방자치단체에 의한 특정사업장 지도는 현장에 입장하여 조사하고, 작업공정에서 물 사용 상황, 공정수의 물 오염상태, 배수처리시설 상황, 배출수의 수질 및 부하량에 대해서 그 개요를 파악한다. 또한 필요에 따라 그 업종이나 사업장의 배출특성을 명확히 하고, 배수처리기술 적합성을 검토하기 위해 정밀조사를 실시한다. 정밀조사는 수량 및 수질의 경시변화도 측정하는 경우도 많았다.

이러한 조사결과에 따라 작업공정에서는 원재료 평가, 배출이 적은 제조방법이나 설비로의 전환, 물 사용 개선, 고농도 배수의 회수, 배수로부터의 고형물(쓰레기) 분리 등 공정 내에서 배출 억제에 대해 사업자에게 지도 및 조언하고 있다. 배수처리시설의 설치는 가능한 저렴하고 현실성 있는 처리방법을 제시하기도 하고, 배수처리 설치 후에도 그 지방의 시정촌(市町村) 및 보건소를 통해서 지도와 조언을 계속하고 있다. 소규모 사업장은 배수처리에 대한 지식 부족이나 설치한 처리시설이 유효하게 이용되지 않는 경우도 있어 충분한 조언과 지도가 필요하다

물 환경 보전을 위해 이와 같은 지도 감독을 원활히 하고, 사업장내의 자율적인 수질오염방지를 촉진시키는 것을 목적으로 특정시설을 가지고 있는 사업장은 공해방지 관리자를 두게 되었다. 공해방지관리자는 정부(경제산업성 소관)가 실시하는 시험에 합격해야 한다. 공해방지관리자의 역할은 배출수의 수질이 기준을 만족할 수 있도록 사업장에서

수질관리(환경관리) 지도를 한다. 지방자치단체는 공해방지 관리자의 지식과 기능 향상을 목적으로 강습회를 실시하고 있다.

8 생활계 배수 대책

1) 생활배수처리 시스템과 방식

일반가정과 사업장에서 발생하는 배수의 수집 · 처리시스템을 표 4-6에 나타내었다. 일본의 배수 수집 · 처리시스템은 공공하수도, 농산어촌 집락 하수처리시설, 지역공동 플랜트(plant), 합병처리정화조, 단독처리정화조, 분뇨수거에 의한 처리시설이다.

일본의 하수도시스템은 합류식과 분류식으로 크게 분류되고, 최근에는 분류식이 주류가 되었다.

하수도로 유입된 물은 합류식 하수도에서는 큰 비로 인해 유입수가 받아들일 수 있는 허용한도를 초과하여 미처리방류수(Combined Sewer Overflow: CSO)로서 하천이나 해역에 방류되는 경우도 있지만 이를 제외하면 거의 모든 경우에 종말처리장에서 처리된 후 공공용수역으로 방류된다. 종말처리장에서 채택되고 있는 처리방식은 거의 활성오니법을 주로 한 생물학적 처리이다. 소규모 처리시설에서는 활성오니법 대신에 산화구법(酸化溝法)이나 회분식활성오니법(回分式活性汚泥法) 이 도입된 경우도 있다. 살수여상방식은 1960년대에 소규모 시설에 설치되었지만 처리수질이 활성오니법에 비해 양호하지 못하고 악취나 파리가 발생하여 기피하게 되어 점점 활성오니법으로 대체 되고 있다. 일부 처리장은 회전원판법 처리방식도 채택되고 있다.

합병처리정화조는 개인 주택이나 시설에 비교적 저렴한 비용으로 설치할 수 있으며,

표 4-6. 가정 및 사업장으로부터 배출된 폐수 수집과 처리시스템

하폐수처리시스템	대상 하폐수		비고
	가정	사업장	
공공하수도	생활잡폐수, 분뇨	공장폐수, 오수*	* 분뇨+생활잡폐수
농어촌집락 배수처리시설	생활잡폐수, 분뇨		
지역공동 플랜트	생활잡폐수, 분뇨		
합병정화조(Community Plant)	생활잡폐수, 분뇨		
단독정화조	분뇨		생활잡폐수는 무처리방류
분뇨처리시설	분뇨		생활잡폐수는 무처리방류

혐기성과 호기성 미생물 정화작용을 이용하고 있어 분뇨와 혼합된 잡배수를 처리하는 생물처리방식이다. 하수도시스템과 같이 큰 사회 인프라정비가 필요 없으며, 하수도의 종말처리장과 같은 처리수질을 기대할 수 있기 때문에 하수도 미보급 지역에서 보급 및 지역에서 생활배수대책의 조기실현에 유효한 수단이다. 특히 2001년에 정화조법이 개정 시행되고, 분뇨 등을 처리하지 않은 상태로 방류하는 단독처리정화조의 신설을 금지하였다. 더욱이 2005년에는 정화조법 및 환경청 령이 개정되고 정화조 방류수의 기술상 기준으로서 BOD 20 ㎎/L 이하 또는 BOD 제거율을 90% 이상으로 설정하였다.

2) 오수처리 시설 정비

그림 4-2에는 하수도와 정화조에 대한 공용인구 추이를 나타내었다. 수거식 분뇨의 처리인구가 감소하는 한편 하수도와 정화조가 보급되어 수세화율(水洗化率)이 크게 증가하고 있다. 정화조는 분뇨만 단독으로 처리하는 단독정화조 대신에 부엌, 목욕탕 등에서 발생하는 잡배수를 포함한 가정배수 모두를 대상으로 하는 합병처리방식의 정화조로 변

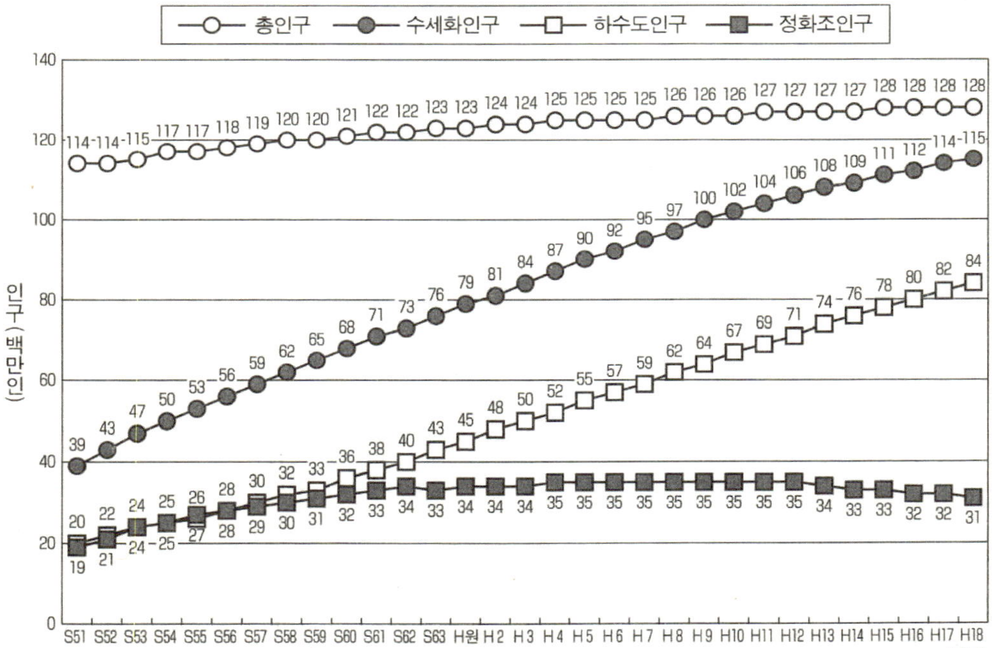

출처: 환경성, 일본의 폐기물처리(2006년도판)

그림 4-2. 수세식화장실 인구 추이

하고 있다. 2005년도 말에는 하수도 보급률은 69%에 도달하였으며, 정화조 이용을 포함하면 수세식화장실 비율은 89%에 달한다.

하수도는 5개년 국가 계획사업으로서 건설이 추진되어 왔다. 지금까지의 하수도 정비계획에서 하수도 건설비와 하수도 보급률 및 하수도 이용인구 추이를 정리하여 표 4-7에 나타내었다. 이 표에는 처리구역의 인구 한 사람당 하수도 건설단가도 같이 나타내었다. 국민 총생산량 GDP의 0.6% 정도 예산이 하수도 건설에 투입되어 왔다. 한 세대 당 가족 구성원수를 3인으로 하고, 한 세대 당 하수도 건설비를 계산하면 500만엔에 가까운 금액이 된다. 하수도시설 건설 및 운영관리에는 많은 자원과 에너지가 소비된다는 것을 주의할 필요가 있다.

3) 하 · 배수처리에서 질소와 인의 제거기술

폐쇄성 수역에서 부영양화를 방지하기 위한 목적으로 질소와 인의 배출 삭감이 시행되고 있다. 하 · 폐수 중에서 질소와 인을 제거하는 각종 기술이 개발되어 실용화되었다. 하 · 폐수중의 질소 성분은 호기성조건에서 활성오니 중에 서식하는 질산화균에 의해 질산염으로 산화되고, 혐기성조건이 되면 질산염은 미생물의 호흡을 위해 전자수용체로서 작용하여 질소가스로 환원(탈질)된다. 이런 작용을 이용해서 하 · 폐수 중 질소성분이 제거된다. 단 질산화균은 BOD가 충분히 낮은 조건에서만 서식할 수 있기 때문에 BOD성분을 우선 충분히 제거할 필요가 있다. 암모니아를 질산염으로 산화하기 위해서는 많은 양의 산소가 필요하기 때문에 산소소비 증대에 따른 포기(aeration)를 위한 동력이 대폭적으로 상승 한다는 것에 주의 할 필요가 있다.

표 4-7. 하수도정비계획에 의한 하수도보급율과 건설비 추이

하수도정비계획 (연도)	총건설비 (조엔)	처리구역 인구증가 (만명)	보급률증가율 (%)	건설단가 (만엔/명)
1차년도(63-66)	0.3	472	7→11	6
2차년도(67-70)	0.6	504	11→16	12
3차년도(71-75)	2.6	935	16→23	28
4차년도(76-80)	6.9	912	23→30	75
5차년도(81-85)	8.5	616	30→36	138
6차년도(86-90)	11.7	1065	36→44	110
7차년도(91-95)	16.7	1286	44→54	130
8차년도(96-02)	24.7	1574	54→66	157

활성오니는 호기성 조건에서 인을 과잉섭취하고, 무산소 상태에서는 폴리인산(polyphosphoric acid)으로 과잉 축적된 인을 방출해서 에너지를 획득하는 성질이 있는 미생물이 서식하고 있다. 하수처리 시설에서도 무산소조건과 호기조건을 교대로 반복함으로서 활성오니 내에 인을 과잉 축적시켜 이 조건에서 잉여오니를 처리장치로부터 제거함으로서 인을 제거하는 기술이 도입되고 있다. 무산소 상태에서 축적된 인을 방출한 활성오니는 에어레이션 탱크로 반송됨으로써 다시 하수로부터 과잉된 인을 제거하는 등의 정화기능을 갖는다. 응집제를 첨가함으로써 하수의 인을 침전 분리하여 제거하는 방법도 있다. 또한 인산칼슘(calcium phosphate)이나 인산마그네슘(magnesium phosphate)으로 정석(晶析)시켜 하수에서 분리 제거하는 기술도 개발되고 있다.

9 사업장 배수 대책

1) 생산공정 Closed화에 의한 배수발생량 삭감 대책

사업장 배수에 의한 물 환경 부하를 삭감하기 위한 대책으로 우선 생산 공정에서 배수 발생상황을 파악해야만 한다. 배수에 포함되는 오염물질 특성, 발생원인, 농도 및 양을 명확히 하고, 생산 공정 개선에 대해 검토해야 할 것이다. 생산 공정 개선에 의해 배수량 삭감 순서는 :

① 공정에서 넘치거나 새는 것, 부착을 방지하기 위한 관리 강화 및 설비 개선
② 화학 공정 등 원료 및 그것에 포함된 물질의 일부가 배수 중에 배출되는 공정에는 용제의 변경, 전환율, 반응농도 향상, 부반응 생성물을 억제하는 한편 원료와는 별도로 부재료를 가공공정에서 사용하는 공정에는 부재료의 성능 향상이나 공정 개선에 의한 사용량 삭감 및 처리가 용이한 부자재로 교체하도록 하고
③ 가공 또는 반응공정 개선에 따라 회분(回分)조작에서 연속조작으로 더욱이 세정방법(빈도, 세정제, 세척 용수) 개선
④ 냉각수나 seal수 등 거의 오염되지 않은 배출수는 직접 순환이용 등이 추진되어야 한다.

배수처리는 배수에서 오염물질을 분리 제거하는 것으로 성상이나 특성이 다른 오염물질이 혼합되어 있으면 분리 제거는 더욱 어렵게 된다. 그러나 지금까지 생산프로세스의 각 공정에서 발생하는 배수는 혼합해서 종합배수로서 활성오니법에 의해 처리 되어 왔다. COD를 지표로 총량규제가 실시되고 있는 지역에서는 배수기준에 적합시키기 위해

생물학적으로 처리한 물에 잔류하는 오염물질을 제거하기 위하여 모래여과나 활성탄 흡착 등의 고도처리가 이용되도록 되어 처리비용이 증가하고 있다. 공정배수에 비해 발생원에서 분별 회수 · 처리할 수 있으면 발생원별로 특정 오염물질을 대상으로 처리하면 되기 때문에 처리가 용이하며, 처리 수는 같은 공정에 순환 이용이 가능하게 된다. 이와 같은 재이용(recycle)을 동반하는 onsite(공정현장내) 처리를 도입한 생산공정의 구성 예를 그림 4-3에 나타내었다. 이와 같은 공정을 도입함으로써 생산 공정에서 오염부하 삭감과 공정수의 이용 삭감을 동시에 실현 할 수 있다.

처리수 재이용 방식에는 그림 4-3에 나타낸 국소형 재이용방식에 추가하여 깨끗한 수질을 요구하는 단위 공정에 고도처리수를 공급하고, 그 배출수를 요구수질이 낮은 다음 단계로 순차적으로 이용하는 직렬계단형(카스카드, Cascade) 재이용방식의 도입도 진행되고 있다.

그림 4-3에 나타낸 공정배수의 처리, 재이용방식은 배수의 조성이나 처리특성이 다르기 때문에 혼합에 의한 처리가 곤란한 경우에 적합하고, 카스카드형 재이용은 오염물질의 특성이 유사하여 배수의 일괄처리가 가능한 경우에 적용된다.

후자의 공정 예로서 도금의 세정공정을 들 수 있다. 세정의 최종 공정에는 깨끗한 물을 공급하고 도금된 제품과 세정수를 향류로 접촉시킴으로서 세정수를 크게 삭감할 수 있다. 또한 전착 도장공정에서는 한외 여과를 도입하여 전착액에서 안료를 제거하고, 여과액을 제품 세정에 이용함으로서 제품에 대한 안료의 응집 · 침착을 일으키지 않고 배출수의 삭감과 세정 효과를 향상시킬 수 있었다.

위에서 언급한 것과 같은 공정대책에 의해서 배수량 삭감이 어렵거나, 처리가 곤란하

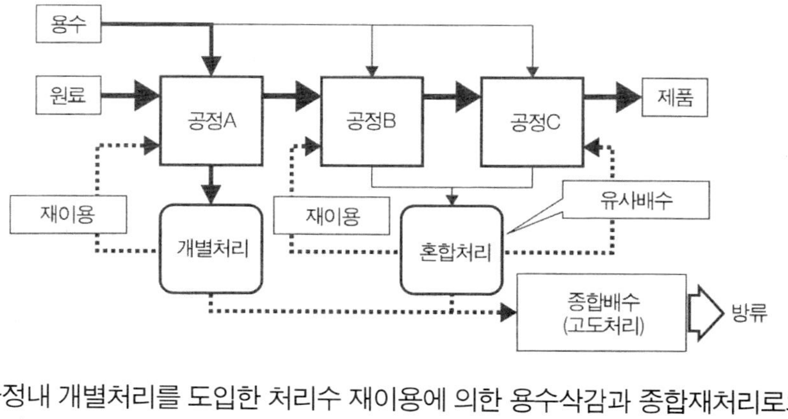

그림 4-3. 공정내 개별처리를 도입한 처리수 재이용에 의한 용수삭감과 종합재처리로의 부하 경감

여 배수 발생을 억제할 수 없는 경우에는 생산공정 자체나 공정에 사용한 원료 · 부재료의 재검토가 요구된다. 이전에 수은 함유 배수가 발생하지 않도록 하기 위해서 수산화나트륨 생산 공정에서 수은을 전극으로 사용하는 식염전해법을 이온교환막전해법으로 교체한 것은 그 대표적인 예이다. 이 방식은 외국에 비해 일본이 선구적으로 도입했다.

생산 공정에서 배수 및 오염물질의 배출삭감에는 우선 공정내 물질수지 해석이 필요하다는 것을 강조하고 싶다. 또한, 환경에 대한 종합적인 부하삭감을 실현하기 위해서는 제조 및 배수 · 폐기물 등의 처리에서 에너지 소비에도 주목할 필요가 있다.

2) 주요 업종의 배수처리 대책

산업배수 발생원과 그 조성은 업종에 따라 다르고, 매우 다양하다. 일본 내 주요산업의 배수처리방식을 표 4-8에 정리하였다.

주로 유기오염물질을 함유한 배수를 발생하는 업종에는 활성오니법에 의한 생물학적 처리 방식이 도입되고 있고, 응집침전이나 여과에 의해 현탁물질을 제거하여 처리수질을 향상시키고 있다. 또한 처리수의 배출이 보다 엄격한 강화 기준이나 총량규제를 적용받는 수역에서는 기준에 적합하게 하기 위해 질소와 인의 제거나 활성탄 흡착의 도입으로 COD 농도를 낮추고 있다. 무기 오염물질이 대부분인 배수는 응집침전과 모래여과 등의 조합에 의한 처리공정이 많다.

수산식품 제조업 배수는 응집가압부상법으로 현탁물질을 제거한 후 활성오니처리법으로 처리하고 있으며 특히 질소 제거효율을 향상시키는 것이 문제이다.

표 4-8. 주요업종에 대한 배수처리 공정 구성

업종	대표적인 배수처리 공정 구성
유기화학공업	활성오니법, 응집침전, 촉진산화, 활성탄 흡착
무기화학공업	응집침전, 활성오니법, 이온교환, 중화 · 환원
무기안료 · 촉매제조업	응집침전, 모래여과, 중화 · 환원
의약품제조업	활성오니법, 응집침전, 모래여과
코크스 · 코르타르 제조업	활성오니법, 응집침전, 활성탄 흡착
유제품제조업	활성오니법, 응집침전
발효공업	활성오니법, 응집침전
수산식료품제조업	폐수저장조, 활성오니법, 응집가압부상, 응집침전
축산농업	메탄발효, 활성오니법, 간이폭기+액비, 퇴비화
염색섬유업	응집가압부상, 흡착(활성탄, 규조토), 활성오니법

축산농업에서 배출되는 축산 폐수에는 질소와 인이 고농도로 함유되어 있어 메탄 발효 폐액이나 간이 폭기처리액에 대해서도 액상 비료로서 유효하게 이용하는 것이 기대되고 있지만, 축산업이 활성화 되어 있는 지역에서는 질소와 인의 배출량이 시비기준(施肥基準)을 기준으로 볼 때 지역에서의 수용가능량을 넘는 경우가 많다. 퇴비나 액상 비료로서 이용하기 곤란한 지역에서는 질소와 인을 제거하기위해 배수처리경비나 에너지 소비가 큰 문제가 된다.

10 물 환경 보전 대책의 성과

1) 생산 공정에서 물 사용량과 배수량 삭감

생산 공정에서 물 사용량 삭감 및 사업장내의 물 재사용의 촉진은 일본에서 공업용수 사용량 증가에 현저한 억제 효과를 가져왔다. 그림 4-4에 전국 사업장에서 용수사용량의 연간변화를 나타냈다. 1973년 이후에도 생산량은 증가하고 있으나 용수사용량은 최고점에 도달하였고, 특히 1979년 이후 물 사용량은 증가하지 않았다. 이것은 보다 엄격한 배출기준이 적용된 점과 석유파동이 중복되어 생산 공정에서 배출되는 배수에 대하여 많은 비용과 에너지를 소비해서 처리하는 것보다 오히려 배수 배출량을 줄이는 생산 공정으로 개량 또는 교체하는 방향으로 대응했기 때문인 것으로 판단된다.

그림 4-4에 공업용수 사용량에 재이용수 이용량 및 이용률의 상승 모습을 나타내었다. 철강, 금속, 석유정제, 화학 공업 및 자동차 산업에서 재이용수 사용률(recycle rate)이 특히 높아 80% 이상이었다. 이들 산업은 냉각수나 seal수에 의한 물 사용량이 많지만 오염도가 낮은 배수는 간단한 처리 후 재이용되고 있다. 반면 오염이 심한 배수의 수질이 제품의 품질을 좌우하는 펄프, 식품 및 섬유산업이 재이용수 사용률(recycle rate)이 낮은 것이 눈에 띈다. 수산식품가공업을 예를 들면 원료인 어폐류의 세척, 체육, 정육, 어깬 어육 세척 등 가공 공정, 가공 기계나 가공공장바닥의 세척에 많은 양의 물을 사용하고 있지만 가공공장바닥의 세정에 사용하는 물과 직접 식품에 접촉하는 물의 수질은 같은 수질을 필요로 하지 않기 때문에 요구되는 수질에 따라 구분하여 물을 이용하거나 간단한 처리에 의한 재이용이 가능하다. 따라서 재이용수 사용률(recycle rate)이 낮은 산업에서도 개선의 여지는 충분히 남아 있다.

그림 4-4와 같이 공업용수의 사용률은 1965년 179억m^3/년에서 피크였던 2000년에 555억m^3/년 까지 약 3.1배 증가하였지만, 재이용수 사용량은 65m^3/년에서 436억m^3/년으로

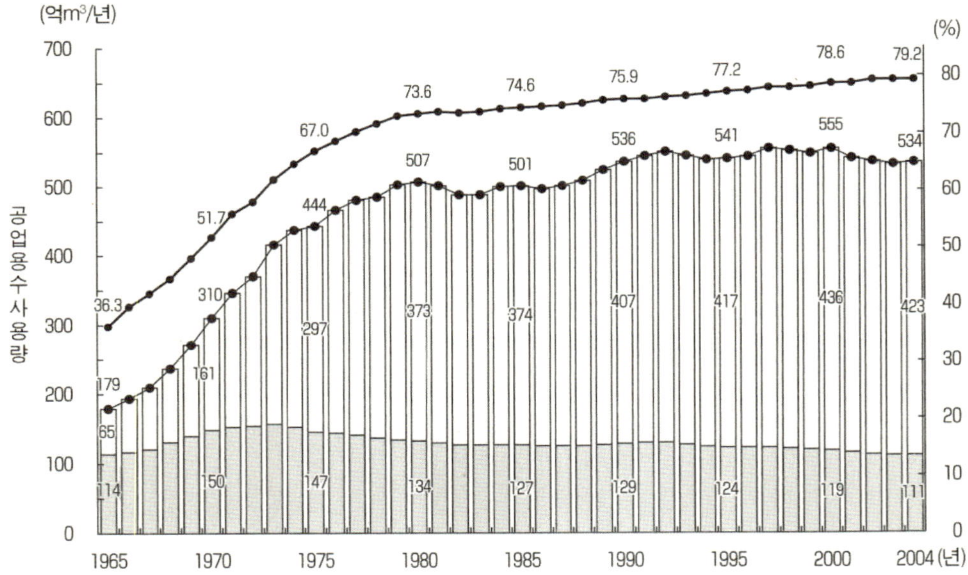

출처: 국토교통성 · 일본의 수자원 현황과 과제 · 공업용수사용량 등의 추이에 의한 인용
http://www.mlit.go.jp/tochimizushigen/mizsei/c_actual/actual03.html

그림 4-4. 공업용수 등 연간 사용량 및 회수율 추이

6.7배 증가했기 때문에 하천 등에서의 취수량(보급수량)은 변동이 거의 없었던 것이 오히려 약간의 감소로 바뀌게 되었다.

2) 수질오염 개선 효과

산업배수 발생량의 억제와 최적처리 및 하수도나 정화조의 보급과 사업장 현장조사에 의한 지도감독, 공공용수역에서의 수질감시 등이 행해짐에 따라 공공용수역의 수질은 개선되고 있다. 해역(COD), 하천(BOD) 및 호소(COD)에서 수질환경기준 달성률을 부록 그림 2-1에 나타내었다. 해역과 하천에서의 환경기준 달성률은 70~80%에 달하고 있지만 호소의 달성률은 아직 40% 전후에 그치고 있어 배출부하 삭감이 요구되고 있다. 중금속 및 유해물질(제3장 참조)에 관한 환경기준 비달성율 추이는 부록 그림 1-1에 나타내었으며, 이들 항목에 관한 환경기준은 거의 달성되고 있다. 단, 1993년 3월에 납과 비소의 환경기준이 각각 0.1 →0.01㎎/L 및 0.05 →0.01㎎/L로 변경되었기 때문에 이들에 대한 미달성률이 상승하였다.

현재 COD와 BOD로 표시되는 유기물질에 의한 오염이나 중금속에 의한 수질오염은 감소하고 있다. 그러나 질소와 인의 유입에 의해 폐쇄성 수역의 부영양화나 환경 경유에 의한 인체의 만성독성, 유전독성이나 생태계의 파괴를 일으킬 위험이 있는 미량화학물질에 의한 오염에 대해서는 앞으로도 감시가 필요하다.

수서생물보전의 관점에서 2003년에 아연의 환경기준이 설정된 것에 따라 그의 달성 · 유지에 필요한 배수규제 대책으로써, 2006년 12월부터 수질오탁방지법의 아연의 배수기준치가 강화되고 있다. 아연의 수질환경기준 달성상황에 대해서도 감시가 필요하다(제3장 6절).

11 수질오염 방지대책의 방향

배수처리라는 것은 에너지를 소비해서 배수로부터 오염물질을 제거하는 것이다. 배수처리는 폐수처리시설 건설 및 운전에 자원과 에너지를 소비하므로 폐수처리는 지역의 물 환경을 보전하는 한편 지구환경에 부담을 전가하는 결과를 초래한다. 현재 일본 내에서는 1 kWh의 발전을 위해 배출되는 이산화탄소량이 약 400g이다. 1m^{3}의 하 · 배수를 처리하기 위한 전력소비는 0.5~1 kWh정도이므로 이에 따른 이산화탄소 배출량은 200~400 g 정도가 된다. 더욱이 배수 중 질소와 인 제거를 위한 에너지의 소비를 고려하면 이산화탄소 배출량은 더욱 증가한다. 배수처리에서 에너지소비를 줄이는 것이 앞으로 더욱 중요한 과제이다.

생체에 농축되기 쉽고 생태독성이나 유전독성을 나타낼 가능성이 있는 미량유해오염물질을 효과적으로 제거할 수 있는 공정도 동시에 요구된다.

제5장

호소 수질보전 특별조치법과 그 성과

참조 ➊ 제3장 3절, 4절

1 일본의 호소 현황

1) 호소의 종류와 수

일본에는 인공적으로 만들어진 호소를 포함하여 단경(短徑) 100m 이상의 호소가 약 11,600개 정도 있다[1]. 환경청이 1984년에 실시한 전국 조사에 의하면 침수면적이 0.1 ㎢ 이상이며, 유역면적이 1 ㎢ 이상인 호소의 총수는 1,120개소이다. 이 중 약 80%가 인공호수(댐과 저수지)이다. 그러나 호소용적(저수량)으로는 역으로 자연호소가 많은 비율(약 90%)을 차지한다(표 5-1)[1].

자연호소는 면적 1 ha 이상이며, 중요하다고 판단되는 (약 480개) 호소를 대상으로 환경청이 1979년에 수질, 호소주변 환경, 어류에 대해 조사하였다[2],[3]. 그 조사결과를 바탕으로 호소를 영양형태별로 분류하면 표 5-2에 나타낸 것처럼 수치상으로는 부영양호가 가장 많았고(32%), 다음으로 빈영양호(27%), 중영양호(17%) 순이었다. 한편 담수호와 기수호(汽水湖)로 분류하면 담수호의 수가 약 88%를 차지하고 있다.

부영양화대책으로서 수질오탁방지법에 따른 질소와 인에 대한 배수규제를 실시하고 있는 호소의 수는 2007년 말 시점에서 질소 규제 대상 호소가 277개소, 인 규제 대상 호소가 1,329개소이다. 또한, 호소의 질소와 인에 대한 환경기준은 비와호(琵琶湖) 등 총 109개 수역(105개 호소)에 대해 유형지정(類型指定)을 하였다[4](2007년 말 현재).

표 5-1. 호소의 종류별 수와 저수량[1]

호소종류	수	호소용적(저수량) × $10^6 m^3$
자연호소	197 (17.6%)	117,435 (89.4%)
댐호	763 (68.1%)	13,521 (10.3%)
기타 저수지	160 (14.3%)	346(0.3%)
합계	1,120	131,302

주1 : 환경청 수질보전국조사(1984년도)
주2 : 담수면적 0.1 ㎢ 이상이며, 유역면적 1 ㎢ 이상의 호소(염수호 제외) 집계임

2) 호소의 수질

일본 호소의 수질상황은 호소주변에서 영위되고 있는 사회, 경제 활동의 발전에 따른 유입 오염부하량 증가로 인해 1960~70년대에 오염이 급격하게 진행되었다. 또한 부영양화에 의해 물을 사용하기 어려운 일부 호소에서 1970~80년대에 걸쳐 심각한 상태가 되었고, 담수적조나 미세조류(남조류, microcystis aeruginosa) 발생, 상수도 여과장애나 이취미(異臭味) 등의 문제가 발생하고 있다. 유기물오염에 대한 수질환경기준(화학적산소요구량: COD) 달성률을 보면(부록 그림 2-1), 1975년 이후 커다란 변화는 없었지만 최근 수년간은 개선되는 경향을 보였다.

한편 호소에서 질소와 인 농도가 낮아지는 경향을 보이는 호소가 관찰되고 있어(부록 그림 3-1) 하수도 정비 등 부영양화 대책 효과가 나타나고 있다고 생각된다. 그러나, 카스미가우라(霞ヶ浦)의 총인(TP)농도와 같이 증가하는 경향을 보이는 호소도 있어서 대책의 효과가 명확하지 않는 호소도 있다.

표 5-2. 일본 호소의 영양형태에 의한 분류(1979년 조사)[3]

호소형태	호소 수	면적 (㎢)
부영양호	158 (32.4%)	877.1 (36.5%)
중영양호	82 (16.8%)	888.0 (37.0%)
빈영양호	131 (26.9%)	367.7 (15.3%)
산영양호	20 (4.1%)	188.2 (7.8%)
부식영양호	66 (13.6%)	35.8 (1.5%)
철영양호	1 (0.2%)	43.6 (1.8%)
기타 불명	29 (6.0%)	43.6 (1.8%)
계	487	2,400.4

주 1 : 호소형태 : 호소의 물리적 · 화학적 또는 생물학적 성질의 종합적 유형

① 부영양호 : 영양염이 많아 생물생산활동이 활발한 호소
② 중영양호 : ①과 ③의 중간 호소
③ 빈영양호 : 영양염이 결핍되어 생산활동이 낮은 호소

※ 조화형호소
생물군집의 구성이나 생산활동이 특정종에 치우치지 않고, 일반적 으로 영양물질에 지배되는 호소

④ 산영양호 : 호소수의 pH 농도가 낮은 산성 호소
⑤ 철영양호 : 호소수의 철성분이 다량 함유한 호소
⑥ 부식영양호 : 호소수에 부식물질을 함유한 황갈색 및 약산성 호소

※비조화형 호소
호소중에 비정상적으로 많이 포함된 화학물질에 의해 생물생산의 내용이 지배를 받는 호소

수질오염이 문제 되는 주요 호소의 상황을 표 5-3에 나타내었다. 이들 호소의 수질은 수역의 이용목적을 고려하여 설정된 환경기준에 비하면 만족하지 않는 경우가 많아서 상수도 장애, 수산피해, 관광적 가치의 저하 등 각종 수역 이용 상 장해가 현재에도 발생하고 있다.

표 5-3. 주요 호소에 대한 수질오염 상황

호소명	도도부현(都道府縣)	환경기준(mg/L)	수질상황(COD)				이수(利水)상황	이수장애(1972년 이후에 발생한 것)
			1982년 75%값 (mg/L)	1995년 75%값 mg/L)	2005년 75%값 mg/L)	달성상황		
비와호(琵琶湖)	시가(滋賀)	(북호) 1 (남호) 1	2.6 3.9	3.0 3.9	3.0 4.2	× ×	상수도, 농업용수, 공업용수, 수산, 물놀이, 낚시, 관광, 선상관광, 자연환경보전	이취미(異臭味) 장애, 여과장애, 잉어와 붕어 폐사, 해수욕장폐쇄
카스미가우라(霞ヶ浦)	이바라키(茨城)	3	11	(서포)9.8 (북포)8.2	8.9 8.1	×	상수도, 농업용수, 공업용수, 낚시, 선상관광	이취미(異臭味) 장애, 그물가두리양식장 잉어폐사, 수욕장 폐쇄
스와호(諏訪湖)	나가노(長野)	3	8.3	5.7	7.3	×	농업용수, 수상, 낚시, 선상관광	그물가두리양식장에 잡아 놓은 잉어 폐사, 관광적 가치 저하
신지호(宍道湖)	시마네(島根)	3	6.0	4.3	4.9	×	수산, 낚시, 관광	관광적 가치 저하
나카우미(中海)	시마네,돗토리(島根, 鳥取)	3	5.6	6.0	5.2	×	수산, 낚시, 관광	환경적 가치 저하
인바늪(印旛沼)	치바(千葉)	3	15	14	9.6	×	상수도, 농업용수, 공업용수, 수산, 낚시	이취미(異臭味) 장애, 관광적 가치 저하, 낚시객 감소
테가늪(手賀沼)	치바(千葉)	5	25	29	9.3	×	농업용수, 수산, 낚시, 선상관광	벼가 넘어지고, 수확감소, 낚시 및 선상관광객 감소, 관광적 가치 저하, 어패류 피해
코지마호(兒島湖)	오카야마(岡山)	5	9.8	12	8.3	×	농업용소, 수산, 낚시	벼의 생육장애, 수량, 품질 저하
카마후사댐(釜房댐)	미야기(宮城)	1	2.7	2.1	2.7	×	상수도, 농업용수, 공업용수, 수산, 자연환경보전, 낚시	이취미(異臭味) 장애, 여과장애

주 : 문헌[1]의 표에 나타난 것을 추가하여 작성

2 호소수질보전 특별조치법

1) 호소법 제정과 개정 경위[(1)(5)(6)(7)]

호소를 포함한 공공용수역의 수질오염방지를 위해 수질오탁방지법에 따라 일률 배수기준과 추가 배수기준 설정 및 적용, 하수도 정비 등의 대책이 강구되었지만 호소의 수질은 전반적으로 뚜렷한 개선을 보이지 않았다. 그 배경으로 다음과 같은 것을 들 수가 있다.

① 호소는 폐쇄성 수역으로 물이 체류하기 때문에 유입된 오염물질이 축적되기 쉽다. 따라서 하천과 같이 물의 채류시간이 짧은 수역에 비해 철저한 부하삭감을 추진하지 않으면 수질을 개선하기 어렵다.

② 호소의 수질오염 원인이 공장이나 산업계 배수 외에 생활계 배수, 농업계 배수, 축산계 배수, 수산계 배수 등 다양한 부하원에서 유래하기 때문에 이전과 같이 어떤 특정 발생원에 대한 대책만으로는 부족하기 때문에 종합적인 대책을 실시할 필요가 있다.

③ 한 마디로 수질오염이 진행되고 있는 호소라도 호소의 오염수준, 오염원인 구성 등 여러 조건이 다르다. 따라서 과거와 같이 일률적인 대책으로는 오염 개선을 기대하기 어렵다. 문제 되는 호소별로 유역의 자연적, 사회적 조건을 포함하여 유효하고 적절한 모든 대책을 검토한 다음 이들을 조합하여 계획적으로 실시할 필요가 있다.

위에서 언급하였듯이 호소의 수질개선을 위해 위에서 언급한 문제점 및 과제를 해결하기 위해서는 다면적인 수질 보전대책이 필요하다. 이러한 것들을 추진하기 위해서는 정부의 관계 성·청, 도도부현(都道府縣), 시정촌(市町村), 사업자, 지역주민 등의 협력이 필요하게 된다. 이러한 배경 하에 「호소수질보전특별조치법」(이하「호소법」이라고 함)이 제정되었다(1984년).

그러나 호소법이 제정된 후 20년 이상 경과해도 호소수질은 하천 등 다른 공공용수역에 비해 현저하게 개선되지 않고 있다. 2006년 공공용수역 측정결과에 의하면, 호소의 환경기준 달성률은 55.6%로 하천 91.2%, 해역 74.5%에 비해 아주 낮은 상황이다. 한편, 호소의 환경기준은 유역 상황을 고려할 때 기준치가 너무 엄격하다고 생각되는 경우도 있어서 환경기준의 유형적용을 재검토해야 할 부분[(8)]도 있다는 의견도 일부 있다.

호소법의 호소수질보전계획에 따라 5년 마다 수질개선 목표에 대한 달성률은 낮았다.

예를 들어, 2004년 총무성 정책 평가서[9]에 의하면, 호소법에 의해 책정된 호소수질보호계획에 실린 각종 시책에 수치목표가 설정되어 있는 86개 시책 중에서 계획기간 내에 그 목표를 달성한 시책은 31개(36.0%)였다. 또한 목표를 달성하지 못한 55개 시책 중 목표치에 대하여 추진률이 50%에도 미치지 못한 것이 20개 시책(36.4%)이여서 시책 중 상당수가 목표를 달성하지 못한 상태였다.

이에 따라 환경성은 2004년에 중앙환경심의회(중환심)에서 「바람직한 호소환경보전제도에 대해서」를 자문하였다. 이 결과 중앙환경심의회는 물 환경부의 부속기관으로 「호소환경보전 위원회」를 설치하고, 비특정(비점)오염원대책 추진, 자연정화기능 활용의 추진 등에 대해 검토하여 2005년에 환경장관에게 답신하였다[10]. 이 답신에서 앞으로 추진해야할 시책과 제도로서 ①비점오염원 대책 추진, ②자연정화기능 활용의 추진, ③점오염원에 대한 대책, ④종합적인 계획, ⑤호소의 물 환경의 적절한 평가 등이 항목으로서 받아들여졌다.

이 답신를 근거로 호소수질보전특별조치법의 일부를 개정한 법률안이 제162차 국회에 제출되었으며, 2005년에 공포, 2006년 4월 1일부터 시행되었다. 법 개정에서는 앞의 답신을 받아 ①비점오염원에 대한 대책 추진을 위해 「유출수 대책지구」 지정제도, ②호소주변의 식물 보호를 위한 「호소환경보호지구 」지정제도, ③신축이나 증축 공장 또는 사업장에만 적용해오던 부하량 규제 제도를 기존 사업장에도 적용, ④호소수질 보전계획책정단계에서 지역 주민 등의 의견을 수렴할 것 등이 추가되었다.

2) 호소법의 내용과 호소수질보전계획[1][5]

(1) 목적

이 법은 호소의 수질보전을 도모하고 국민이 건강하고 문화적인 생활환경을 확보하는 것을 목적으로 하고 있다.

1981년 중앙공해 대책심의회의 회신 「바람직한 호소환경보전을 위한 제도에 대해서」에서 호소의 수질 뿐만 아니라 그 주변의 자연적 환경 모두를 보전하기 위한 제도가 제안되었다. 그러나 호소주변의 자연적 환경보전은 「자연환경보전법」, 「산림법」, 「도시계획법」등 기존 법률의 운용을 통해 어느 정도 대처가 될 것으로 보고, 이 법은 호소의 수질보전을 목적으로 정리되었다.

(2) 법의 구성 및 체계

이 법은 수질환경기준의 확보가 긴급한 호소(「지정호소」)에 대해 수질보전을 위하여 특별조치를 강구하는 것이 주요 내용이지만 그 목적의 요점은 다음과 같다.

① 공공용수역의 수질오염 방지에 대한 일반적인 수질오탁방지법에 의한 배수규제 조치를 전제로 지정 호소의 집수역에 대해 이전의 배수규제로는 대응할 수 없었던 오염원(汚染源 : 일정 규모의 분뇨정화조, 축사, 어류 양식 시설)에 대해 특성에 따라 새로운 규제를 시행한다.

② 지정호소별로 지방과 국가를 통하여 광범위한 합의를 형성하면서 하수도 정비 등 수질보전에 이바지하는 사업과 오염부하 삭감을 위한 각종 규제 등의 조치에 관한 계획(호소수질보전계획)을 책정하고, 이 계획 하에 각종 수질보전시책을 종합적으로 추진한다. 이 법의 체계는 그림 5-1에 나타낸 것과 같다.

지정호소는 도도부현(都道府縣) 지사가 신청하고, 환경성장관이 지정한다. 지정요건은 ㉠수질환경기준이 지금까지 확보되지 않았고, 확보되지 않을 가능성이 농후한 호소이고, ㉡해당 호소의 물이용 상황, 수질 오염 추이 등으로 보아 특히 수질보전에 관한 시책을 종합적으로 강구할 필요가 있다고 인정되는 것 등이다. 2008년 11월에 지정호소로 지정된 호소는 11개 호소[카마후사(釜房)댐, 카스미가우라(霞ヶ浦), 인바늪(印旛沼), 테가늪(手賀沼), 스와호(諏訪湖), 노지리호(野尻湖), 비와호(琵琶湖), 나카우미(中海), 코지마만(児島灣), 신지호(宍道湖), 하치로호(八郎湖)]이다(2007년 12월, 하치로호(八郎湖)가 새로 지정되었다).

(3) 정부의 호소수질보전 기본방침 책정

호소의 수질을 보전하기 위해서는 다양한 대책을 종합적으로 실시할 필요가 있으며, 이것을 추진하기 위해서는 정부, 지방자치단체, 사업자, 지역주민들 사이에 긴밀한 협조가 불가피하다. 이를 위해 정부는 국가 전체의 입장에서 전국의 호소를 대상으로 호소의 수질보전을 위한 기본방침인 「호소수질보전 기본방침」을 설정해야 된다. 또한 이 기본방침의 책정에 호소의 치수, 물 이용, 수산 및 그 외의 공공적 기능을 충분히 배려하여 호소의 특성과 오염 원인에 따라 균형 있는 수질보전대책을 적절히 강구하는 것을 기본이념으로 해야 된다. 이와 같은 호소법의 규정에 따라 1984년 12월에 총리부 고시로 「호소수질보전 기본방침」이 정해졌다(2006년에 일부 개정).

그 기본지침 중에서 호소수질 보전 대책의 기본적 방향은 다음과 같다.

① 호소는 수질오염이 진행되기 쉽고, 일단 오염이 진행된 호소의 수질은 개선하기 어렵기 때문에 수역 이용을 위해 원하는 수질이 유지되는 호소는 그 상태가 유지되도록 노력해야한다. 한편 수역 이용 상 원하는 수질이 현재까지 확보되지 않았거나 또는 확보되지 않을 가능성이 확실한 호소에서는 필요한 수질보전대책의 충실, 강화하도록 하고, 이 중 물 이용 상황, 수질 오염 추이 등 수질보전대책을 종합적으로 강구할 필요가 있으면 중점적인 대책 추진을 강구해야 한다.

② 호소의 수질은 유기물의 유입에 의한 유기물 오염과 영양염의 유입에 의한 조류 증식을 통한 부영양화가 특히 중요한 문제가 된다. 이는 서로 밀접한 관련이 있어 호소의 수질에 영향을 미치기 때문에 호소의 수질 오염을 효과적으로 방지하고 개선하기 위해 관련된 각각의 수질 항목에 대해 순차적으로 적절한 시책 체계 하에서 적절한 조치를 강구해야 한다.

③ 호소의 수질 오염 발생 원인은 다양하기 때문에 특정분야의 오염원에 대해서만 주목해서 부하를 삭감해도 반드시 효과적으로 호소의 수질을 보전하기 어렵다. 따라서 호소의 수질보전을 위해서는 각 분야에서 관계자의 광범위한 협력을 얻어 전체로서 균형 있는 대책을 추진해야 한다. 특히 호소의 집수역(集水域)에 존재하는 산림, 농지 등 녹지와 그 주변의 자연환경에 대해서는 그 생태계를 구성하는 동 · 식물, 토양 등에 의한 수질보전 상의 기능을 고려하여 방안을 강구해야 한다.

「호소수질보전계획」책정 외에 지정호소의 수질보전을 위한 시책에 관한 기본적 사항은 다음과 같다.

① 현재 지정호소의 수질 및 지정지역 내에서 공공용수역으로 배출하는 오염부하량을 파악한다. 또한 인구와 산업 동향을 감안하여 미래의 오염부하량 추이를 산정하고, 이에 따른 지정호소의 수질에 대한 영향을 예측한다.

② 지정호소에서 수질환경기준 확보를 목적으로 하고, 계획기간 내에 지정지역에서 실시할 수 있는 수질보전 대책을 종합적으로 검토하여 이에 따라 수질보전 상의 효과를 추계한다.

③ 이상의 조사검토 결과를 근거로 하여 계획의 목표를 확실히 하고, 이 목표를 달성하기 위해 실시해야 할 대책을 종합한다. 또한 호소수질보전계획의 책정에 지정호소의 기능인 치수(治水), 이수(利水), 수산(水産) 및 그 외의 공익적 기능 확보에 관한 행정정책을 충분히 배려하고, 지정지역의 개발에 관한 모든 계획에 대해 충분히 배려하는 등 모든 계획과 일치되도록 도모한다.

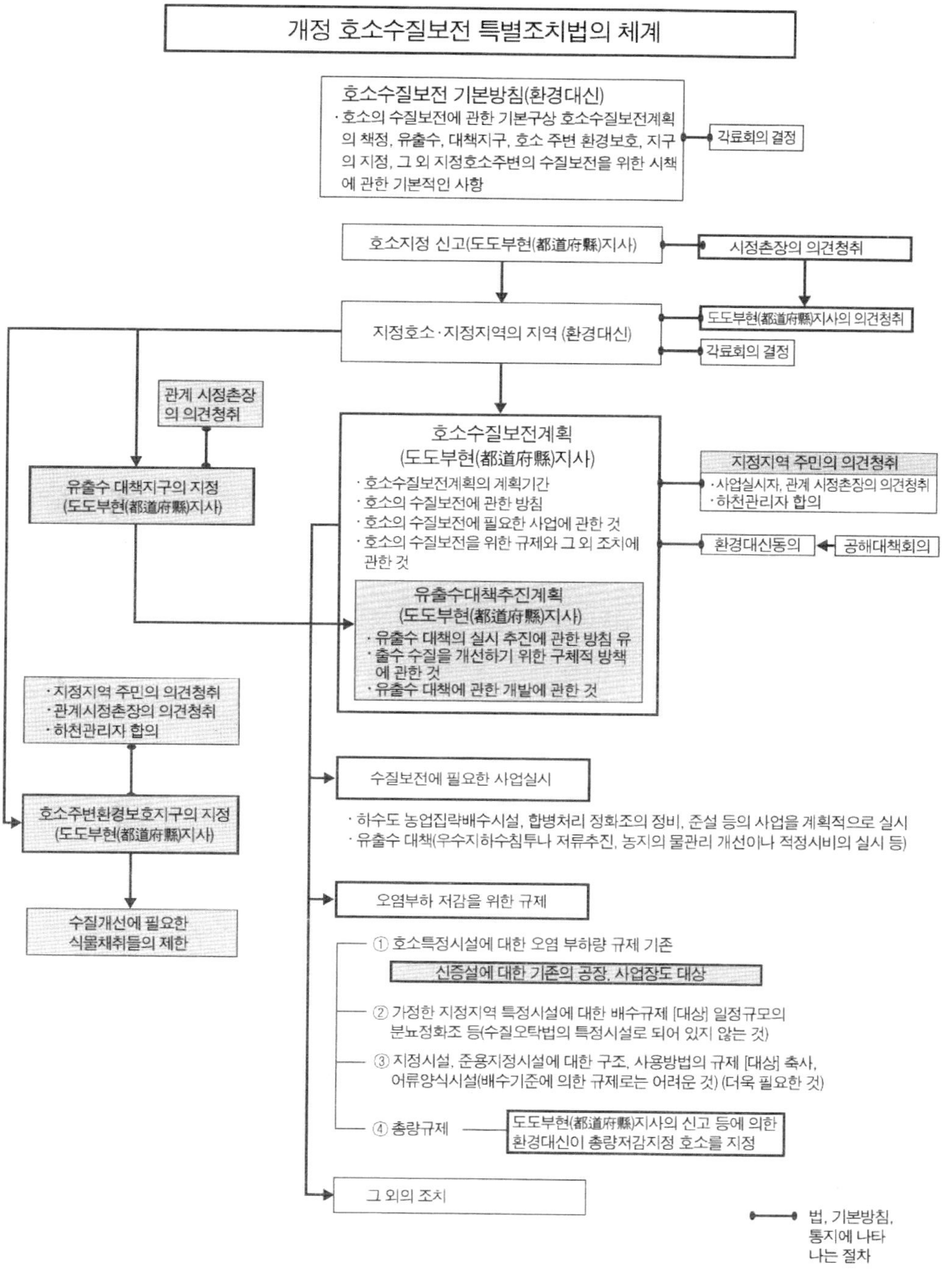

*진한부분 : 2005년 법개정에 의한 주요개정내용

그림 5-1. 호소법 체계[5]

더욱이 지정호소의 수질보전을 위한 구체적인 대책 방향으로 다음과 같은 사항이 「호소수질보전 기본방침」에 나타내었다.

① 하수도, 농촌마을 폐수처리 시설, 정화조 정비

생활배수와 관련된 오염부하 삭감을 위해 지역의 특성에 따라 하수도, 농촌집락 배수시설, 정화조 등의 정비를 추진한다. 이 때에는 합류식 하수도 개선 및 하수도, 농촌 마을 폐수처리 시설 및 정화조에 대해 질소와 인의 고도처리를 추진한다.

② 공장, 사업장 폐수 대책

특정사업장인 공장과 사업장에 대해 필요한 배수규제, 호소의 특정시설에 대한 오염부하량을 규제함과 동시에 이러한 규제 조치의 대상이 되지 않는 공장 또는 사업장도 필요한 오염부하 억제에 관하여 지도 한다. 또한 하수도 정비로 공장 또는 사업장 폐수대책도 추진한다.

③ 생활 폐수 대책

①에서 언급한 시책을 추진함과 동시에 각 가정에서 발생하는 오염부하 삭감을 용이하게 하기 위해 음식물 찌꺼기의 방출을 억제한다. 또한 생활폐수 대책을 추진할 필요가 있는 경우에는 지정지역내에 수질오탁방지법에 의거하여 생활폐수대책 중점지역을 지정하고 생활폐수대책 추진계획에 따라 추진한다.

④ 축산업에 대한 오염부하대책

축사의 규모에 따라 필요한 배수규제와 관리에 관한 규제를 실시한다. 더불어 축사분뇨처리시설 정비를 촉진하여 축산업에 따른 오염부하 삭감을 도모한다.

⑤ 어류양식에 관한 오염부하대책

어류 양식 시설에 필요한 관리에 대해 규제를 시행하고, 어류양식업에 따른 오염부하 삭감을 도모한다.

⑥ 유출수 대책

농지에서 유출되는 오염부하의 실태 파악에 힘쓰고, 영농 실정에 맞게 적절한 조치를 강구한다. 또한 시가지 등에서 강우 시 유출되는 오염부하에 대해서도 실태 파악에 힘쓰고, 실시 가능한 대책을 검토함과 동시에 필요한 조치를 강구한다.

특히, 법 제25조의 규정에 의해 「유출수 대책지구」 지정을 순차적으로 수행하고, 법 제26조에 의거하여 정한 유출수 대책추진계획에 의거하여 농지나 시가지에서 오염부하 삭감을 위한 대책을 중점적 · 집중적으로 실시하는 것을 도모한다.

⑦ 녹지보전과 호소주변의 자연환경 보전

이상과 같이 각종 오염원 대책과 호소의 수질보전을 위해 자연환경보전법(1972), 자연공원법(1957), 산림법(1951), 도시계획법(1968), 도시녹지법(1973), 하천법(1964), 자연재생추진법(2002), 연안법(1956) 등 관련 모든 제도의 적절한 운용을 통하여 녹지의 보전과 호소주변의 자연환경 보호를 위해 노력한다.

특히 지정호소의 수변지 및 이것에 인접하는 수역의 식생에 의한 수질정화를 추진하기 위하여 법 제29조의 규정에 의거하여 「호소환경보호지구」를 순차적으로 지정하여 호소주변 환경의 보호를 도모한다. 그때에는 필요에 따라 해당지구의 식생을 적정하게 보전, 유지 관리하기 위한 계획을 책정한다.

⑧ 호소의 정화대책

호소 내 또는 유입하천 내에 유기물을 다량 함유한 저질(底質)에 기인하는 오염이 심하고, 그 방제가 특히 필요한 경우에는 상황에 따라 준설, 폭기, 물 유입, 수초 제거 등에 대해서 대책의 효과와 영향을 검증하면서 실시하도록 한다.

⑨ 물 순환 회복 대책

호소의 수질을 보전하는데 효과가 있는 용출수(湧水)의 보전 및 재생, 시가지에서 우수 침투 촉진 등 물 순환 회복에 대한 대책, 호소와 지역주민과의 만남을 통하여 의식변환에 관한 대책 등을 추진한다.

또한 호소의 수질보전을 위해 다음과 같은 내용도 중요하게 되었다.

㉠ 지정호소 이외의 호소에 대한 수질보전대책

㉡ 수질감시 측정, 감시측정 시설과 설비의 정비, 감시측정체계의 확충

㉢ 지역주민에게도 알기 쉬운 지표의 설정과 그 수질 감시 측정에서의 활용, 감시 측정 결과에 대하여 지역주민들에게 정보발신

㉣ 조사 연구 추진과 기술 개발

· 호소수질에 관한 표면 유출, 지하침투를 포함한 물 수지 및 오염물질 수지 파악
· 호소의 수질 오염 메커니즘의 정량적 해명, 호소의 생태계 파악
· 담수적조의 발생메커니즘 해명
· 산림, 농지, 시가지로부터 유출부하의 실태 파악 및 농지, 시가지에 대한 대책효과의 정량적 파악
· 녹지와 수역에서 자연정화기능 평가
· 호소 수질 오염의 원인이 되는 각종 폐수의 처리기술 개발
· 호소의 수질정화대책 및 수질 감시 측정에 관한 기술 개발

⑪ 지식의 보급과 의식 고양

(4) 도도부현(都道府縣)에 의한 호소수질보전 계획 책정

지정호소로 지정된 호소의 수질 오염에 관련이 있는 지역(「지정지역」이라고 함. 통상은 지정호소와 그 집수역(集水域)이 범위가 됨)을 관할하는 도도부현(都道府縣) 지사는 정부가 정한 「호소수질보전 기본방침」을 지침으로 「호소수질보전계획」을 수립하여야 한다. 이 계획은 5년 마다 수립하도록 되어있지만, 2006년 개정에서 자유롭게 계획기간을 설정할 수 있게 되었다. 지정지역이 두개 이상의 도도부현(都道府縣)에 소속되어 있을 경우 관련 도도부현(都道府縣) 지사가 협의하여 계획을 설정하도록 하고 있다.

또한 도도부현(都道府縣) 지사는 계획 설정 시 사업 실시 기관, 관계 시정촌장(市町村長) 및 하천 관리자와 협의하는 것은 물론 환경성장관의 동의를 얻어야 한다. 더욱이 2006년 법 개정에서 도도부현(都道府縣) 지사는 필요할 경우 공청회를 하는 등 지정지역 주민의 의견을 반영하기 위해 필요한 조치를 강구해야 한다.

(5) 오염부하 삭감을 위한 규제

호소법에서는 수질오탁방지법에서 정한 「특정시설」이외에 지정지역내에 다음 시설을 「준 지정지역 특정시설」로 규제대상을 확대시켰다.

① 병상수가 120 이상 299 이하의 병원에 설치된 주방시설, 세척시설 및 목욕시설

② 처리대상 인원수가 201명 이상 500명 이하의 분뇨정화조 중 배수량이 $50m^3$/일인 이상 시설

이러한 「준 지정지역 특정시설」은 수질오탁방지법의 「지정지역 특정시설」로 간주하고 동법의 규정인 시설 설치 등에 관한 신고제, 배수기준의 준수 의무, 동 기준의 적합성을 확보하기 위한 계획변경 명령 · 개선명령, 배출수의 오염상태 측정 · 기록 의무 등에 관한 규정이 전면적으로 시행되게 되었다.

(6) 지정시설

호소법에는 호소의 수질보전과 관련된 발생원 중에서 배수규제조치에 적합하지 않은 시설을 「지정시설」로 지정하고, 그 구조 및 사용방법에 대해 신고제도를 새롭게 도입하였다. 이 신고제도는 규제 실시를 전제하여 신고 절차에 따라 사업자가 배수 처리 및 관리에 대해 어느 정도 배려할 것을 기대하고 있으며, 또한 그 단계에서 행정이 적절한 조언을 하는 기회를 마련한 것이라고 생각된다. 지정시설로서는 다음 시설이 지정되어 있

다.

① **소규모 돼지, 소, 말의 축사**

(총면적은 돼지 축사가 40~50㎡, 소 축사가 160~200㎡, 말 축사가 400~500㎡)

② **잉어 양식시설**(가두리 총면적은 500㎡ 이상)

(7) 특정시설 또는 지정시설 설치자 이외의 것에 대한 지도

도도부현(都道府懸) 지사는 특정시설 또는 지정시설 설치자 이외의 것에 대해 지정지역에서 COD, TN, TP 관련 수질 항목에 대하여 오염 원인이 되는 물질을 공공용수역에 배출하는 것에 대해 호소수질보전계획을 달성하기 위해서 필요한 지도, 조언 및 권고를 할 수 있다.

(8) 유출수 대책지구의 지정(비점오염원부하대책 추진)

지금까지 생활배수, 공장 · 사업장 배수, 축사 등 특정오염원(점오염원)은 수질오탁방지법 및 호소수질보전특별조치법에 근거하여 배수규제에 의해 오염부하를 저감시켰다. 그러나, 비특정오염원(비점오염원)은 대책을 추진하기 위한 제도가 지금까지 없었다. 주요 지정호소에 대해 오염부하 발생원별 비율을 보면, 비점오염원으로부터 발생하는 오염부하 비율이 약간 증가하는 경향이다. 이 때문에 호소수질보전을 위해서는 비점오염원 부하 저감을 추진할 필요가 있다고 판단되는 지구를 도도부현(都道府懸) 지사가 「유출수 대책지구」로서 지정지역내에서 지정할 수 있도록 하고 있다.

유출수 대책이란 유출수의 발생원인 농지, 시가지의 토지소유자 등(구체적으로는 농업자, 도로관리자, 하수도관리자)을 실시 주체로 하고, 유출수 수질개선에 이바지되도록 각종 비점오염원의 성격에 따라 행하는 다양한 대책으로서 다음과 같은 것을 생각할 수 있다.

① 농지

농지에 대해 농가가 실시하는 유출수 대책으로는 특수한 시비기를 도입하여 농작물의 뿌리부분에 집중적으로 살포하는 것 등에 의한 비료의 살포방법 개선, 시비량 적정화, 농업배수로에 지수판(止水版)을 설치하는 것 등에 의해 오염된 물의 유출 억제가 고려된다.

② 시가지

시가지에서의 유출수 대책으로는 도로관리자가 도로의 투수성 포장 실시로 우수의 지하침투를 촉진하여 강우 시 탁수의 유출을 억제 하는 것, 도로의 노면이나 측구(側溝) 청

소 등에 의해 유출수의 오염을 방지하는 것을 생각할 수 있다.

(9) 호소주변 환경보호지구 지정(호소주변 식생대 보호)

도로건설이나 주택 · 공장용지 조성을 목적으로 하는 매립이나 지반개량 재료인 사석 채취 등에 의해 호소주변 식생이 급속히 소실된다. 이것을 그대로 방치하면 호소의 수질 개선이나 생태계에 큰 영향을 미치며, 나아가서는 호소 수질 악화를 초래할 가능성이 있다. 그러므로 호소 수질보전을 위한 관점에서 호소주변 식생이 존재하는 지구를 「호소주변 환경보호지구」로 정하여 해당 보호지구내에서 상기의 행위를 하는 자에 대해 도도부현(都道府懸) 지사에게 신고를 의무화함과 더불어 도도부현(都道府懸) 지사는 필요에 따라 신고한 행위에 대한 조치명령을 행할 수 있도록 하는 제도를 만들었다.

(10) 벌칙

호소법 규정에 의한 명령에 위반한 경우에는 벌금 또는 징역의 벌칙이 적용된다.

3) 호소법 개정의 요점(5)(6)(7)

1984년에 호소법이 제정되어 20년 이상 경과해도 호소수질 개선이 뚜렷이 호전되지 않아서 2006년에 호소법이 개정되었으며, 그 개정 내용의 요점은 다음과 같다.

(1) 비특정오염원 대책으로서 유출수 대책지구 지정제도 도입

개정 호소법에서는 비특정오염원(비점오염원) 대책으로 「유출수 대책지구 신설」이 있다. 유출수 대책지구는 농지나 시가지에 대한 비특정오염원 대책을 강화하는 지구를 지사가 지정하는 것으로, 중점적으로 유출수의 수질을 개선하기 위한 대책(유출수 대책)을 다루고 있다. 또한 당해 지구에서는 유출수 대책 실시를 추진하기 위해 유출수 대책 추진 계획을 정할 필요가 있다. 비와호(琵琶湖)의 아카노이만(赤野井灣)유역, 카스미가우라(霞ヶ浦)의 산노우강(山王川) 유역, 테가늪(手賀沼)의 오오츠강(大津川) 유역 등이 유출수 대책지구로 지정되어 있다.

(2) 호소주변 식생대 보호를 위한 호소주변 환경보호지구 지정제도 도입

호소주변의 식생대에 의한 수질정화 기능을 보호하기 위하여 수질보전을 위해 특히 보호가 필요한 호소주변 식생대를 「호소주변 환경보호지구」로서 지사가 지정할 수 있도록 하였다. 지구 내에서는 식물이 생육하고 있는 자연환경을 보호하고, 식물 채취나 수면

매립 등이 제한된다. 다만 하천구역 내에서 호소주변 환경보호지구 지정은 하천관리자와 협의가 필요하다.

(3) 기존 사업장에 대한 부하량 규제의 적용

신 · 증설 공장 · 사업장에 적용하였던 배수의 부하량 규제가 기존의 공장 · 사업장에도 실시하도록 하였다.

(4) 호소수질보전계획의 설정단계에 있어 지역주민 등의 의견청취

호소계획 책정 절차에 관계주민의 의견청취가 있어야 하는 등 주민의 의견을 받아들이는 방향으로 개정되었다.

또한 개정 호소법에 따라 호소수질보전 기본방침도 변경되었고, 다음과 같이 계획의 설정기간도 변경되었다.

(5) 호소수질보전계획의 계획기간 변경

구 호소법에서 5년으로 한정되었던 호소수질보전계획의 계획설정 기간이 지정호소 마다 자유롭게 정할 수 있도록 하였다. 다만 5년을 초과하는 장기간인 경우에는 5년을 목표로 한 계획 추진상황 평가 및 효과를 검증하고, 필요에 따라 계획을 개정할 수 있다. 5년 마다 단기적인 계획을 수립하는 것 뿐만 아니라 바람직한 호소의 물 환경개선 및 유역 상황 등에 따라 장기적인 비젼을 정한 다음 그 비젼을 목표로 중기적인 목표를 설정하고, 단계적으로 시책을 추진하도록 개정되었다.

3 호소수질보전 관련법의 제정 효과

1) 비와호(琵琶湖)

(1) 개황[(11)(12)(13)]

비와호(琵琶湖)는 오사카만(大阪灣) 상류부에 위치하며, 저수량과 면적이 일본에서 가장 큰 호이다. 이 호의 물은 하류부의 물 이용도 포함하면 킨키(近畿)지방에 거주하고 있는 약 1,400만명의 사람들에게 이용되고 있다. 비와호(琵琶湖)의 면적은 670 ㎢, 저수량은 275억m^3이다. 비와호(琵琶湖)는 남북으로 길고, 남쪽에서부터 약 16 ㎞ 정도의 지역에 가장 좁으며, 이 지점에 「비와호대교(琵琶湖大橋)」가 건설되어 있다. 이 대교을 경계로 북쪽을 「북호」남쪽을 「남호」라고 한다. 북호는 비와호(琵琶湖) 면적의 91.5%를 차지

하며, 평균수심은 약 43 m(최대수심 104 m)이다. 한편, 남호의 평균수심은 4 m(최대수심 8 m)로 얕다. 비와호(琵琶湖)에는 많은 하천이 유입되고 있지만 유출하는 자연하천은 남호의 남쪽 끝으로 유출하는 세타강(瀨田川) 뿐이다.

비와호(琵琶湖)의 집수역 면적은 3,174 ㎢이고, 집수역의 토지이용은 임야가 약 70%로 가장 많고, 농경지가 약 15%, 시가지, 도로, 수로 등 기타가 15%를 차지하고 있다.

(2) 수질변화와 수질보전대책의 효과

비와호(琵琶湖)의 수질은 월 1회 빈도로 비와호(琵琶湖)내 50개 지점에서 모니터링하고 있다[14]. 북호와 남호 및 세타강(瀨田川) 수질의 경년변화를 그림 5-2에 나타내었다. 호소수질보전계획이 책정된 1986년 이후 BOD, SS, 클로로필 a, T-P의 농도는 감소하는 경향이 보인다. 한편 COD는 감소하지 않고, 북호에서 오히려 증가하는 경향을 보인다. 이러한 원인은 강수량 감소나 난분해성 유기물의 축적 등으로 추정되고 있지만 아직 밝혀지지 않았다. T-N은 북호와 남호에서 별로 변동이 없다가 최근에 약간 감소하는 경향이 있지만, 세타강(瀨田川)에서는 하수처리장으로부터 방류수의 유입에 따른 영향으로 증가하는 경향을 보인다. 비와호(琵琶湖) 집수역의 남서부 지역을 점유하는 시가현(滋賀縣) 최대 유역하수도(湖南中部下水處理場)는 배수를 비와호(琵琶湖)로 흘러들어오지 않고 세타강(瀨田川)으로 흘러들도록 하는 diversion(배수의 계외 배제)을 행하고 있어 남호의 수질개선에 그 효과가 크다고 생각된다.

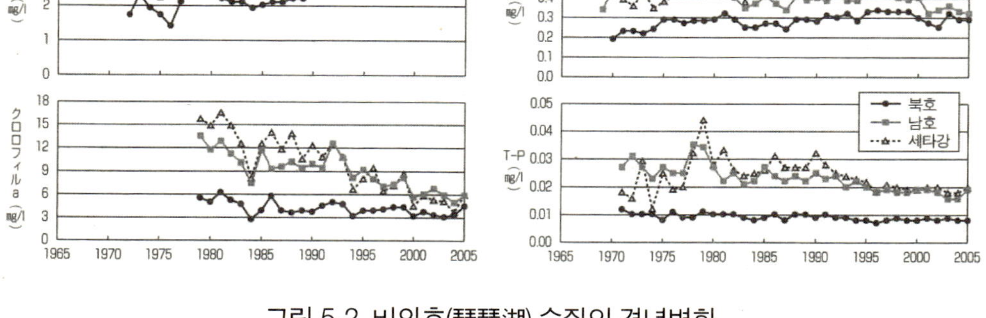

그림 5-2. 비와호(琵琶湖) 수질의 경년변화

한편, 비와호(琵琶湖)로 유입하는 오염부하량의 경년변화는 그림 5-3에 나타낸 것 처럼 COD, T-N, T-P 부하량도 감소하고 있는 계산결과가 나왔다. 결국 호소법에 의해 다양한 대책 시행으로 유입부하량은 약간 감소하였지만 수질은 개선되지 않고 있다는 결과가 나왔다.

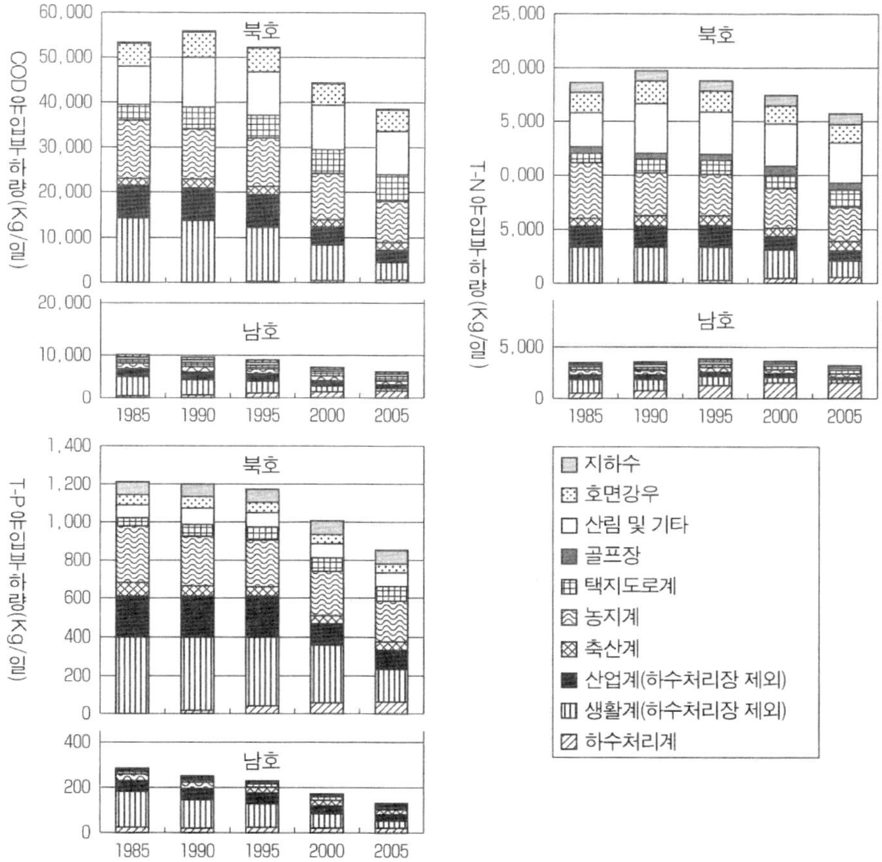

그림 5-3. 비와호(琵琶湖)에 유입하는 오염부하량의 변화[16]

이처럼 수질의 장기변화와 부하량의 장기변화가 모순된 결과를 보이는 원인으로는 다음과 같은 요인들을 들 수 있다.

① 비와호(琵琶湖)의 체류시간이 길어서(약 5년), 유입부하량 변화가 즉시 호소 수질 변화에 나타나기 어려운 것.

② 강수량이 과거 40년 사이 감소하는 경향이 있어서, 그 때문에 강수에 의한 배수의

희석효과가 적어질 가능성이 있는 것.

③ 비점오염원 부하량 추정치의 신뢰성이 낮아서, COD, T-N에 대해 실제 비점오염부하량의 비율이 계산치 보다 크므로, 점원부하량이 삭감되어도 총유입부하량의 감소율이 적을 가능성이 있다는 것. T-N에 대해서는 중국 등 대륙기원의 대기로부터 강하량이 증가하고 있을 가능성이 있는 것.

④ 수거식 화장실로부터 정화조로 변경(화장실의 수세화)됨에 따라 질소배출 부하량의 증가. 수거식 화장실로부터 수집된 분뇨는 고도처리되고 있지만 정화조(단독, 합병)에서는 질소 제거율이 낮은 것.

⑤ 부하량 계산에서는 생활계 부하량 원단위(1인당 발생 부하량)는 변화가 없다고 가정하였지만 life style의 변화에 의해 원단위가 증가할 가능성이 있는 것.

⑥ 저니퇴적물로부터 영양염 용출에 따른 부하량이 집수역으로부터 유입부하량이 감소해도 그에 대응하여 즉시 감소하지 않아 시간이 지연된다는 것.

한편 호소수질보전계획에 따라서 수질보전대책을 실시한 경우와 실시하지 않은 경우로 부하량의 차이를 계산하면 무대책의 경우에 비해 대책 실시에 의해 1995년에 COD 20%, T-N 20%, T-P 31% 부하량이 감소되게 되었다. 따라서, 현재 수질이 개선이 되지 않았다가 조금씩 개선되는 경향을 나타내는 것은 대책의 효과가 나타난 결과이며, 만약 대책을 실시하지 않게 되면 수질은 더욱 악화되었을 것으로 예상되었다.

2) 테가늪(手賀沼)[17][18]

(1) 개황

테가늪(手賀沼)은 동경부근의 치바현(千葉縣) 북서부에 위치하며, 호소의 면적은 6.5 ㎢, 유역면적 144 ㎢, 평균수심 0.86 m의 얕은 소형 호소이다. 집수역의 토지이용(2006년)은 시가지 56%, 밭 16%, 논 15%, 산림 11%, 공원 · 녹지 2%이며, 토지이용의 주가 시가지이다. 집수역 인구는 약 48만명이다. 물 이용은 농업용수 취수와 내수면 어장(잉어, 붕어) 이외에 호소 주변에는 공원이 있어서 주변 주민의 휴식터이다.

(2) 수질변화와 수질보전대책 효과

테가늪(手賀沼) 수질의 년도별 변화를 그림 5-4에, 유입부하량의 경년변화를 그림 5-5에 나타내었다. 테가늪(手賀沼) 유역은 동경의 통근권에 위치하기 때문에 1960년대 이후 급격한 도시화가 진행되어 인구가 증가했지만, 그 사이에 하수도정비 등 생활배수대책이 따라가지 못하여 1960년대부터 1970년대에 걸쳐 수질이 급격히 악화되어 미세조류(아오코)의 이상발생 문제가 나왔다. 그 후 1975년에 협의회를 설립하고, 유역이 일체가 되어 정화대책을 추진하는 체제가 되었다. 더욱이 1986년부터 호소법에 의해 「호소수질보전계획」이 정해졌고, 하수도 정비, 합병처리정화조 정비 외에 수질오탁방지법에 의한 배출규제 등의 대책을 진행하였다. 그 결과 테가늪(手賀沼)에서는 1985년부터 2005년까지 호소에 유입되는 오염부하량이 COD로 42% 감소, 호내의 COD는 1979년 28 ㎎/L에서 2007년에는 9.7 ㎎/L로 70% 가깝게 감소하였다.

유입부하량이 감소하고, 호내의 수질이 크게 개선된 이유는 처리율이 90% 가까운 하수도를 중심으로 한 생활배수처리라고 생각된다. 테가늪(手賀沼)에서는 하수처리수가 계외 배출(diversion)되고, 테가늪(手賀沼)에 유입하지 않기 때문에 그 효과도 클 것이다. 호내의 수질변화에 관해서는 2000년부터 본격적으로 가동한 도네강(利根川)으로부터 물을 끌어 들이는 [키타치바도수사업(北千葉導水事業) 최대 매초 10m³] 효과도 크다. 이러한 도수(導水)에 의해 테가늪(手賀沼)은 2001년도에 27년간 연속 호소수질 최악이라는 오명을 벗었다. 이러한 도수 효과로서는 희석효과도 있지만, 유입수량 증가에 의해 체류시간이 짧아진 효과도 크다. 그 결과 식물플랑크톤 증식이 억제되어 COD가 감소한 것으로 생각된다.

그러나, 표 5-4에 나타난 테가늪(手賀沼)의 유역환경 변화를 살펴보면 테가늪(手賀沼) 유역 · 호소 환경은 빗물의 지하 침투량이 30%, 용출수량이 50% 감소하고, 침수 · 부엽식물이 27종에서 0 종으로 감소하는 등 환경악화가 현저하였다. 또한 도수에 의한 정화는 수질개선효과가 컸지만 본래 호소 환경에서 본다면 약간 부자연스러운 유수환경이 되기

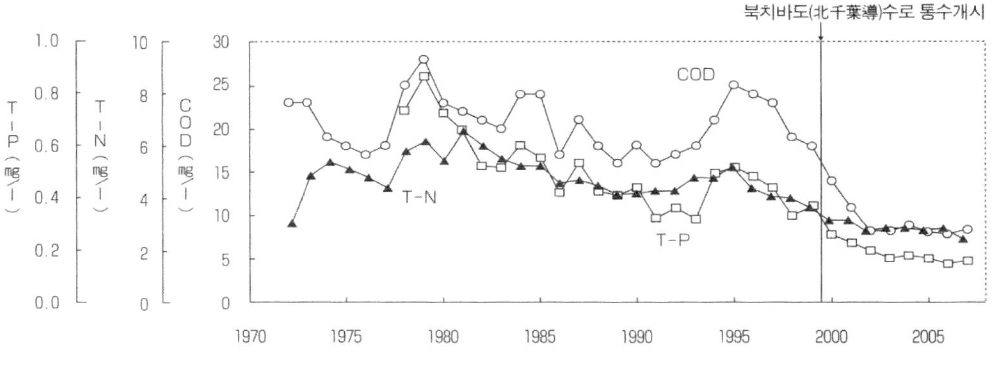

그림 5-4. 테가늪(手賀沼)의 수질경년변화(COD, 총질소, 총인)

때문에 호소환경 개선이라는 의미에서는 문제도 많다. 하수도나 도수 효과를 살리면서 테가늪(手賀沼) 다운 못 환경을 재생하는 것이 앞으로의 과제이다.

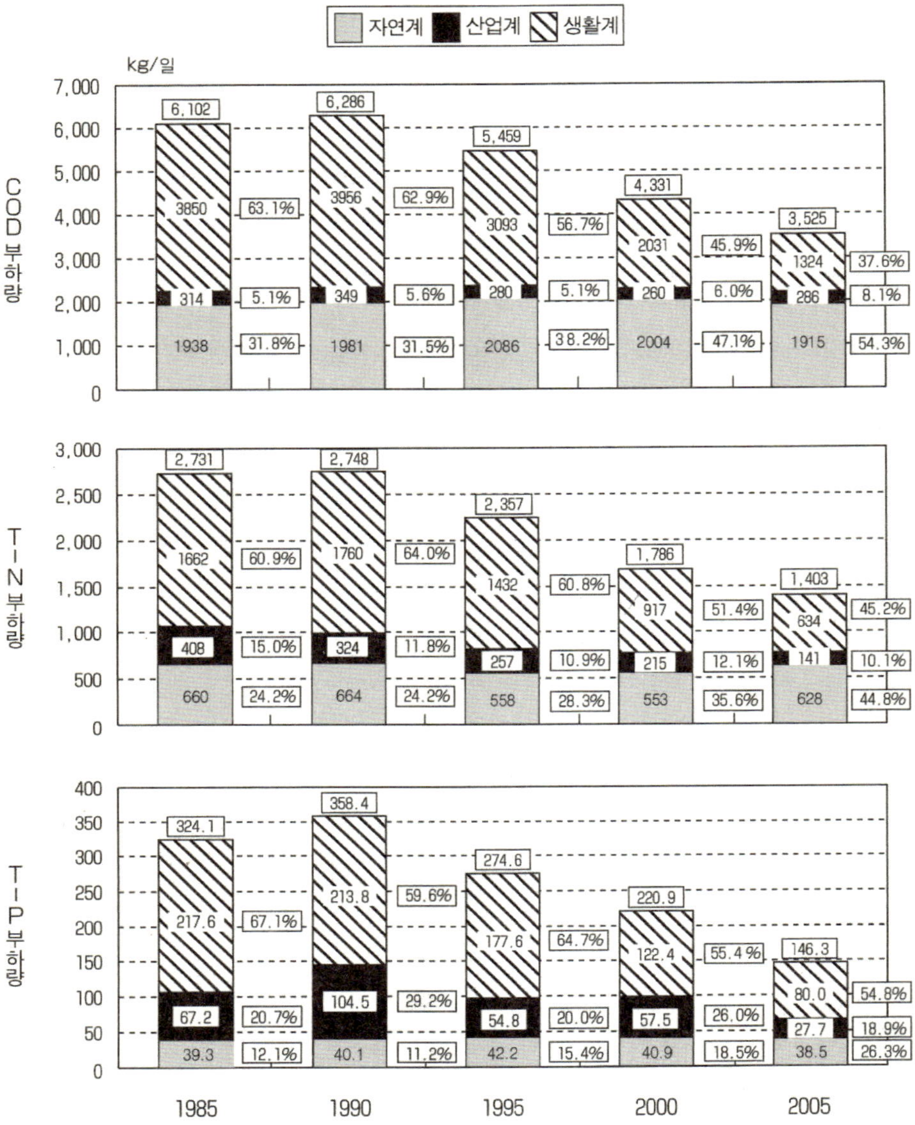

주1 : 자연계 · 시가지 · 농지 등으로부터의 배출
주2 : 부하량은 제5기 호소수질보전계획의 원단위에서 산출

출처 : 치바현(千葉縣)제공주

그림 5-5. 테가늪(手賀沼)의 발생원별 오염부하량 비율과 변화

표 5-4. 테가늪(手賀沼)의 유역환경 변화[17]

테가늪(手賀沼) (1955년 → 1998년)

유역인구		11만명→48만명(4.4배)
토지이용비율	산지 · 농지	83% → 49%
	주택 · 시가지	7% → 33%
강수의 지하침투율		30% 감소
강우시 표면유출량		2.5배 증가
용출수량		50% 감소
수생식물(침수 · 부엽성)		27종 → 0 종

3) 그 외 지정호소[19][20]

(1) 스와호(諏訪湖)

스와호(諏訪湖)는 나가노현(長野縣) 분지에 위치하고 있으며, 호소 면적이 13.3 ㎢, 유역면적 531.1 ㎢, 호면표고 769 m, 평균수심 4.7 m의 얕은 호소이다. 호소 주변은 도시화가 진행되었지만, 집수역 중 시가지가 차지하는 비율은 10% 정도이며, 집수역의 약 70%는 산지로 되어 있다. 농지 비율은 10% 정도이다. 집수역내 인구는 약 18만명이다. 스와호(諏訪湖)는 호소법의 성과가 가장 잘 나타난 호소이다. 인구증가나 도시화, 경제발전에 의해 1960년대 경부터 수질악화가 진행된 스와호(諏訪湖)는 1979년부터 하수도의 일부가 설치가동이 시작되어 그 후 1984년부터는 호소법에 의해 호소수질보전계획이 책정되어 정화대책이 진행되었다. 2006년 시점에서 하수도 접속율은 98%였다. 스와호(諏訪湖) 유역하수도의 하수처리수는 스와호(諏訪湖)의 출구 가까운 곳에서 방류되기 때문에 하수도정비는 실질적으로 diversion(배수의 계외 배제)에 가까운 대책이었다. 하수도 효과는 수질변화로 나타날 때까지 시간지체가 있었지만 사업진척과 동시에 T-N, T-P 농도는 감소경향을 보였다. 한편 COD 농도는 감소경향이 명확하게 보이지 않았고, 환경기준은 달성 할 수 없었다. 그러나 1990년부터 미세조류(아오코)가 급감하고, 냄새가 없어졌으며, 쇠퇴했던 수초대가 부활하는 등 체감적인 수질 면에서는 명확한 개선경향을 보였다.

(2) 카스미가우라(霞ヶ浦)

카스미가우라(霞ヶ浦)는 일본에서 비와호(琵琶湖) 다음으로 두 번째로 면적이 큰 호소이고, 호소의 면적은 220 ㎢, 유역면적 2,157 ㎢, 평균수심 4.0 m로 얕은 해적호(海跡湖)

이다. 집수역의 토지이용은 산림 40%, 논 20%, 밭 15%, 시가지 15% 정도 되며, 다른 지정 호소에 비해 농지의 비율이 많다. 카스미가우라(霞ヶ浦)는 도쿄에서 통근권내에 위치하고 있기 때문에 1960년대부터 집수역으로 인구 증가와 더불어 수질이 악화되고, 미세조류(아오코)의 대량발생 등 수질오염이 심각했다. 2002년 집수역 인구는 약 96만 명이었다. 호소법에 앞서 1972년에 시행된 「이바라키현 공해방지조례(茨城縣公害防止條例)」에 의해 유입 하천의 BOD, COD는 개선되었지만 질소, 인은 규제하지 않았다. 1982년에 「카스미가우라(霞ヶ浦) 부영양화방지조례」가 시행되었고, 질소 · 인 규제가 시작되었다. 1984년에 호소법이 제정되었고, 1991년부터는 동법 시행령 개정에 의해 질소 · 인 부하량 규제를 시작하였다. COD만 보면 카스미가우라(霞ヶ浦)는 1985년 전후를 peak로 감소하고 있고, 미세조류(아오코)의 출현도 감소하였다. 따라서 호소법 및 그 외 대책의 일정 효과는 봤지만 호소내의 질소는 감소하지 않았고, 인은 1990년경부터 상승경향을 지속하였다. 또한 2007년 현재 카스미가우라(霞ヶ浦) 수질은 COD에서도 다시 악화경향이 있다. 최근에는 호소수의 백탁화(白濁化)나 외래어종의 증가, 호안 식생대의 감소, 생태계의 불안정화 등 호소환경으로서 좋지 않은 경향이 보였고, 반드시 호소의 건전성이 높아졌다고는 말할 수 없는 상황이 되고 있다.

4 결론과 향후 과제

일본에서는 부영양화가 진행되는 호소의 수질을 개선하기 위해 수질오탁방지법에 의한 배수규제 이외에 1984년에 호소법을 제정하여 각종 대책을 통합한 종합대책을 실시해 왔다. 비와호(琵琶湖), 카스미가우라(霞ヶ浦), 테가늪(手賀沼), 인바늪(印旛沼), 코지마호(兒島湖) 등 5개 호소에서는 이 호소법에 따른 호소수질보전계획에 의해 지금까지 20년에 걸쳐 대책을 실시했다. 그 결과 최근 들어 그 효과가 나타나기 시작하여 수질개선 경향이 나타나는 호소가 나오게 되었다. 그러나 최초의 계획을 통해 수질이 개선되는 호소는 적었고, 효과를 나타내는 데는 예상보다 긴 시간을 필요로 하였다. 또한 아직까지도 수질개선이 나타나지 않는 호소도 있다. 이러한 일본의 경험은 소호의 수질이 한번 오염이 진행되면 회복시키는데 많은 시간과 비용이 들어간다는 것을 단적으로 나타내고 있다.

지금까지 일본의 호소수질보전 경험으로부터 얻은 중요한 사항을 정리하면 다음과 같다.

① 배수의 3차 처리로 인은 비교적 쉽게 배출부하량을 삭감시킬 수 있고, 호소의 농도

도 저감시킬 수 있지만, 질소는 부하량 삭감이 곤란하며, 호소의 농도를 낮추기 어렵다. 그 결과 호소수의 N/P비는 증가하는 경우가 많았다.

② 인 부하량삭감에 의해 적조, 미세조류(아오코)의 발생억제, 클로로필 a 농도의 저하나 투명도의 상승 효과가 나타난다. 그러나 COD 농도의 저하 효과가 나타나기 어렵다. 그 때문에 COD의 환경기준 달성률만을 보면 대책 효과가 나타나지 않고, 대책효과를 정확히 평가할 수 없다.

③ BOD로 측정되는 것처럼 분해성 유기물의 삭감은 배수처리에 의해 쉽게 처리되지만 휴믹물질과 같은 난분해성 유기물은 분해되지 않은 상태로 호소에 유입된다. 그것이 COD 농도를 저감시키기 어려운 원인 중 한가지라고 생각된다. 그 난분해성 유기물의 호소생태계에 대한 영향은 현 시점에서 밝히는 것이 곤란하다.

④ 하수의 계외배출(diversion)은 스와호(諏訪湖)나 비와호(琵琶湖) 남호에서 나타난 것처럼 호소의 수질개선에 유효하다.

⑤ 희석용 물의 도입은 테가늪(手賀沼)에서 나타난 것처럼 도입수량을 충분히 확보하여 물의 체류시간 단축을 시도하는 경우는 유효하다.

⑥ 저니준설의 수질개선효과는 아직까지 명확하지 않다.

⑦ 인의 배출부하량 삭감은 호소의 일차생산량을 저하시켜 어업생산량을 저하시킬 가능성이 있다.

또한 호소수질보전에 대해 향후 다루어야할 과제로서는 다음과 같은 것을 권한다.

① 대책을 실시함에도 불구하고 수질이 개선되지 않은 호소는 수질오염 메카니즘 해명과 대책 검토[(카스미가우라(霞ヶ浦) 등]

② 호소의 N/P비 증가가 호소생태계에 대한 영향 평가

③ 인 부하량 감소에 의한 호소생태계의 영향 평가 및 어업생산에 대한 영향 평가

④ 난분해성 유기물이 호소에 잔류하는 것처럼 호소수질 및 호소생태계에 대한 영향 평가 또는 상수 이용 상의 영향 평가

참고문헌

(1) 環境廳水質保全局監修, 水質法令研究會編『湖沼の水質保全』, 地球社, 1986年

(2) 環境廳編『日本の湖沼環境』, 大藏省印刷局, 1988年
「第2回自然環境基礎調査の概要」 http://www.biodic.go.jp/reports/2-3/a000.html

(3) 環境廳編『日本の湖沼環境II』, 自然環境研究センター, 1995年

(4) 環境省『平年20年度版 環境循環社會白書』, 2008年
http://www.env.go.jp/policy/hakusyo/h20/index.html

(5) 環境省『逐条解說 湖沼水質保全特別措置法』, 2007年
http://www.env.go.jp/water/kosyou/law_kaisetsu.pdf

(6) 山田潤一郎「湖沼水質保全特別措置法の改正の概要」水環境學會誌 30(4), pp. 164- 168 (2007年)

(7) 中村圭吾「湖沼法(湖沼水質保全特別措置法)と湖沼の水質保全」『土木技術資料』 50(8), pp. 56 (2008年)

(8) 相崎守弘「湖沼環境の改善に求められるもの-湖沼水質環境基準の達成状況から-」『資源環境對策』 41(2), pp. 36-41 (2005年)

(9) 總務省「湖沼の水環境の保全に關する對策評價書」(2004年)
http://www.soumu.go.jp/s-news/2004/040803_3y.html (要旨)

(10) 中央環境審議會「湖沼環境保全制度の在り方について(答申)」(2005年)
http://www.env.go.jp/council/toshin/t090-h1607.html

(11) 琵琶湖・淀用水質保全機構「琵琶湖・淀用の水質保全」(1995年)

(12) 滋賀縣教育委員會, 滋賀縣生活環境部編集「琵琶湖と自然(四訂版)」(1997年)

(13) 國際協力事業團國際協力總合研修所, 國際湖沼環境委員會「湖沼環境保全對策および適正技術に關する調査研究」(1990年)

(14) 滋賀縣「滋賀の環境」(2007年)
http://www.pref.shinga.jp/biwako/koai/kankyo/file/05.pdf

(15) 大久保卓也, 藤井滋穗, 今井章雄「琵琶湖における水質動向と水環境保全の新たな方向性」『用水と廢水』 49(7), pp.582-592(2007年)

(16) 滋賀縣「滋賀縣環境審議會水環境部會資料 (2006年11月)」から作圖 (2006年)

(17) 守敏男「住民參加型の湖沼環境保全施策-手賀沼および印旛沼の再生をめざす取り組み-, 資源環境對策」 41(2), pp. 65-70 (2005年)

(18) 千葉縣「手賀沼に係る湖沼水質保全計劃」(2007年)
http://www.pref.chiba.jp/syozoku/e_suiho/8_kosyo/teplan/teplan.html

(19) 沖野外輝夫, 花里孝辛編『アオコ消えた諏訪湖』, (信濃每日新聞社, 2005年)

(20) 田淵俊雄『湖の水質保全を考える』, (技報堂出版, 2005年)

제6장
수질총량규제와 그 성과

참조 ⊕ 제3장 3절, 5절

1 서론

1) 수질오탁방지법의 성과와 문제점

1970년에 제정된 「수질오탁방지법」에서는 공장 및 사업장으로부터 공공용수역으로 배출된 물의 배출규제에 의해 공공용수역 및 지하수의 수질오염을 방지함을 도모하고, 국민의 건강을 보호함과 동시에 생활환경을 보전하는 것이 목적이다. 그 목적을 달성하기 위해 이 법률에서는 배수기준을 국가가 정하고, 필요에 따라 도도부현(都道府縣)에서 강화된 규제를 실시할 수 있도록 규정하고 있다.

그 결과 하천 수질은 개선되고 있는 것으로 나타났고, 환경기준 달성률도 거의 90%에 가깝게 달성되고 있다(부록 그림2-1). 그러나 호소의 달성률은 50% 정도로 극히 낮아 개선 경향이 보이지 않는다. 해역은 당초부터 70% 정도의 높은 달성률을 나타냈지만, 그 후 현저한 개선은 나타나지 않았다. 특히 도쿄만(東京灣), 이세만(伊勢灣), 세토내해(瀨戶內海) 등 인구와 산업이 집중된 광역적인 폐쇄성 수역에서는 환경기준 달성률이 낮았다(부록 그림 2-3). 이로 인하여 이들 수역의 수질개선대책 추진이 필요하게 되었다.

2) 배수(排水) 농도규제 방식의 한계

배수의 농도규제는 어느 정도의 성과를 이루었지만 생활환경 항목에 대해서는 생활잡배수 등 규제 대상외의 배수 부하가 크다. 이로 인하여 다음과 같은 제도적 한계가 지적되었다.

① 환경기준을 달성하기 위해서는 수역에 유입하는 오염부하량 전체를 감소하는 것이 필요하다. 그러나 강화 기준은 도도부현(都道府縣) 마다 별도로 설정되어 있기 때문에 대상 수역에 직접 접하고 있지 않은 상류현 등 내륙부에서의 부하를 효과적으로 규제할 수 없다.

② 공장 및 사업장에 대한 철저한 농도규제 시행으로 그 오염부하량은 감소하였다. 그러나 상대적으로 부하량이 증가한 생활배수에 대해서는 하수 처리장의 처리수를 규제하고 있을 뿐이며 생활잡배수를 포함한 생활계 배수 전체에 대한 배려는 충분하지 않았다.

③ 농도규제이기 때문에 특정시설의 신설 또는 증설에 따른 부하량 전체의 증가 또한 농도규제에 적합하게 하기 위한 배수의 희석 등에 유효하게 대응할 수 없다.

3) 총량규제제도의 도입

광역적인 폐쇄성 수역의 수질개선을 위해서는 배수에 대한 농도규제만으로는 불충분하므로 오염부하량 전체를 삭감하는 것이 필요하였다. 이를 위해 산업배수와 생활배수 모두를 대상으로 함과 동시에 내부부하, 비특정 오염원으로부터의 부하를 포함한 종합적인 수질보전대책의 확립이 필요하게 되었다. 수질총량규제는 이와 같은 수역에 대해 오염부하량을 전체적으로 삭감하기 위한 방법으로서 1978년부터 「수질오탁방지법」 및 「세토내해(瀨戶內海) 환경보전 특별조치법」의 개정에 따라 제도화 되었다.

특히 1973년에는「총량규제제도」의 도입에 앞서 세토내해(瀨戶內海)의 환경보전을 위해 세토내해(瀨戶內海) 환경보전 임시조치법이 제정되었다. 이 법에는 세토내해(瀨戶內海)에 배출하는 산업배수와 관련 COD의 오염부하량을 1972년의 1/2정도로 감소시키기로 하였다. 이 때문에 관련 부현(府縣)은 배당된 오염부하량을 삭감하기 위해 강화 배수기준을 설정하였다. 여기서 농도가 아닌 오염부하량을 감소시키려고 하는 사고방식이 법제도로서 처음 제시되었다. 그러나 이러한 규제는 규제 대상이 산업배수만으로 한정된 경우가 많았고, 또한 규제수단으로서 농도규제를 강력히 추진하고 있는 점에서 현행의 수질총량규제 제도와는 차이가 있었다.

2 수질총량규제제도와 구성

1) 기본적인 개념

수질총량규제는 오염이 심한 광역적인 폐쇄성 수역을 대상으로 그 오염부하총량을 일정량 이하로 억제하기 위해 통일적이고 효과적인 부하량 삭감조치를 강구하도록 하기 위한 것이다. 이를 위해 기본적 생각은 다음과 같다.

① (대상수역) 대상 폐쇄성 수역의 유역 전체로 한다. 삭감수준의 도도부현(都道府縣)

간 불균형을 피하기 위해 환경장관이 총량 삭감 기본방침을 지정한다.

② (삭감총량) 수질오탁방지법의 대상인 공장, 사업장과 생활 배수 등의 규제대상 외의 부하량도 포함한 오염부하의 모든 양을 말한다.

③ (삭감 목표량) 발생원별로 나타낸다.

④ (목표달성방법) 지정지역내 사업장에 총량규제 기준의 준수 의무를 부과하는 것 뿐만 아니라 하수도 및 분뇨처리시설정비, 분뇨정화조 대책, 소규모 배수대책, 교육, 계몽 등의 광범위한 시책을 전개한다.

⑤ (규제 대상) 간접냉각수와 우수 등을 제외한 공정 배수를 중심으로 특정배출수의 1일당 오염 부하량으로 한다.

⑥ (부하량 측정) 오염부하량의 측정, 기록 및 측정방법에 대해 신고를 의무화 한다.

특히 대기오염방지법의 황산화물(sulfur oxides)에 관한 총량규제제도, 또한 미국의 총량규제제도(TMDL : Total Maximum Daily Loading)는 환경기준과 직접적으로 연결하고 있다[(1)]. TMDL은 대상수역의 수질환경기준을 달성하도록 부하량을 삭감하는 것이 목표이다. 일본은 수질환경기준을 달성, 유지해야만 하는 것이 행정목표이지만 도쿄만(東京灣)과 같이 인구와 산업이 집중된 수역의 수질상황을 고려한다면 환경기준의 전면적인 달성을 전제로 목표치를 설정하고, 즉시 총량규제를 실시하는 것은 비현실적이다. 또한 과학적으로 목표를 설정하는 것은 곤란하다고 생각했다.

이 때문에 총량규제에 따른 부하 삭감 목표치는 산업 활동 및 인구의 증가에 의해 부하량의 증가를 예측함과 동시에 배수처리기술 및 하수도 정비 동향을 포함하여 목표 년차에서 현실적으로 대응 가능한 범위에서 목표를 설정하였다. 또한, 목표달성기간을 세우고 동시에 중간 목표를 세움으로서 목표치 달성이 원활하도록 배려하였다. 더욱이 제도의 합당한 운영을 위해 보급 가능한 기기에 의한 개별 발생원별 부하량 측정체제와 측정결과의 수집체제를 정비하도록 하였다.

2) 지정수역, 지역, 항목

총량규제의 대상이 되는 지정수역, 지정지역(지정수역의 수질오염에 관련된 지역), 지정항목(오염부하량의 삭감대책 항목)은 정령(政令)으로 결정하였다. 총량규제의 대상수역은 배후지에 오염원이 집중되고, 오염의 정도가 심한 특정의 광범위한 폐쇄성 수역으로 하고 대상수역에 유입되는 오염물질을 발생시키는 지역을 규제가 미치는 지역으로 설정함을 원칙으로 하였다. 현재 이들 대상수역은 다음과 같이 지정되어 있다.

① 지정수역 : 도쿄만(東京灣), 이세만(伊勢灣), 세토내해(瀨戶內海)

② 지정항목 : COD, 질소, 인(질소와 인은 제5차 총량규제 이후)

③ 지정지역 : 지정수역에 유입되는 오염물질의 발생원이 있는 지역 [20개 도부현(都府縣)]

3) 총량삭감 기본방침

총량규제는 우선 환경장관이 다음과 같은 총량삭감 기본방침을 정한다.

① 해당수역으로 유입되는 현시점에서의 오염부하량

② 인구와 산업의 동향, 배수 또는 폐수의 처리기술 수준, 하수도 정비 전망 등을 감안하여 실시 가능한 한도 내에서 수질환경기준을 확보하기 위한 오염부하량의 삭감목표와 목표년도

③ 오염부하량의 발생원별 및 도도부현(都道府縣)별 삭감 목표량

총량규제에서 목표년도에 도도부현(都道府縣)별 · 발생원별 삭감 목표량을 COD, 질소, 인의 발생부하량(공공용수역으로 배출 되는 부하량)에 따라 설정하고, 그것을 달성하는 것을 목표로 하고 있다.

4) 총량삭감 계획

총량삭감기본방침에 준하여 도도부현(都道府縣)지사는 오염부하량의 삭감목표를 달성하기 위해 ①발생원별 오염부하량 삭감 목표량, ②삭감 목표량 달성방법에 따라 총량삭감 계획을 세웠다. 또한, 삭감 목표량 달성을 위한 주요 시책은 다음과 같다.

㉠ 생활계 배수대책 : 모든 오염부하량에 대한 비중이 크기 때문에 하수도의 설비촉진 등 생활배수대책을 강화한다.

㉡ 산업계 배수 대책 : 지정지역내 사업장에 대하여 적절한 총량규제기준((5)에서 후술)을 정하며, 그 준수를 도모하는 것에 의해 공평성 확보를 위해 노력함과 동시에 오염부하량의 총량삭감을 도모한다.

㉢ 그 외 대책 : 교육, 계발(啓發) 등을 통하여 이해와 협력을 얻는 것으로 오염부하량의 총량삭감을 도모한다.

㉣ 수질총량규제기준에 적용되지 않는 미규제 · 소규모 사업장에 대해서 필요한 지도와 조언을 하거나 그 외 오염부하량의 총량감소에 대하여 필요한 시책을 강구한다.

5) 총량규제기준

과거의 농도규제는 각 배수구에 대해 농도를 규제하였다. 이에 반하여 총량규제기준은 도도부현(都道府縣) 지사가 지정하는 지역 내 사업장(총량규제지역 내에서 배수량 50m³/일 이상의 공장 · 사업장)에서 배출되는 배출수에 대하여 1일당 사업장별 오염부하량의 허용한도이며, 다음 식에 의해 결정된다. 또한 특정 배출수란 특정사업장에서 산업활동 및 그 외 사람의 활동에 사용된 배수이고, 냉각용수, 감압용수 등 오염부하가 증가하지 않는 용도의 배수는 제외한다.

$L = C \cdot Q \times 10^{-3}$

여기서 L : 배출이 허용된 오염부하량(kg/일)

C : 도도부현(都道府縣)지사가 정한 일정의 COD, 질소 및 인 농도(㎎/L)

Q : 특정 배출수의 양(m³/일)

위에서 언급한 도도부현(都道府縣) 지사가 결정하는 일정의 COD, 질소 및 인의 값은 C값이다. C값은 환경성에 의해서 각 업종별 상한치 및 하한치가 설정되어 있다. 도도부현(都道府縣)은 그 범위 내에서 C값을 결정하도록 되어 있으며, 필요 이상으로 엄격한 규제 또는 반대로 느슨한 규제로 인해 지역간의 불공평성이 생기지 않도록 하고 있다. C값의 하한치(가장 엄격한 범위)는 현재 가장 많이 보급되어 있는 처리기술, 평균적 배수(排水) 수질의 실태(50%값)를 근거로 결정된다. 다만, 신설에 관한 C값의 하한치는 현재 실용화되어 보급되고 있는 처리기술 중 가장 COD제거율이 높은 처리기술을 감안하여 결정되고 있다. 한편, 상한치는 이때까지의 설정상황과 배수수질의 실태분포(85%값)를 감안해서 설정되고 있다. 업종구분은 제1차 총량규제에서 217개로 구분되었지만, 제4차 총량규제 이후에는 232개로 증가하였다. 또한, 신 · 증설한 사업장은 그 부하량을 가능한 한계 내에서 제어하기 위하여 신 · 증설시기와 그에 따른 배수량별로 다른(보다 엄격한) C값을 설정하고 있다.

6) 오염부하량의 감시체제

수질총량규제 제도는 사업자에 의한 올바른 오염부하량 측정 및 기록이 제도의 정확한 운영상 반드시 필요하다. 오염부하량 측정은 직접자동연속측정을 하는 것이 바람직하다. 그러나 공정법에 따라 COD 부하량을 직접적으로 또한 자동연속 측정하는 것은 곤란하다. 이 때문에 보급 가능한 측정기기로 공정배수량과 COD농도를 측정하고, 그 값을 곱하여 오염부하량을 구하고 있다. 측정 원칙은 유량계와 수질자동 계측기(COD기기, TOC기기, TOD기기, UV계기 등 : 기록 기능 부착)이지만 소규모 배수는 간단한 방법으로 실시하는 것도 가능하도록 하고 있다. 예를 들면, 400m³/일 이상의 사업장에서는 배수의 배출기간 중 매일 측정하는 것이 의무이지만, 소규모 사업장에서는 7일에서 1개월에 1회 측정해도 좋다고 하고 있다.

3 총량규제의 실시상황-제5차 수질총량규제

제1차 총량규제는 1984년을 목표 년도로 하여 1979년부터 실시되었다. 이로 인하여 그림 6-1에 나타낸 것처럼 COD 부하량은 3개 해역 동시에 감소하였다. 그러나 수질의 개선 상황은 충분하지 않았고, 적조나 청조 발생이 관찰되었다. 이 때문에 1989년, 1994년, 1999년의 각 년도를 목표로 제2차, 제3차, 제4차까지 실시되었다.

제1차부터 제4차까지는 COD만을 지정항목으로 하는 총량규제였다. 그러나 COD 값이 거의 옆걸음치고 있고 현저한 개선은 보이지 않았다(부록 그림 2-3참조). 지정지역내의 사회경제활동은 증대하였기 때문에 총량규제의 효과가 없었다고는 말 할 수없지만, COD의 환경기준을 달성하기 위해서는 한층 더 노력이 필요할 것으로 판단된다. 이를 위해서는 2004년, 2009년을 목표로 하는 제5차와 제6차의 수질총량규제가 지속되며, 제5차 이후에는 COD에 추가하여 질소와 인 역시 지정 항목으로 되어 있다.

1) 지정항목에 질소와 인의 추가

제4차까지 수질총량규제 결과, 착실하게 오염부하량 삭감이 도모되어 왔다. 그러나 COD의 환경기준 달성률에는 현저한 개선이 나타나지 않았다. 이것은 내부생산에서 유래하는 유기오염이 높은 비율을 차지하고 있기 때문인 것으로 판단된다.

그림 6-2는 총량규제 대상수역 3개 해역의 COD(1994-1996년 평균치)의 기원별 내역을 나타내었다(수치시뮬레이션에 의한 추정). 어느 해역에서도 외해수(外海水) 유래 배경 (back ground) COD값은 약 0.8 ㎎/L 로 거의 같았다. 유역에서 COD의 외부부하와 저니로부터의 용출로 유래하는 COD는 세토내해(瀨戶內海)의 경우 0.44 ㎎/L이었지만, 도쿄만(東京灣), 이세만(伊勢灣)에서는 0.9 ㎎/L 이상이었다. 그러나 가장 높은 것은 내부생산 유래의 COD이며, 세토내해(瀨戶內海)의 0.77 ㎎/L부터 도쿄만(東京灣)의 1.3㎎/L에 달한다. 따라서 이들 해역의 COD는 약 60%가 주로 식물플랑크톤 생산에 유래한 내부생

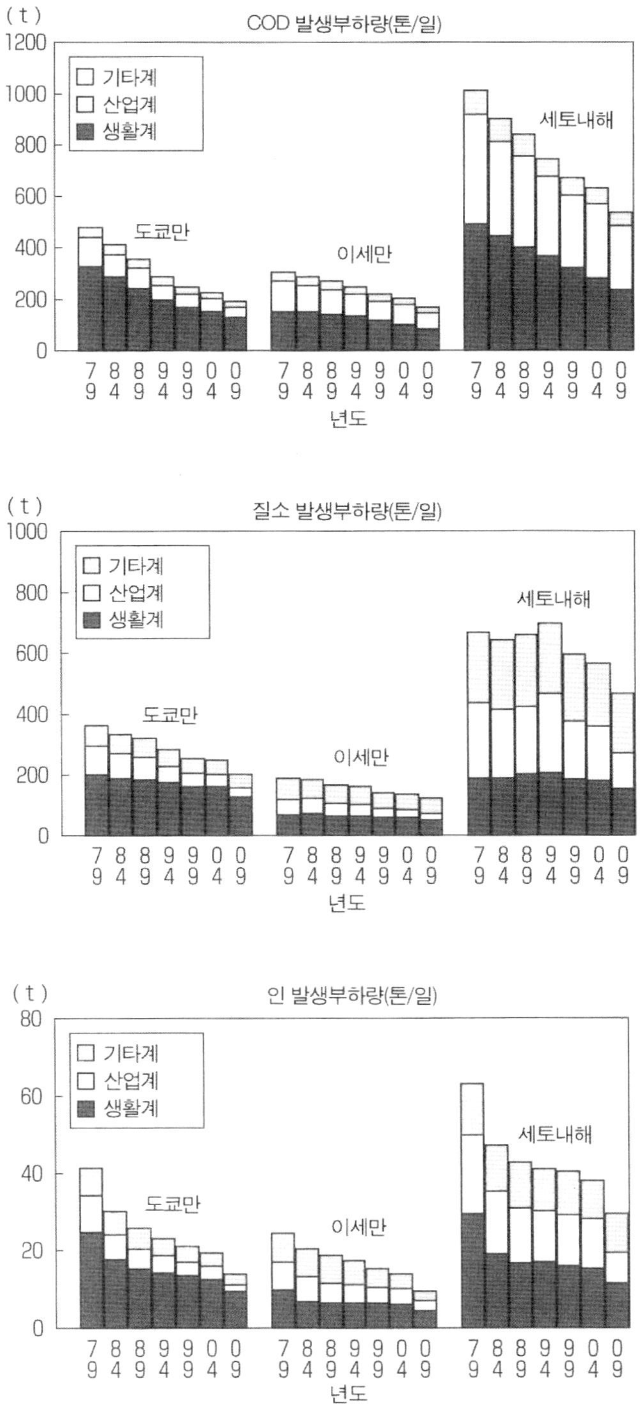

그림 6-1. 도쿄만(東京灣), 이세만(伊勢灣), 세토내해(瀨戶內海) 등 3개 해역에 대한 COD, 질소, 인 부하량의 추이와 平成 21년도(2009)의 목표값

산에 의한 것으로 추정된다. COD 오염부하량의 삭감만으로 COD의 환경기준 달성을 도모하는 것은 이미 한계에 도달했다고 할 수 있다.

한편, 질소와 인은 부영양화 대책 지도지침에 근거하여 삭감지도가 이루어짐과 동시에 환경기준 설정 및 유형 설정도 이루어졌다. 또한, 수질오탁방지법에 의거하여 일정 규모 이상의 공장과 사업장에 대해 배수규제가 도입되는 등 각종 개선대책이 실시되었다. 그러나, 발생원이 다양화 되고 있어, 공장과 사업장만으로는 충분한 효과를 기대할 수 없었다. 그러므로 질소와 인을 삭감시키기 위해서는 각종 시책을 종합적으로 추진할 필요가 있었지만, 총량규제 제도의 특성을 활용한 대응이 가장 효과적일 것이라 생각되었다.

또한, 질소 · 인의 삭감은 해당 환경기준 달성 뿐만 아니라 COD의 환경기준 달성에도 불가결한 대응이기 때문에 COD 총량규제 제도의 실효성 확보에 이바지하기 위해서도 총량규제 제도를 바탕으로 하여 질소 · 인에 대해서도 계획적인 삭감을 계획하는 것이 타당할 것으로 보았다. 그러므로 제5차 수질총량규제는 과거의 COD 외에 새롭게 질소 · 인을 총량규제 대상항목으로 지정하였다.

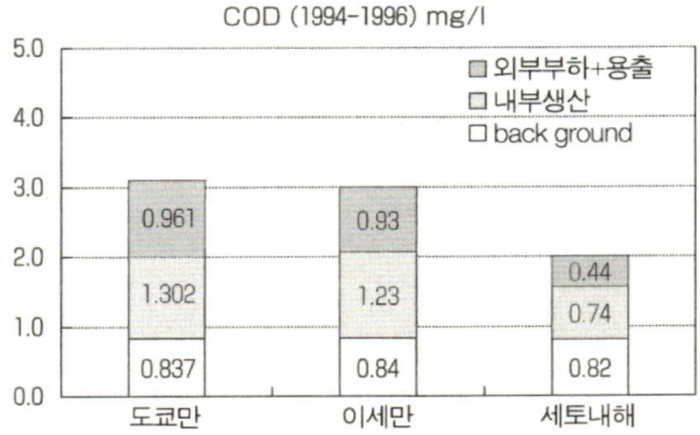

그림 6-2. 총량규제 3해역에서 COD 값의 기원별 내역

2) 총량규제시책 에 대한 기본 생각

제5차 총량규제에서도 COD 및 질소 · 인의 오염부하량을 삭감시키기 위한 각종 시책 추진이 필요하지만, 특별히 새로이 대상이 되는 질소와 인에 대해서는 발생원이 다양하므로 오염부하 실태에 따른 삭감 노력을 촉구하고 각종 대책을 추진하는 것으로 하였다.

질소와 인은 각종 시책의 진척에 의해 삭감 대책이 사회적으로 정착되어가고 있으나 새로운 총량규제를 바탕으로 시책의 종합적이고 계획적인 틀을 구성하고 그것을 정착시키는 것이 필요하다. 이를 위하여 과거의 오염부하감소 방침 이외에 환경보전형 농업 추진, 가축배설물의 적절한 관리, 양식어업의 환경개선, 합류식 하수도 개선 등 새로운 시책을 추진하기로 하였다.

3) 총량규제 기준에 대한 방법

지정 항목에 대하여 수질총량규제 기준, 즉 C값은 환경성이 지정한 업종과 기타의 구분마다 그 범위를 정하도록 되어 있다. 제5차 규제에서는 질소와 인이 추가되어 다음의 항목을 고려하도록 했다.

① 배수(排水)수질의 실태

② 배수(排水)처리 기술의 실태

③ 질소 · 인의 일반 배수(排水)기준

④ 질소 · 인의 강화 배수(排水)기준

⑤ 해역에 관한 질소 · 인의 잠정적 배수(排水)기준

제5차 총량규제에서 개별 지정지역내 사업장의 총량규제기준을 구하는 계산식은 다음과 같다.

$$\text{COD Lc (kg/H)} = (\text{Ccj} \cdot \text{Qcj} + \text{Cci} \cdot \text{Qci} + \text{Cco} \cdot \text{Qco}) \times 10^{-3}$$

$$\text{질소 Ln (kg/H)} = (\text{Cni} \cdot \text{Qni} + \text{Cno} \cdot \text{Qno}) \times 10^{-3}$$

$$\text{인 Lp (kg/H)} = (\text{Cpi} \cdot \text{Qpi} + \text{Cpo} \cdot \text{Qpo}) \times 10^{-3}$$

Q는 표 6-1에서 나타낸 시기구분에 따른 특정배출수의 수량(m^2/일)이다. 또한, C는 Q의 시기구분 간 수량에 대하여 환경장관이 정한 업종 혹은 시설구분 및 구분 간의 범위에서 도도부현(都道府縣) 지사가 정한 값(mg/L)이다.

표 6-1. Q (특정배출수의 양)의 시기 구분

<table>
<tr><th colspan="2">항목
시기구분별수량</th><th>COD</th><th>질소</th><th>인</th></tr>
<tr><td rowspan="4">1980. 7. 1
1991. 7. 1
2002. 10. 1</td><td>그 시기의 수량</td><td>Qco</td><td rowspan="3">Qno</td><td rowspan="3">Qpo</td></tr>
<tr><td>그 시기에 증가한 수량</td><td>Qci</td></tr>
<tr><td>그 시기에 증가한 수량</td><td rowspan="2">Qcj</td></tr>
<tr><td>그 시기에 증가한 수량</td><td>Qni</td><td>Qpi</td></tr>
</table>

표 6-2는 각종 배수처리기술의 평균 제거율과 보급률을 나타내었다. 유기물만을 대상으로 한 제거기술은 많이 보급되어 있다. 또한, 인 제거기술도 20% 정도로 상당히 보급되어 있지만, 질소나 질소와 인을 동시에 제거하는 기술의 보급률은 반드시 높은 것은 아니다. 그러나, 여러 보급 예도 있고, 이용 불가능한 기술도 아니라는 것을 알았다. 이와

같은 기술적 가능성과 배수수질의 실태[업종 구분 마다 배수농도의 분포(평균값, 90% 값 등)]에 위에서 언급한 다른 규제상황을 감안하여 상한값과 하한값을 설정하였다.

예를 들면, 채소절임제조업[016 질소 : 기설(Cno), 신설(Cni)]의 경우 배수 중 질소농도의 실태를 주로 참고하여 설정하였다. 이들 사업장의 처리수 질소농도 분포의 85%값, 90%값은 각각 15.4 ㎎/L 및 20.2 ㎎/L이었다. 그러나 조사한 배수(排水) 수가 25로 작았다. 이 때문에 산업 중분류의 식품제조업 배수 중 질소농도 분포의 85%값, 90%값을 각각 21.8 ㎎/L 및 29.6 ㎎/L로 하여 아래와 같이 신설 및 기존 사업장의 상한값을 설정하였다. 또한, 하한값은 강화배수기준의 1/2로 하였다.

표 6-2. 각종배수처리 기술의 평균적인 제거율과 보급률(2000년 조사)

제거 대상물질	배수처리기술	제거율(%)			보급률 (%)
		COD	질소	인	
유기물 제거	① 활성오니법	80	40	40	30
	② 응집침전법	50	40	70	20
유기물, 인 제거	④ 활성오니법+응집침전법	85	50	80	20
	⑤ 활성오니법+응집침전법+모래여과	95	50	95	
	⑥ 활성오니법+응집침전법+모래여과+활성탄흡착법	97	50	95	
	⑦ 생물탈인활성오니법	80	20	80	-
유기물, 질소제거	③ 질산화탈질활성오니법	80	60	40	4
유기물, 인, 질소 동시제거	⑧ 질산화탈질활성오니법+응집침전법	92	65	82	
	⑨ 질산화탈질활성오니법+응집침전법+모래여과	95	70	90	
	⑩ 질산화탈질활성오니법+응집침전법+모래여과+활성탄흡착법	97	70	90	
	⑪질산화탈질활성오니법+생물탈인활성오니법	95	60	80	
-	그 외 기타 처리법				26

· Cno 상한 30㎎/L : 주요 30분류에 대해 통합한 수질자료의 90%값(올림)

· Cno 하한 20㎎/L : (기 설치된 공장 혹은 사업장에 적용된 강화배수기준의 최대값) ×1/2

· Cni 상한 25㎎/L : 주요 30분류에 대해 통합한 수질자료의 85%값(올림)

· Cni 하한 10㎎/L : (신설 공장 혹은 사업장에 적용된 강화배수기준의 최대값) × 1/2

한편, 무기화학공업 제품제조업에서 인 혹은 인화합물 제조공정[108 인 : 기설(Cpo), 신설(Cpi)]는 다음과 같이 잠정배수기준과 강화배수기준을 참고하여 설정하였다.

· Cpo 상한 = 40 : 잠정배수기준(일간평균)

· Cpo 하한 = 2 : (기 설치된 공장 혹은 사업장에 적용된 강화배수기준의 최대값) × 1/2
· Cpi 상한 = 8 : 과거에 호수관련 잠정배수기준 적용. 신설의 경우는 기술적으로 일반 배수기준(일간평균) 까지 처리 가능
· Cpi 하한 = 1 : (신설 공장 혹은 사업장에 적용된 강화배수기준의 최대값) × 1/2

4 총량규제의 실시상황-제6차 수질총량규제

1) 제6차 총량규제의 시책 개념

제5차까지의 수질총량규제 제도에서 실시된 총량 삭감계획에 의하여 지정지역의 오염부하량은 착실하게 삭감 되어왔다. 예를 들면, COD의 경우 1979년도부터 2004년도까지의 삭감율은 도쿄만(東京灣)이 56%, 이세만(伊勢灣)이 39%, 세토내해(瀨戶內海)가 45%였다[(2)(3)]. 질소와 인은 앞 절에서 언급한 바와 같이 제5차 수질총량규제부터 수질총량규제 지정 항목에 추가되었으며, 현재 질소 혹은 인에 대한 오염부하량 삭감 대책이 진행되고 있다.

특히, 도쿄만(東京灣), 이세만(伊勢灣), 오사카만(大阪灣)[이하 도쿄만(東京灣) 등으로 기재]에서 환경기준 달성률이 낮았고, 대규모 빈산소 수괴가 발생하고 있으므로 중앙환경심의회의 답신 「제6차 수질총량규제의 취지」(2005년 5월, 이하 취지답신) 에서는 특히 물 환경개선을 진행시킬 필요가 있다고 하였다. 한편, 동 답신에서는 오사카만(大阪灣)을 제외하고 세토내해(瀨戶內海)에서는 환경기준을 거의 달성한 질소 및 인에 대해서는 현재의 수질을 유지하는 것이 적당하다고 하였으며, COD에 대해서는 현재의 수질이 악화되지 않도록 필요한 대책을 수립하는 동시에 새로운 목표 수질을 검토하는 것이 적절하다고 하고 있다. 이와 같이 오사카만(大阪灣)을 제외한 세토내해(瀨戶內海)와 다른 지정해역을 구분하여 규제하는 개념은 중앙환경심의회의에 의한 답신 「수질에 관련된 화학적산소요구량, 질소 함유량 및 인 함유량의 총량규제기준 설정방법에 대하여」(2006년 7월)에 COD나 질소, 인에 대한 C값의 설정에서 구체적으로 표현되었다. 이것을 바탕으로 현재 2009년을 목표 연도로 하는 제6차 총량규제가 실시되고 있다.

2) 총량규제 기준의 개념

(1) 계산식 및 시기구분

제6차 총량규제는 C값의 재검토를 진행하였고, 오염부하량을 억제하는 관점에서 표 6-1에 나타낸 시기구분을 변경·추가할 필요가 있는지에 대해 검토하였다. 그 결과 COD에 대해서는 Cc값의 범위에 큰 수정이 없었고, 5차에 걸쳐 총량규제가 시행되어 현재의 계산식이 정착되어왔기 때문에 본장의 제3절에서 언급한 제5차 총량규제의 계산식과 시기구분이 계속되고 있다. 한편, 질소와 인은 도쿄만(東京灣)에서는 Cn, Cp값의 수정으로 인해 하한값이 낮아져서, Cni·Cpi값 보다 엄격한 Cn·Cp값을 적용할 필요성이 없으며, 또한 오사카만(大阪灣)을 제외한 세토내해(瀨戶內海)에서는 Cn, Cp값의 범위에 큰 수정이 없었기 때문에 제5차 총량규제의 계산식 및 시기구분이 그대로 계속 사용되었다.

(2) C값의 범위 검토

원칙적으로 Cc값의 범위 상한값을 도부현(都府縣)[세토내해(瀨戶內海)(오사카만(大阪灣)을 제외)는 이하 동일 형태]이 설정한 제5차 총량규제기준에서 Cc값의 최대값까지 낮췄다. 이 경우 Cco·Cci는 이들 값을 적용해야 할 특정 배출수가 존재하는 도부현(都府縣)의 Cc값만을 검토 대상으로 하였다. 더욱이 도쿄만(東京灣) 등지에서는 Cco 값 범위의 상한값을 현실적으로 실시 가능한 범위로서 2004년의 특정 배출수 업종 등의 구분별 농도부하량 최대일 농도의 최대값 수준까지 낮추는 것 등의 검토가 이루어졌다.

질소와 인은 도쿄만(東京灣) 및 세토내해(瀨戶內海)(오사카만(大阪灣) 제외) 에 대하여 Cn·Cp값 범위의 상한값을 원칙으로 도부현(都府縣)이 설정한 제5차 총량규제기준에 따라 Cn·Cp값의 최대값까지 낮췄다. 이 경우 Cno·Cpo값은 이들 값을 적용해야 할 특정배출수가 존재하는 도부현(都府縣)의 Cno·Cpo값만을 검토대상으로 하였다. 질소와 인에 대한 업종별 Qno·Qpo값과 Qni·Qpi값의 수량비는 압도적으로 Qno·Qpo가 컸다. 따라서 도쿄만(東京灣) 등에서 총량규제 기준에 따라 오염부하를 감소시키기 위해서는 2002년 10월 1일 이후의 특정 배출수 Qni·Qpi에 적용된 Cni·Cpi 뿐만 아니라 그 이전의 특정 배출수에 적용된 Cno·Cpo의 강화가 필요하다는 관점으로부터 Cni·Cpi 및 Cno·Cpo에 대하여 검토하였다[(5)].

표 6-3. C값의 범위에 대한 하한 최저값 및 상하한의 폭

(단위 : mg/l)

	COD	질소	인
하한최저값	10	10	1
상하한의 폭	10이상 (하한값이 10일 때는 5이상)	10이상 (하한값이 10일 때는 5이상)	1이상 (하한값이 1일 때는 0.5이상)

이상과 같이 C값 범위의 상한값을 낮춘 결과 현재의 C값 범위의 하한값과 같거나 혹은 하한값보다 낮은 경우에는 하한값을 낮추도록 하고 있지만, 하한 최저값 및 상 · 하한값의 폭은 원칙적으로 표 6-3에 나타낸 것과 같다.

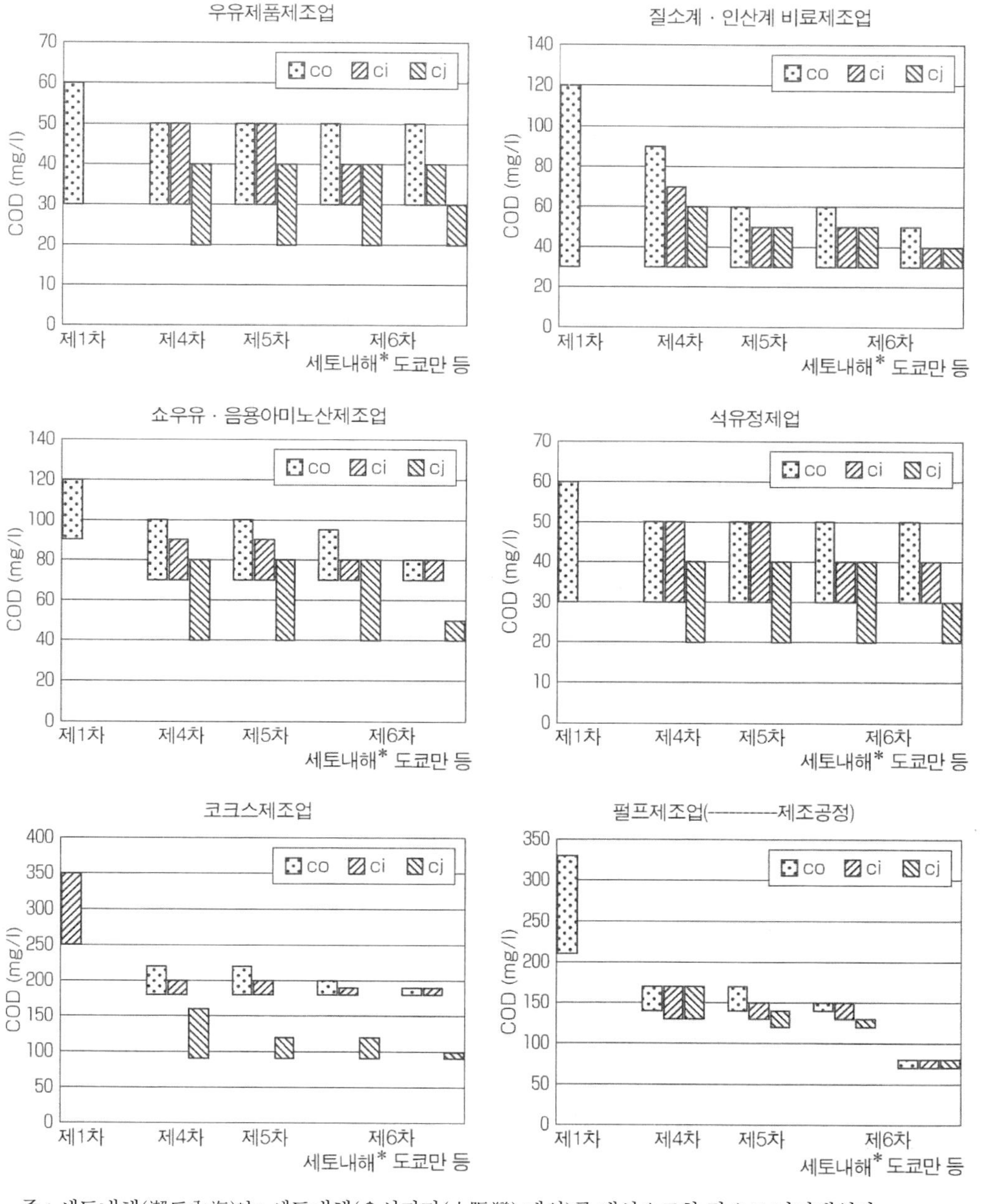

주 : 세토내해(瀨戶內海)*는 세토내해(오사카만(大阪灣) 제외)를 대상으로한 값으로 나타내었다.

그림 6-3. 제1차부터 제6차 총량규제까지 COD에 관한 C값 범위의 설정 예

(3) C값의 설정 예시

앞 절까지 기록한 절차에 의하여 C값의 상 · 하한값이 설정되었다. 여기서는 제1차부터 제6차 수질총량규제에 이르는 COD값에 따른 C값의 설정 상황의 일예를 그림 6-3에 나타내었다. 제지산업과 코크스제조업과 같이 당초 높은 C값이 설정된 업종은 큰 폭으로 값을 낮추었다. 한편, 삭감시키기 어려운 업종 또는 당초부터 비교적 낮은 업종의 경우는 삭감정도가 적었다.

하한값, 특히 신설 하한값은 높은 처리기술을 전제로 설정되었으므로 상한값에 비해서 삭감 정도가 적었다. 또한 제6차 총량규제에서는 도쿄만(東京灣) 등에 비하여 세토내해(瀨戶內海)의(오사카만(大阪灣) 제외) 삭감비율이 낮게 설정되어 있다. 또한, 당연한 일이지만 높은 처리기술을 채용하기 쉬운 신설 사업장(Cj)은, 기존 사업장(C0)에 비하여 낮은 값으로 설정되어 있다.

3) 오염부하량 감소 목표 및 방침

도쿄만(東京灣) 등에서는 더욱더 해역의 수질환경개선을 도모하기 위해 또한 오사카만(大阪灣)을 제외한 세토내해(瀨戶內海)에서는 COD에 관해서 해역수질 악화를 방지하며, 질소와 인에 대해 해역수질 유지를 위한 목표로 다음 시책을 추진함으로써, 삭감 목표량(표 6-4) 달성을 시도하고 있다.

표 6-4. 2009년도를 목표로 하는 제 6차 총량규제의 삭감 목표량

(단위 : /일)

	COD		질소		인	
	삭감목표량	2004년도 량	삭감목표량	2004년도 량	삭감목표량	2004년도 량
도쿄만	193	211	199	298	13.9	15.3
이세만	167	186	123	129	9.6	10.8
세토내해	537	561	465	476	29.5	30.6

① 하수도 정비를 촉진하는 것 이외에 지역 실상에 따라 정화조, 농업집락 배수시설, 커뮤니티 플랜트 등 각종 생활배수 처리시설을 정비함과 동시에 생활배수처리의 고도화 및 적절한 유지관리 추진 등의 생활배수대책을 계획적으로 추진할 것

②지정지역 내 사업장에 대하여 지금까지 시행하고 있는 오염부하 삭감의 구성과 난이도, 비용대비 효과, 제거율의 계절변동 등을 배려하여 적절한 총량규제기준을 설정하고, 준수하도록 계획할 것

③ 환경보전형 농업의 추진, 가축배설물의 적절한 관리, 양식어장의 환경개선, 합류식 하수도의 개선 등의 시책을 추진하고, 소규모 특정사업장, 미 규제 사업장 등은 강화배수기준 설정에 의해 배수규제, 오염부하 삭감 지도 등을 이행할 것
④ 정보발신, 보급, 계발 등을 통하여 넓은 이해와 협력을 구할 것

그 외 다른 오염부하량의 총량 삭감에 대하여 필요한 사항

① 남겨진 간석지를 보전함과 동시에 소실된 간석지의 재생을 추진하는 것. 또한, 저니(底泥)제거나 복사(覆砂)등의 저질(底質)개선대책 추진을 계획할 것
② 그 외 다른 오염부하량의 총량 삭감에 대하여 필요한 제반 시책을 구성할 것

5 총량규제의 실시상황-대책 실시상황과 발생부하량 추이

제1차 총량규제 실시 이후 도쿄만(東京灣), 이세만(伊勢灣), 세토내해(瀨戶內海)등 3개 해역에서 합계한 COD 부하량 추이 및 제6차 목표연도인 2009년 목표값을 그림 6-1에 나타내었다. 또한, 그림 6-4는 각 해역에서 제6차 생활계, 산업계 및 기타계의 COD 목표값을 1.0으로 한 상대값으로서의 COD 부하량 변화를 나타내었다. 도쿄만(東京灣)에서는 생활계, 산업계 모두 대폭으로 감소하였고, 그 부하량은 1/2.5부터 1/3 정도로 삭감되어 왔으나, 기타계는 그다지 개선되지 않았다. 세토내해(瀨戶內海)와 이세만(伊勢灣)은 생활계와 산업계 모두 1/2 정도도 삭감되지 않았고, 도쿄만(東京灣)에 비해 삭감이 늦어지는 경향을 보였다.

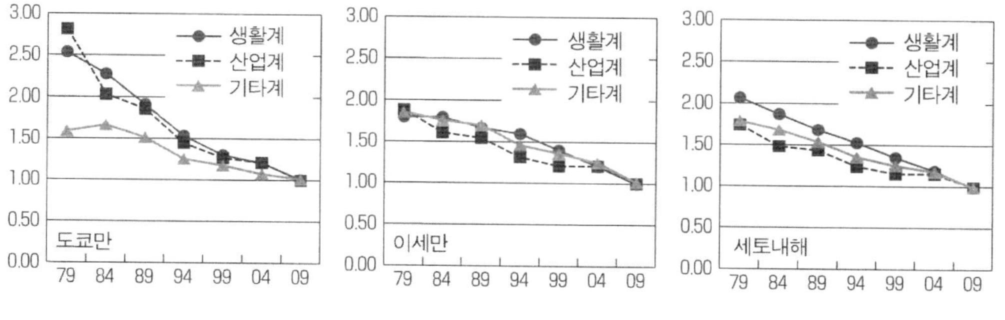

주 : 2009년을 1.0으로 한 상대값으로 나타냄

그림 6-4. 도쿄만, 이세만, 세토내해에 대한 COD 부하량의 변화

그림 6-5에는 2009년에 예측되는 각 해역에 대한 발생원별 COD 부하량의 비율을 나타내었다. 도쿄만(東京灣)은 생활계 배수가 차지하는 비율이 극히 높아 60%를 넘었으나, 산업계 부하량은 20% 정도를 넘지 않았다. 한편 이세만(伊勢灣)과 세토내해(瀨戶內海)는 생활계가 절반 이하이고, 산업계의 비율은 각각 38%, 46%를 차지하고 있다.

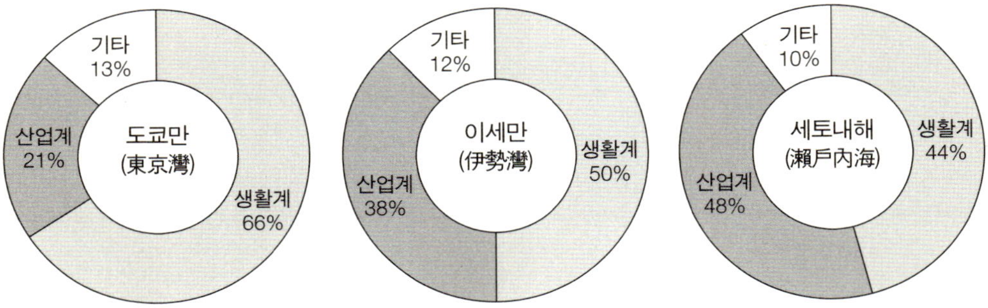

그림 6-5. 도쿄만(東京灣), 이세만(伊勢灣), 세토내해(瀨戶內海)에 대한 COD 부하량

1) 생활계 배수대책 실시 상황

3개 지정지역 내에서는 하수도 이용에 합병정화조와 커뮤니티 플랜트에 대한 이용 인구의 증가는 현저한 반면, 분뇨처리 인구는 매년 감소하고 있다. 이 때문에 생활 잡배수의 배출인구는 감소하고 있다. 제1차 수질총량규제 때(1984년)의 생활배수 처리율(생활 잡배수를 배출하지 않은 인구 비율)은 도쿄만(東京灣), 이세만(伊勢灣) 및 세토내해(瀨戶內海)가 각각 48.3%, 30.4% 및 35.3%정도였지만, 2004년에는 각각 90.8%, 68.9% 및 75.6%까지 증가하였다. 합병(合倂)정화조의 이용 인구는 도쿄만(東京灣)의 경우 감소하는 경향이지만, 세토내해(瀨戶內海)에서는 증가하는 경향이 있다. 이세만(伊勢灣)은 하수도 정비 속도가 느려 합병정화조 이용 인구가 증가하고 있다.

그림 6-6은 2004년에 도쿄만(東京灣)과 세토내해(瀨戶內海)의 처리형태별 인구와 COD 부하량의 비율을 나타내었다. 도쿄만(東京灣)은 생활배수 처리율이 90.8%에 달하였지만, 그 부하량은 약 66%에 지나지 않는다. 세토내해(瀨戶內海)의 생활배수 처리율은 75.6%이나 그 부하량은 44%를 넘지 않는다. 분뇨처리 및 단독정화조에 의지하는 약 24%의 인구는 생활배수를 미처리 상태로 배출하므로 그 부하량은 56%에 달한다. 생활계배수의 부하량을 차지하는 생활 잡배수의 비율이 매우 큰 것을 나타내고 있다.

2) 산업계 배수

산업배수는 총량규제 기준 즉 C값에 따라 부하 총량을 삭감하는 것이 요구되고 있다. C값의 상한값과 하한값은 환경성이 정하며, 도도부현(都道府縣)은 그 범위 내에서 C값을 결정하도록 정해져 있어, 필요 이상의 엄격한 규제 또는 역으로 느슨한 규제에 의해 지역 간 불공평성이 발생하지 않게 하고 있다(그림 6-3).

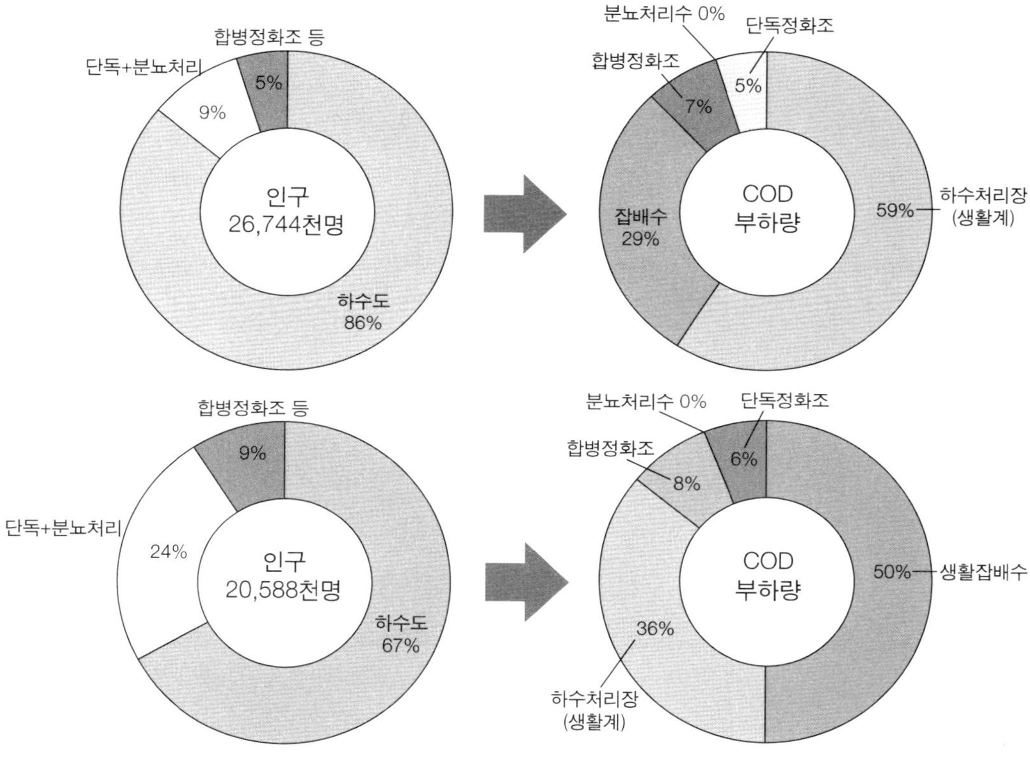

그림 6-6. 도쿄만, 세토내해에서의 처리형태별 인구와 COD 부하량의 비율(2004년)

이와 같이 C값에 대처하기 위해 각 사업장에서는 배수처리시설의 정비 이외에 용수의 합리화, 제조공정 · 원료의 변경, 약품사용의 최적화, 공정관리 강화 등 공정 내의 대책이 강구되어 왔다. 이들 공정내 대책도 배수처리 못지않게 부하 삭감에 유효하였다고 생각된다.

그림 6-7은 총량규제를 실시 한 3개 해역 합계의 산업별 부하 비율을 나타낸 것이다.

산업계 내에서는 펄프 · 종이 · 종이 가공업의 부하량이 가장 많았고, 다음으로 화학산업이었다. 그림에는 나타나 있지 않지만 50m³/일 이하의 특정사업장 또는 미 규제 사업장의 부하량 비율이 산업계 COD 부하량의 30~50% 정도 차지하고 있다. 소규모와 미 규제 사업장은 도부현(都府縣)에서 조례와 요강(要綱) 정비, 기술설명서(매뉴얼)의 작성 등에 의해 대책이 추진되고 있지만 앞으로는 다른 대책도 필요할 것이다.

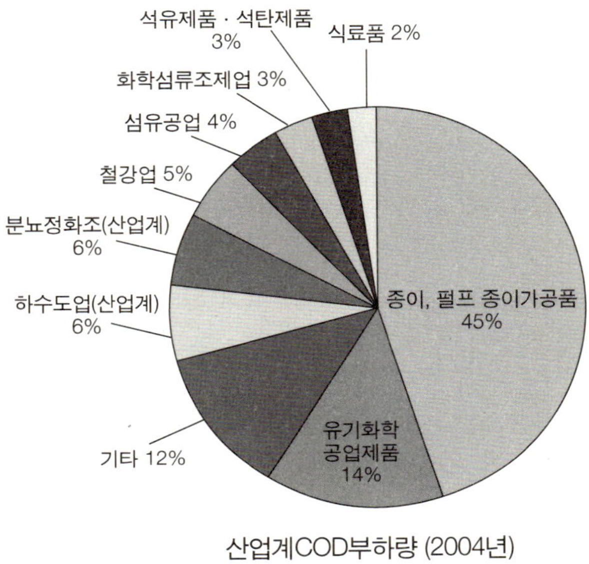

그림 6-7. 산업구분별 부하량의 비율(총량규제 3개 해역의 합계, 2004년)

또한, 배수처리는 일반적으로 처리 수준을 향상 시킬수록 그 비용이 증가한다. 따라서 지금까지 배수처리나 공정 내 대책을 충분히 실시했던 사업장일수록 새로운 부하삭감은 어렵다. 그림 6-8은 총량규제 3개 해역에서 부하량이 큰 업종을 대상으로 총량규제에 따른 COD부하 삭감의 경위를 정리한 것이다. 모든 업종이 2004년의 부하량을 1.0으로하여 상대값으로 나타내었다. 화학섬유 제조업의 경우 1984년에는 현재 보다 3배 이상의 부하량이었지만, 총량규제에 의하여 대폭 저감되었다. 또한, 식료품 제조업도 2.5배 정도의 부하로부터 대폭 감소하고 있다. 그렇지만 철강업 또는 부하량이 큰 종이 · 펄프 · 종이 가공품 제조업은 다른 산업에 비하여 저감 정도가 적었다. 그러나, 최근의 제품 출하액 증가를 감안하면 총량규제의 효과가 나타난 것으로 생각된다.

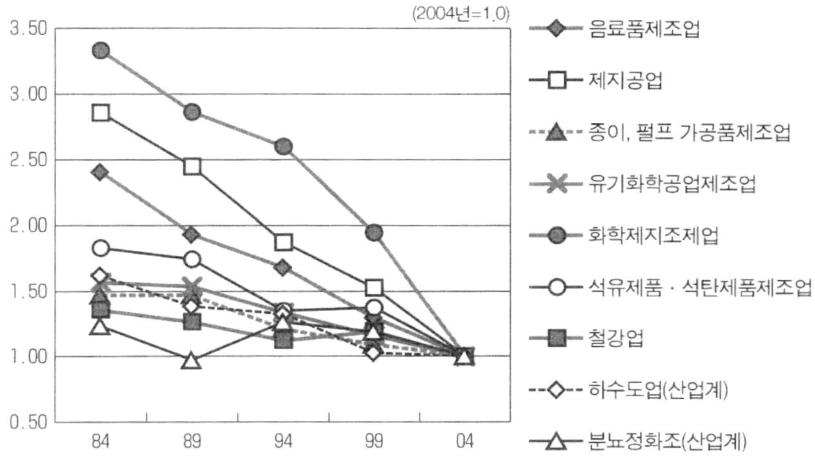

그림 6-8. 주요산업별 부하량의 상대적 추이

6 앞으로의 과제

제5차까지 총량규제 정책에 의하여 지정수역으로 되어 있는 도쿄만(東京灣), 이세만(伊勢灣)과 세토내해(瀨戶內海)는 일부 수질개선이 된 수역이 나타났으나, 전체적으로는 여전히 물 환경 개선이 충분하게 진행되지 않아서 해역에 따라서는 빈산소수괴 등이 발생하고, 물 이용이나 수생생물 등의 생육 · 서식에 장해가 생기거나 생태계 악화가 진행하고 있다는 지적이 있다. 또한, 제6차「수질총량규제의 자세 답신」에서 총량규제 실시와 병행하여 반드시 포함해야 할 과제로서 목표로 해 야 할 수질의 검토, 수질오염 메카니즘에 관한 조사연구의 추진 및 보다 효과적인 대책에 대한 검토 등을 들 수 있다.

이와 같은 배경에 따라 환경성에서는 2006년에 학식경험자 및 관계 성 · 청이 참가하여「향후 폐쇄성 해역 대책에 관한 간담회」를 설치하고, 종합적인 시책의 자세 확립을 위하여 폭 넓은 논의 후 그 의견을 바탕으로 앞으로의 대책을 위한 논점을「향후 폐쇄성 해역 대책을 검토할 때의 논점정리」(동 간담회, 2007년, 이하 논점정리)로 정리했다. 이「논점정리」의 제4장에는 다음해 이후에 계속되는 논의가 필요한 사항으로서 ①물 환경의 목표설정, ②물 환경 개선시책의 효과예측에 필요한 도구(Tool)검토, ③목표를 달성하기 위한 중장기적인 시나리오의 설정 등이 제시되어있다. 이것을 바탕으로 환경성에서는 2007년부터 3개년 예정으로 학식경험자 및 관계 성 · 청으로 구성된「폐쇄성 해역

중장기 비전 설정에 관한 간담친회」를 개최하여 향후 폐쇄성 해역 대책에 관한 종합적인 검토를 행함과 동시에 그 중에 목표설정 working group 또는 대책효과 검토 working group을 설치하여 구체적인 내용의 검토를 실시하고 있다.

참고문헌

(1) United States General Accounting Office(1989)Report to the Chairman,Subcommittee on Regulation and Business Opportunities,Committee on Small Business,House of Representatives, Water Pollution:More EPA Action Need to Improve the Quality of Heavily Polluted Waters. GAO/RCED-89-38.

(2) 環境省「化學的酸素要求量, 窒素含有量及びリン含有量についての總量削減基本方針に係る參考資料」(2006年)
環境省ホームページ http;//www.env.go.jp/water/heisa/6kisei/kihon181120.htmlよりダウンロード可能

(3) 環境省水・大氣環境局今後の閉鎖性海域對策に關する懇親會(編)「今後の閉鎖性海域對策をr檢討する上で論点整理」(2007年)
環境省ホームページ http;//www.env.go.jp/water/heisa.htmlよりダウンロード可能

(4) 中央環境審議會「第 6次水質總量規制の在り方について(答申)」(2005年)
環境省ホームページ http;//www.env.go.jp/council/toshin/t097-h1703.htmlよりダウンロード可能

(5) 中央環境審議會「水質に係る化學的酸素要求量, 窒素含有量及び燐含有量の總量規制基準の設定方法について (答申)」(2006年)
環境省ホームページ http;//www.env.go.jp/water/heisa/6kisei/toshin180707.htmlよりダウンロード可能

제7장

지하수 · 토양오염 대책

참조 ➲ 제3장 7절

1 일본에서 지하수 · 토양오염의 역사

일본에서 토양오염이 문제가 된 것은 1880년대부터 아시오(足尾)광산 광독사건이 시초이다. 이것은 아시오(足尾)광산으로부터 배출된 배출수에 함유된 구리나 각종 중금속이 와타라세(渡良瀬) 하천 하류 농경지를 오염시켜 벼농사에 큰 타격을 준 사건이다. 그 후 다양한 대책이 나왔지만, 2005년에도 수십 ha에 걸친 농업용지의 토양오염 대책 지정지역이 남아 있으며, 토양오염 문제 해결이 곤란하다는 것이 사실이다. 광독(鑛毒)이나 재련소 배수에 의한 농업용지의 토양오염은 일본의 4대 공해소송 중 하나인 이따이이따이병으로 이어지게 된다. 이따이이따이병은 토야마현(富山縣) 진츠우강(神通川) 하류에서 발생하였고, 미츠이 금속광업 카미오카광업소(三井金屬鑛業神岡鑛業所)의 제련 배수 중 카드뮴이 벼 농지에 축적하였으며, 그 결과 발생한 카드뮴 함유 쌀을 먹은 농민 여성들에게서 많이 발생하였다. 병명은 1955년에 붙여졌지만, 환자 발생은 수십년 전부터 있었다고 말하고 있다. 1970년대에 이르게 되어서는 시가지의 토양오염 문제가 대두되게 되었다. 유명한 사건은 도쿄도(東京都) 교통국이 일본화학공업으로부터 매수한 공장적지에서 1973년에 대량의 6가 크롬이 검출된 사건이며, 1990년대에도 도쿄도(東京都) 고오토구(江東區)의 공공시설 공사현장에서 6가 크롬이 함유된 광물질 덩어리(鑛滓)가 발견되는 등 오염이 지속성이라는 토양중금속오염의 특징을 반영하고 있다. 한편 1970년대에는 미국의 러브커넬(Love canal)에서 다양한 유해화학물질이 검출되어 지금까지와는 달리 중금속 이외의 새로운 오염물질에 의한 토양오염이 표면화 되었다. 러브커넬(Love canal)은 나이아가라 폭포에 가까운 주택가였지만, 주택가가 되기 이전에 화학공장이 매립했던 할로겐화유기화합물, 농약, 클로로벤젠(chlorobezene)이 지표면으로 침투되어 주민들에게 다양한 건강 피해를 발생시킨 것이다. 결국 1000세대 가까이가 피난 · 이전을 할 수 밖에 없게 되었고 미국에서 슈퍼펀드법의 제정에 이르게 되었다. 또한, 1981년에는 미국의 실리콘벨리에서 IC공장이 원인인 트리클로로에틸렌(trichloroethylene) 등 유기염소계 화합물에 의한 지하수 오염이 밝혀지게 되었고, 일본에서도 환경청에 의해 지하수 오염조사가 시작되었으며, 심각한 오염사례가 많이 보고되었다. 이 조사로 일본의 지하수가 질산성질소에 의해서도 오염된 것이 밝혀져 사회문제화 되었다. 그 후 1989년 수질오탁방지법 개정에 의해 유해물질을 함유한 물의 지하수 침투 금지, 1991년 토양환경기준 설정, 2000년 다이옥신류의 환경기준설정, 2002년 토양오염대책법의 제정과 법 정비가 추진되면서 심각한 토양오염 문제가 새롭게 나타나는 사건이 줄어 들게 되었다. 그러나 지하수 · 토양오염 문제는 당초 광해(鑛害) 등 오염원이 뚜렷하고 극심한 오염에서 최근의 질산성질소에 의한 지하수 오염이나 일부 시가지 토양오염 등 오염원인자를 특정 짓는 것이 어렵고, 전국 어디에서도 발견될 수 있는 오염 형태로 변화되고 있으며, 일단 오염되면 오염원을 차단해도 자연정화가 매우 곤란하다는 지하수 · 토양오염의 특징 때문에 최근의 브라운필드(BF: Brownfield) 문제 등 문제가 심각해지고 있는 측면도 있다.

2 지하수 · 토양오염에 관한 법 제도

1) 지하수의 수질환경기준과 토양환경기준

지하수 · 토양오염에 관한 법 · 제도로는 사람의 건강 영향의 위험을 피하는 것을 목적으로 구성되어 있다. 결국 수질오탁방지법에서 지표수에 설정되어 있는 생활환경 항목은 설정되어 있지 않다. 지하수 · 토양오염에 관한 법은 그림 7-1에 나타낸 것처럼 사람의 건강 위해도를 평가하기 위해 유해한 오염물질의 폭로경로에 의해서 토양의 직접 섭취를 고려한 것, 토양으로부터 지하수로 이동하여 그 지하수의 섭취에 의한 위험을 고려한 것, 그리고 토양으로부터 농산물로 이동하여 그 농산물을 섭취한 위험을 고려한 것으로 나누어진다. 지하수 섭취에 의한 위해도를 고려한 것은 제3장 7절에 서술한 지하수의 수질환경기준에 설정되어 있다.

한편, 토양오염은 1991년에 관리목표로서 토양환경기준이 설정되었고, 그 후 수차례에 걸쳐 개정하여 토양으로부터 지하수로 오염물질의 이동에 의한 지하수 경유 위해도를 고려하여 26개 항목이, 농산물로의 영향과 농산물을 경유하는 위해도를 고려하여 3개 항목이 설정되어 있다. 이 중 2개 항목은 양쪽 모두의 경유에 의한 위해도를 고려하였기 때문에 부록 표 8에 나타낸 총 27개 항목의 토양환경기준이 설정되어 있다.

2) 토양오염대책법

앞에서 서술(1절)한 바와 같이 최근 시가지 토양오염이 문제가 된 것을 계기로 토양오염 상황 파악이나 오염대책 실시를 목적으로 2003년에 토양오염대책법이 시행되었다. 토양오염대책법에는 대책을 결정하는 토양오염 기준으로서 토양에서 지하수로 용출하여 그 지하수를 마시는 경로의 위해도를 고려한 토양용출량 기준과 오염토양을 직접 섭취할 경로의 위해도를 고려한 토양함유량 기준을 정하고 있다. 대상물질(특정유해물질)로는 전자의 기준으로 납, 비소, 트리클로로에틸렌(trichloroethylene) 등 26개 항목을 지정하였고, 토양환경기준 중에서 농작물에 대한 영향 만을 고려하여 구리가 제외되었다. 또한, 직접 섭취 위해도를 고려한 후자에 대해서는 토양 중에서 자연분해를 기대하기 어려워 장기간 토양 중에 잔류하는 것으로서 중금속류를 중심으로 9개 물질을 지정하고 있다.

토양오염대책법에는 ①사용이 금지되는 것, 유해물질 사용 특정시설에 대한 공장 또는 사업장 부지에 있는 토지(법 제3조)와 ②토양오염에 의한 건강 피해가 발생할 위험이 있다고 도도부현(都道府懸) 등이 인정한 토지(법 제4조)를 조사대상으로 하고 있다. 그러나

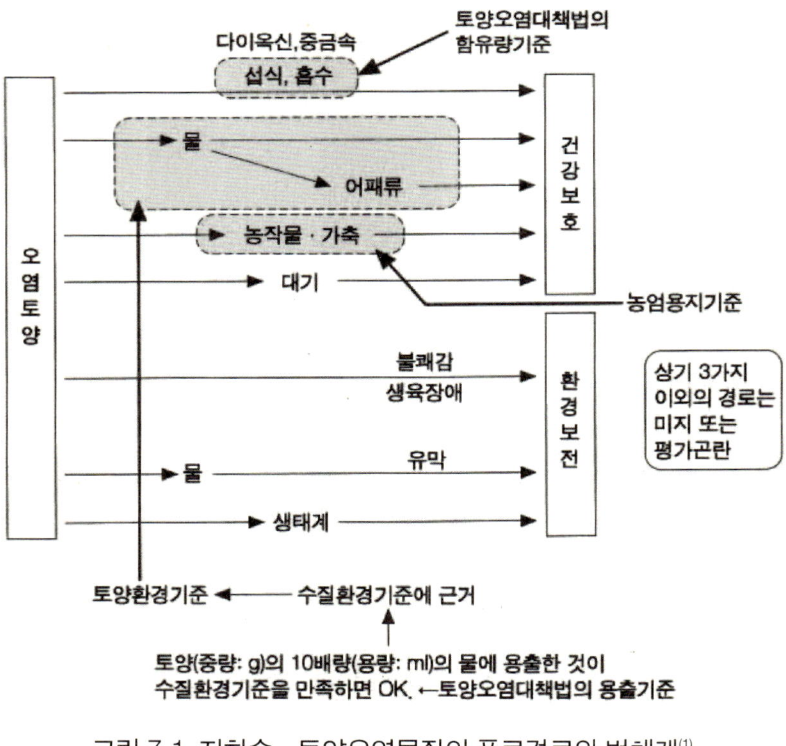

그림 7-1. 지하수 · 토양오염물질의 폭로경로와 법체계[(1)]

법 시행 후에 발견되고 있는 시가지 토양오염의 대부분은 토지거래에 의해 법에서 정한 조사대상지 이외의 조사에서 발견된 것이 있어 앞으로도 동법 개정 등이 검토되고 있다[2].

또한, 토양오염대책법에서는 자연기원의 토양오염에 대해 토지의 소유자는 정화 의무를 면하도록 되어 있으나, 중금속에 의한 토양오염이 자연기원인지 아닌지 명확한 판정기준이 존재하지 않으므로 토지 소유자가 정화계획을 세울 경우에 혼란을 초래하고 있다.

3) 농업용지의 토양오염방지 등에 관한 법률

아시오(足尾)광산 광독사건이나 이따이이따이병 등을 계기로 전형(典型) 7 공해(公害) 중 1개로서의 토양오염에 대처하기 위해 1970년에 제정한 법률이며, 카드뮴, 구리, 비소가 측정유해물질로 정해졌고, 농업용지 오염방지, 오염 해소를 목적으로 하고 있다.

3 오염 실태

1) 모니터링 체제

지하수 수질은 수질오탁방지법 제15조에 근거하여 도도부현(都道府懸) 지사가 수질의 오염상황을 상시감시하고, 그 결과를 환경대신에게 보고하도록 되어 있다. 조사대상 관정은 3개의 조사구분 즉 개황조사, 오염관정 주변지구 조사, 정기모니터링 조사로 구분된다(부록 표 9-3). 개황조사는 지역 전체적인 지하수 수질 상황을 파악할 수 있도록 지하수 유동을 고려하여 지점을 선정한 후 지속적으로 조사하는 것이다. 롤링(roling)방법을 채택하는 경우에는 3-5년에 지역 전체조사를 순회하는 것을 목표로 하고 있다. 오염관정 주변조사는 개황조사나 사업자의 보고에 의해 새롭게 발견된 오염에 대해 그 오염범위를 확인하기 위해 실시하는 조사이며, 정기모니터링 조사는 오염이 확인된 후 지속적인 감시 등 경년적인 모니터링으로서 정기적으로 실시하는 조사이다.

2008년 8월에 통지된 「환경기본법에 근거한 환경기준의 수역유형 지정 및 수질오염방지법에 근거한 상시감시 등의 처리기준에 대하여」의 일부 개정에 의해 2009년도의 측정계획부터는 정기모니터링 조사로서 실시된 것 중 오염지역에 대해 계속적으로 감시하기 위한 조사는 계속감시조사로서 실시된다. 지하수 오염상황의 경년변화를 보는 경우는 개황조사에 의한 환경기준 초과율 등의 변화를 보는 것이 바람직하다고 생각되지만 한번 오염이 발견되었던 관정은 정기모니터링 조사 관정이 되는 경우가 많고, 그 때문에 신규로 조사되는 개황조사 대상관정에서 제외되는 경우가 많으므로 반드시 각 연도에 행한 개황조사가 전체적인 지하수 수질의 개황을 반영한다고 할 수는 없다. 지하수 오염상황의 경년변화를 파악하기 위해서는 개황조사와 정기 모니터링 조사결과 모두를 검토할 필요가 있다[3].

토양오염은 정기적인 모니터링이 실시되지 않고 있으며, 토양오염대책법에 의무화되어 있는 유해물질 사용 특정시설 폐지 시 조사결과나 조례·요강 등에 근거한 것, 토지의 매매나 토지용도 변경을 계기로 자체적으로 행한 조사결과 등으로부터 토양오염의 개황을 파악할 수밖에 없다. 1975년부터 2005년도 말까지 도도부현(都道府懸)·정령시(政令市)가 파악한 토양오염 사례 누계는 조사사례가 4,887건, 이 중 초과사례가 2,573건이었지만[4], 이것은 누계적으로 증가해온 숫자이고, 반드시 시가지 토양오염 상황을 반영하는 것은 아니라는데 주의할 필요가 있다.

2) 지하수 중 휘발성 유기염소화합물

1989~2006년도의 개황조사와 정기모니터링조사에서 비교적 초과율이 높았던 것은 트리클로로에틸렌(trichloroethylene), 테트라클로로에틸렌(tetrachloroethylene), 시스-1,2-디클로로에틸렌(cis-1,2-dichloroethylene)이다. 1982년 환경청 조사 초기에는 2~5%의 시료에서 트리클로로에틸렌이나 테트라클로로에틸렌이 기준을 초과한 오염이 발견되었지만 최근에는 개황조사에서 초과율이 1% 이하로 안정화되고 있다. 정기모니터링조사에서의 기준초과 관정수에서도 테트라클로로에틸렌은 최근 점차 감소하는 경향이 있으며, 2006년에는 500개 관정까지 감소하였지만, 트리클로로에틸렌은 260개 정도로서 감소 경향이 보이지 않았다. 또한, 1993년에 조사가 시작된 시스-1,2-디클로로에틸렌은 점차 증가하는 경향을 보였고, 2005년에는 180개까지 증가하고 있는 것을 고려하면, 반드시 휘발성 유기오염물질에 의한 지하수오염 상황이 개선되고 있다고는 말할 수 없다.

3) 지하수 중 중금속류

지하수 중 중금속류 농도는 최근 개황조사에서 카드뮴, 총시안, 알킬수은, PCB, 유기인계농약 등이 검출되지 않았다. 비교적 기준 초과 예가 많이 보고되고 있는 납, 비소, 총수은에 대해 1989~2006년도의 개황조사와 정기 모니터링 조사 결과를 그림 7-2에 나타내었다. 특히 비소의 기준 초과율이 높았고, 초과 사례의 증가 역시 뚜렷하였다. 이들의 오염원인으로서는 도금공장 등 금속제품 제조업이나 화학공업 등이 생각되지만 납, 비소, 수은 등은 토양이나 암석에도 함유되어 있으므로 자연기원 오염도 상당부분 포함되어 있다고 생각된다.

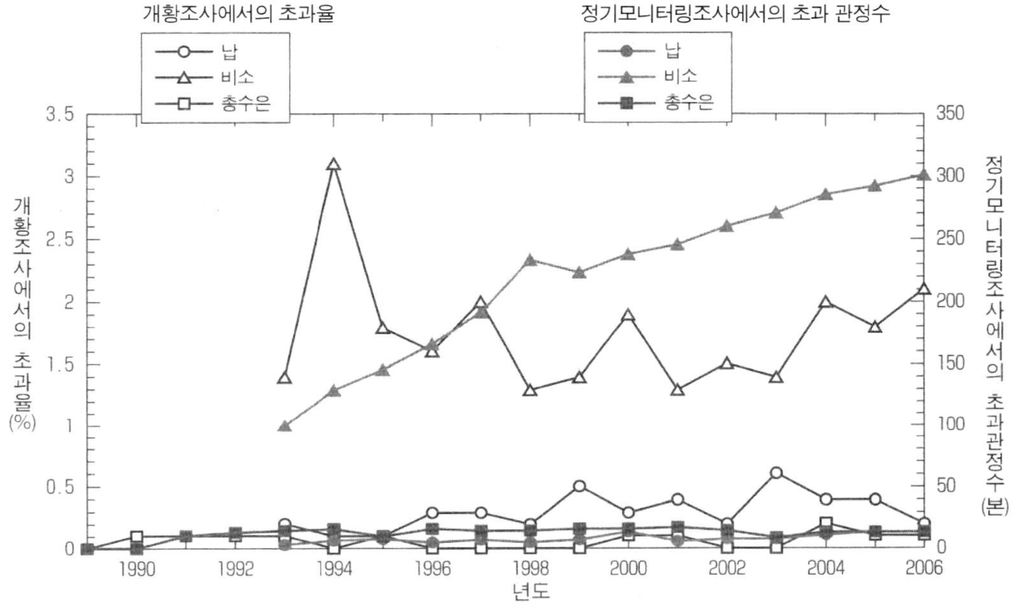

그림 7-2. 지하수로부터 중금속 검출상황[2]

4) 지하수 중 질산성질소 및 아질산성질소, 불소, 붕소

질산성질소와 아질산성질소는 1982년 환경청 조사 시 10%가 수도수질기준을 초과하였지만, 환경기준으로서는 불소, 붕소와 같이 1993년에 감시필요 항목으로 설정되었으며, 1999년에 불소, 붕소와 동시에 환경기준 항목으로 이행되었다. 질산성질소와 아질산성질소의 주요 공급원은 농지로부터 시비나 가축배설물, 생활배수의 지하침투 등이 있지만, 가장 큰 것은 비료성분이 지하수로의 용탈(溶脫)이다. 암모니아성질소로서 시비된 것도 화전 등의 호기적 조건하에서는 바로 산화되어 질산성질소로서 지하로 침투하게 된다. 이 때문에 지하수의 질소 오염을 방지하기 위해서는 과잉의 시비를 피하는 것이 불가피하다. 한편, 불소, 붕소의 주요 오염원은 자연기원이라고 생각된다. 이들 3개의 수질 항목에 대해 1994~2006년 개황조사와 정기모니터링 조사 결과를 그림 7-3에 나타내었다. 개황조사에서도 질산성질소와 아질산성질소의 기준 초과율이 두드러지며, 정기모니터링 조사에서의 기준초과 관정수의 급격한 증가가 나타나고 있는 것으로부터 현재에도 질산성질소와 아질산성질소에 의한 지하수오염에 대해서는 충분히 유효한 대책을 얻을 수 없다는 것을 알 수 있다. 불소와 붕소는 개황조사에서 기준 초과율이 크지 않았지만, 정기모니터링 조사에서 기준 초과 관정수가 점차 증가하는 경향이 나타났으며, 비소 등과 같이 대책이 곤란한 자연기원 오염의 특징을 나타내고 있다.

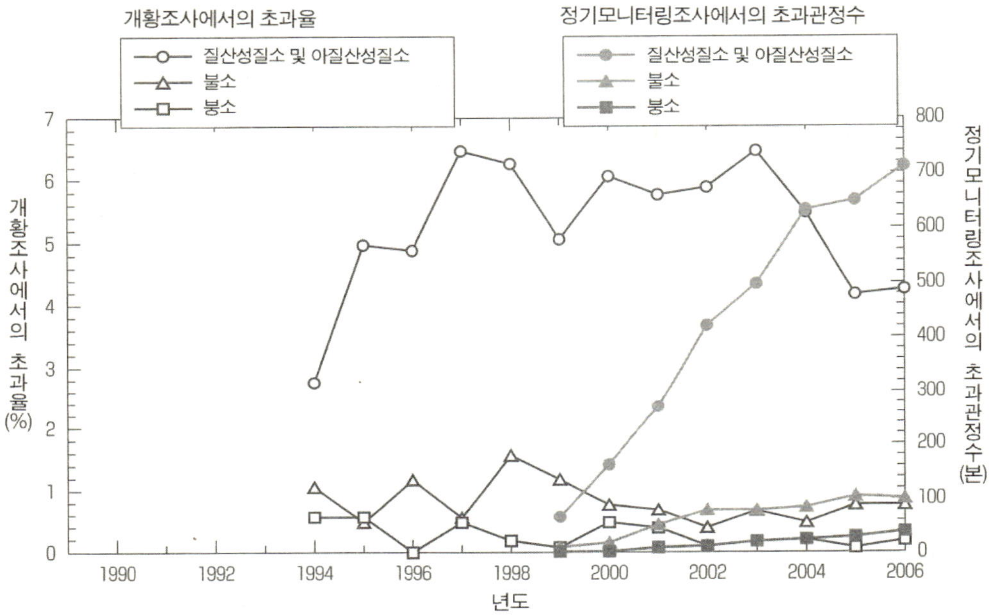

그림 7-3. 지하수로부터 질산성질소와 아질산성질소, 불소, 붕소의 검출상황[3]

5) 지하수 중 다이옥신 및 기타 오염물질

다이옥신류는 2006년에 전국 878개 지점에서 조사하여 1개 지점에서만 환경기준을 초과하고 있었다[5]. 기타 오염물질로는 농업 유래 오염으로서 농약이 있고, 일본에서도 PCNB(pentachloronitrobenzene)이나 불소농약이 지하수에서 검출되고 있다. 석유류의 오염도 산발적으로 나타나지만 현재 어디에서 대규모 지하수 오염을 일으키고 있는지는 알지 못한다. 또한 플라스틱 가소제(可塑劑)에 사용되고 있는 프탈산에스테르(phthalate ester)나 디에틸헥실아디페이트(di-(2-ethylhexyl)-adipate, DEHA) 등이 지하수에서 검출되고 있다.

6) 시가지 토양오염 상황

시가지 토양오염은 지하수의 개황조사에 상당할 정도의 조사가 실시되지 않았으므로 토양오염대책법의 지정기준 또는 토양환경기준을 초과한 사례의 연도별 추이로부터 오염상황을 파악하게 된다. 그림 7-4에 1991~2005년의 초과사례를 나타내었다. 휘발성유기화합물(VOC)이나 중금속 만이 초과한 사례 뿐만 아니라 이들의 복합오염으로서의 사례도 많다는 것을 알 수 있다. 초과사례 건수 증가는 오염사건의 증가를 의미하지는 않고, 조사사례의 증가를 의미한다. 물질별로는 표 7-1에 나타낸 것처럼 VOC는 지하수에서 오염사례가 많았던 3개 물질 외에 벤젠(benzene) 오염 사례가 많은 것이 특징이다. 또한, 중금속은 지하수에서 가장 초과율이 높았던 것은 비소였지만, 토양오염은 납에 의한 초과사례가 가장 많았다. 이것은 오염물질이 토양으로부터 지하수로의 침투 특성 차이나 오염사례에서 차지하는 자연기원 비율의 차이를 반영한 것으로 생각된다.

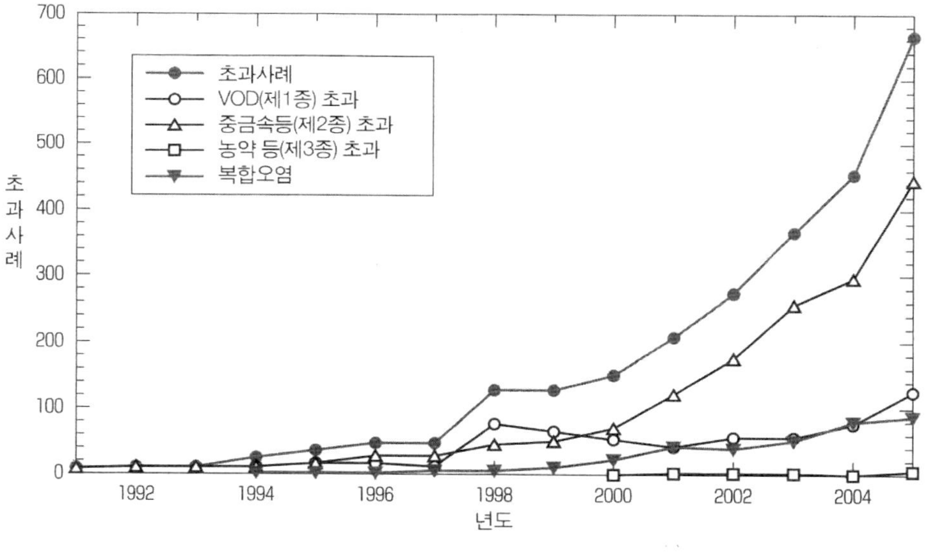

그림 7-4. 연도별 토양오염 초과 사례[(4)]

다이옥신류는 2006년에 일반환경 파악 조사로서 1,159 지점에서 조사가 이루어졌지만, 환경기준(1000 pg-TEQ/g)을 초과한 지점은 없었다. 또한, 과거 조사에서 조사지표값

표 7-1. 항목별 지정기준 및 토양환경기준 초과사례 수[4]

	지정기준항목 + 토양환경기준항목																									
	VOC(제1종)											중금속 등(제2종)										농약 등(제3종)				
	사염화탄소	1.2-디클로로에탄	1.1-디클로로에틸렌	시스-1.2-디클로로에틸렌	1.3-디클로로프로펜	디클로로메탄	테트라클로로에틸렌	1.1.1-트리클로로에탄	1.1.2-트리클로로에탄	트리클로로에틸렌	벤젠	카드뮴 및 그 화합물	6가크롬 화합물	시안화합물	수은 및 그 화합물	알킬수은	셀렌 및 그 화합물	납 및 그 화합물	비소 및 그 화합물	불소 및 그 화합물	붕소 및 그 화합물	시마진	티오벤카브	티우란	PCB	유기인화합물
초과사례	35	33	95	333	5	49	439	58	28	493	237	84	405	196	260	1	91	1205	672	552	108	2	1	0	34	2

(250 pg-TEQ/g) 이상이었던 지점 주변에서 다이옥신류 농도를 파악하기 위해 실시된 조사지표 확인조사는 1구역 18개 지점에서 실시되었고, 2개 지점에서 환경기준을 초과하였다[5]. 오염된 지역은 적었지만, 오사카부 노세정(大阪府能勢町)과 같이 오염이 발견된 지역에서는 비교적 넓은 범위로 오염이 확산되는 경향이 나타났다.

이외의 토양오염물질로서 최근 유류오염이 문제가 되고 있고, 대책 가이드라인도 정해져 있다[6].

4 지하수 · 토양오염 대책

1) 대책기술의 분류

지하수 · 토양오염 대책은 양호한 지권환경의 보전과 사람의 건강 피해 방지를 목적으로 실시된다. 양호한 지권환경(地圈環境) 보전은 토양환경기준을 만족하는 것, 사람의 건강 피해 방지 관점에서는 토양 직접 섭취 위해도의 저감, 토양으로부터 지하수로 용출 위해도의 저감 및 지하수의 직접 섭취 위해도의 저감을 추구하는 것이다. 그림 7-5는 대책기술의 분류를 나타내고 있다. 이 중 오염물질을 지권으로부터 제거하는 B류, C류 및 D류가 「오염제거」기법, 오염물질이 지권(地圈)에 잔류하는 A류가 「오염관리」기법에 해당한다.

A류(경로차단, 확산 · 유출방지기술)는 오염물질을 원위치에서 봉쇄하는 기술로서 시트파일(鋼矢板, 강철파일)이나 차수벽으로 오염토양을 포위하는 방법과 오염물질이 용

출하지 않도록 화학적으로 처리하여 오염 토양을 불용화 시키는 방법이 있다. A류를 채택하는 것은 오염 제거에 의해 양호한 지권환경 보전 보다도 폭로경로 차단에 의한 사람의 건강 피해 방지가 목적이 된다.

B류(원위치 분해기술)와 C류(원위치 추출기술)는 오염 토양의 굴삭 제거를 동반하지 않는 정화기술이다. B류는 지권 내에서 오염물질을 분해 · 무해화하는 기술로서 바이오레미데이션(bioremediation)이나 화학적 분해 등이 있다. C류는 오염된 지하수나 토양 중 가스를 관정으로부터 추출하는 기술로 지하수 양수, 토양가스 흡인, 에어스파징(air sparging), 토양세정(원위치 세정) 등이 있다. 또한, 이 기술에는 추출한 지하수나 토양 중의 가스를 지상에서 처리하는 E류가 병용된다.

D류(토양정화기술)는 오염 토양의 굴삭 제거 및 처리기술로 지하 수 m 정도의 얕은 오염에 적용된다. 굴삭토의 처리기술에는 열처리, 토양 세정, 미생물 분해, 화학적 분해 등이 있다. 열처리나 토양세정에는 오염물질이 물이나 공기로 이동하므로 그 처리 때문에 E류가 필요하게 된다. 또한, 굴삭토의 처리는 현장에서 처리하는 부지내 처리와 현장에서 반출하여 처리하는 부지외 처리로 나누어진다. 부지외 처리에는 오염토양정화시설에서의 처리 뿐만 아니라, 최종처분장에서의 매립 처분이나 시멘트 제조시설에서의 이용등도 포함된다.

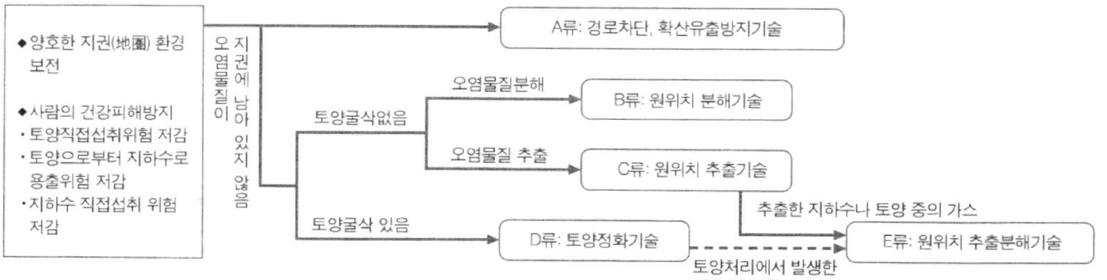

그림 7-5. 지하수 · 토양오염대책기술의 분류[(6)]

E류(원위치 추출 분해기술)는 C류의 지하수 양수나 토양 가스 흡입에 의해 추출된 지하수나 토양 중에 포함된 가스 중의 오염물질 또는 D류의 토양처리에서 발생한 배수나 폐 가스 중의 오염물질을 지상에서 처리하는 기술로서 활성탄 흡착, 미생물 분해, 화학적 분해 등이 있다.

2) 대책기술의 실시내용

그림 7-6은 토양오염대책법에 관한 조치(오염 제거 또는 오염 관리)의 실시 내용을 나타내고 있다[4]. 여기서는 휘발성유기화합물, 중금속, 농약 등을 대상으로 하여 토양환경기준설정(1991년)에서부터 2005년말 까지 실시된 조치 누계를 나타내고 있다. 조치 분류별 건수는 D류 조치를 취한 사례가 가장 많아 전체의 약 43%를 차지하고 있다. B류와 C류의 조치를 취한 사례는 약 20%이고, 이 중에서 지하수 양수와 토양가스 흡입을 포함하는 C류의 실적이 많다. 오염관리 목적인 A류의 조취를 취한 사례는 약 19%이고, 콘크리트포장과 아스팔트 포장이 많았으며, 다양한 방법이 적용되었다. 가장 사례수가 많은 D류의 굴삭 제거는 경비가 들어도 단기간에 정화할 수 있다는 것이 B류와 C류의 기술에 비해 큰 이점이 있다. 즉, 현장에서 가능한 대책기간을 단축시킬 수 있는 정화기술이 구현된다는 것이 D류를 많이 채택하는 배경이라고 생각된다. 더욱이 굴삭 토양의 처리방법은 부지 내 정화가 약 13%, 오염 토양 정화시설에서의 정화가 약 29%, 최종처분장에서의 처분이 약 23%, 시멘트 제조시설에서의 이용이 35%였으며, 부지외 처리가 대부분을 차지하였다[4].

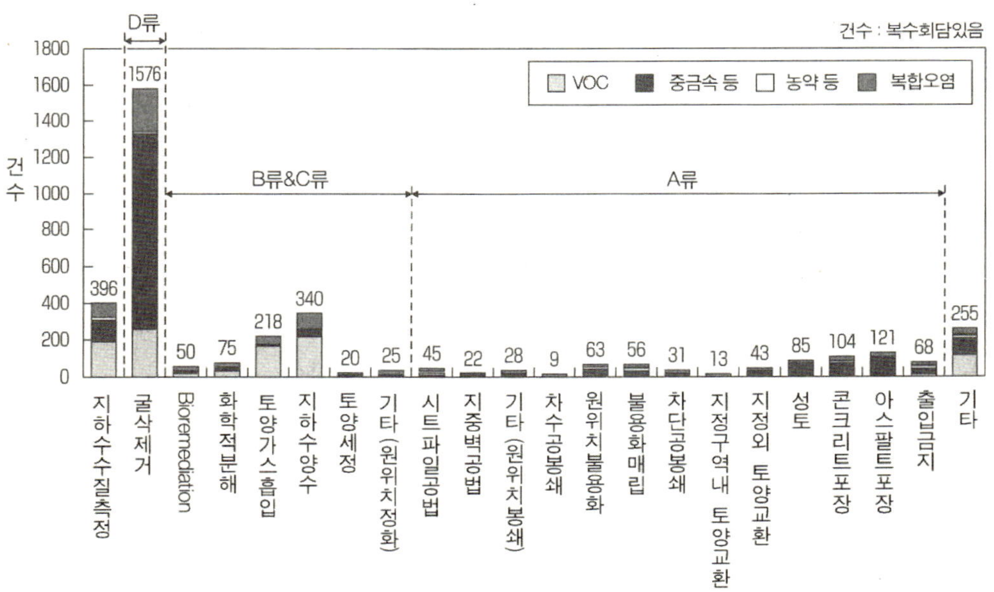

주 : 토양환경기준설정(1991년)부터 2005년말까지의 누계. 또한 한개의 현장에서 복수의 조치가 행해졌기 때문에 조치 내용의 합계수와 현장의 수는 일치하지 않음

그림 7-6. 토양오염대책법에 관한 조치의 실시내용(초과사례[4])

다음에 물질별로 보면, 중금속은 토양에 흡착성이 높으므로 얕은 층의 토양오염이 많게 된다. 또한, 오염 토양 처리는 주로 토양으로부터 분리나 추출에 의한다. 이 때문에 중금속에 대한 조치에서는 굴삭 제거가 채택되는 경향이며, 그 채택율은 57%에 미친다. 또한, 지권 내에 그다지 확산되지 않으므로 오염관리 목적인 A류의 채택도 많다(약 27%).

한편, 휘발성유기화합물은 토양 중 이동성이 높고, 지권 내에서는 다양한 형태(원액, 용존상태, 가스)로 존재하기 때문에 많은 현장에서 토양 뿐만 아니라 지하수와 토양 중의 가스도 오염되어 있다. 이 때문에 휘발성유기화합물에 대한 조치로는 B류와 C류의 기술 채택이 많다(약 44%). 그 중에서도 C류의 토양 가스 흡입, 지하수 양수, 토양 세정 등은 B류와 C류 전체의 84%를 차지하고 있다. 그 이유로서는 지하수 양수나 토양 가스 흡입이 가장 빠르게 실용화 된 점과 지권에 존재하는 오염물질을 확실하게 감소시킬 수 있는 점 및 휘발성유기화합물에 의한 오염은 지하 깊은 곳 또는 지하수까지 도달하는 것이 많기 때문에 굴삭 제거만으로는 오염을 완전히 제거하지 못한다는 점 등이 고려되었다.

농약 등에 대한 조치 사례는 23건에 지나지 않지만 이들 물질도 중금속과 동일하게 토양 중으로 이동성이 낮고, 국소적인 오염이 많기 때문에 D류나 A류가 채택되는 경향이 있다(D류가 약 35%, A류가 약 30%). B류와 C류의 사례는 없다. 휘발성유기화합물, 중금속, 농약 등 어느 것이나 2종류 이상의 물질에 의한 복합오염에는 D류가 36%를 차지하고, 다음으로 B류와 C류가 27%, A류가 25%의 순이다.

3) 환경성 실증조사에 의한 기술개발 동향

환경성은 지하수의 수질오염에 관한 환경기준 개정(9항목→23항목, 휘발성유기화합물 추가)이 이루어졌던 1993년부터 지하수 · 토양오염대책기술의 개발 · 보급을 목적으로 많은 실증조사를 실시하고 있다(표 7-2). 각 조사의 목적이나 시기는 다르지만 실증조사에서 채택된 기술로부터 지하수 · 토양오염대책에 대한 기술개발 동향을 알 수 있다.

(1) 휘발성유기화합물

휘발성유기화합물을 대상으로 한 기술은 지하수 양수와 토양가스 흡입이 가장 일반적이다. 이것은 범용장치 실증조사의 채택결과에 잘 나타나 있다. 여기에는 장치가 간단하며 유지관리도 간단한 지하수 양수나 토양 가스 흡입(또는 양자를 조합시킨 이중 흡입)에 의한 지상처리로서 활성탄 흡착을 조합시킨 것이 19건 중 13건을 차지하고 있다.

다만 지하수 양수와 토양 가스 흡입은 대책을 추진하는 도중에 농도가 낮아지면 효율이 악화되며, 시간과 경비가 증가하는 경우가 많았다. 그래서 이와 같은 단점을 보완한 기술로서 원위치 세정이나 에어스파징(air sparging)이 실용화 되고 있다. 원위치 세정은 물 또는 약제 등을 첨가한 물을 대수층으로 주입하여 오염물질의 용출을 촉진시키는 기술이다. 실증조사에서는 탄산수를 주입하여 오염물질 용출을 촉진시키는 것, 관정 내에서 폭기에 의해 오염물질을 제거한 지하수를 지상으로 퍼 올리지 않은 채 관정 상부에서 불포화대로 직접 스며들게 하고 지하수의 유동성을 높여서 오염물질의 용출을 촉진시키는 것 및 초고압수에 의해 오염지층을 절삭 · 파괴한 후 물로 세정하는 것이 채택되고 있다.

한편, 에어스파징(air sparging)은 관정에서 공기를 포화대로 불어넣어 오염물질을 휘발시키고, 불포화대에서 가스로서 회수하는 기술이다. 물에 녹아있는 휘발성물질은 공기와 접촉하면 쉽게 주입한 공기로 이동하므로 지하수 양수보다도 단기간에 높은 회수효율을 기대할 수 있다. 실증조사에서는 3건이 채택되었다.

한편 저농도 오염이 광범위하게 확산되어 있는 경우 처리수를 배출할 곳이 없는 경우 또는 단기간에 정화를 완료해야 하는 경우 등 지하수 양수의 원위치 추출기술(C류) 보다도 원위치 분해기술(B류)이 적합한 현장도 많이 존재한다. 실증조사에서는 바이오레미데이션(bioremediation)이 7건, 화학적 분해가 5건 채택되었다.

바이오레미데이션(bioremediation)은 오염현장에서 살고 있는 미생물을 이용한 바이오시뮬테이션(biostimulation)과 오염현장에서 오염물질 분해능이 높은 미생물을 주입하는 바이오오그멘데이션(bioaugmentation)으로 나누어진다. 실증조사에서는 바이오시뮬레이션(biostimulation)이 많았고(6건), 이 중 휘발성유기염소화합물의 환원적 탈염소화가 4건, 트리클로로에틸렌(trichloroethylene)의 호기분해 및 벤젠(benzene)의 호기분해가 각각 1건이었다. 이 중 바이오스파징(biosparging)이라는 기술 2건(휘발성유기염소화합물의 환원적 탈염소화와 벤젠의 호기분해)이 포함되어 있다. 이것은 관정에서 미생물 활성을 높이는 가스와 영양염을 대수층에 동시에 공존하게 하는 방법으로 에어스파징(air sparging)의 일종이다. 이 방법에는 오염물질의 휘발촉진과 미생물 분해 등 양쪽의 효과가 기대된다. 한편, 바이오오그멘테이션(bioaugmentation) 1건은 트리클로로에틸렌(trichloroethylene)의 호기분해를 목적으로 한 기술이다.

화학적 분해는 관정에서 약제를 함유한 물을 오염지역에 주입하고, 산화 · 환원 · 촉매반응을 이용하여 원위치에서 오염물질을 분해하는 기술이다. 실증조사에서는 철 분말을 사용한 트리클로로에틸렌(trichloroethylene)의 환원적 탈염소화(2건), 산화철계 약제를 사용한 산화분해, 과산화수소수를 사용한 펜톤반응(fenton reaction)에 의한 산화분해(2건)가 채택되고 있다. 단, 산화철계 약제를 사용한 기술은 원위치에서 오염 토양과 약제를 혼합 교반하는 것으로 휘발성유기화합물의 분해가 진행되기 때문에 D류에 가까운 기술이라고 볼 수 있다.

추출한 지하수나 토양 중의 가스를 지상에서 처리하는 E류의 기술은 섬유활성탄에 의한 흡착, 미생물 분해, 자외선 분해(2건), 광촉매 분해(2건), 자외선 분해(액상)+광촉매 분해(기체상) 및 촉매열 분해(3건)가 채택되고 있다. 또한 유일하게 채택되고 있는 A류는 경화제를 포함한 시멘트밀크(cement milk)를 토양에 주입하는 시멘트 고형화 기술이다.

(2) 중금속, 농약, 다이옥신류, 기름

토양에 흡착하기 쉬운 중금속 물질에 의한 오염은 비교적 얕은 층에 남아 있는 경우가 많고, 오염 토양 처리가 주로 분해나 추출로 가능하므로 D류의 굴삭 제거 채택이 매우 많았다(44건 중 36건). 오염토양 처리방법은 열처리(19건), 토양세정(10건), 미생물 분해(2건), 화학적 분해(4건), 불용화 등이다.

열처리는 간접 열탈착(간접 가열에 의한 분리 촉진)이 가장 많고(14건), 이 외에는 열분해(4건)과 열분리(염화휘발 1건)가 있다. 또한 대상물질은 다이옥신류와 PCB가 많다.

표 7-2. 환경성의 지하수 · 토양오염대책기술에 관한 실증조사의 실시기간과 분류별 채용건수

<table>
<tr><th></th><th>1993</th><th>1994</th><th>1995</th><th>1996</th><th>1997</th><th>1998</th><th>1999</th><th>2000</th><th>2001</th><th>2002</th><th>2003</th><th>2004</th><th>2005</th><th>2006</th><th>2007</th><th>2008</th></tr>
<tr><td>(1) 신기술실증조사</td><td colspan="7">A류: 2건, B류: 4건, C류: 7건, D류: 11건, E류: 7건</td><td colspan="9"></td></tr>
<tr><td>(2) 범용장치실증조사</td><td colspan="4"></td><td colspan="7">B류: 2건, C류: 14건, E류: 3건</td><td colspan="5"></td></tr>
<tr><td>(3) 저비용 · 저부하형 토양오염조사 대책기술검토 조사</td><td colspan="9"></td><td colspan="3">A류: 2건, B류: 6건, C류: 3건, D류: 5건</td><td colspan="4" rowspan="2">두 조사 종합
B류: 1건, D류: 12건</td></tr>
<tr><td>(4) 다이옥신류 오염 토양 정화기술 등 확립조사</td><td colspan="10"></td><td colspan="2">D류: 8건</td></tr>
<tr><td>(5) POPs 오염 토양 정화 기술 기초조사</td><td colspan="11"></td><td>D류: 3건</td><td colspan="4"></td></tr>
<tr><td>(6) 질산성질소 정화기술 개발 보급조사</td><td colspan="11"></td><td colspan="5">B류: 6건, E류: 2건</td></tr>
</table>

(1) 1993년 지하수 환경기준 개정에 따라 외국에서 실용화되어 있는 것이나 국내에서 개발된 지하수 · 토양 오염에 대한 새로운 기술 도입 가능성이나 적용조건을 검토. 당시 지하수 환경기준항목(질산성질소 및 아질산성질소, 불소, 붕소를 제외한 23항목)이 대상
(2) 휘발성유기화합물에 의한 지하수오염을 대상으로 중소사업소에서도 도입 가능한 기술을 평가. 각각의 기술은 정화효율보다도 장치의 유지관리가 쉬운 장점이 있음
(3) 토양오염대책법의 성립에 따라 간편하고 저비용 · 저부하형 토양오염조사방법이나 대책기술의 실용화와 보급을 목적으로 실시. 동법의 특정유해물질과 기름이 대상
(4) 다이옥신류에 의한 토양오염 대책을 추진할 목적으로 실시
(5) 과거에 매설된 잔류성유기염소계 농약에 의한 오염토양 무해화 처리기술에 관한 정보수집을 목적으로 실시
(6) 질산성질소 및 아질성산질소에 의한 지하수오염 방지기술 및 오염된 지하수 정화기술 확립과 보급을 목적으로 실시

특히 간접 열 탈착은 12건이 다이옥신류와 PCB를 대상으로 하고 있다.

토양세정 대상물질은 중금속이 5건, PCB나 POPs가 4건, 기름이 1건이었다. 여기서는 대상물질 외에 구연산(납), 에틸렌디아민4초산 · 2Na용액(납), 탈리제(Na_2SO_4나 $CaSO_4$)(6가 크롬), 케톤계 용재(POPs) 등의 약제가 사용되고 있다. 또한, 기름을 대상으로 한 기술은 알칼리제와 과산화수소를 첨가하여 발생된 미세기포를 이용하여 토양으로부터 박리(薄利)를 촉진시키는 방법이다.

미생물 분해는 기름을 대상으로 하며, 오염토양 처리방법도 통기(通氣)에 의한 기화촉진과 호기적 미생물 분해를 병행하고 있다. 화학적 분해 대상물질은 대부분 다이옥신류나 PCB이며, 약제로서 과산화수소수(2건), 금속나트륨, 3가 망간착체가 사용되고 있다. 불용화 대상물질은 중금속이며, 약제로서 인산염수용액이 이용되고 있다.

D류 이외의 기술로서는 A류가 3건, B류가 1건, C류가 4건이 채택되고 있다. A류의 내용은 용융고화(溶融固化: Joule열을 이용한 원위치 유리 고형화)가 1건, 불용화가 2건이다. 불용화는 비시멘트계 불용화제(점토광물, 석회석, 석고, 수산화나트륨)를 사용한 중금속 등의 불용화 매립 및 slurry 상태의 불소흡착제를 고압분사 교반공법에 의해 땅속에 주입하는 원위치 불용화이다. 한편 B류와 C류의 기술은 파이토레미데이션(phytoremediation); (B류 1건, C류 1건)과 동전학(動電學)적 추출기술(C류 3건)로 나눠진다.

파이토레미데이션(Phytoremediation)은 식물을 사용하여 토양 중의 오염물질을 회수 · 제거하는 기술이다. 주요 작용은 뿌리로 유입하게 하여 식물체 밖에서 분해(산소와 뿌리 미생물의 작용), 식물에 의한 흡수 · 분해, 식물체 내로의 축적, 대기 중으로의 기화가 있다. B류로 채택된 것은 식물의 뿌리에서 분비된 유기산이나 효소에 의한 토양 중의 미생물 생육이 촉진되는 것을 이용하여 기름을 분해시키는 기술이다. 한편 C류로 채택된 것은 뿌리 근처나 식물체내에 납을 축적시킬 목적으로 한 기술이 있다.

동전학적 추출기술은 오염된 토양에 전극을 설치하여 직류전류를 흘려 오염물질의 이동성을 높이는 방법이다. 이를테면, 전류가 흐르면서 생긴 전기영동(이온과 극성분자의 이동)이나 전기침투(약하게 흡착된 양이온의 물분자를 따라 음극 방향으로 이동하는 현상)를 이용하여 오염물질을 전극에 농축시켜 회수한다. 전기영동법이나 전기침투법이라고 부른다. 실증조사에서는 6가 크롬, 납, 비소 등의 중금속을 대상으로 실험이 이루어지고 있다.

(3) 질산성질소 및 아질산성질소

지금까지 서술한 토양오염대책법의 특정유해물질(휘발성유기화합물, 중금속, 농약) 및 다이옥신류, POPs, 기름에 의한 지하수 · 토양오염에서는 오염원이 대부분 사업소 등 소위 점오염원이었다. 이에 비해 질산성질소 및 아질산성질소에 의한 지하수오염은 오염원이 비점오염원(농지)이여서 오염물질의 제거가 불가능한 것(농지에 비료는 불가피함)이 특징이다. 따라서 오염대책에 역시 다른 물질과는 다른 생각으로 접근해야 한다.

질산성질소 정화기술 개발 보급 조사에서 채택되는 8개 기술을 그림 7-5에 나타낸 기술분류에서 찾아보면, B류가 6건, E류가 2건이다. B류 기술은 3건이 불포화대에서 탈질처리(토양 표층부에서 전자공여체를 첨가하여 토양 속에 물을 강하침투 중에 탈질시킴), 3건이 포화대에서의 탈질처리(지하수 중에 전자공여체를 공급하여 지하수 중에서 탈질시킴)를 이용하고 있다. 단, 6건 중 5건은 바이오스티뮬테이션(biostimulation)이지만, 포화대에서의 탈질 처리를 목적으로 한 1건만은 바이오오그멘테이션(bioaugmentation) 이다. 이 기술은 탈질균을 고정한 전극 unit를 포화대에 매설하고, 물의 전기분해로 발생한 수소를 전기공여체로서 이용하고 있다. 한편, 2건이 채택된 E류는 양수한 지하수의 탈질처리이다. 채택된 8가지 기술은 이용하는 전기공여체나 그 공급방법 등의 차이에 따라 다르지만 모두 탈질균을 이용한 미생물 분해방법이다.

5 요약

시가지의 지하수 · 토양 오염 문제는 1980년대부터 현저하게 나타났으며, 당초에는 지하수 오염이 주요 문제였지만, 최근에는 토양 오염 쪽에 사회의 관심이 이동되고 있다고 해도 과언이 아니다. 이는 토양오염대책법의 실시에 따라 오염된 토양의 소유자나 오염원인자에 많은 액수의 비용을 요하는 정화가 의무화됨과 동시에 브라운필드(brown field: 환경오염지대) 문제와 같이 시가지에서도 일등지 임에도 불구하고 이용되지 않고 방치된 토지도 있고, 경제활동을 방해하는 상황이 발생하기 때문이다. 이 문제와 관련해서는 자연기원의 오염토양을 다루기 위한 검토를 추가할 필요가 있다. 또한, 사람들의 건강을 보호하기 위해 앞으로도 지하수 · 토양오염상황 모니터링을 지속함과 동시에 저렴하고 확실하며, 화석연료의 소비가 적은 정화기법 개발이 요구된다.

참고문헌

(1) 米田穩「環境工學のフロンチィアー土壤汚染のリスク評價と今後の展開-」, 「環境衛生工學研究」, 19券1号 , pp 5-10 (2005年 3月)

(2) 中央環境審議會答申「今後の土壤汚染對策の在り方について」(平成20年 12月19日)

http://www.env.go.jp/press/file_view.php?serial=12711&hou_id=10582

(3) 環境省水 · 大氣環境局「平成18年度地下水質測定結果」(2007年)

(4) 環境省水 · 大氣環境局「平成17年度土壤汚染對策法の施行状況及び土壤汚染調査 · 對策事例等に關する調査結果」(平成19年10月)

(5) 環境省「平成18年度ダイオキシン類に係る環境調査結果」(2007年)

(6) 中央環境審議會土壤農藥部會土壤汚染技術基準等專門委員會「油汚染對策ガイドライン-鑛油類を含む土壤に起因する油臭 · 油膜問題への土壤所有者等による對應の考え方-」(2006年)

(7) 環境省環境管理局水環境部「地下水をきれいにするために」(2004年)

제8장

유역적 시점에 의한 수질보전 대처

1 서론

물 환경을 보전하기 위해서는 환경, 하수도, 수도, 농업, 산업 등 각 분야가 각각 정책을 수행하지 않고, 유역적인 관점에서 접근할 필요가 있다.

그림 8-1은 하천유역-하천-연안역-해양의 물 순환계를 나타낸 개념도이다. 하천수는 농업용수, 공업용수 및 생활용수로 이용된 후 오염 부하와 함께 다시 유역으로 돌아온다. 이 외에 축산배수, 삼림, 강우에 유래한 오염물질도 유역으로 흘러 들어온다. 하천환경을

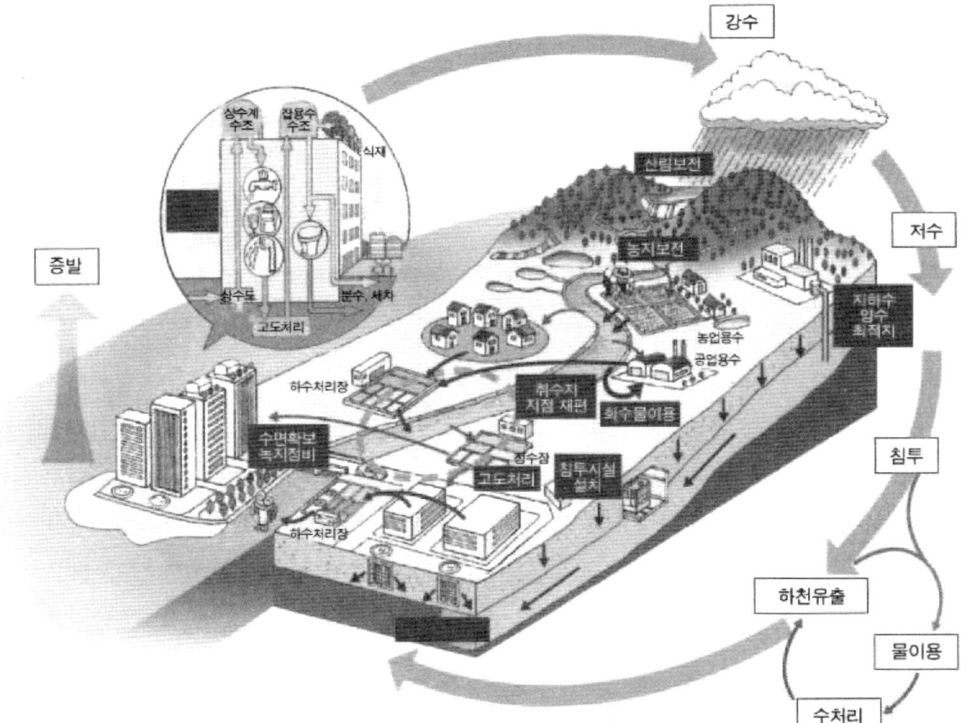

출처 : 일본의 수자원 2004년도판

그림 8-1. 건전한 물 순환계의 구축에 관한 개념도

유지하고, 수도원수 수질이나 하천 생태계를 보전하기 위해서는 생활배수는 하수처리수 등 대규모 처리 시스템이나 정화조 등의 분산 시스템에서 처리된 후에 하천으로 방류되고, 공업배수는 방류기준을 만족하게 처리한 후 방류된다.

오피스텔이나 공장 내에서는 고도의 처리 시스템을 도입한 물 재이용이 실시되고, 물 사용량 억제와 하수처리장으로의 오염 부하 저감이 이루어지고 있다. 또한, 하수처리수를 고도로 처리하여 친수(親水), 수경(경관)용수로서 이용하거나 건물에서 재이용수로서 사용된다.

정수장이나 하수처리장에서 발생한 오니(汚泥)는 탈수, 건조, 소각 등의 과정을 거친 후에 처분되거나 건설재료나 퇴비로 유용하게 이용된다. 정화조에서 발생한 오니가 많은 경우 분뇨처리장에서 처리된다.

유역 및 도시에서 물 환경보전대책을 세울 경우 위에서 제시한 각 과정이 각각의 장소에서 별도로 실시되는 것이 아니고, 전체를 보고 유기적인 연결을 가지도록 전체 계획을 세우는 것이 필요하다.

하천 또는 그 하류에 위치한 호소, 연안역 등 폐쇄성 수역의 물 환경을 보전하기 위해서는 각 분야가 일체가 되어 정책 입안을 세워야 한다.

2 건전한 물 순환계 구축에 관한 관계 성 · 청(省 · 廳) 연락회의에 의한 대처

1) 취지와 경위

『건전한 물 순환계 구축에 관한 관계 성청(省廳) 연락회의』는 관계 성청(省廳)의 충분한 의견교환 을 통하여 건전한 물 순환계의 개념에 대하여 공통인식을 형성함과 동시에 향후 제휴, 협력 등 기본적 사항에 대한 검토 · 정리를 목적으로 1998년 8월 31일에 관계 성청(省廳)간 합의하에 발족하였다. 구성원은 다음과 같다.

후생노동성 건강국 수도과장

농림수산성 농촌진흥국 계획부 토지개량기획과장

농림수산성 임야청 삼림정비부 치산과장

경제산업성 경제산업정책국 산업시설과장

경제산업성 자원에너지청 전력 · 가스사업부 전력기반정비과장

국토교통성 도시 · 지역정비국 하수도부 유역관리관

국토교통성 하천국 하천계획과장

환경성 환경관리국 수환경부 수환경관리과장

2000-2001년에 물 순환 건전화에 대한 종합시설 검토 및 조사를 실시하였고, 2003년 6월에는 도시재생 프로젝트(제3차 결정)에 의해 네야천(寢屋川)유역(오사카부(大阪府))과 칸다강(神田川)유역(도쿄도(東京都))을 대상으로 물 순환계 재생에 대한 구상을 책정하였다.

2003년 10월에는 지금까지의 성과를 살려서 『건전한 물 순환계 구축을 위한 계획 작성을 향하여』가 책정되었다. 이것은 물 순환의 건전화를 위하여 지역에서 실천하고 있는 주체에 대해 어떤 목표나 과정에서 실제로 대처할 것인가에 대하여 지역이 주체적, 자립적으로 생각하여 구체적인 시책을 도출하기 위한 기본적인 방향이나 방안에 대한 본연의 자세를 제시한 것이다. 또한, 건전한 물 순환계라는 것은 『유역을 중심으로 한 일련의 물 흐름의 과정에서 인간사회의 행위와 환경보전에 미치는 물의 기능이 적절한 균형 하에서 함께 확보되어 있는 상태』로 정의되어 있다.

2) 『건전한 물 순환계 구축을 위한 계획 작성을 위하여』

『건전한 물 순환계 구축을 위한 계획 작성을 위하여』는 지역에서 향후 건전한 물 순환계획 작성을 위해 참고 됨과 동시에 "맛있는 물, 깨끗한 물" 복원을 위한 지역 주체의 유역 가꾸기나 문제 해결의 실마리를 제공한 것이다. 또한, 이와 같은 계획 작성을 통하여 NPO등의 활동 지원방법, 각 주체의 역할이나 책임분담, 의식 개발 등의 중요성을 명시하고 있다. 갈수나 침수 피해에 대하여 사업자나 주민, 기타 관계자에 의한 제휴 시책의 본연의 자세나 역할도 제시하고 있으며, 병행하여 NPO나 지역 스스로가 주도한 11개의 사례를 소개하고 있다.

향후 관계 성 · 청(省 · 廳) 연락회의 활동의 일환으로서 지방블록회의에서 이번에 책정한 『건전한 물 순환계 구축을 위한 계획 작성을 위하여』의 설명이나 홍보활동을 수행하고, 연락회의를 통하여 지역의 현상을 파악하는 『수자원 평가』나 『유역 물 정보』등의 조사검토를 실시하고, 이 성과를 『건전한 물 순환계 구축을 위한 계획 작성을 위하여』의 추진에 활용하기로 하였다. 여기서 제시된 대처 예를 다음에 소개한다.

3) 에도강(江戶川) · 나카강(中川)에서 수도원수의 수질 향상을 위한 대처

건전한 물 순환계 구축에 대해 관계 성 · 청(省 · 廳)은 2000~2001년에 나카강(中川) ·

에도강(江戶川) 유역을 모델로 건전한 물 순환계 구축을 위한 종합시책에 대해 검토하였으며, 이는 복수의 성·청(省·廳)이 협력하여 물 순환 건전화에 대처한 좋은 예이다.

나카강(中川)·에도강(江戶川) 유역에서는 밀물 시에 나카강(中川) 처리센터의 하수처리수가 나카강(中川)·에도강(江戶川) 긴급잠정도수로(물을 끌어들이는 수로)를 경유하여 에도강(江戶川)으로 흘러가고, 하류에 위치한 취수구를 통하여 미사토(三鄕) 정수장 및 신미사토(新三鄕) 정수장으로 유입하고 있어 수도(水道) 수원(水源)의 수질 악화가 과제로 되고 있다. 이 때문에 이것을 개선하는데 초점을 맞추어 구체적인 종합시책을 중심으로 한 검토가 진행되었다(그림 8-2 참조).

검토된 시책은 다음과 같다.

- 댐 등 이수(利水)시설의 정비
- 이수의 운용기준 재평가[노다(野田)지정 유량과 운영기준과의 관계]
- 종합적인 이수 운용(토네강(利根川)에서 이수 보급 우선)
- 나카강(中川)·에도강(江戶川) 긴급잠정 도수로 방류구를 하류로 이동 설치
- 미사토(三鄕), 신미사토(新三鄕) 정수장의 취수구 상류로 이동 설치
- 나카강(中川) 처리센터 방류구를 하류로 이동설치
- 하천사업과 연대한 하류바이패스(by pass)
- 나카강(中川) 처리센터에서의 고도처리 도입
- 정수장에서의 고도처리 도입

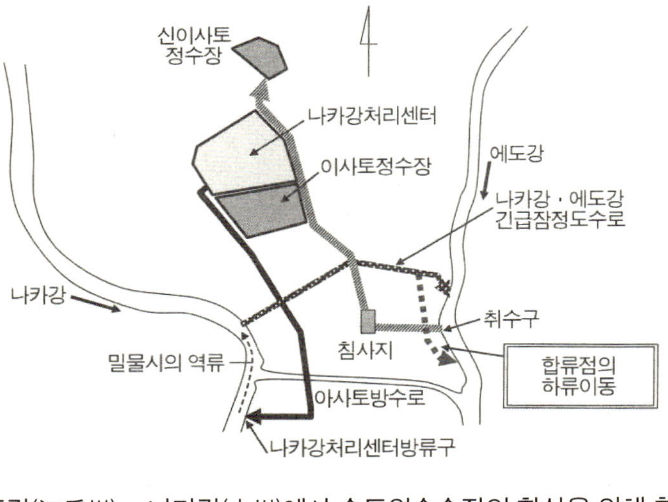

그림 8-2 에도강(江戶川)· 나카강(中川)에서 수도원수수질의 향상을 위해 취하는 개념도(에도강(江戶川)· 나카강(中川) 긴급정도수로 방류구의 하류이설)

· 원수(原水) 조정 연못의 정비

· 취수 위치 변경(수도전용 도수로(관로)의 정비)

상기 내용을 검토한 다음 『나카강(中川) · 에도강(江戸川) 긴급잠정 도수로 방류구의 하류로 이동 설치』를 즉시 사업화하였고, 그 결과 수도수원의 수질 개선에 대한 효과가 나타났다. 그러나 도수로 대체는 미사토(三郷) 및 신미사토(新三郷) 정수장의 경우 효과가 있었지만, 하류의 카나마치(金町), 쿠리야마(栗山) 정수장의 수질개선에는 기여하지 않은 것으로 생각되기 때문에 근본적인 대책으로 나카강(中川) 처리센터의 고도처리 도입(일부도입 완료) 등 오염부하 저감을 위한 조정이 기대된다.

3 하수도에 의한 유역환경보전 - 유역별 하수도정비 종합계획

1) 유역별 하수도정비 종합계획

유역 전체적인 관점에서 수역의 수질환경 기준을 달성하기 위하여 도도부현(都道府縣)에서 책정한 유역별 하수도정비 종합계획(유총계획)이 있다. 이 계획은 하수도법에서 정한 것이지만, 주로 생활환경에 관한 환경기준을 효과적으로 달성하기 위하여 공공용 수역의 수질오염 원인이 그 유역 중의 복수의 지자체에 있고, 수역보전을 위해서 하수도 정비가 유효할 때 각 지자체가 개별적으로 하수도 계획을 책정하는 것이 아니고, 유역 전역에 걸쳐서 가장 합리적인 하수도 정비에 대한 종합적인 기본 계획을 책정하고자 하는 것이다. 이 때 전국 도도부현(都道府縣)에서는 각 수역별로

①유역 강수량, 하천 유량 등의 자연조건

②오수의 양과 수질(오염부하량) 현황과 예측

③하수도 정비에 대한 비용과 오염부하 저감 효과

에 대한 요소를 고려하면서 하수도 정비에 대한 계획연도, 정비구역, 처리방식, 방류선 등의 기본계획(유총계획)을 책정한다. 다음에는 하수도에 의한 수질보전 계획으로서 유총계획의 개략을 설명한다.

2) 기초 조사

기초 조사는 유역의 자연조건을 파악할 필요가 있다. 이것은 발생한 오염물질이 하천수에 의해 희석되기 때문에 실제로 오염이 진행되고 있는지 아닌지는 유역의 규모(scale)

에 의존한다. 구체적으로는 10년 이상의 자료에 기초하여 다음과 같은 사항을 조사하고자 한다.

하천 : 저수(低水)유량(연간 275일 동안 이용하여 얻은 유량) 등

호소 : 평수위, 저수위 등

해역 : 평균 만조위, 조류의 방향 등

하천에서는 유량이 연간 변동하고, 연도에 따라 다르기 때문에 환경기준 달성을 판단하는 공공용수역의 측정 계획이 저수량(低水量) 부근에서 실시되고 있어서 오염물질의 희석률이 작게 되는 저수시(低水時)에도 환경기준을 달성한 계획을 입안하기 위해 상기와 같은 값을 조사하는 것이다.

3) 오염부하량 예측 - 원단위를 이용한 물 수요 및 부하량 산출

인간 활동에 필요한 물 수요를 계산하고, 이것에 의해 발생한 오수의 유량 및 오염 부하량을 산정하는 것은 수질보전계획 책정의 첫걸음이다. 통상, 이러한 산출은 1인당 또는 단위 면적당, 단위 출하액 당 등의 단위로 표시된 1일당 발생 또는 배출원 단위를 이용하고 있다. 고려해야 할 부하량은 다음과 같다.

① 생활계로부터의 오염부하량

② 영업 · 사무활동 등으로부터의 오염부하량

③ 공업용수의 수요와 오염부하량

④ 가축에 의한 오염부하량

⑤ 관광객

⑥ 비점오염원(面源) 오염부하량 (강우 등 자연부하 포함)

저수량 부근에서 수질 예측을 수행한 하천과 연간 부하량의 기여도가 문제 되는 호수 등 폐쇄성 수역은 특히 비점오염원(面源) 오염부하량의 추정방법이나 값이 다르기 때문에 주의가 필요하다.

4) 오염해석

하수도를 정비함으로서 오염부하량 저감이 하천 또는 호소의 수질개선에 주는 효과를 예측하기 위해서는 현재의 상황에 대한 오염부하량과 수질과의 관계 해석(오염해석)이 필요하다. 오염해석은 대상이 되는 수역의 수질기준점에서 오염부하량 산정에 유달율

[流達率, 배출 부하량이 수로나 지천(支川)을 통과할 때 유입량과 유출량의 비], 하천의 자정계수(하천을 따라 흘러갈 때 자정작용에 의한 부하량 감소의 크기를 나타낸 것) 등을 고려하여 넣는다. 또한, 호소나 폐쇄성 해역에서는 일차생산이나 저질에서의 용출 등 부영양화에 관한 오염부하의 기여도에 대해서도 모델을 이용하여 산정한다.

5) 오염부하 저감계획

수역의 환경기준을 달성하기 위해서는 현황의 유출오염부하량에서 저감해야할 부하량(저감부하량)을 산정하고, 이것을 각 발생원에 배분하는 작업을 수행한다. 원칙적으로 논밭이나 자연오염은 저감부하량을 배분하지 않으며, 다른 인위적인 발생원은 현황의 유출부하량의 비율에 의해서 배분하게 된다. 주로 생활배수는 하수도나 정화조 정비에 의해 공장폐수 · 가축배수는 배수 규제에 의해 저감하게 된다. 앞에서 언급한 바와 같이 하수도정비로 달성해야 할 오염부하량이 정해지면 하수도계획을 책정할 수 있다.

6) 하수도계획 책정

하수도 시설 계획 책정에는 ①지형(자연유하 방식이 가능한가), ②지역특성(종말처리장 입지의 가능성), ③기존 하수도 시설 및 하수도계획(이들의 변경, 고도화), ④하천에 미치는 영향(방류 위치 검토), ⑤하수도 기술혁신과 오니처분 계획, ⑥처리수의 유효이용(재이용), ⑦비용과 사업효과, ⑧관련법령, ⑨관계 시정촌(市町村)의 의견을 고려하도록 하고 있다.

7) 질소 · 인 부하량 저감을 위한 시책

하수도법 개정이 2005년에 이루어져서 만이나 호소 등 폐쇄성수역의 수질악화 원인인 질소와 인의 유입 부하량을 더 저감하기 위하여 다음 사항이 결정되었다.

(1) 유역별 하수도정비 종합계획에서 저감 목표량 설정

만이나 호소 등 폐쇄성수역에서 정한 유역별 하수도정비 종합계획에는 종말처리장별 질소 함유량 또는 인 함유량의 저감 목표량 및 저감 방법에 대한 사항을 결정하였다.

(2) 질소 또는 인 저감을 대체할 경우의 비용부담

고도처리 종말처리장(유역별 하수도 정비 종합계획에서 저감 목표량이 정해진 종말처리장에서 방류한 하수의 질소 함유량 또는 인 함유량에 대해 수질을 일정 수준 이상으로 개선할 수 있는 구조의 것)을 관리하는 지방공공단체는 기타 지방공공단체가 관리하는 종말처리장 저감 목표량의 일부에 상당한 것으로서 스스로 저감 목표량을 초과하여 질소 함유량 또는 인 함유량을 저감할 취지를 해당 다른 지방공공단체의 동의를 얻은 후 도도부현(都道府縣)에 대해 신청할 수 있도록 했다.

이 신청과 관련하여 해당 다른 지방공공단체에 의한 비용부담에 대한 사항이 유역별 하수도정비 종합계획에 기재된 경우에는 해당 고도처리 종말처리장의 관리에 필요한 비용 일부를 해당 다른 지방공공단체에 부담시킬 수 있도록 하였다(그림 8-3 참조).

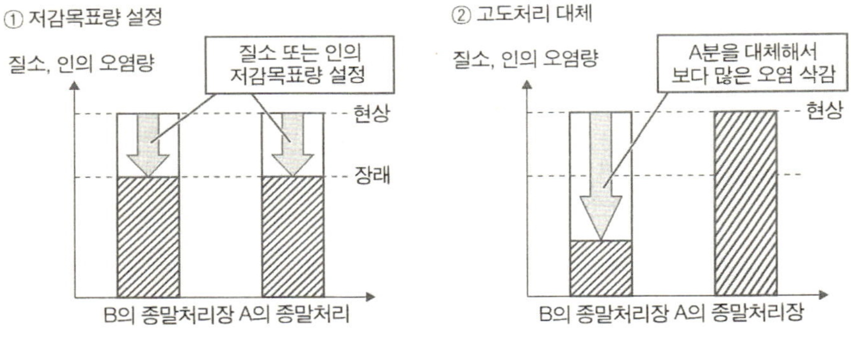

그림 8-3. 질소 · 인 부하량 삭감을 위한 하수도법 개정 개념도

4 하수처리수의 재이용

하수처리수는 도시에서 귀중한 수자원으로서 그 재이용이 중요할 것으로 예상되고, 적절한 재이용은 건전한 물 순환계 구축에 반드시 필요하다. 1978년 이상 갈수를 계기로 하수처리수의 재이용이 시작된 후 수세용수(水洗用水), 융설용수(融雪用水), 환경용수, 공업용수, 산수용수(散水用水) 등 여러 가지 용도에 하수처리수가 재이용되도록 하고 있지만, 2002년에 재이용 수량은 아직 하수처리수 전체의 2% 밖에 되지 않는다. 이와 같은 상황을 직시하고, 하수처리수의 적절한 재이용을 추진하기 위하여 국토교통부 도시 · 지역정비국 하수도부 및 국토기술정책종합연구소 하수도연구부는 2005년 4월에『하수처리수의 재이용 수질기준 매뉴얼』을 마련하였다.

본 매뉴얼은 하수처리수 재이용에서 위생학적 안전성 확보, 미관 · 쾌적성 확보, 시설기능 장해 방지 관점에서 표 8-1과 같은 수질기준 및 시설기준을 제시하고, 하수처리수 재이용 실시에 고려해야 할 사항을 제시하고 있다.

매뉴얼의 적용범위는 하수처리장에서 재생 처리된 재생수를 불특정 다수의 사람이 이용하는 시설에 직접 공급하는 형태로 한정되어 있으며, 수세용수, 살수용수, 수경용수, 친수용수를 고려하고 있다. 따라서 하천 등 공공용수역으로 방류 후에 간접적으로 재이용된 경우나 농업, 사업소 · 공장 등에 대한 재생수의 공급은 적용범위에서 제외시켰다. 또한, 매뉴얼의 이용대상 주체는 하수도 관리자로 하고 있다.

표 8-1. 재이용수 이용에 관한 기술상의 기준(수질기준 및 기술상의 기준)

	기준적용장소	수세용수	산수용수	수경용수	친수용수
대장균		불검출[1]	불검출[1]	비고참조[1]	불검출[1]
탁도		(관리목표치) 2도이하	(관리목표치) 2도이하	(관리목표치) 2도이하	2도이하
pH		5.8 - 8.6	5.8 - 8.6	5.8 - 8.6	5.8 - 8.6
외관		불쾌하지 않을 것	불쾌하지 않을 것	불쾌하지 않을 것	불쾌하지 않을 것
색도		—[2]	—[2]	40도이하[2]	40도이하[2]
냄새		불쾌하지 않을 것[3]	불쾌하지 않을 것[3]	불쾌하지 않을 것[3]	불쾌하지 않을 것[3]
잔류염소	책임분계점	(관리목표치) 유리잔류염소 0.1 mg/l 또는 결합잔류염소 0.4 mg/l 이상	(관리목표치[4]) 유리잔류염소 0.1 mg/l 또는 결합잔류염소 0.4 mg/l 이상[5]	비고참조[4]	(관리목표치) 유리잔류염소 0.1 mg/l 또는 결합잔류염소 0.4 mg/l 이상
시설기준		모래여과시설 또는 같은 수준 이상의 기능을 갖는 시설을 설치할 것	모래여과시설 또는 같은 수준 이상의 기능을 갖는 시설을 설치할 것	모래여과시설 또는 같은 수준 이상의 기능을 갖는 시설을 설치할 것	응집침전+모래여과시설 또는 같은 수준 이상의 기능을 갖는 시설을 설치할 것
비고		1) 검수량은 100 ml로 한다 (특정효소기질배지법) 2) 이용자의 의향 등을 포함하여 필요에 따라 기준치를 설정 3) 이용자의 의향 등을 포함하여 필요에 따라 냄새강도를 설정 4) 공급처에서 추가염소주입을 진행하는 경우에는 개별협정 등을 원칙으로 해도 좋음	1) 검수량은 100 ml로 한다 (특정효소기질배지법) 2) 이용자의 의향 등을 포함하여 필요에 따라 기준치를 설정 3) 이용자의 의향 등을 포함하여 필요에 따라 냄새강도를 설정 4) 소독의 잔류효과가 특별히 필요 없는 경우에는 적용하지 않음 5) 공급처에서 추가염소주입을 진행하는 경우에는 개별협정 등을 원칙으로 해도 좋음	1) 잠정적인 현행기준(대장균군수 1000 CFU/100ml)을 채용 2) 이용자의 의향 등을 포함하여 필요에 따라 기준치를 설정 3) 이용자의 의향 등을 포함하여 필요에 따라 냄새강도를 설정 4) 생태계 보전의 관점에서 염소소독 이외의 처리를 하는 경우가 있을 것 및 인간이 접하는 것을 전제로 하지 않는 이용이기 때문에 규정안 함	1) 검수량은 100 ml로 한다 (특정효소기질배지법) 2) 이용자의 의향 등을 포함하여 필요에 따라 기준치를 설정 3) 이용자의 의향 등을 포함하여 필요에 따라 냄새강도를 설정 4) 소독의 잔류효과가 특별히 필요 없는 경우에는 적용하지 않음 5) 공급처에서 추가염소주입을 진행하는 경우에는 개별협정 등을 원칙으로 해도 좋음

물의 재이용은 하수처리장의 처리수 공급 외에 건물별로 개별순환 시스템(이른바 건물 중 수도)을 설계하여 실시하는 경우가 있다(개별순환 시스템이라고 부르는 경우가 많다). 건물의 순환시스템 도입에는 대규모 상수도 및 하수도 요금 절감이라는 경제적인 장점도

표 8-2. 지방공공단체에 건축물내에 있는 잡용수 이용 촉진요강 등의 예

연면적		1일 최대(계획1일평균) 사용수량(급수량)	요강 · 지침명
오사카시 주[1]	〉5,000 m²	〉1,000 m³/일	대규모 건축물 건축계획의 사전협의에 관한 취급요령(1974년)
후쿠오카시	〉5,000 m²	–	후쿠오카시 절수형 물 이용 등에 관한 설치 요강(1979년)
도쿄도	〉30,000 m²	–	잡용수 이용에 관한 지도지침
사이타마현 남수도 기업단	–	〉130 m³/일	잡용수 이용촉진에 관한 요강
치바현 주[2]	〉30,000 m²	〉300 m³/일	잡용수 이용촉진에 관한 지도 요강
카가와현	〉10,000 m²	–	카가와현 잡용수 사용촉진 지도 요강

주1 : 양쪽 조건을 같이 만족할 필요 있음
주2 : 양쪽 조건 중 어느 한쪽을 만족하면 됨

표 8-3. 건축물에 대한 위생적 환경 확보에 관한 법률 및 동시행령에 잡용수 이용에 관한 기준

	건축물에 위생적 환경 확보에 관한 법률 및 동시행령, 동시행규칙[주]		
용도	수세용수	산수, 수경, 청소	냉각탑 및 가습장치에 공급하는 물
대장균	미검출		수도 수질기준에 적합한 물을 이용
탁도	–	2도이하	
pH	5.8~8.6		
외관	거의 무색투명해야할 것		
색도	–		
냄새	이상이 없을 것		
잔류염소	유리 0.1 mg/l 이상 결합 0.4 mg/l 이상		
원수	–	분뇨를 포함한 물을 원수로서 사용하지 않을 것	–

주 : 연면적 3,000 m² 이상의 사무소 등의 건물내에 적용

있지만 수자원이 부족한 대도시에서는 지자체의 요강이 마련되어 있어서 사실상 재생수 이용이 의무화되어 있다. 지방공공단체의 건축물 내에서 잡용수 이용촉진 요강 예를 표 8-2에 나타내었다. 요강이 마련된 곳은 도쿄도(東京都), 오사카시(大阪市) 등의 대도시와 후쿠오카시(福岡市), 카가와현(香川縣) 등 수자원이 부족한 지역임을 알 수 있다.

한편, 건축물 내에서 잡용수 이용은 『건축물에서 위생적 환경 확보에 관한 법률(통칭,

건물관리법)』에서도 수질에 대한 기준이 설정되어 있다(표 8-3). 『하수처리수의 재이용 수질기준 매뉴얼』이 재생수를 공급하는 하수도 사이드기준인 반면에 건물관리법은 잡용수의 공급을 받는 측의 기준이 되고 있다. 여기서 특징적인 것은 살수, 수경, 청소용수로서 분뇨를 포함한 원수를 처리한 물을 이용할 수 없다는 것, 냉각기 등 공조용 잡용수로서는 사실상 수돗물 이외의 사용은 곤란하다는 것을 들 수 있다.

5 하천에 대한 대처

1) 하천법 개정에 대하여

1896년 성립된 근대 최초 하천법의 목적은 주로 치수였다. 제2차 세계대전 후 일본은 고도 경제성장기를 맞이하면서 치수와 함께 수자원 문제가 급부상하여 1964년에 소위 신하천법이 법 개정 형태로 성립하였다. 이 법률의 특징은 수자원 확보, 즉 이수(利水)를 법의 목적에 명확히 하였다. 또한, 치수면(治水面)에서는 수계 일괄 관리의 관점 도입이 크고, 이것은 환경도 포함한 하천의 종합유역관리를 위한 기초를 만들었다고 할 수 있다. 신하천법 제1조에는 『유수의 정상적인 기능이 유지되도록 이것을 종합적으로 관리 한다』고 하였고, 이것을 근거로 하천 관리자가 하천환경에 대해서도 관리가 가능하다고 해석하였다. 그러나 최근 하천환경에 대한 관심이 높아지면서 하천에 대한 시민의 관심 고조 등을 배경으로 하천법 개정의 기운이 높아졌다. 이에 따라 1997년에 하천법을 개정하고 제1조의 목적에 『하천환경의 정비와 보전』을 앞세워 명확하게 하천환경을 하천관리의 목적으로 설정하였다. 또한, 하천정비계획 책정 즈음에 관계 주민 의견의 반영을 명문화하고 있다. 여기서 주의해야할 것은 법으로 정한 『하천환경』이 단순히 자연환경으로서만이 아니라 인간과 하천과의 관계, 사회 · 생활환경을 포함한 것으로 파악하고 있다는 것이다.

2) 다자연형 하천 가꾸기 · 자연 재생사업, 다자연 하천 가꾸기

1990년에 건설성(현 국토교통성)이 풍부한 생태계와 아름다운 경관 창조를 목표로 『다자연형 하천 가꾸기』를 시작하였다. 이전에도 요코하마시(横濱市)의 이타치천에서 선도적으로 하천환경을 배려한 하천공사가 실시되었지만, 본격화한 것은 1990년 이후이다. 이 다자연형 하천 가꾸기에 큰 영향을 준 것은 독일이나 스위스에서 실천하였던 근자연하천공법(近自然河川工法, Naturnaher Wasserbau)이다. 현재까지 다자연형 하천 만들기의 조건은 일본 전국에서 28,000건을 넘었고, 세계에서도 미국 다음으로 많은 건수이다. 다자연형 하천 가꾸기로 시작한 하천환경에 대한 움직임은 1997년 『하천환경 정비와 보전』을 목적으로 하천법이 개정되면서 더욱 가속화되었다. 하천도로 안쪽 중심의 물 환경에 대한 대처는 21세기에 들어서부터 보다 유역적인 대처로 변화되었다. 국토교통성은 1990년에 『다자연형 하천 가꾸기 실시 요령』을 마련하고, 2002년 자연 재생사업을 시작하였으며, 2003년 자연 재생추진법 시행에 따라 이들을 지원하는 체제가 확립되었다. 유역적인 대처의 대표적인 예로서는 쿠시로(釧路) 습원(湿原)에서의 자연 재생사업을 들 수 있다.

1990년에 다자연형 하천 가꾸기가 시작된 이후 다자연형 하천 가꾸기가 정착하고 있지만, 한편으로는 여전히 획일적인 표준 횡단형으로 계획하거나 하상 및 물가를 단조롭게 하는 등의 문제시 되는 하천 가꾸기도 많이 볼 수 있었다. 따라서 지금까지 다자연형 하천 가꾸기 현상을 검토하여 『다자연형 하천 가꾸기 실시 요령』을 폐지하고, 다자연 하천 가꾸기의 새로운 전개를 도모할 『다자연 하천가꾸기 기본지침』을 2006년에 마련하였다. 여기에는 ①모델 사업적인 『다자연형 하천 가꾸기』에서 『다자연 하천 가꾸기』로, ② 『다자연 하천 가꾸기』를 모든 하천 만들기의 기본으로 하고, ③하천 가꾸기의 모든 과정을 통하여 『다자연 하천 가꾸기』를 실현하는 것을 기본으로 하고 있다(그림 8-4).

3) 하천정화 대책

하천의 수질정화는 하수도 정비가 효과적이지만, 시간과 경비가 소요되기 때문에 생각하는 것처럼 사업이 진전되지 않는 것이 있다. 또한, 생활배수 이외에 공장폐수나 농업배수 등으로부터 부하저감 대책이 필요한 경우가 있다. 이 때문에 하수도 정비까지 잠정적인 하천정화 대책으로서 1980년대부터 하천의 직접정화가 실시될 수 있도록 하였다. 그 대표적인 것이 력간접촉산화법(礫間接觸酸化法)이라 부르는 것이 있다. 이 방법은 1983년에 건설성(현 국토교통성)이 타마천(多摩川)의 지천인 노천(野川)의 정화시설로 설치한 것이 최초이다. 그 후 많은 직할 하천에 유입되는 오염지천의 합류부에 설치되었다. 하천의 고수부(高水敷)를 사용한 정화법은 조약돌 이외에도 플라스틱이나 목탄 등의 접촉재를 이용한 접촉산화법이 있으며, 최근에는 습지정화법 등 자연의 정화작용을 활용한 방법이 증가하고 있다.

하천의 정화대처로서는 하천관리자, 하수도관리자 등 유역 관계자가 일체가 되어 물 환경 개선을 도모하는 물 환경 개선 긴급행동 계획(청류(清流) 르네상스21)이 있다. 국토교통성에서는 2000년도를 목표로 수질오염이 현저한 하천, 호소, 댐저수지 등의 수질개선을 도모하기 위하여 1993년도부터 전국 30개소에 지역대처와 일치하게 하천 사업이나 하수도 사업을 중점적으로 실시하고, 과반수가 목표를 달성하는 등 일정한 성과를 얻었다.

2001년 이후에는 수질개선 이외에 새로운 수량(水量) 개선을 시행하고 있으며, 그 대상으로서 하천, 호소, 댐저수지는 물론 새롭게 도시 하수로를 추가하고, 지역과 일체가 되어 책정한 『제2기 물 환경 개선 긴급행동 계획(청류(清流) 르네상스II)』에 근거하여 물 환경 개선 시책을 추진하고 있다(그림 8-5).

새롭게 대상이 되는 하천(하천, 도시 하수로, 호소, 댐저수지 등)은 그 지역의 시정촌(市町村)이 물 환경 개선에 적극적으로 대처하는 사이에 다음의 어느 쪽인가에 해당하는 하천의 구간(호소수질보전특별조치법에 근거한 지정호소 제외)을 계획의 대상으로 하였다.

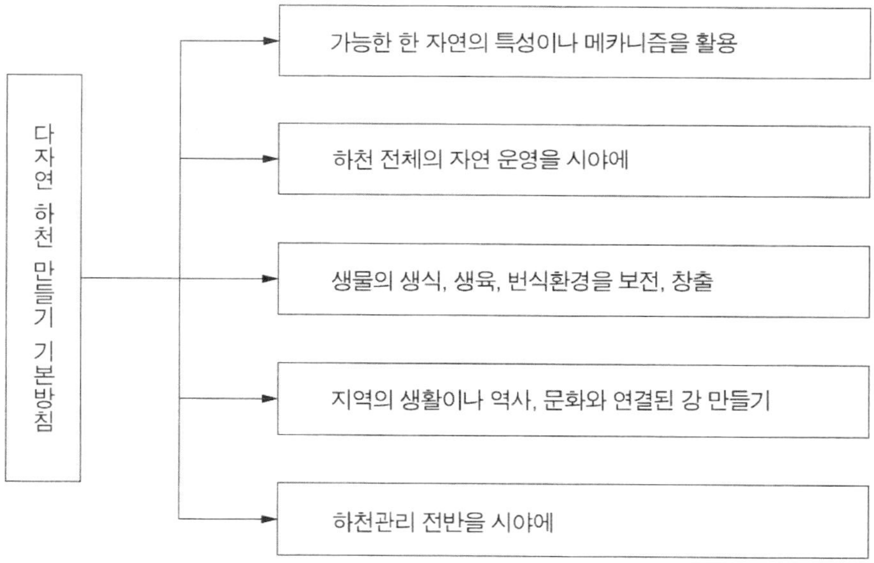

그림 8-4. 다자연 하천 만들기 기본방침

· 수질오염이 현저한 하천
· 미세조류, 이취미(異臭味) 등 부영향화가 현저한 호소(댐저수지를 포함)
· 평상시 유량이 현저히 감소하고, 자연환경, 경관, 친수활동이 손상된 하천

·『청류(淸流) 르네상스21』의 대상 하천 중 계속적 · 긴급적 · 중점적인 대처가 필요한 하천
· 그 외 수질 또는 수량 악화가 사회문제화 되는 하천

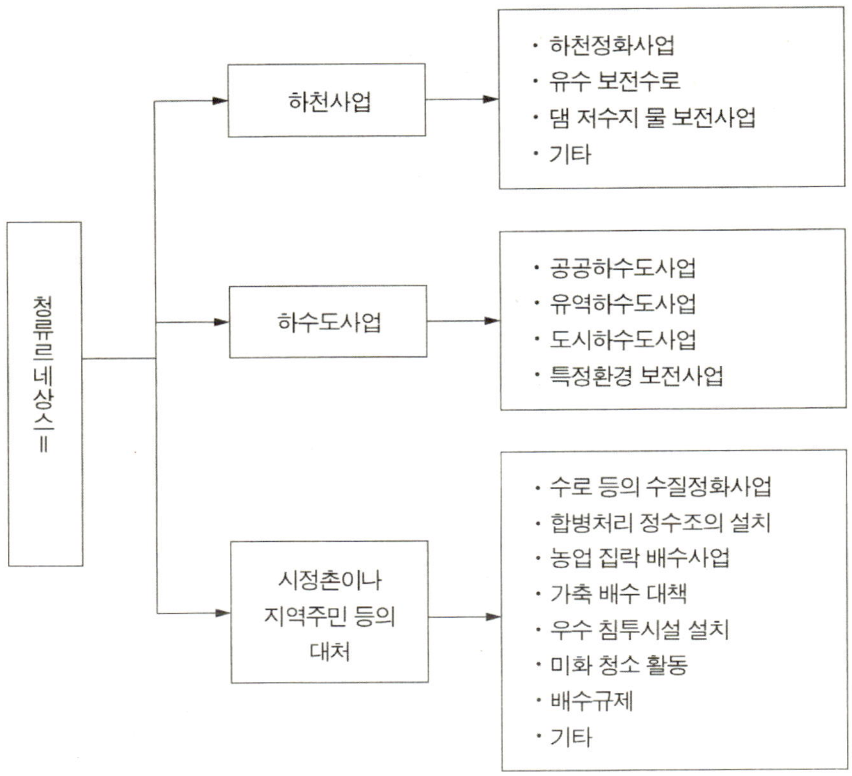

그림 8-5. 청류(淸流) 르네상스II의 개념도

2001년 8월에 전국 22개소를 계획 대상 하천으로 선정하고, 2002년도에도 전국 12개소를 새롭게 선정하였다(그림 8-6).

34개소 계획 대상 하천은 그 지역의 시정촌(市町村), 하천 관리자, 하수도 관리자 등으로 구성된 지역협의회를 설치하였고, 10년 이내를 목표 연차로 물 환경 개선 긴급행동 계획을 마련하였다. 지역협의회의 구성기관은 이에 근거하여 각 기관 연대 하에 물 환경 개선 시책을 긴급적 · 중점적으로 실시함으로서 물 환경 개선을 도모하고자 하는 것이다.

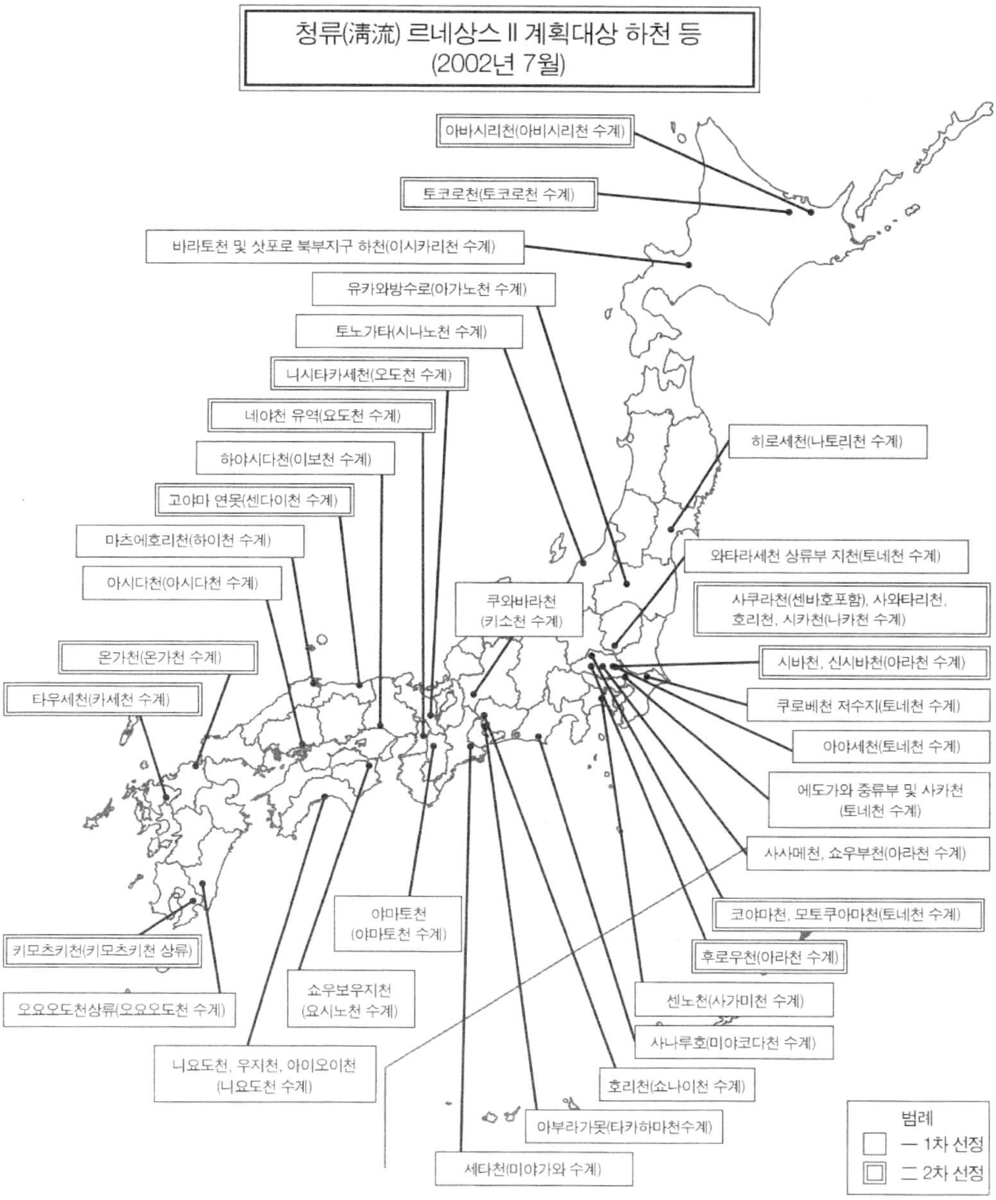

출처 : 국토교통성 홈페이지

그림 8-6. 청류(淸流) 르네상스II의 대상하천

제9장

수도수원(水道水源)의 수질보전대책

참조 ➡ 제3장 2절, 3절

1 일본에서 수도수원(水道水源)의 수질보전 개념

수도는 일상생활이나 사회활동을 유지하는 중요한 사회 기반으로서 모든 국민이 안심하고 이용할 수 있는 수돗물을 안정하게 공급할 수 있어야 된다. 일본에서 수도수는 수도 수질기준을 만족하도록 원수의 수질에 대응한 수도시스템을 정비 · 관리함으로서 안전이 확보될 수 있지만, 여전히 공장배수 유입 등 수질오염 사고나 이취미(異臭味) 피해가 매년 발생하고 있는 실정이다. 또한, 크립토스포리디움(cryptosporidium) 등 내염소성 병원미생물, 농약 등 미량화학물이나 소독부산물의 전구물질에 의한 오염은 현재 수도의 수질관리상 큰 문제이다. 안심 · 안전한 수도수를 확보하기 위해서는 수원(水源)에서 급수전(給水栓)에 이르는 종합적인 수질관리를 실현하는 것이 중요하다. 『수원관리는 먹는 물 예방관리를 위해 필수적이며, 원수(原水)의 미생물학적 및 화학적 오염방지는 공중위생상에 우려가 되는 먹는 물 오염에 대한 첫 번째 장벽[1]』이 된다. 또한, 수질이 양호한 수원을 확보하고, 수원 수질을 양호한 상태로 유지할 필요가 있다. 일본은 수도 수원으로서 표류수를 많이 이용하고 있기 때문에 공공용공수역에서 수질오염에 따른 영향이 커서 공공용수역의 수질보전이 매우 중요한 과제이다.

수도수원(水道水源)의 수질보전에 관한 법률을 그림 9-1에 나타내었다. 일본에서는 환경기준법에 근거한 수질의 환경기준치 설정, 수질오탁방지법에 근거한 공공용수역 전반에 걸친 배수기준 설정에 따라 공공용수역에서 수질이 보전되고 있다. 그 외에도 호소수질보전특별조치법, 하수도법, 하천법, 농약단속법 등은 일반적인 수질보전 대책에 관한 것이고, 간접적으로 수도원수(水道原水)인 수원의 수질보전에 연관되어 있다. 또한, 수도수원(水道水源)의 수질보전에 직접 관련된 법 · 제도로서 1994년 3월에 제정된 『수도원수수질보전사업의 실시 촉진에 관한 법률』 및 『특정수도 이수 장애방지를 위한 수도수원(水道水源) 수역의 수질보전에 관한 특별조치법』이 있다(상세한 것은 뒤에서 설명함). 이들 법률은 수도원수의 오염 수준이 높기 때문에 수도사업체 만의 노력으로서는 수도 수질기준을 만족하는 수도수를 확보하기 곤란한 경우에 적용된다.

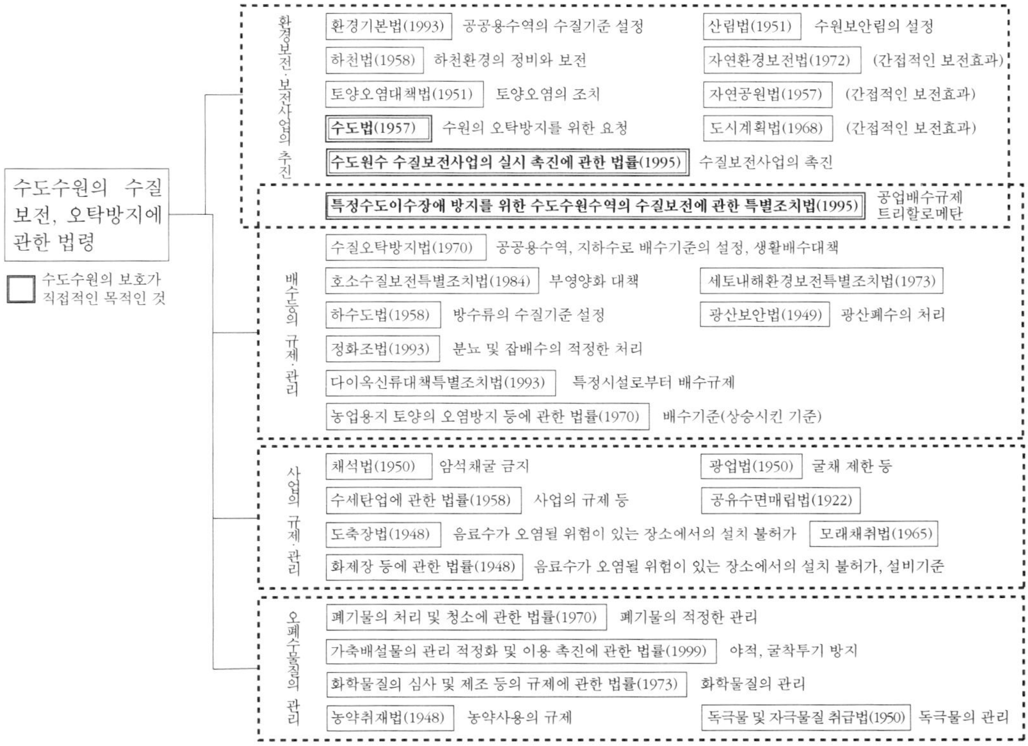

그림 9-1. 수도수원(水道水源)의 수질보전 · 오염방지에 관한 법률

2 수도수원(水道水源)의 오염상황

수도수원(水源)에는 하천수, 댐 · 호수의 저류수(貯留水, 댐의 물) 등의 지표수나 깊은 우물, 얕은 우물, 복류수(伏流水: river bed water) 등의 지하수가 있다. 그림 9-2에 수원의 종류별 연간 취수량(실적값[2])을 나타내었다. 2006년 연간 취수량은 162.4억m^3이었고, 7할 이상이 지표수였다. 수원의 종류별 비율은 댐수 45.8%, 하천수 26.0%, 깊은 우물 13.3%, 얕은 우물 6.9% 순이었다.

환경기준 『생활환경 보전에 관한 환경기준(이하 생활환경 항목이라 함)』에는 하천의 경우 AA, A, B 각 유형에 따라 각각 수도 1급 『여과 등에 의한 간단한 정수처리를 행하는 것』, 수도 2급 『침전 여과 등에 의한 통상 정수처리를 행하는 것』, 수도 3급 『전처리 등을 동반한 고도 정수처리를 행하는 것』 등 3단계 정수처리 수준이 설정되어 있다. 그림 9-3에 나타낸 바와 같이 환경기준 B 유형에 속하는 물을 수도원수로 이용하고 있는 곳은 수도수를 보다 안전하고 쾌적하게 하기 위하여 전염소, 급속사 여과방식에 오존이나 활성탄 흡착과 같은 고도 정수처리 과정을 도입한 정수처리 시설로 개량할 필요가 있다. 그렇지만, 중소규모의 수도사업에서는 고도 정수처리 과정을 도입하는 것은 재정적인 면에서 어렵고, 또한 정수처리에 의한 대처에는 스스로 한계가 있기 때문에 안전 · 쾌적한 수도수 확보를 위해서는 수원오염에 대한 근본적인 대책 확립이 필요하다.

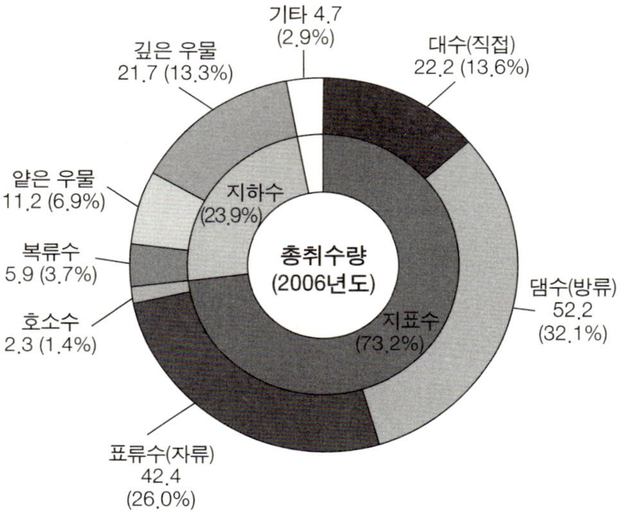

단위: 억㎥
( )속은 구성비
그림 중 댐수(직접), 댐수(방류)라는 것은 각각 댐으로부터 직접도수로 등에 의해 취수하는 물, 댐 등에 의존하여 하류에서 취수하는 물을 나타낸다.

그림 9-2. 상수도 및 수도용수 공급사업 수원의 종류별 취수량(2006년도)[2]

총수도수 오염의 단적인 예로서 댐과 호수의 부영양화에 따른 이취미(異臭味) 문제가 있다. 그림 9-4에 이취미(異臭味) 피해발생 상황을 나타내었다. 이것은 수도원수가 곰팡이 냄새에 의해 이취미(異臭味) 피해를 받아서 응급적인 대처를 행한 수도사업자의 숫자와 급수주에서 이취미(異臭味) 피해를 받은 이용자 숫자를 수도사업자(전용수도 제외)를 대상으로 전국의 도도부현(都道府縣)에서 수행한 조사결과이다. 이취미(異臭味) 피해 인

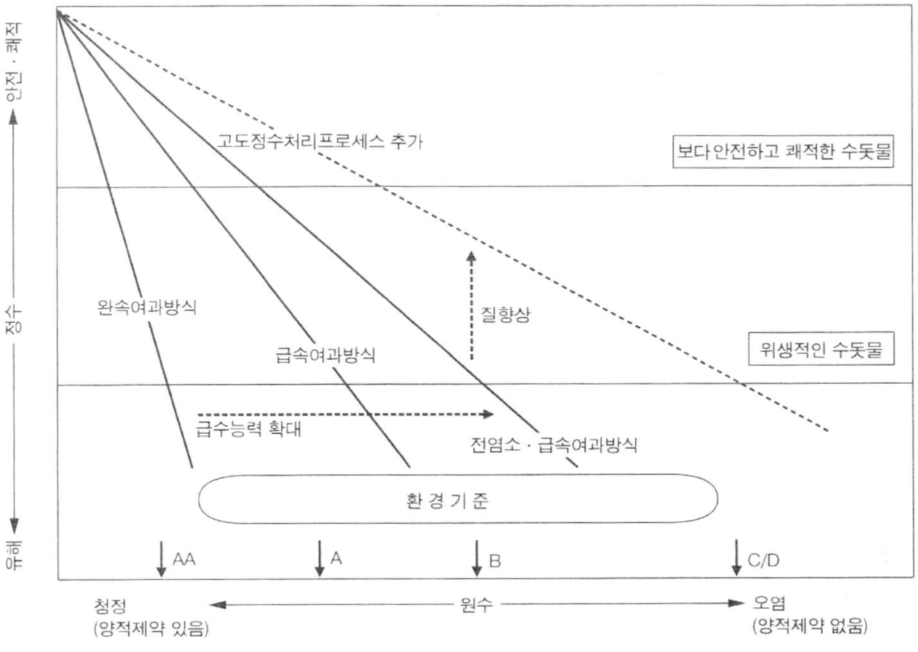

그림 9-3. 수도원수와 정수처리방식의 선정[眞柄(2004)[3]의 그림을 일부 변경]

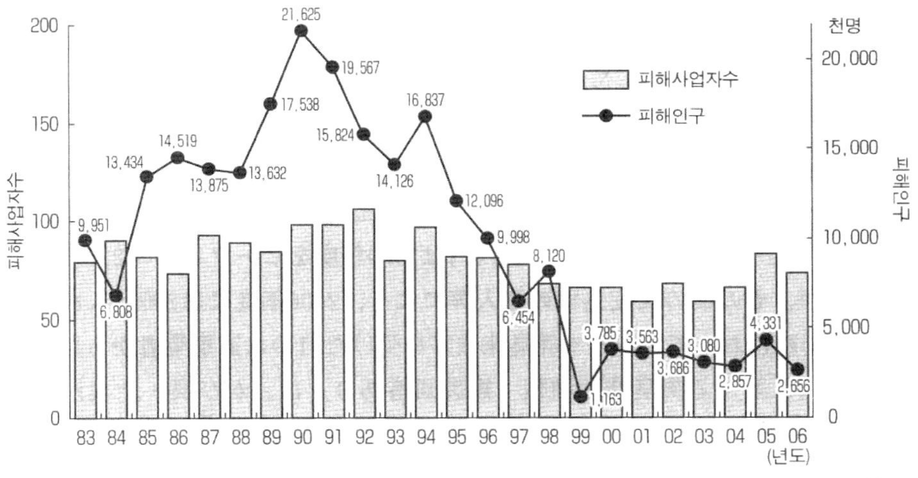

그림 9-4. 수도에서 이상한 냄새에 의한 피해사업자 수 및 피해인구의 경년변화[4]

구는 1990년도를 peak로 일시에 2,000만명까지 증가했지만, 그 후 고도 처리 도입에 의해 2006년에는 200만명까지 감소하였다. 2006년에는 정수로 이취미(異臭味) 피해를 받은 31명의 수도사업자로부터 보고된 전체 44건의 사례에 대한 이취미(異臭味) 종류(복수 회답도 포함)는 곰팡이 냄새 및 토양냄새가 60%를 차지하고, 다음으로 식물성 유발냄새 24%, 어류의 비린냄새 14%, 약품 유발냄새 2% 순이었다[(4)].

일본에서는 수도원수로서 지표수가 차지하는 비율이 높고, 배수에 의한 돌발적인 수원 오염사고 발생과 수도수의 공급에 지장을 초래하는 사례가 많이 나타나고 있다. 후생노동성은 매년 수도사업자가 일반적으로 예측할 수 없는 수도원수의 수질변화에 의해 수도수 공급에 문제가 발생하고, 취수 · 급수의 제한, 단수 및 특수약품(분말활성탄) 사용 등에 의한 『수질오염사고』 피해에 대하여 조사하고 있다.

1982~2006년의 수질오염사고 발생[(4)]은 그림 9-5에 나타낸 바와 같다. 수질오염사고에 의해 피해를 받은 수도사업자의 수는 매년 80건 전후였으나, 2006년에는 89개의 사업체에서 피해가 보고되었다. 이것은 전체 수도사업자 17,041(2006년 말)의 약 0.5%에 달한다. 2006년에 수질오염사고에 의해 피해를 받은 수원은 전체 112개 수원이었고, 그 중 지표수가 88개소(79%), 복류수(伏流水) 6개소(5%), 지하수 15개소(13%), 기타 3개소(3%)로서 지표수에서의 피해가 가장 뚜렷이 나타났다. 그림 9-6은 2002년에서 2006년까지 최근 5년에 걸친 수질오염사고의 발생건수(전체 928건)를 수질항목별로 표시한 것이다. 수질오염사고의 원인으로는 유류가 503건(54%)으로서 전체의 절반 이상을 차지하고, 다음으로 유기물에 의한 오염 99건(11%), 악취 67건(7.2%), 탁도 55건(5.9%) 이었다.

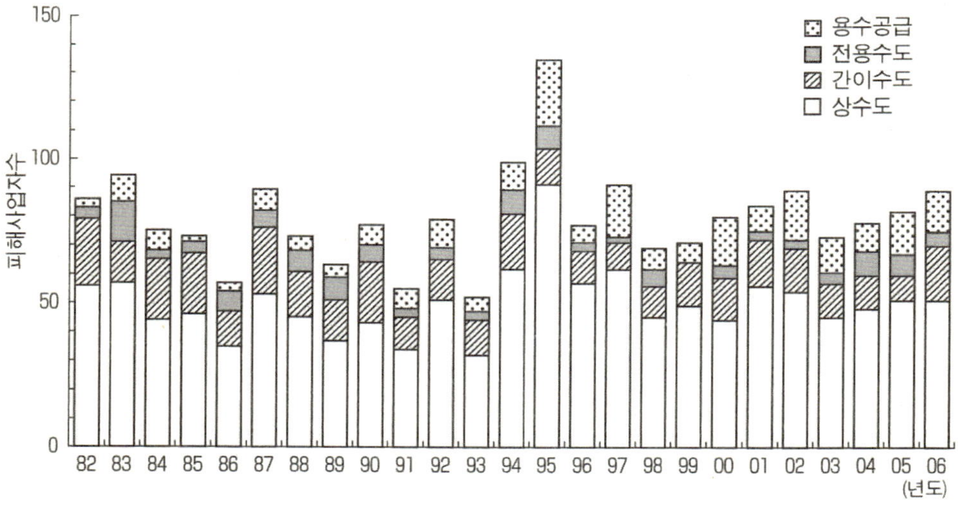

그림 9-5. 수질오염사고에 의해 피해를 받은 수도사업자수의 경년변화[(4)]

2006년 224건의 수질사고 원인의 반수 이상은 밝혀지지 않았지만, 특정한 원인(배출원)으로는 공장 14.3%, 차량 8.9%, 토목공사 5.8%, 농업 · 축산업 2.2% 였다[(4)].

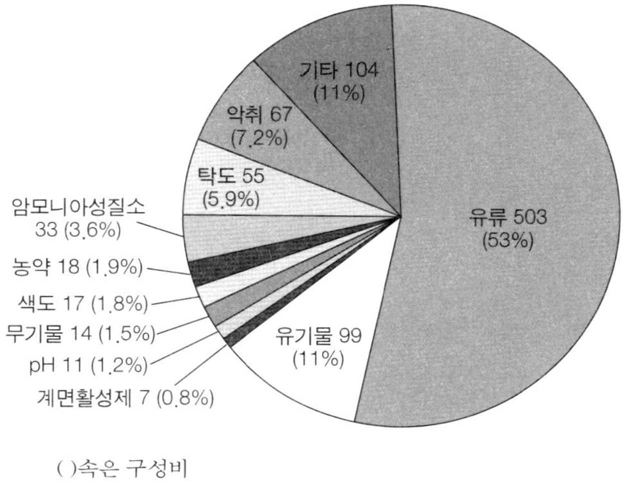

그림 9-6. 최근 5년간(2002~2006년)의 수질항목별 수질오염 사고 발생 건수(총 928건)[(4)]

3 수원2법(水源二法)과 수도수원(水道水源)의 수질보전 대처

1) 수원2법과 그 대처상황

1957년 제정된 수도법에서 국가와 지방자치단체는 수도수원(水道水源)의 청결보존에 필요한 시책을 강구함과 함께 국민도 그 청결보존에 동참할 것(제2조), 그리고 수도사업자는 필요에 따라 관계 행정기관에 대한 수원의 수질오염방지에 관하여 적당한 조치를 요청할 수 있을 것(제43조) 등을 정하였다. 그러나 수도사업자에 의한 구체적인 대처방법은 어디에도 정해져 있지 않기 때문에 이 조항이 실제로 적용된 것은 거의 없었다. 또한, 환경행정에서 수질환경기준을 정하고 있는 환경기본법, 배수규제를 정하고 있는 수질오탁방지법을 시작으로 호소수질보전특별조치법, 하수도법, 하천법, 농약단속법 등 수도수원(水道水源)의 수질보전에 관련된 법률은 많지만, 이것들은 간접적인 관련이 있을 뿐 효과적인 추진을 위한 구체적인 방법과 절차가 수도법의 경우와 같이 명확히 규정되어 있지 않았다.

이와 같은 상황에 따라 수도사업자에 대한 감독책임을 가진 후생성(당시)에 의해 『수도수원(水道水源)의 수질보전에 관한 전문가(有識者) 간담회』가 개최되어 그 제언을 포함한 보고서가 1993년 2월에 정리되었다. 이를 계기로 후생성 생활환경심의회 및 환경청 중앙공해대책심의회(모두 당시)에 의해 수도원수 보전의 필요성에 관한 답신을 정리할 수 있었다. 이와 같은 경위에 근거하여 후생성(당시), 농림수산성 및 건설성(당시)이 주관한 『수도원수 수질보전사업의 실시 촉진에 관한 법률』(사업촉진법), 및 환경청(당시)이 주관한 『특정 수도이수 장애 방지를 위한 수도수원(水道水源) 수역의 수질보전에 관한 특별조치법』(특별조치법)이 모두 1994년 3월에 제정되어 같은 해 5월에 시행되었다. 이들 2개 법을 『수원2법』이라고 불렀고, 이것에 의해 수도사업자가 수원의 보전을 전국 도도부현(都道府縣)에 요청할 수 있게 되었다.

사업촉진법은 트리할로메탄(trihalomethane)이나 이취미(異臭味) 등에 의한 수도수원(水道水源) 오염에 대처하기 위하여 수도의 취수구 상류지역(15-20 km까지 범위)에서 하수도, 합병처리정화조 정비사업, 하천의 수질정화사업 등을 촉진할 것을 목적으로 한 것이다. 한편, 특별조치법은 트리할로메탄(trihalomethane) 생성 능력에 한하여 수도수원(水道水源) 오염에 대처하기 위한 공업배수의 규제 등을 목적으로 한 것이다. 이 법률에서 수도사업자는 특정 수도이수 장애(수도수질기준을 만족하지 못한 상황)가 발생할 우려가 있으며, 그 상황에 대한 조치로 장애를 방지하기 곤란할 때는 오염에 관련된 수역(지정수역) 및 지역(지정지역)으로 지정하기 위해 전국 도도부현(都道府縣) 지사를 통하여 환경성장관에게 요구할 수 있다.

사업촉진법과 특별조치법과의 관계를 표 9-1에 나타내었다. 이 2개의 법률은 밀접하게 관련이 있기 때문에 한 가지 법률에 의해 수도사업자가 요청한 경우 다른 법률에 의해 요청한 것으로 간주되는 것은 물론 기본방침의 조화규정이나 양 법률에 의한 계획을 하나로 책정할 수 있도록 하고 있다.

1994년 5월 시행부터 2007년 3월말 시점까지 사업촉진법에 근거하여 8개의 수도사업자로부터 계획 책정 요구가 있어서 각 도도부현(都道府縣) 계획이 책정되었다(후생노동성 건강국 수도과 조사). 그 중 1건에 대해 하천관리자 사업계획이 책정되었다. 이들 계획 책정 요청의 원인이 된 수질문제(중복 있음)는 『트리할로메탄(trihalomethane) 관련 항목의 기준치 초과 우려』가 7건, 『취수지점 등에 의한 유기물오염지표(BOD, COD)의 환경기준치 초과』가 3건 『생활배수나 축산배수의 유입에 의한 수질악화, 조류증식』이 2건, 『암모니아성 질소(염소요구량)의 농도가 높고, 잔류염소의 관리가 곤란』이 1건 이었다. 전국 도도부현(都道府縣) 계획의 사업내용은 하수도 시설의 정비, 농촌집락 배수처리시설의 정비, 합병처리정화조 정비, 가축 분뇨 비료화시설의 정비 등 이었다. 또한 하

표 9-1. 수원2법『사업촉진법』 및 『특별조치법』의 내용(문헌[5][6]을 기초로 작성)

법령명	수도원수 수질보전 사업의 시행 촉진에 관한 법률(1994년 법률 제8호)	특정 수도이수 장애 방지를 위한 수도수원(水道水源)수역의 수질보전에 관한 특별조치법(1994년 법률 제9호)
명칭,통칭	사업촉진법, 수도원수법(원수법)	특별조치법, 수도수원(水道水源)법(수원법)
교부	1994년 3월 4일	1994년 3월 4일
소관	후생노동성, 국토교통성, 농림수산성 및 환경성	환경성
목적	사업실시 촉진조치에 의해 안전과 양질의 수도수 공급을 확보하고 공중위생의 향상 및 생활환경 개선에 기여할 것	계획책정, 사업실시, 규제조치에 의한 수도수원(水道水源)수역의 수질보전을 도모하고, 국민의 건강을 보호할 것
방법	- 수도원수 수질보전사업 실시 촉진에 관한 기본방침 책정 - 수도사업자에 의해 요청을 받고 전국 시도군은 수도원수 수질보전사업 실시를 촉진하는 계획(내용, 기간, 비용 등)을 책정	- 특정 수도이수 장애 방지를 위한 수도수원(水道水源) 수역의 수질보전에 관한 기본 방침 책정 - 특정 수도이수 장애 방지를 위해 환경성장관에 의한 지정수역, 지정지역의 지정, 전국 도도부현 지사에 의한 수질보전 계획의 책정 및 특정 배수 기준의 책정 등
내용	대상으로 하는 『수도원수 수질보전사업』 - 하수도 정비 - 분뇨처리시설 정비 - 합병처리 정화조 정비 - 가축 분뇨의 퇴비화시설 정비 - 수도용으로 공급하는 토지에 인접한 토지취득 - 하천의 준설, 도수 등의 사업	지정수역의 수질보전을 위한 시책 - 수질보전에 관한 계획, 수질보전에 이바지하는 사업 시행 - 수질오염 방지를 위한 규제, 생활배수 대책 추진
대상범위	수도수질 오염에 어느 정도 관련이 있는 구역(수도 취수구 상류지역 15-20 km까지 범위)	지정수역 및 지정지역(수도사업자가 전국 도도부현 지사에게 신청하고 환경성장관이 지정)
대상으로 하는 오염	소독부산물 원인물질, 이취미(異臭味) 등 수도문제에 폭넓게 대응	정령(政令)에 정한 수도원수의 정수처리에 따라 부차적으로 생성한 물질[정령에서 클로로포름(chloroform), 브로모디클로로메탄(bromodichloromethane), 디브로모크로로메탄(dibromochloromethane) 및 브로모포름(bromoform)지정]의 원인물질 [트리할로메탄(trihalomethane) 생성능]
특징	- 수도사업체에 의해 전국 시도군으로 계획요청 - 국가와 지방공공단체는 동 계획에 따라 사업 실시에 필요한 자금 확보 등의 지원	- 공장 등 사업소로부터 배수규제가 주된 것이며, 벌칙을 규정 - 방침, 목표, 조치, 규제를 포함한 종합적인 계획 『수질보전계획』 책정
법제적인 위치 정의	수도법이나 하천법 등 특례법	수질오탁방지법 등 특례법
시행 관련 법령	- 수도원수 수질보전사업의 실시 촉진에 관한 법률시행령(수도사업에 의한 전국 도도부현의 요청 방법 등) - 수도원수 수질보전사업 실시 촉진에 관한 법률시행규칙(수질검사방법 등)	- 특정 수도이수 장애방지를 위한 수도수원(水道水源) 수역의 수질보전에 관한 특별조치법시행령(대상물질이나 대상시설 내용) - 특정 수도이수 장애방지를 위한 수도수원(水道水源) 수역의 수질보전에 관한 특별조치법시행규칙(시설설치의 신고방법)

천관리자 사업계획의 사업내용은 하천수의 직접정화였다. 그리고 2008년 11월 현재 특별조치법에서 정한 지정수역과 지정지역 지정은 이루어지지 않았다.

2) 도도부현(都道府縣), 시정촌(市町村), 수도사업체의 수도수원(水道水源) 보전 대처

전국 도도부현(都道府縣), 시정촌(市町村), 수도사업체에서는 수도수원(水道水源) 보전을 독립적으로 대처하고 있는 예가 많았다. 후생노동성이 2007년 3월[7]에 실시한 설문조사에 의하면 25개 도도부현(都道府縣) 및 657개의 수도사업체나 시정촌(市町村) 등에서 수도수원(水道水源) 보전을 위한 대처가 이루어졌다. 대처 상황은 표 9-2와 같다. 그 내용은 유역 관계자에 의한 유역협의회의 조직, 참가, 수도수원(水道水源)의 보호나 지하수 보전 및 환경보전 조례 · 요강 제정, 상류의 수원함양림 취득이나 관리, 수원림의 정비 등을 위한 기금 운영, 수원 상류역의 합병처리정화조 정비 등 배수처리시설의 정비에 대한 원조 등이다.

표 9-2. 수원보전에 관한 내용별 대처상황(2007년 3월 현재)[7]

수원보전 대처내용	수원보호 등의 조례제정	수원보호 등의 요강 · 요령제정	기금제정	수원함양림에 의한 기여	유역협의회 조직 · 참가	상류배수처리시설 원조	기타
도도부현(都道府縣)	6	1	5	6	12	1	3
도도부현 수도사업	0	1	1	3	24	1	1
시(市)	106	31	35	89	198	16	86
정(町)	44	9	6	15	75	5	37
촌(村)	3	2	2	3	6	2	2
단체	1	1	4	11	33	0	13
계	160	45	53	127	348	25	142

4 수도수질기준

수도에 의해 공급되는 물이 갖추어야할 요건이 수도 수질기준이며, 수도법 제4조에서 그 요건이 규정되어 있고, 후생노동성령에 의해서 수도수질기준이 정해져 있다. 현재 일본에서의 수도수질기준 구조를 그림 9-7에 나타내었다.

수도수질기준 항목은 사람의 건강에 악영향을 미치지 않는 것을 기준으로 한 건강에 관련한 항목과 맛과 세탁물의 착색 등의 생활 이용 상의 지장을 주지 않는 것을 기준으로 한 수도수에 반드시 필요한 성상에 관한 항목이 있으며, 전국에 일률적으로 적용되고 있다. 각 수도사업자는 수도법 제20조에 의거하여 수질검사를 수행하며, 이 기준을 반드시 만족해야 한다. 또한, 수도수질기준은 최신의 과학적 근거에 따라 항상 재검토가 이루어지도록 되어 있다. 2008년 11월 현재 51개 항목이 수도수질기준으로 설정하고 있다(부록 표 3-1).

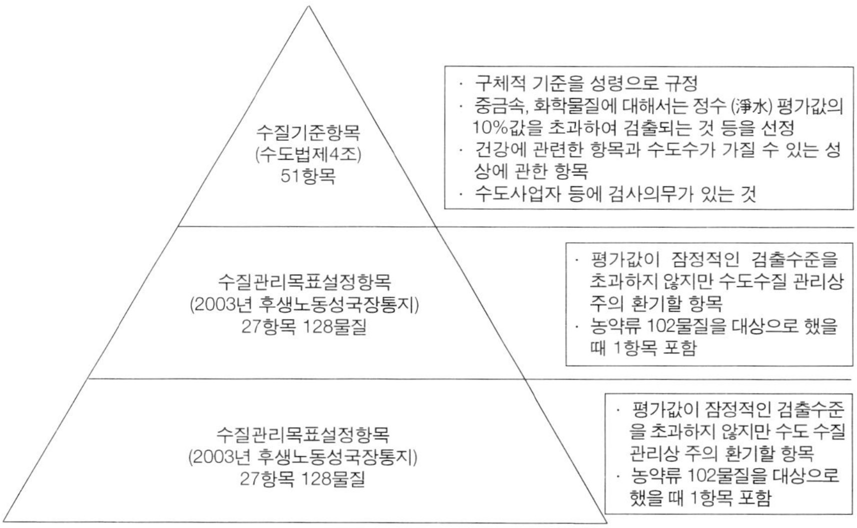

그림 9-7. 일본의 수도수질기준(자료를 일부 가필)[13] 수질기준항목

또한, 수도수질기준을 보완하여 수도수질기준에 준한 검사를 요청하고 있는 『수질관리 목표설정 항목』, 후생노동성의 실태조사에 따른 조사연구를 추진하고 있는 『요검토 항목』이 있다(부록 표 3-2). 이것들은 행정 통지에 의해 설정하고 있다.

수질관리 목표설정 항목은 장래의 수도수 안전성 확보에 만전을 기하는 견지에서 수도사업자가 수질기준에 관한 검사에 준하여 체계적, 조직적인 감시에 의해 그 검출상황을 파악하고, 수도수질 관리 상 유의해야할 것[8]으로 정수 중에서 일정한 검출 실적은 있지만, 독성평가가 잠정적이기 때문에 수질기준으로 되지 않았던 것 또는 현재까지 정수 중에서는 수질기준으로 할 필요가 있는 농도에서 검출되지는 않았지만, 향후 해당 농도를 초과하여 정수 중에서 검출될 가능성이 있는 것[9]으로 되어 있다. 2008년 11월 현재 수도관리 목표 설정 항목으로 15개 건강 관련 항목과 12개 성상 관련 항목이 제시되어 있다. 그리고 농약류는 건강 관련 항목의 하나로 되어 있으며, 다음 식으로 구하고 있는 지표값(검출값과 목표값과의 합)이 1을 초과하지 않는 총 농약 방식에 의해 평가된다.

$$DI = \sum_i \frac{DV_i}{GV_i}$$

여기서 DI는 검출지표 값, DVi는 농약 i의 검출 값, GVi는 농약 i의 목표 값이다. 2008년 11월 현재 농약류로서 102개 물질이 대상으로 되어 있다.

주요 검토항목은 2003년 4월 28일 후생과학심의회의 답신[10]에서 표시된 독성평가가 정해져 있지 않거나, 정수 중 존재량이 불분명 한 것 등의 이유에서 수질기준 항목 및 수질관리 목표설정 항목 어느 쪽도 분류할 수 없는 것[11][12]으로서 다음 기준 개정 시에 적절한 판단이 가능하도록 필요한 정보, 자료 수집에 노력할 것[10]으로 되어 있다.

수질검사를 하는 항목은 수도법 시행규칙(2003년 9월 29일 개정)에 나타나있다. 색도, 탁도 및 소독의 잔류효과는 후생노동성령에서 정한 수질기준 항목이고, 수질검사 빈도도 수도법 시행규칙에 규정되어 있다. 수질항목에 의해 1일 1회 이상 행한 매일검사, 1개월에 1회 이상 행하는 검사, 3개월에 1회 이상 행하는 검사로 분류된다. 또한 합리적, 효율적인 수질검사를 실시하기 위하여 모든 수도사업자에 대해 검사를 의무화한 항목은 기본적인 것에 한정하고 있으며, 지역의 실정에 맞추어 검사 빈도를 줄이거나 검사항목을 생략할 수 있다.

참고문헌

(1) 國包章一,遠藤卓郎,西村哲治(監譂)「WHO 飲料水 水質 ガイドライン第3版」"(日本水道協會,2008年)

(2) 厚生勞働省健康局水道課 平成18年度水道統計-施設.業務編)第89-1号(2008年)

(3) 眞柄泰基「流域の水管理, 水循環のトータルシステム」土木學會論文集 762/VII-31 pp. 15-20 (2004年)

(4) 厚生勞動省健康局水道課「水質汚染事故による水道の被害及び水道の異臭味被害狀況について」水道水質の被害狀況等調査(平成18年度), 厚生勞動省健康局水道課ホームページ
http://www.mhlw.go.jp/topics/bukyoku/kenkou/suido/kikikanri/01.html

(5) 水道水源實務研究會(編)「水道の水はどこから-水道水源開發Q&A-(改訂版)」(日本水道新聞社, 2004年)

(6) 小林康彦(編)「水道の水源水質の保全 安全でおいしい水を求める日本・歐美の制度と實踐」(技報堂, 1994年)

(7) 厚生勞動省健康局水道課「水道水源の保全に關する取組み狀況調査について(平成19年 3月)」厚生勞動省健康局水道課ホームページ
http://www.mhlw.go.jp/topics/bukyoku/kenkou/suido/jouhou/suisitu/06.html

(8) 各都道府縣知事・政令市長・特別區長あて厚生勞動省健康局長通知「水質基準に關する省令の制定及び水道法施行規則の一部改正等について」2003年 10月 10日・健發第1010004号

(9) 各都道府縣知事・政令市長・特別區水道行政擔當部(局)長あて厚生勞動省健康局水道課長通知「水質基準に關する省令の制定及び水道法施行規則の一部改正等並びに水道水質管理における留意事項について」2003年 10月 10日・健水發 第1010001号

(10) 厚生科學審議會「水質基準の見直し等について(答申)」(2003年)

(11) 各都道府縣水道行政擔當部(局)長あて厚生勞動省生活衛生局水道環境部水道整備課長通知「水道水質管理計劃の策定に当たっての留意事項について」1992年 12月 21日・衛水 第270号

(12) 各都道府縣水道行政擔當部(局)長あて厚生勞動省健康局水道課長通知「「水道水質管理計劃の策定に当たっての留意事項について」の一部改正について」2004年 1月 22日・健水發 第0122002号

(13) 厚生勞動省健康局水道課「水道水質基準について)」ホームページ
http://www.mhlw.go.jp/topics/bukyoku/kenkou/suido/kijun/index.html

제10장

수질모니터링

참조 ➜ 제3장

1 수질오염 현황 감시

1) 개요

공공용수역과 지하수의 수질오염 현황을 파악하여 수질오염을 방지하기 위한 규제조치를 적절하게 실시하기 위해서는 수질오염 감시 · 측정에 관한 조사 규제를 정비할 필요가 있다. 또한, 환경기준은 국가와 지방공공단체를 통해 공동의 행정목표임을 감안한다면, 국가와 지방공공단체에 의한 각종 조사는 일괄적인 관점에서 종합적으로 실시하여야 한다. 또한 전체적으로 합리적인 수질감시측정체제를 정비할 필요가 있다.

이와 같은 관점에서 발족 시부터 수질오염방지법에 근거하여 ①도도부현(都道府縣) 지사에게 공공용수역과 지하수의 수질오염현황 상시감시에 대한 의무를 주고(제15조), ②도도부현(都道府縣) 지사는 국가의 관련기관과 협력해서 국가 및 지방자치단체가 행하는 감시측정에 관한 측정사항, 관측지점, 측정방법을 통일적으로 조정하기 위하여 측정계획을 작성하고(제16조), ③측정계획에 근거하여 실시한 측정결과는 도도부현(都道府縣) 지사에게 송부하고(제16조), ④도도부현(都道府縣) 지사에게 수질오염현황의 공표를 의무화하는 것으로 감시측정체제 정비를 도모한다.

한편, 국토교통성 하천국에서는 하천법의 목적인 「하천환경 정비와 보존」을 달성하기 위하여 하천관리자의 입장에서 원칙적으로 공공용수역과 지하수의 수질측정에 협조하면서 관할구역을 대상으로 하천 · 호소 · 지하수의 수질조사 및 하천 퇴적물조사를 실시하고 있다. 또한, 항만국에서는 세토내해 전역을 대상으로 모니터링을 실시하고 있다. 후생노동성에서는 수도법에 근거하여 수도사업자에 의해 수도원수가 되는 하천수와 지하수에 대해 수질검사를 실시하고 있다.

2) 공공용수역과 지하수의 상시감시

(1) 조사방법

공공용수역의 수질조사는 환경성의 「수질조사방법」에 의해 정해진대로 상시감시하는 것 외에 수역유형별 적용, 강화된 배수기준설정, 공장사업장의 배출수 및 공공용수역의 퇴적물조사에 대해서도 이 방법을 이용하고 있다. 또한, 「수질조사방법」에서는 비교적 맑은 날씨가 계속되어 수질이 안정화 되어 있을 때 조사를 실시하도록 하고 있으며, 상시감시에서는 우천 시의 수질을 조사하지 않도록 주의해야 한다. 한편, 지하수의 수질조사방법은 1989년에 수질오탁방지법이 개정되어, 「지하수질조사방법[2]」이 별지로 마련되었다.

각 지방 공공단체가 실시한 수질모니터링에 의하면 1999년 수질환경기준 건강 항목이 추가된 것을 계기로 앞으로도 수질환경기준 항목이 증가할 것으로 생각되므로, 지역 실정에 따라 제한된 인원과 경비로 필요한 성과가 얻어질 수 있도록 더욱 효과적인 체제로 실시하기 위하여 「수질모니터링 방식 효율화 지침[3]」이 마련되었다. 특히 삼위일체 보조금 개혁에 따라 상시감시와 관련되는 국가 보조제도가 폐지되면서, 「환경기본법에 근거한 환경기준 수역유형 지정 및 수질오탁방지법에 근거한 상시감시 처리기준에 관하여[4]」부분이 2005년에 일부 개정되었으며[5], 이 처리기준에 근거하여 환경감시 지점, 항목, 빈도 등이 제시되었다. 「효율화 지침[3]」과 「처리기준[4][5]」에 근거한 모니터링 방식의 새로운 개념도를 그림 10-1에 나타내었다. 또한, 부록에 「수질조사방법[1]」및 「지하수 수질조사방법[2]」 개요를 나타냈지만(부록 표 9-1~3), 이 개요에는 「효율화 방침[3]」에 근거한 「처리기준[4][5]」의 요점도 함께 나타내었다.

수질의 측정방법은 환경기준에 관한 항목에 대해서는 환경기준에 게재된 방법으로 하며, 그 이외의 항목 및 배수관계 항목에 대해서는 고시에 게재된 방법을 원칙으로 한다. 환경기준 및 고시에 게재된 항목 이외 항목은 일본공업규격 JISK0102 공장배출시험방법[7], 상수시험방법[8], 하수시험방법[9] 등 과학적으로 확립된 분석방법에 의해 측정한다.

퇴적물 조사방법은「수질조사방법[1]」에도 기술되어 있지만, 1975년에 환경청이 결정한 「퇴적물조사방법」(昭和50年(1975) 環水管 第120號)에 의해 보완되었다. 그 후, 전면적으로 수정되어 1988년에 새로운 「퇴적물조사방법[6]」이 마련되었다. 본 방법에는 퇴적물채취 및 분석방법에 대하여 상세하게 기술되어 있다.

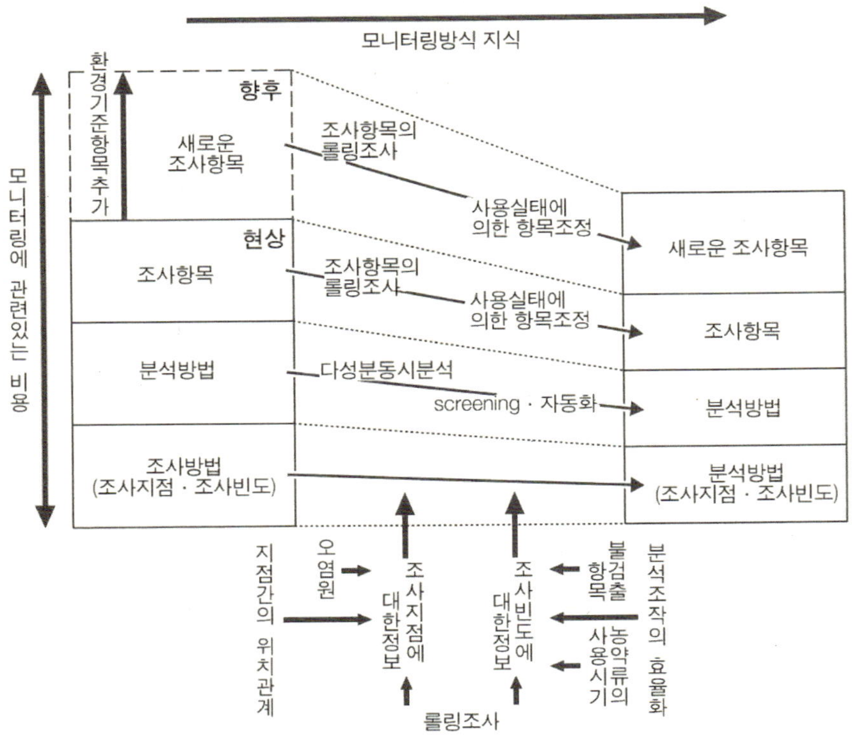

그림 10-1. 효율화지침과 처리기준에 기초한 모니터링 방식의 수정개념도

(2) 수질의 감시현황

공공용수역의 수질조사는 2006년에 국가와 지방자치단체에 의해 환경기준 건강 항목에 대해서 5,487개 지점(하천: 3,940지점, 호소: 398지점, 해역: 1,149지점)에서 237,873개의 샘플수가 측정되었다. 건강 항목의 기준 달성률은 99.3%로 매우 높았다. 효율화 지침에 근거한 처리기준에 의해 정밀 조사한 결과, 2006년도의 전체의 샘플수는 2000년의 82%로 감소하였다. 또한, 생활환경 항목은 환경기준에 의해 수역유형이 지정되어 있는 수역의 7,155지점(하천: 4,582지점, 호소: 443지점, 해역: 2,130지점)에서 40만9,182개의 샘플수가 측정되었으며, 2006년 전체 샘플수는 2000년도의 96%로 거의 같았다. 생활환경 항목의 감소 폭이 건강항목에 비해 적은 것은 환경기준 달성률(하천: BOD, 호소 및 해역: COD)이 86.3%로 건강항목에 비해 낮았다. 이것은 기준이 달성되면 될수록 더욱 상위의 유형으로 적용되어 미달성 샘플수가 줄어들지 않기 때문이다.

지하수 수질조사는 2006년의 경우 개황조사에서 4,738개, 오염우물주변지구조사에서

1,642개, 정기모니터링 조사에서 4,895개의 우물에서 조사되었다. 종류별 조사 우물 수는 년도에 따라 다르지만, 총수는 과거 10년간 11,000~12,000개의 우물로 큰 변화가 없다.

수질자동측정장치는 수질의 시간변동을 파악하기 위하여 일급하천, 비와호(琵琶湖)[시가현(滋賀縣), 국토교통성], 칸도호(完道湖) · 나카우미(中海)[시마네현(島根縣), 국토교통성], 도쿄만(東京灣)(해상보안청) 등에 설치되어 있다. 이들 수역에서는 수온, 전기전도도, pH, 용존산소, 클로로필 a 등이 자동 측정되고 있으며, 그 수질자료의 일부는 인터넷이나 휴대전화를 통해서 실시간으로 공개 되고 있다. 단, 자동측정장치에 의한 측정정도는 센서의 보존관리 정도에 의해 좌우된다는 점에 유의해야 한다.

3) 배수의 수질관리

배수는 도도부현(都道府縣) 및 정령(광역)시장[注]이 공장과 사업장의 배수기준 준수상황을 감시하기 위하여 수질오탁방지법에 근거하여 필요시 공장과 사업장으로 하여금 보고하도록 하거나 또는 현장방문 검사를 실시하고 있다. 또한, 수질오탁방지법 제22조 제1항에 규정되어 있는 특정사업장의 현장방문검사 권한은 시 범죄수사권 때문에 인정되지 않는다. 그러나, 경찰 및 해상보안청은 그 수사권에 근거하여 수질오탁방지법 또는 해양오염방지법 위반 적발을 실시하고 있다. 또한 수질오탁방지법에서는 COD, 질소 및 인에 대해서 총량규제기준이 적용되고 있기 때문에 오염부하량을 측정하고, 그 결과를 기록할 의무가 있다.

배수의 수질조사방법은 「수질조사방법[1]」에 나타낸 바와 같이 그 개요를 표 10-1에 요약하여 나타내었다. 그 조사항목 수는 건강 항목 23항목, 생활환경 항목 15항목 등 총 38항목에 이른다. 일반적으로 주간에 들어가서 하는 현장방문검사가 있지만 필요에 따라서는 야간 채수도 실시하고 있다.

2 행정에 의한 수질모니터링

지방공공단체는 물 환경을 보존하여 지역주민이 건강하고 쾌적한 생활을 영위하도록 물 환경에 대해서도 다양한 행정시책을 실시하고 있다. 이 중에서 환경기본법과 수질오

(注)수질오탁방지법에서 정해져 있는 정령시. 법 제28조제1항 및 시행령 제10조 참조

표 10-1. 배수 조사방법의 개요

조사항목	배수수질감시 조사 배수기준에 설정되어 있는 항목	배수기준설정 조사 배수기준 설정에 필요한 항목
횟수	배수기준의 준수상항 파악 기준을 위반할 가능성이 있는 공공용수역의 수질오염에 큰 영향을 미치는 공장·사업장에 대해 조사 빈도를 높일 수 있다	4회 이상/년
조사시기	공장, 사업장의 종류, 조업 상태, 계절적 변동을 고려 환경수질조사의 시기와 맞추어 실시	
채수지점	배수구(배수구에서 채수가 불가능한 경우에는 최종 배수처리시설의 배출구)	
채수방법	하루 조업시간 내에 3회 이상 실시하지만, 변동이 적을 경우는 적정회수로 줄여도 좋음. 각 채수시간에 따른 분석, 배수 기준설정조사 시에는 하루의 혼합분석 또는 혼합샘플이라도 좋다.	
채수량	건강 항목: 4~5 *l* , 생활환경 항목: 0.5~1 *l*	
채수시 반드시 실시되어야할 사항	채수일시, 배수량, 배수부근의 생물상 등을 기록 수온, 색상, 냄새, 투명도 등에 관한 현지측정, 관측	
분석방법	고시(1974년 9월 23일 환경청고시 제63호)의 방법 환경기준 및 고시에서 제시한 것 이외의 항목은 일본공업규격, 상수시험방법, 하수시험방법 등 과학적으로 확립된 분석방법	

탁방지법에 근거한 환경 수 및 배수의 수질모니터링은 이들 수질환경감시 뿐만 아니라 과거에 실시한 수질규제 효과의 파악, 문제가 발생한 경우의 적절한 대책실시 및 금후의 수질 문제발생 방지를 나타내기 위하여 필요불가결한 기본적인 조사이다. 또한, 국가의 성청이 직접수질 모니터링을 실시하는 경우도 있다. 이들 데이터는 모두 이 장의 끝 부분에 있는 참고문헌에 게재된 홈페이지에서 공개되고 있다.

1) 수질모니터링조사의 종류

지방공공단체가 실시하고 있는 각종 수질모니터링조사는 수질오탁방지법에 근거한 상시감시 이외에도 환경성의 위탁에 의한 도쿄만(東京灣), 이세만(伊勢灣), 세토내해(瀬戶內海)에서 광역종합수질조사 및 화학물질 환경실태조사가 있다. 화학물질관련 초기환경조사는 1974년도부터 시작하여 2004년까지 837물질(군)을 조사하고 있다. 다이옥신은 수질 및 퇴적물 모니터링도 실시하고 있지만 그 상세한 내용은 제11장을 참조하면 된다.

그 외 각 지방공공단체에서는 지역의 특수성이나 실정을 반영한 수질환경시책을 실시하기 위하여 상시감시라는 별도의 환경수질이나 퇴적물 모니터링, 수질오탁방지법에서 설정되어 있지 않은 공장이나 사업장으로부터 방출되는 배수의 감시 등을 실시하고 있다. 또한, 최근에는 수생곤충 등 생물지표를 이용하여 수질을 생물학적으로 모니터링 하는 지방공공자치단체도 증가하고 있다.

2) 공공용수역 수질모니터링조사 실시현황

2006년에 공공용수역에서 실시된 상시감시조사의 생활환경 항목과 건강 항목의 조사 지점수는 앞의 1(2)②「수질 감시현황」 항에서 서술한 바와 같다. 감시필요 항목 27개는 항목에 따라 크게 차이가 있으며, 하천에서는 410개 지점(우란) ~874개 지점(클로로포름), 호소에서는 28개 지점(프탈산디에틸헥실 및 몰리브덴)~64개지점(EPN), 해역에서는 63개 지점(옥신구리:유기구리)~143개 지점(EPN)이다.

3) 공장 및 사업장배수의 수질모니터링 실시 현황

2002~2006년에 실시된 수질오탁방지법 제22조에 근거한 방문 검사수를 표 10-2에 나타내었다. 2006년에는 46,764건이 실시되었고, 그 후에 주간에 방문한 것은 45,996건으로 최근에는 감소하는 경향이다. 또한, 배수기준 위반은 12건이다.

4) 민간위탁현황

각 지방공공단체가 실시하고 있는 수질모니터링은 측정계획과 조사결과 정리를 지방공공단체 자체적으로 실시하지만, 채수작업 및 수질분석은 민간 측정기간에 위탁하여 실시하는 경향이 늘어나고 있다. 이는 지방공공단체 직영 수질분석기관에서는 시험검사 업무는 없이 시험연구업무를 담당시키겠다는 취지가 있고, 지방재정 위기나 삼위일체 개혁에 연동한 「관에서 민으로」라는 국가 기본정책을 따르는 것이다.

공공용수역의 수질측정에 대한 민간위탁은 1996년 공공용수역 모니터링에서 47개 도도부현 중에서 위탁을 전혀 하지 않고 조사를 실시한 것은 교오토부등 10개 부현이었다. 도쿄도나 오사카부 등 9개 도부현은 100% 민간위탁을 실시하였고, 77개 정령시(수질오염방지에 수질오탁방지법 상의 정령시, 1996년도)에서도 그 정령시가 위치한 도도부현과 같은 정도로 민간위탁을 실시하고 있다. 2005년도에 실시한 세원이양 후인 2006년도

표 10-2. 공장 및 사업장 배수의 수질 모니터링조사 실시현황

개선명령, 벌칙의 적용		2002년도	2003년도	2004년도	2005년도	2006년도
방문검사(수탁법 제22조 제1항), 행정지도	방문검사(건)	55,332	52,246	47,972	47,393	46,764
	주간검사(건)	54,672	51,550	47,452	46,750	45,996
	야간검사(건)	660	696	520	643	768
	행정지도(건)	8,519	7,527	7,112	6,993	7,670
공공용수역에서의 배출에 관한 것 (수탁법 제13조 제 1항)	개선명령(건)	40	37	33	43	37
	일시정지명령(건)	2	3	4	4	1
지하에서 침수에 관련한 것	개선명령(건)	0	0	2	1	0
	일시정지명령(건)	0	0	1	0	0
지하수의 정화조치 명령(수탁법 제14조의 3)		0	0	0	0	0
벌칙의 적용 (수탁법 제31조 등)	배수기준위반(건)	8	10	4	14	12
	개선명령위반(건)	0	0	0	0	0
	그 외 법위반(건)	0	0	0	0	2

에는 시료채취와 분석의 대부분을 민간에 위탁하고 있는 도도부현과 정령시는 각각 50.6% 및 45.2로 거의 반수를 점하고 있다. 이것의 일부를 위탁하고 있는 지방공공단체까지 포함하면 84.1% 및 89.7%로 9할(90%) 가까이 되고, 직영에서 실시하고 있는 지방공공단체는 크게 감소하고 있다.

3 수질분석의 정도관리

환경측정에서 시료채취부터 전처리 · 측정 · 보고에 이르는 전 과정에서 적절한 정도관리를 실시해야 된다. 분석의 정도관리에는 ①표준작업절차, ②분석방법의 타당성, 기구와 장치의 성능 평가와 유지관리 ③측정의 신뢰성 평가가 있다. 분석의 정도관리방법은 환경성이 작성한 「중요조사 항목 등 조사 매뉴얼(수질, 퇴적물, 수서생물)[10]」에 있다.

정도관리의 구체적인 방법은 외부 정도관리조사 참가 및 외부 감사제도 도입 등 외부 정도관리를 실시하는 것이 바람직하다. 환경성은 1975년부터 환경측정분석에 대해 신뢰성을 얻기 위해 정도관리를 실시하고 있다. 환경측정에 종사하는 공공기관 및 민간기관이 실시한 방법으로 균일하게 조제된 환경시료를 분석하고, 이것에 의해 얻어진 결과를 분석 · 검토하는 것으로 환경측정분석의 신뢰성 확보 및 정도의 향상을 꽤할 수 있다. 환경측정분석에 대한 정도관리 실시 상황을 그림 10-2에 나타내었다. 2007년에 정도관리

에 참가(회답)한 기관은 공공기관이 86개 기관[도도부현(都道府縣) 47개 기관, 시(市) 39개 기관], 민간기관이 369개 기관 등 총 455개 기관이다. 최근 참가기관 수는 공공기관·민간기관 모두 감소하는 경향이지만, 민간기관의 수는 2000년 이후에 79~82%로 거의 동일한 비율로 이동하고 있다.

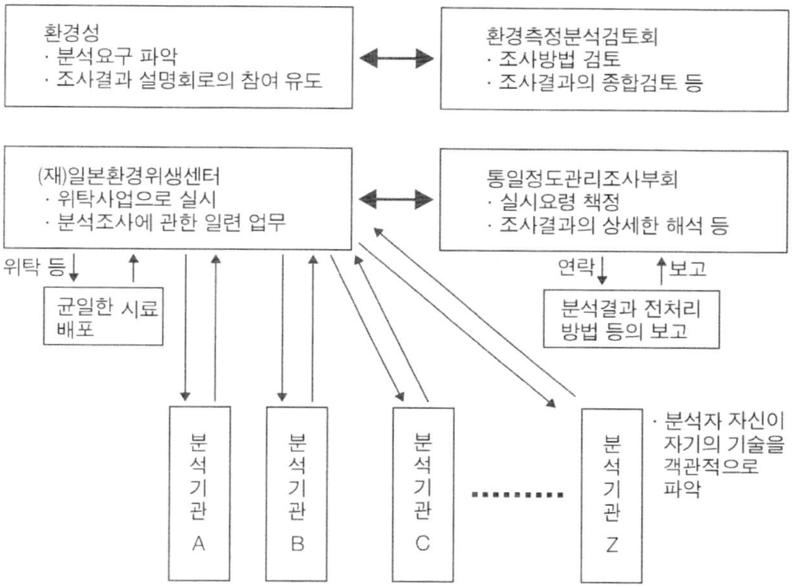

그림 10-2. 환경측정분석 통일 정도관리조사의 실시 이미지

한편, 국제기준에 따르는 외부감사제도로는 GLP(Good Laboratory Practice : 우수시험소규범제도)가 있다. 대부분 약사법, 식품위생법, 화학물질심사규제법, 농약단속법, 비료단속법, 비료안전법, 노동안전위생법에서도 그 개념과 방법이 포함되어 있고, 수도에서도 수질검사 신뢰성 확보 대책으로 도입되고 있다. 환경 분야에서는 앞으로도 수질 조사 분석에 관여하는 민간위탁은 진행될 것으로 생각되지만, 그 분석정도와 신뢰성 확보는 앞으로도 중요하게 다루어질 것이다.

4 수질 데이타베이스

수질오탁방지법에 근거하여 실시하고 있는 공공용수역과 지하수 수질 측정결과는 도도부현(都道府縣)이 공표할 의무가 있듯이, 앞으로는 수질측정결과보고서 및 환경백서 형태로 공표될것이다. 그러나, 결과 공표가 1년 늦거나, 측정결과도 현장 자료가 아니고 평균치 등으로 나타내는 형태가 많았다. 최근에는 인터넷을 이용한 자료 공개가 실시되고 있으며, 현재의 자료나 과거의 자료를 검색하고, 그것을 다운 받아서 각각의 측정치를 이용하는 것도 가능하게 되었다. 예를 들면, 치바현(千葉縣)의 경우 GIS(지리정보 시스템)을 사용하여 지도상의 조사지점을 클릭(clik)하면 현재의 자료를 볼 수 있는 등 보다 이용하기 쉽도록 되어 있다. 앞으로도 이런 흐름은 가속화되고, 모니터링 조사결과 공개와 이용은 계속될 것으로 생각된다. 또한, 현장 자료를 다운로드(down load) 가능한 대표적 물 환경·데이터 베이스(data base)를 이번 장 끝에 나타내었다.

5 장래의 수질 모니터링 조사에 대하여

효율화 지침에서는 분석방법으로 다성분 동시분석에 의해 분석하는데 소요되는 수고를 많이 덜게 되었다. 현재에도 ICP발광분석계(ICP-AES), ICP질량분석계(ICP- MS), 가스크로마토그래프/질량분석계(GC/MS), 또는 이온크로마토그래프(IC)나 고속액체크로마토그래프(HPLC) 등의 분석기기에 자동 sampler를 부착시켜 자동 기기분석이 실시되고 있어서 앞으로도 그 범위는 확대될 것으로 생각된다. 그러나, 공정법 중에는 예를 들면 아연과 우란의 전처리에서 사용되는 킬레이트수지 흡착추출조작방법의 일부가 다르기 때문에 결국은 동시 분석이 가능하지 않아 결과치 분석이 연결되지 않는 문제도 있다. 공정법에서 다원소 동시분석법을 도입할 경우 그 장점을 살릴 수 있도록 전처리방법의 통일성을 가지게 할 필요가 있다.

정도관리는 민간위탁을 확대하면서 어떤 방법으로 분석정도를 확보해 갈 것인가가 앞으로 더욱 중요시 될 것이다. 각 자치단체에서 정도관리체제 구축도 중요하지만 제도의 정비 뿐만 아니라 위탁한 분석결과에 대해서 확실히 체크(check) 가능한 기술력 및 분석력 유지가 당연히 필요하다.

한편, 모니터링에서 중요한 부분을 담당하고 있는 지방자치단체의 시험연구기관 직원의 고령화는 지방환경연구소의 활력과 발전에 직결되는 큰 문제이다. 또한, 1970년 이후에 많이 채용된 세대가 일제히 퇴직 시기에 접어들고 있어서 공무원 인원이 감소되고 있다. 그러나, 지금까지 30여년 동안 환경 분야의 조사 분석기술 노하우를 충분히 계승되지 않을 경우 기술을 잃어버릴 가능성이 있어 조속한 대책이 필요하다.

간이분석법[11]은 COD처럼 환경교육 분야에서 초등학생부터 일반인들에게까지 폭 넓게 이용되고 있다. 그 외에도 질소나 인 관계 등 수질지표와 관련이 있는 항목이 많다. 그러나, 수질이 일정 농도 이상인 경우에는 반 정량법으로서는 유효하지만, 저농도에서는 결과에 오차가 있거나, 판정의 개인차가 큰 점 등 때문에 공정법 대신에 사용는 것은 곤란하지만 환경기준의 달성상황을 평가하는 수준에는 아직 이르지 못한다. 그러나, 누구도 손쉽게 가능한 수질분석법으로써 간이분석법의 기술적인 발전에 의해서 보다 정도가 높은 스크린이 가능하다면 모니터링으로서는 의미가 크다고 생각된다.

자료의 빠른 공개는 앞으로 더욱 요구될 것이다. 인터넷을 통한 자료의 제공은 당연한 것으로 그 자료의 해석까지 지원하는 체제가 실현될지도 모른다. 현재에도 국가 차원에서는 각 성청과 함께 자료가 공개되며, 그 갱신도 빈번하게 이루어지고 있다. 한편, 지방공공단체의 경우는 최신방법으로 대처하고 있는 부현(府縣)도 있지만, 대다수의 지방공공단체는 기껏해야 종래의 종이유인물판 데이터를 전자적으로 인터넷에 공개하고 있는 수준이다. 국가의 부처에 비해 금전적으로나 인원이 훨씬 제한이 있어 자료의 공표와 갱신은 어려울지 모르지만 그 방향으로의 노력은 필요하다고 생각된다.

참고문헌

(1) 環境廳「水質調査方法」昭和46年 環水管 第30号 (1971年)
(2) 環境廳「地下水質調査方法」平成元年 水質管 第189号 (1989年)
(3) 環境廳「水質モ二タリング方式 効率化指針」平成11年 環水企 第186号・環水規第163号 (1999年)
(4) 環境省「環境基本法に基づく環境基準の水域類型の指定及び水質汚濁防止法に基づく常時監視等の處理基準について」平成13年環水企第92号(2001年)
(5) 環境省「環境基本法に基づく環境基準の水域類型の指定及び水質汚濁防止法に基づく常時監視等の處理基準について, 一部改正」平成17年環水企發 第050629002号・環水土發 第050629002号 (2005年)
(6) 環境廳「低質調査方法」昭和63年 環水管 第127号 (1988年)
(7) 日本規格協會「日本工業規格 JIS K0102 工場廢水 試驗方法」(2008年)
(8) 日本水道協會「上水試驗方法 2001年 版」(2001年)
(9) 日本下水道協會「下水試驗方法 1997年 版 上・下卷」(1997年)
(10) 環境省水・大氣環境局水環境課「要調査項目等調査マニュアル(水質, 底質, 水生生物)」(2008年) (http://www.env.go.jp/water/chosa/h20-03.pdf)
(11) 日本水環境學會關西支部簡易分析法改良検討委員會「水質簡易分析法の 改良と環境調査への適用)」(2004年度報告書) (2005年)

제11장
미량화학물질 오염에 대한 새로운 대처

참조 ➲ 제2장 5절

1 화학물질 대책의 범위

물 환경의 미량화학물질 오염에 관련한 행정이나 시책은 많이 알려져 있다. 화학물질의 오염문제는 일반적으로 물 환경에만 국한된 것은 아니며, 대기, 토양, 식품, 공업제품, 실내환경, 하수도 등 다양한 환경에 같은 오염물질이 존재하는 경우가 많고, 각각의 배출이나 영향이 서로 관련되는 경우도 많다. 이 때문에 화학물질 대책은 반드시 물 환경 고유의 문제만이 아니라 대기, 토양, 식품, 폐기물 등 많은 매체나 환경대책이 밀접하게 관련되어 있다. 본 장에서는 물 환경의 미량화학물질 오염에 특별히 깊게 관련되었다고 생각되는 몇 개의 항목을 선택하여 설명하고자 한다.

표 11-1. 미량화학물질에 대한 대책 개요

주요개념	행정관리	목적	내용	대책의 예
화학물질 제조단계에서의 대책	화학물질 심사	화학물질 제조단계에서 환경영향을 고려하여 계속적으로 제조 수입의 허가, 제한, 감시를 지시	건강영향 및 생태영향시험에 의한 영향평가와 판단	제조수입 제한
환경위해성 평가와 대책	환경위해성 초기평가 내분비계장애 (ExTEND2005) PRTR 등 배출대책	화학물질 위험 평가, 판단과 대책	환경측정자료 수집, 모델추정, 물 환경에 대한 폭로 평가, 내분비계장애 화학물질의 위해성 평가, 배출 추정	초기 위해성 평가에 의한 스크린 평가, 내분비계장애 평가 계속, 배출량 추정과 자주관리
환경감시	환경모니터링과 관련된 각종 프로그램	각종 화학물질, 농약 등 환경오염 상황을 환경측정에 의해 감시	화학물질환경실태조사, 조사필요항목, 각종 상세조사 등	분석법 개발, 감시프로그램 실시, 정도관리
국제대응	잔류성유기오염물질의 국제조약에 대응, 수은, 유해폐기물 등 국제대응	지구 규모에서의 대응이 요구되는 화학물질에 대한 국제협조에 기초한 대책에 공헌	POPs 환경모니터링 신규화학물질 PFOS 지구규모에서의 유해금속 대책의 검토	POPs 모니터링 신규 POPs에 대한 대응, 기존 POPs에 대한 각종대책 각종 조약 및 관리 협조
부생성물, 과거의 유산	다이옥신, PCB, POPs, 농약, 오염토양처리기술 등	비의도적인 부생성물이나 과거에 제조된 물질 등 현재의 공업적 제조와 관계 없는 유해물질에 대응	폐기물처리에 따른 부생성물에 대한 대응, 보관 또는 잔류하고 있는 과거의 물질에 대한 대책	폐기물 처리대책 PCB처리 과거농약에 대한 대책 등

물 환경 문제 중에서 미량화학물질 문제는 무엇보다도 물질 수가 다수이고, 그 많은 것 중에는 비교적 낮은 농도로 물 환경에 존재하는 것이 특징이다. 또한, 물 환경에 주로 존재하는 물질이나 비교적 쉽게 환경 중에서 없어지는 물질도 있지만, 그 중에는 퇴적물이나 토양 등에 주로 분포하면서 물 환경오염에 관련이 있는 물질도 있다. 예를 들면 수십 년에 걸쳐서 장기간 잔류성을 유지하며, 오랜 기간에 걸쳐서 결과적으로 물 환경에 계속적으로 영향을 미치는 물질도 있는 등 그 환경오염 상태는 다양하다.

화학물질의 환경오염 문제는 제조나 부수적인 생성물의 환경감시, 폐기물에 이르기까지 화학물질의 라이프 사이클(life cycle)에 대한 다양한 대응이 이루어지고 있다. 표 11-1에 요약한 것처럼, 화학물질은 제조단계에서부터 관리, 환경위험 평가, 환경감시, 대책, 구제협조 등이 포함되어 있다. 본장에서는 화학물질심사규제법, 화학물질파악관리촉진법(PRTR법) 등의 화학물질대책을 주관하는 법률에 기초한 대책의 개요나 상황으로부터 새로운 화학물질에 대한 대처나 최근의 국제협조에 의한 잔류성 물질에 대한 대응 등 새로운 과제에 대해서 소개한다.

2 물 환경 중 화학물질 대책과 화학물질 심사규제 법률

1) 경위

화학물질에 의한 환경문제 해결에는 환경영향을 고려하여 제조수입 허가, 제한 또는 감시를 실시하는 화학물질심사규제법의 관리가 중요하고, 이를 위해서 「화심법」(화학물질의 심사 및 제조 등의 규제에 관한 법률, 제2장 5절 참조)이 제정되었다. 이 규제대상물질(표 11-2)에는 역사적 경위가 크게 관여하고 있다.

표 11-2. 화심법에서 규제화학물질의 분류(2005년 현재)

분류	분해성	축적성	독성	등록수	최종등록일
제1종 특정화학물질	어려움	높음	사람이나 고차포식동물*에 장기독성	15	2005/4/1
제1종 감시화학물질	어려움	높음	상기가 불분명	25	2006/1/13
제2종 특정화학물질	어려움	낮음	사람이나 생활환경 동식물*에 장기독성	23	1990/9/12
제2종 감시화학물질	어려움	낮음	사람에게 장기독성 불분명	795	2005/3/2
제3종 감시화학물질	어려움	-	생태독성* 있음	지정준비 중	
기존 화학물질 명부	상기에 포함되지 않은 물질로서 리스트 수록 완료			약 2만종 5만 물질	

* 고차포식동물 : 생활환경 동식물내, 식물연쇄에서 관련 화학물질을 더욱 축적하기 쉬운 동물
생활환경 동식물 : 생물의 생식생육 지장 보다 사람의 생활환경에 지장을 일으킬 우려가 있는 동식물
생태독성 : 동식물의 생태생육에 지장. 이들은 2003년 개정에서 추가

「화심법」은 1973년에 제정되었지만, 그 당시에는 PCB에 의한 환경오염문제인 카네미유(油)병 사건(1968년)이 배경이 되었다. 당초 법률은 PCB처럼 환경 중에서 쉽게 분해되지 않고(난분해성), 생물에 축적되기 쉽고(고축적성), 계속 섭취하면 인간의 건강을 더욱 손상할 수 있는 우려(인간에게 장기독성)가 있는 화학물질에 의한 환경오염방지를 목적으로 하였다. 이와 같은 화학물질(「특정화학물질」로써 당시의 법문 중 정의) 제조 등에 대한 규제와 신규화학물질의 사전심사에 주안점을 두었다. 본법은 계속해서 개정되고 있지만, 가장 특징적인 변화는 1985년과 2003년에 개정된 것이었다.

1985년 개정은 OECD에 의한 「MPD, minimum premarketing set of data, 화학물질 평가에서 상품시장출하전 최소데이타 셋트」의 권고(1982년)나 트리클로로에틸렌(trichloroethylene), 테트라클로로에틸렌(tetrachloroethylene)(1981년경)에 의한 광범위한 지하수오염이 계기였으며, 생물축적이 안되는 화학물질도 대상이었다. 이 개정으로 종래의 「특정화학물질」이 「제1종 특정화학물질」로 명칭이 변경되었고, 「제2종 특정화학물질」로 「지정화학물질」이 추가되었다.

2003년 개정은 국제적 화학물질의 위해성(Risk)관리에 대한 중요성이 높아졌고, OECD 「환경보존성과 리뷰(review)」(2002)에서의 권고 등이 배경이 되었다. 본 개정에서는 장기독성이 인간 뿐만 아니라 동식물로도 확대되었고, 더욱이 난분해성으로 장기독성이 불명확한 물질도 법적 감시 하에 두도록 하였다. 또한, 종래의 「지정화학물질」은 「제2종 감시화학물질」로 명칭이 변경되었으며, 「제1종 감시화학물질」·「제3종 감시화학물질」제도도 제정되었다.

2) 화심법에서 화학물질의 구분과 규제

화심법에는 표 11-2에 나타낸 카테고리(category) 마다 신규 제조·수입 예정물질의 사전심사제도 및 특정상황을 가지는 화학물질의 제조·수입·사용에 대한 규제를 결정하고 있다(제1조).

제1종 특정화학물질은 난분해성, 고축적성인 동시에 사람이나 고차포식동물에 장기영향을 주는 물질이며, 현재는 동법 시행령(2005년 개정판)에서 표 11-3에 나타낸 15종이 지정되어 있다. 이것들은 스톡홀룸 조약에서 제조·사용을, 부속서 AB에 게재되어 있는 대부분의 물질이 포함되어 있다. 제1종 특정화학물질은 수입·제조의 허가, 사용제한, 필요시에는 회수명령이 동법에 게재되어 수입·제조·사용이 실질적으로 거의 금지되어 있다. 제1종 감시화학물질은 제1종 특정화학물질의 성상 중에 장기 영향이 불명확한 물질로서 수입량 · 제조량에 대한 실적을 의무적으로 제출해야 된다. 현재 25종이 등록되어 있다.

축적성은 없지만 환경 중에 상당한 정도로 잔류하거나 또는 그 위험성이 있는 난분해성으로서 사람이나 생활환경 동식물(표 11-2 각주 참조)에 장기독성을 갖는 물질을 제2종 특정화학물질로 지정되어 그 수입량 · 제조량의 예정 및 실적에 대한 보고가 의무화되어 있으며, 필요시에는 그 예정량 변경을 명령 받는다. 제2종 특정화학물질에는 현재 트리클로로에틸렌(trichloroethylene) 등 23개 물질이 지정되어 있다. 난분해성이 있지만 사람에게 장기독성이 불명확한 것은 제2종 감시화학물질로, 난분해성이나 생태독성이 확인된 것은 제3종 감시화학물질로서 정의 된다. 양자 모두 수입량 · 제조량 실적을 제출하도록 하고 있다.

제1, 2종 감시화학물질이라도 장기독성이 없는 것으로 판명된 경우에는 지정이 취소

표 11-3. 화심법의 제1종 특정화학물질 목록

No	명 칭	지 정 일	과거의 사용예
1	**폴리염화비페닐 (polychlorinated biphenyl)**	1974/06/07	절연유 등
2	(염소수 3개 이상의) 폴리염화나프탈렌 (polychlorinated naphthalene)	1979/08/14	기계류 등
3	**헥사클로로벤젠(hexachlorobenzene)**	1979/08/14	살충제 등 원료
4	**알드린(aldrin)**	1981/10/02	살충제
5	**디엘드린(dieldrin)**	1981/10/02	살충제
6	**엔드린(endrine)**	1981/10/02	살충제
7	**유기염소계살충제(DDT)**	1981/10/02	살충제
8	**크롤덴류**	1986/09/17	흰개미구제제(驅除劑) 등
9	비스(트리브틸주석)=옥시드(TBTO)	1989/12/27	어망방오제,선박도료등
10	N,N' -디트리-파라-페닐렌디아민 등*	2000/12/27	고무노화방지제,스틸렌부타디엔고무
11	2,4,6-트리타샬브틸페놀	2000/12/27	산화방지제 그 외의 제조첨가제, 윤활유
12	**톡사펜(toxaphene)**	2002/09/04	살충제, 살진드기제(농업 · 축산용)
13	**마이렉스(mirex)**	2002/09/04	수지, 고무, 난연제, 살충제, 살개미제(殺蟻劑)
14	켈센	2005/04/01	살진드기제
15	헥사클로로부타-1,3-디엔	2005/04/01	용매

* : N-트릴-N' -키시릴-파라-페닐렌디아민 또는 N,N' -딕실-파라페닐렌디아민
: 굵은 글자는 스톡홀름 조약 대상 POPs

되고, 역으로 판명된 경우에는 특정물질로 지정변경 된다.

화심법에서는 이들 5종의 카테고리(category) 이외의 물질, 기존화학물질 명부에 기재된 위의 5개 카테고리(category) 이외의 물질(다시 말하면「기존화학물질」)과 그것 이외의「신규화학물질」이 규정되어 있다(제2조 제7항). 전자는 화심법에서 규제되지 않았고, 후자는 그 성상이 기존의 지식 혹은 실험성적에 기초하여 심사되어, 판정결과가 통지될 때까지는 해당 물질의 수입 · 제조를 금지하도록 하고 있다. 동법에서는 그 신규 화학물질의 심사와 수속절차가 상세하게 규정되어 있다.

3) 심사절차

그림 11-1에 화학물질 심사규제법에 따른 신규 화학물질의 심사 개요(outline)를 나타냈다. 화학물질 심사규제법은 화학물질의 특성에 따라 물질 마다 대응하는 방법이 그림에 나타낸 것과 같은 생각에 기초하여 판단 결정한 구조이며, 반드시 구체적으로 물 환경오염을 상정한 것은 아니다. 그러나, 그림에 있는 분해성, 축적성(생물농축성), 난분해성, 고축적성 등의 구체적인 검토에 이용되는 많은 시험법은 물 환경에서 오염이나 영향과 밀접하게 연결되어 있다. 예를 들면, 분해성은 수중에서 분해성을 조사하는 실험법에 의해 우선 판단하고, 이는 물 환경에서 대상물질의 분해성과 직접 관련이 있다고 판단한다. 축적성은 물로부터 생물로의 축적성을 조사하는 실험법에 의해 우선 판단하고, 물 환경에서의 축적성과 밀접한 관련이 있는 것으로 판단한다. 또한, 특별히 생태계에 대한 영향은 수서생물에 대한 영향으로써 시험 판단되며, 물 환경의 생태계 보전과 직접적인 관련이 있는 것으로 판단한다. 다시 말하면, 화학물질 심사규제법은 반드시 물 환경의 미량오염물질 문제만 관련이 있는 것은 아니며, 또한 개별 환경오염이나 사람, 생태계에 대한 폭로나 영향을 평가하는 것도 아니지만, 구체적인 시험이나 생태 영향의 판단에 대해서는 물 환경의 미량물질오염과 밀접한 관련을 가지고 화학물질 관리를 실시하고 있다고 생각할 수 있다.

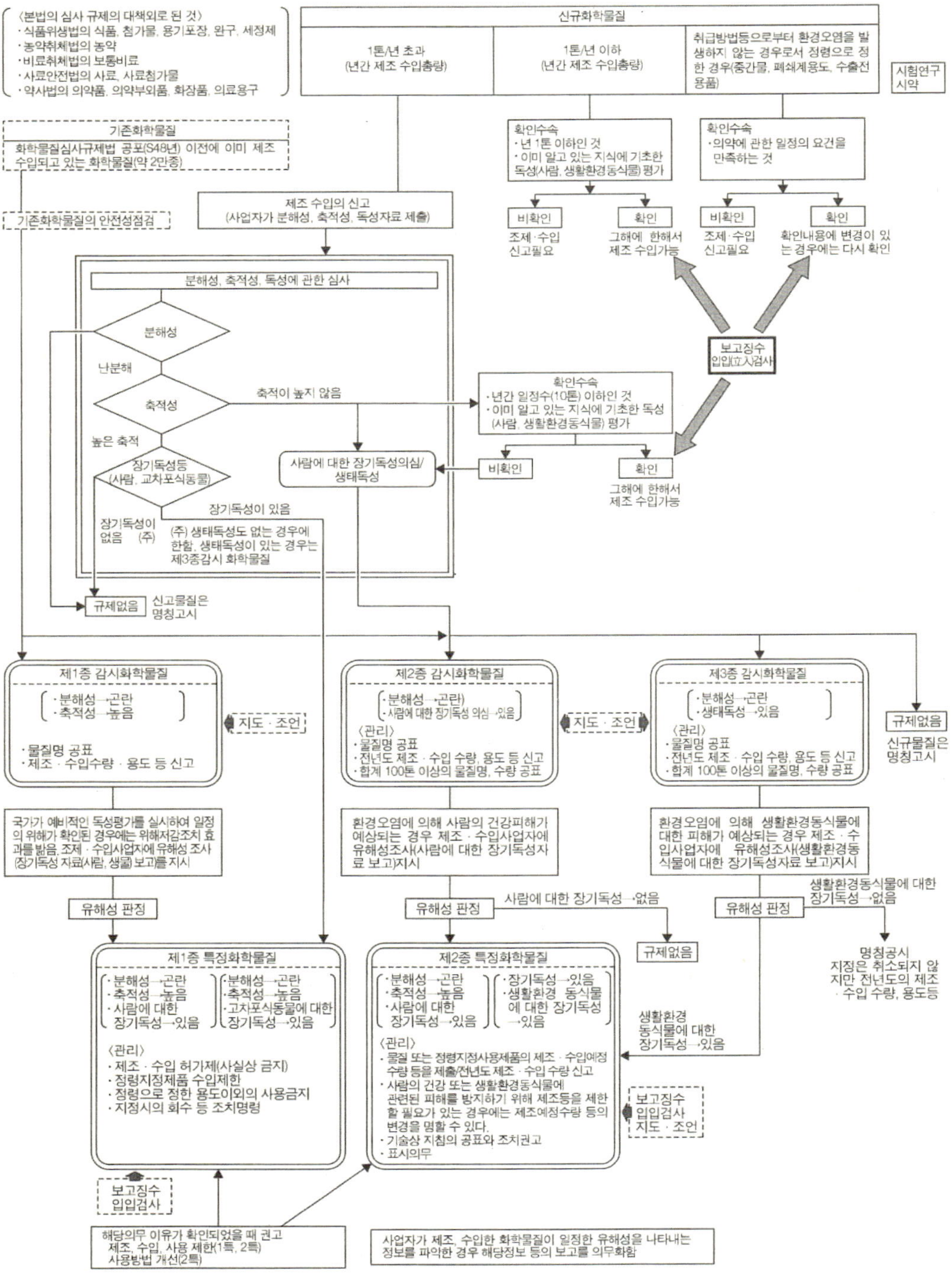

그림 11-1. 화학물질심사규제법의 개요[1]

3 물 환경 중 화학물질과 PRTR(화학물질 배출 이동량 신고제도) 등 관련 구조

화학물질의 환경위험 평가와 대책에 대한 몇 개의 제도를 소개한다. 하나의 제도는 실제 환경에 배출되거나 또는 검출된 화학물질의 환경위해성 평가를 진행하는 것이고, 초기 위해성 평가나 내분비계장애 화학물질의 위해성 평가(ExTEND 2005)가 진행되고 있다. 여기서는 많은 화학물질에 대한 스크리닝(screening)적인 평가와 보다 상세한 위해성 평가가 진행되고 있다. 또한, 환경 위해성이 염려되는 물질의 자주관리, 사용량 저감을 의도한 PRTR (Pollutant Release and Transfer Register: 화학물질 배출 이동량 신고제도)[(2)]가 실시되고 있다.

초기 위해성 평가 프로그램[(3)]은 많은 화학물질 중에서 대책 우선순위 판단으로 투자하는 것을 목적으로 실시되어 왔다. 환경성의 초기 위해성 프로그램에서는 지금까지 137개 물질에 대해서 평가를 완료하였고, 새로운 물질에 대한 평가가 진행 중이다. 이 중에서 물 환경을 경유한 사람으로의 폭로와 수서생물에 대한 영향이 대기, 식품 등 다른 매체와 합쳐져 평가되고 있고, 실질적으로 물 환경오염의 스크리닝(screening) 평가를 포함하는 것이다.

PRTR은 화학물질이 환경에 배출되는 양, 제품, 폐기물의 이동량을 사업자 스스로 배출량 추정, 보고 및 행정기관에 의한 중소사업소와 비점오염원으로부터의 배출 추정을 조합한 것에 의해 달성하려는 것이다. 일본에서는 「특정화학물질의 환경으로의 배출량 파악 및 관리개선 촉진에 관여하는 법률」 (축약하여 화관법이라 함)에 상당한다. 해외의 경우 네덜란드는 PER, 영국에서는 PI, 캐나다는 NPRI, 미국은 TRI로써 PRTR 제도를 가지고 있다. 일본의 경우 본법에서는 환경 중에 폭넓게 존재하며, 사람이나 생태계에 유해 또는 오존층 파괴의 화학물질종이 「제1종 지정화학물질」로 지정되어 특정업종, 일정규모 이상의 사업장은 그 배출량 · 이동량을 매년 국가에 신고하도록 의무를 부여하고 있다. 국가는 이들 데이터를 전자 파일(file)화 해서 집계 · 공표하는 등의 정보공개 의무를 담당하고 있다. 제1종 지정화학물질과 동 종류의 유해성을 가지고 있으며, 앞으로 수입 · 제조 · 사용량의 증가에 의해 광범위한 환경에서 지속적으로 존재할 경향이 있는 화학물질은 제2종 지정화학물질로 지정된다. 2006년 시점에서 제1종 지정화학물질로써 지정된 물질은 클로로포름(chloroform) 등 354개 물질, 제2종 지정화학물질은 아세트아미드(acetamide) 등 81개 물질이다. 두 지정물질은 사업자의 적정관리를 촉진하기 위해

MSDS제도[(Material Safety Data Sheet) 화학물질 등 안전 데이터 시트)]를 설계하고, 지정 화학물질을 포함하는 제품을 다른 사업자에게 양도 · 제공하는 경우는 그 화학물질의 성상 · 관리에 관한 정보를 사전에 제출하는 것을 의무화하고 있다.

그 외에 경제산업성 및 농림수산성에서도 환경 위해성 평가에 관한 각종 검토가 진행할 수 있게 되었고, 특히 경제산업성은 대규모의 초기 위해성 평가 및 상세 위해성 평가 사업을 진행하고 있으며, 농림수산성에서는 농업에 관계되는 검토가 계속되고 있다. 물 환경 내 미량화학물질의 문제는 이와 같은 화학물질 관리 주요 작업을 전체적으로 이해하는 것이 필요할 것이다.

4 환경조사[(4)]

미량화학물질에 대한 물 환경행정 시책 중에서 환경조사도 하나의 중요한 위치를 차지하고 있다. 환경조사의 범위나 종류는 매우 많지만, 여기서는 신규 화학물질에 대응하는 화학물질 환경실태조사와 조사필요항목에 대해서 기술하였다.

1) 화학물질환경실태조사

환경성에 의하면 환경중의 화학물질에 관한 조사는 일반 환경 중에서 기존 화학물질의 잔류 상황을 파악하는 것을 목적으로 「화학물질의 심사 및 제조 등의 규제에 관한 법률」에 기초한 「화학물질 환경조사」로써 1974년도에 시작되었다. 다시 말하면, 쿠로모토(黑本) 조사이다. 1979년도부터는 「priority list」(우선적으로 조사하는 화학물질의 목록)에 기초한 「화학물질 환경안전성 총점검조사」의 범위가 확립되였고, 화학물질 환경조사는 그 일부에 편성된 것 외에 생물모니터링, 비의도적 생성화학물질 오염실태 추적조사, 수질, 퇴적물 모니터링, 지정화학물질 검토조사 등도 실시되어왔다.

그 후,「특정화학물질이 환경으로의 배출량 파악 및 관리 개선 촉진에 관한 법률」이나 「잔류성유기오염물질에 관한 스톡홀름 조약」(POPs조약) 등에 대응하기 위하여 쿠로모토(黑本)를 수정하였고, 「priority list」방식에서 각 담당부서가 요망하는 물질을 중심으로 조사대상물질을 선정하는 방식으로 변경되었다. 또한, 「초기 환경 조사」, 「폭로량 조사」 및 「모니터링 조사」라고 할 수 있는 목적별 조사로 구성된 「화학물질 환경 실태 조사」로 실시되었다. 모니터링 조사에서는 수질(담수, 해수), 퇴적물, 생물 및 대기를 조사매체로 하고 있다. 2005년도부터는 후에 서술하는 ExTEND 2005[(5)]을 답습하여 「초기 환경 조사」,「상세환경 조사」 및 「모니터링 조사」의 조사체계로 실시되고 있다[6].

2) 조사필요항목[8]

환경성에서는 1998년 5월에 내분비계장애물질로 의심이 되는 물질군을 포함한 300개 물질군을 「물 환경 보전을 위한 조사필요항목 리스트」로 공표함과 동시에 분석방법 개발과 환경조사를 실시하였다. 조사는 내분비계장애 화학물질로 의심되는 물질군을 우선하고, 다음에는 그 외의 물질군이 조사대상이 되었다. 환경성에서는 2008년까지의 「조사필요항목 등 조사 매뉴얼(수질, 퇴적물, 수서생물)」과 2004년도까지의 「존재상황 조사결과」를 공표하고 있다.

5 내분비계장애 화학물질

환경성은 1998년 5월에 내분비계장애 화학물질(다시 말하면 환경호르몬)로 의심되는 67개 물질 군(2000년 11월 수정에서는 65개 물질군)을 대상으로 「내분비계장애 화학물질 문제에 대한 환경청의 대응 방침에 관하여- 환경호르몬 전략계획 SPEED 98[5]」를 책정하였다. 모든 것을 통합한 조사 매뉴얼(수질, 퇴적물, 수서생물) 작성과 환경조사가 실시되었다.

국토교통성에 의한 환경조사도 실시되고 있다[7]. 국토교통성은 내분비계장애 화학물질 작용이 의심되는 노닐페놀(nonylphenol) 등 5개 물질은 중점조사 농도를 설정하여 전국의 일급 수계에서 하천 최하류의 환경기준점 등 140지점을 조사지점으로 설정하고 있다. 조사지점은 물론 과거의 조사에서 중점조사 농도를 초과한 지점을 중점조사 지점, 그것 이외의 지점을 일반지점으로 설정하였다. 그리고 중점조사지점은 매년 1회, 일반지점은 내분비계교란 화학작용이 확인된 물질에 대해서는 3년에 1회, 내분비계장애 화학작용이 의심되는 프탈산디-2-에틸헥실 등 3개 물질에 대해서는 6년에 1회의 조사를 실시하고 있다. 2007년 조사에서는 중점조사지점 67지점 및 일반지점 32지점에서 조사를 실시했다. 그 결과, 어느 한 개의 조사대상물질이라도 검출된 지점은 40지점이었고, 그 중 24지점에서 중점조사 농도를 초과하였다.

환경성은 2003년 내분비계장애 화학물질에 대해 「내분비계에 영향을 미치는 것으로, 생체에 장애나 유해한 영향을 일으키는 외인성 화학물질」이라고 정부의 견해를 정리하였다. 환경성은 「내분비계 장애작용은 화학물질의 다양한 작용의 일면 또는 그 외의 생체에 대한 작용과 합쳐진 것으로써 평가할 필요가 있다」라는 관점을 밝혔고, 환경조사 및 환경 위해성(risk) 평가의 효율화를 도모하기 위하여 2005년 3월에 「화학물질 내분비계장애 작용에 관한 환경성의 금후 대응 방침에 관하여-ExTEND 2005-」를 책정하였다[5].

쿠로모토(黑本) 조사의 대상물질 선정에 내분비계 장애작용의 개념을 첨가하고, 식물 유래 에스트로겐 RPS 등의 천연물도 조사에 넣어서 제한된 조사 · 분석 능력을 최대한 동원하여 전국적인 환경실태를 파악하였다. 여기서 얻어진 결과는 내분비계 장애작용을 포함하여, 화학물질에 관한 각 종 대책으로 폭 넓게 활용하는 것이 바람직할 것이다. ExTEND 2005를 포함한 주요 화학물질의 환경조사를 표 11-4에 나타내었다.

표 11-4. 화학물질 환경 실태 조사에 있어서 주요한 화학물질의 환경 조사

○화학물질 환경실태 조사	
i) 초기 환경 조사	환경에 존재 유무가 명확하지 않는 화학물질에 대해 그 존재의 확인을 실행하는 것에 주안을 두고 조사
ii) 상세 환경 조사	환경에서 그 존재가 명확한 화학물질에 대해 고감도 분석법을 이용하여 수질, 토양, 대기 등의 환경 매체를 정량적으로 측정
iii) 모니터링 조사	난분해성, 생체내 고축적성 등에 의해 경년적 환경 중 잔류량 파악이 필요한 화학물질에 대해 정기적으로 고감도의 분석법에 의해 조사, 병행해서 고감도 분석법이 바뀐 경우에는 경년적 비교을 실시하기 위하여 과거의 시료도 고감도분석을 함께 실시
iv) 폭로량 조사	폭로경로로써 식사, 실내대기 등을 매체로 폭로량 파악과 함께 야생생물의 체내 축적량도 확인
v) 사람 생체 시료 조사	폭로량 파악의 일환으로 특히 사람의 혈액, 생체시료의 화학물질농도 측정
○환경 중 화학물질 농도수준 추정	특정 하천 및 지역의 상세한 화학물질 농도 변화 파악을 보다 쉽게하기 위해 실제 측정으로 수집된 기초자료를 이용한 예측 모델 작성, 검정하여 보다 특정된 지역의 농도 수준 변화를 추정
○환경시료 보존사업	장래의 대상물질 변동이나 분석법 발전에 따라 과거에 분석했던 것을 소급해서 분석할 수 있도록 조사에 이용한 시료의 일부를 동결보존
○보다 고감도 분석법 개발	기존 분석수법에서는 위해성(risk) 평가에 필요한 요구감도를 만족하지 않은 화학물질도 환경 중에 존재하는 수준까지의 분석이 가능, 폭로(투여)량의 정확한 파악 및 그 평가에 투자하기 위하여 고감도분석법 개발 촉진

6 농약대책

1) 농약대책 개요

농경지에서 다종 · 다양한 농약들이 광범위하게 사용되고 있으나 개방계에서 사용되고 있어서 농산물이나 물의 안전성 뿐만 아니라, 생태계나 환경 영향에 대해 큰 관심을 가져 왔다. 농약은 농약단속법에 근거하여 농림수산장관의 등록을 받지 않으면 제조 · 판매 · 사용 등이 불가능하다. 농약단속법에 의하면 농약 등록을 인정하는가, 인정하지 않는가의 판단기준(농약등록 보유기준)으로써 신청서의 기재사항에 허위 사실 유무, 농작물에 대한 유해성, 사용할 때 사람이나 가축에 대한 위험성, 작물과 토양에 대한 잔류성 및 공공용수역에 유출될 경우 수산동식물의 피해방지, 수질오염에 관한 기준의 적합성 등이 나타나 있다.

수질오염 측면에서 일부의 농약에 대한 환경기준이 설정되었다. 공공용수역의 수질오염에 대한 환경기준 항목 중 사람의 건강보건에 관한 항목(건강 항목 : 부록 표 2-1 별표 1)으로 설정되어 있는 27개 항목 중에 1,3-디클로로프로펜(1,3-dichloropropene), 티우람(thiuram), 시마진(simazine) 및 티오벤칼프 등 4개 농약이 포함되어 있다[9]. 이 4개 농약은 지하수의 수질오염과 관련한 환경기준(부록 표 2-3)에도 설정되어 있다[10]. 감시필요항목은 「사람의 건강보호에 관여하는 물질이지만, 공공용수역에서 검출 상항 등을 봐서 환경기준에 제외시키지 않고, 계속해서 지식을 쌓도록 노력해야 할 물질」로써 1993년 3월에 설정되었고, 1999년 2월 및 2004년 3월에 개정되었다[11]. 감시필요 항목으로 설정된 27개 항목 중 12개 항목이 농약이다(부록 표 2-1 별표 3).

환경성에서는 농약단속법에 근거하여 환경보전 관점에서 농약잔류대책 종합조사를 실시하고 있다. 2006년에는 수질농약잔류에 관한 조사(논 농약 하천 모니터링 조사, 비논 농약 하천 모니터링 조사 및 어류 농약 잔류실태 조사), 농약 환경부하 해석 조사(후작물 잔류실태 조사, 드리프트(飛散 drift) 조사 및 토양잔류시험), 대기 중 잔류농약에 대한 조사 등을 실시하였다[12].

농약은 농경지 이외에도 화단, 분재 등의 가정원예식물, 가로수, 산림수목, 잔디 등에도 살포된다[13]. 골프장에서는 잔디 관리를 목적으로 각종 농약을 사용하고 있다. 환경성에서는 수질오염을 미연에 방지하기 위하여 「골프장에서 사용된 농약에 의한 수질오염 방지에 관한 잠정지도지침」을 발표하였고, 골프장에서 사용된 농약에 관한 수질조사 방법이나 골프장의 배수구에서 준수해야 하는 농약 농도 목표(지침치) 등을 설정하였다. 현재 45종에 대하여 지침치가 표시되어 있다.

또한, 가로수나 공원녹지의 화초나 나무를 관리하기 위하여 시가지에서 사용하거나 주택지와 근접한 농지에서 살포하는 것도 증가하고 있기 때문에 환경성에서는 농약의 비산 위해성(risk)을 평가하여 관리할 필요성이 높아지고 있으며, 2005년부터 「농약 비산 위해성(risk) 평가수법 확립조사」를 실시하고 있다[14]. 2005년에는 가로수, 공원 등에서의 방제실태 파악을 목적으로 지방공공단체에 대한 앙케이드 조사를 실시하였다[14]. 또한, 2006년에는 공장 내의 나무에 살포한 페니트로티온(fenitrothion)에 대해서 대기 중 농도 조사, 비산조사, 잎 부착량 조사, 토양 중의 농도조사가 실시되었다[15]. 또한, 2007년에는 농약 살포방법이나 제형(劑型)이 농약의 드리프트(drift)나 대기 중 농도에 미치는 영향 등이 검토 되었다[16].

2) 환경 중에서 농약 검출상황

공공용수역에서는 2006년에 하천 3,940개 지점, 호소 398개 지점, 해역 1,149개 지점 등 총 5,487개 지점에서 건강 항목 조사가 실시되었지만 농약류는 환경기준치 초과 사례가 없었다[17]. 지하수에서는 2006년에 조사된 우물 수가 기존 개황 조사로써 4,738개소, 오염 우물 주변지역조사로 1,642개소, 정기 모니터링조사로 4,895개소였다[18]. 이 중 개황 조사에서는 1,3-디클로로프로펜(1,3-dichloropropene)이 2,940개소 중 1개소, 티우람(thiuram)은 2,411개소 중 2개소, 시마진(simazine)은 2,478개 중 5개소의 우물에서 검출되었지만, 기준치를 초과한 지점은 없었다.

한편, 오염 우물 주변지역 조사에서는 농약이 검출된 지점은 없었지만 정기모니터링 조사에서는 1.3-디클로로프로펜이 347개소 우물 중 1개소 우물에서 검출되었으나 기준치를 초과한 지점은 없었다.

사람의 건강 보호에 관한 감시필요항목은[17] 2006년의 경우 1,968개 지점에서 조사되었지만, 지침치를 초과하는 농약이 검출된 지점은 없었다. 또한, 1994년부터 2006년까지의 결과에서는 이소키사티온(초과율 0.01%), 페니트로티온(fenitrothion) (0.03%) 및 이프로벤호스(0.06%)가 대부분이 하천수에서 지침치를 초과하였다[17].

2004년에는 조사필요 항목에 관계되는 조사로서 조사필요항목 농약 20종과 동시에 조사필요항목에 포함되어 있지 않는 농약 49종도 조사되었다[19]. 그 결과, 조사필요항목에서는 플루트라닐이, 그 이외 농약에서는 필다펜티온, 펜시크론, 메프로닐, 후사라이드, 피로기론, 메페나셋트, 브로모브치드, 헨드에드, 트리시크라좀, 다임론 등이 검출되었다.

골프장에서 사용되는 농약은 2006년에 786개 골프장에서 검사되었지만, 지침치를 초과한 예는 없었다[20]. 또한, 골프장 조사에서는 2002년에 1,539개 골프장 중에서 1 건이 지침치가 초과되었지만, 2003년부터 2005년에 걸쳐서 초과한 예는 없었다.

7 POPs 대책

POPs(Persistent Organic Pollutants, 잔류성유기오염물질)이란 잔류성유기오염물질에 관한 스톡홀름 조약(POPs 조약)에서 규정된 12개 물질을 가리키는 것이 일반적이다. 이들 물질은 환경 중에서 장기간 잔류하면서 생물에 높은 축적성을 유지한다. 따라서 환경 중에서는 다른 화학물질과 매우 다르게 거동한다. 예를 들면, 이 물질들은 대기나 해양이란 매체를 통하여 대단히 장거리를 이동하므로 열대 · 온대역에서 배출되는 물질이 극지까지 도달하는 현상이 전형적으로 관찰된다. 또한, 높은 생물 축적성으로 인하여 오염원으로부터 멀리 떨어져 있는 극지방의 생물이나 인간에게도 이들 물질이 고농도로 농축되는 것이 문제시 되고 있다. 이러한 이유 때문에 POPs가 지구규모의 문제로 대두되는 것이다.

POPs 문제에 대한 대응으로써 일본에서는 POPs의 상세한 환경 모니터링, PCB처리, 다이옥신 오염토양[21]이나 POPs 농약 무해화 처리기술 검토[22], 매설된 농약의 대처[23] 및 몇 개의 물질을 스톡홀름 조약에 신규로 추가할 가능성[24]에 대한 검토가 진행되고 있다.

일본의 POPs 모니터링은 대기, 물, 생물, 퇴적물 및 인간 생체시료 등의 매체에서 POPs 조사가 초고감도분석을 이용해 진행되고 있다. 스톡홀름 조약에서는 전 지구 모니터링 자료(data)를 기초로 지구규모의 오염이 감소되는 지를 정기적으로 평가하는 조약 유효성 평가를 실시하도록 규정되어 있다. 이것을 위해서는 우선 초고감도분석에 의한 환경 수준(level)을 더욱더 상세히 파악하는 것이 중요하며, 고감도 분석을 위한 GC/MS를 이용한 고도 분석법에 의해 실시되고 있다. 그림 11-2에 물의 감시지점, 표 11-5에 수질 · 퇴적물의 측정결과를 나타냈다.

관측결과를 보면 일본에서는 사용 실적이 없는 마일렉스(mirex)나 일본 내에서 사용이 금지되어 있는 물질 대부분이 검출되고 있다. 그 이외에 대략 검출감도가 낮은 톡사펜(toxaphene)류 등을 제외하면 대부분의 물질이 검출되는 것을 알 수 있다. 이것은 POPs가 실제로 장거리 수송에 의해 광범위하게 오염을 일으키며, 높은 잔류성에 의해 장기간에 걸쳐서 영향을 줄 가능성이 있음을 시사하고 있다.

POPs 조약에는 신규로 새로운 물질을 관리 대상으로 추가하는 mechanism이 있으며, 2007년까지 9개 물질이 각국의 제안에 의해 전문위원회(POPRC: POP Review Committee 잔류성유기오염물질 평가위원회)에서 심사하고 있다[24]. 어떤 물질이 POPs에 해당 하는가 또는 아닌가를 평가하기 위한 스크리닝(screenimg) 기준으로 유해성 판단과 더불어 장거리 이동성, 잔류성, 생물 축적성 등 각각에 대하여 다음과 같은 조건에 따라 결정된다.

① 대기 중에서 반감기가 2일 이상 또는 장거리 이동성을 나타내는 환경 거동 물질 또는 모델 예측결과

그림 11-2. POPs 모니터링 수질관측지점[2004년][25]

표 11-5. 2005년 POPs 모리터링 결과[26]

	수질 (pg/L) 47지점 47검체		저질 (pg/g-dry) 63지점 189개검체	
물질명	범위	기하평균치* (정량하한치)	범위	기하평균치* (정량하한치)
알드린(aldrine)	nd~5.7	tr (0.6) (0.9)	nd~500	7.5 (1.4)
디엘드린(dieldrine)	4.5~630	39 (1.0)	tr (2) ~4,200	56 (3)
엔드린(endrine)	nd~120	4.0 (1.1)	nd~19,000	10 (2.6)
크롤덴(chlorodane)류				
시스-크롤덴(cis-chlorodane)	6~510	53 (4)	3.3~44,000	140 (1.9)
트란스-크롤덴(trans-chlorodane)	3~200	25 (4)	3.4~32,000	98 (2.3)
옥시크롤덴(oxychlorodane)	nd~19	2.6 (1.1)	nd~160	2.1 (2.0)
시스-노나클로(cis-nonachlor)	0.9~43	6.0 (0.5)	tr (1.1) ~9,900	50 (1.9)
트란스-노나클로(trans-nonachlor)	2.6~150	20 (2.5)	2.4~24,000	89 (1.5)
헵타클로(heptachlor)류				
헵타클로(heptachlor)	nd~54	nd (3)	nd~200	2.5 (2.5)
시스-헵타클로에폭시드(cis-heptachlor epoxide)	1.0~59	7.1 (0.7)	nd~140	tr (4) (7)
트렌스-헵타클로에폭시드(cis-heptachlor epoxide)	nd	nd (0.7)	nd	nd (5)
HCB	6~210	21 (15)	13~22,000	160 (3)
마이렉스(mirex)	nd~1.0	nd (0.4)	nd~5,300	1.5 (0.9)
톡사펜(toxaphene)류				
Parlar-26	nd	nd (10)	nd	nd (60)
Parlar-50	nd	nd (20)	nd	nd (90)
Parlar-62	nd	nd (70)	nd	nd (2,000)
PCB류	140~7,800	520 (10)	42~690,000	7,500 (6.3)
DDT류				
p, p'-DDT	110	8 (4)	5.1~1,700,000	280 (1.0)
p, p'-DDE	4~410	26 (6)	8.4~64,000	630 (2.7)
p, p'-DDD	tr (1.8)~130	17 (1.9)	5.2~210,000	520 (1.7)
o, p'-DDT	nd~39	3 (3)	0.8~160,000	47 (0.8)
o, p'-DDE	0.4~410	2.5 (1.2)	nd~31,000	35 (2.6)
o, p'-DDD	tr (0.5)~51	5.2 (1.2)	tr (0.8)~32,000	110 (1.0)
HCH류				
α-HCH	16~660	90 (4)	3.4~7,000	120 (1.7)
β-HCH	25~2,300	200 (2.6)	3.9~13,000	180 (2.6)
γ-HCH	tr (8)~250	48 (14)	tr (1.8)~6,4000	44 (2.0)
δ-HCH	nd~62	1.8 (1.5)	nd~6,200	46 (1.0)

주) nd : 검출 하한값 이하
tr : 정량 하한값 이하
nd는 검출 하한값의 1/2로서 기하평균값을 산출했다.

② 수중에서 반감기가 2개월 이상 또는 토양 및 퇴적물 중에서 반감기가 6개월 이상

③ 생물농축계수가 5,000 이상 또는 log Kow(옥타놀/물 분배계수)가 5 이상

또한, 장거리 이동성, 잔류성, 생물 축적성 중에서 하나라도 같은 성질을 가진 것으로 판명되면 환경모니터링 자료(data)에 의해 criteria로 바꿀 수 있다. 현재, 불소계 계면활성제인 PFOS(perfluorooctanesulfonic acid)나 비소화난연제 등 9개 물질은 이러한 screening criteria에 맞거나 맞지 않거나, 위험(risk) 정도, 대책 실시 효과 등에 근거하여 최종적으로 조약에 추가할 것인가 아닌가에 대한 평가가 진행되고 있으며, 5개 물질은 전문위원회에서 추가하는 것이 타당하다고 판단하고 있다. 유해물질의 국경을 초월한 이동은 대기오염물질이나 폐기물 등에서는 경험이 있지만, 이른바 미량오염물질이 지구 규모 오염에 대한 시점이 명확히 인식된 것은 지금까지 거의 없었다. 각 국가 간의 전문가나 행정관의 의견을 받아들여 신중한 검토가 진행되고 있다. 또한, 이들 추가 후보물질의 대부분은 화학물질 환경실태 조사에서 초기 환경 조사가 실시되고 있고, HCH류 등은 매년 모니터링조사에 추가되어 측정되고 있다.

8 PCB · 다이옥신류

1) PCB · 다이옥신류 오염의 특징

PCB, 다이옥신류란 앞에서 언급한 POPs 물질의 일부이지만 PCB는 특히 생산량이 많고, 제조가 금지된 현재에도 대량의 PCB가 보관되어 있다. 또한 다이옥신류는 인위적 제조는 없으나, 비의도적 생성에 의해 환경 중에 배출되어 왔다는 점에서 특별한 물질군으로 생각할 수 있다.

화학물질은 사용하기 때문에 위험(risk)을 제로(0)로 하는 것은 불가능하다. 위험(risk)을 시민이 이해하고, 허용가능 위험을 설정하며, 환경(폭로상황)을 감시하면서 화학물질을 사용하는 것이 바람직하다. 이러한 의미에서는 과거에 사용되었던 화학물질의 환경방출, 오염 추이를 정리하여 화학물질 사용이 어느 장면에서 어느 종이 환경오염 위험이 높은지를 명확하게 할 필요가 있다.

PCB에 의한 환경오염은 위험 평가 보다도 대량생산 · 소비가 선행된 사례라고 할 수 있다. 이 문제는 공업화에 따른 염소발생 및 그 염소에 의한 유기염소계 화합물로의 적용이 근원이 된다. PCB는 사용범위가 넓었고, 사고에 의한 인체오염(카네미유병)의 참화를 일으켰다. 그 결과 생산 · 사용 중지와 PCB제품 회수 · 보관이 이루어졌으며, 현재는

보관 PCB의 분리 처리가 큰 과제가 되어 전형적인 stock형 오염이라고 할 수 있다.

다이옥신류에 의한 환경오염은 비의도적으로 생성한 오염물질의 전형적인 사례라고 할 수 있다. 다시 말하면, 농약의 불순물질 및 폐기물소각처리에 동반하는 비의도적 생성에 의해 환경으로 확산되거나 또는 표백처리에 동반하는 비의도적 생성도 보고되었다. 그 결과 소각기술 · 시설의 개량이 대규모로 시도되었고, 이에 따라 현재에는 생성량의 격감과 환경농도가 저하되었다.

이처럼 역사적인 경과에 기초하여 PCB · 다이옥신류 오염에 대해서는 현재 POPs의 일부라고 말하지만 POPs와는 조금 독립된 행정시책에 의해 대처하고 있다.

2) PCB · 다이옥신류의 오염대책

(1) 화학물질 심사 및 제조 등의 규제에 관한 법률 (1973년)

PCB는 난분해성이며, 인간의 건강을 파괴할 우려 또는 동식물의 생식에 영향을 줄 뿐만 아니라 생육에 지장을 미칠 우려가 있으므로 환경오염을 방지하기 위하여 화심법에 의해 제조 또는 수입이 금지되고 있다.

(2) 폴리염화비페닐 폐기물의 적정한 처리 추진에 관한 특별조치법(PCB 특별조치법, 2001년)

PCB 폐기물 처리 체제 정비 상황 등을 감안하여 PCB 폐기물을 정부령으로 결정할 수 있는 기간(2016년 7월)까지 처리해야 된다. PCB 특별조치법에 근거하여 PCB 폐기물 신고가 잘 알려져 PCB 폐기물 파악이 진행되었다. 또한 사용에서 보관으로 전환되고 있는 것 등으로 보관량은 전체적으로 증가하는 경향이나 사용량은 감소하는 경향을 보인다(표 11-7).

표 11-6. PCB와 관련된 환경기준등

잠정적 인체섭취허용량 (ADI)	5 ㎍/kg/일
PCB 등의 소각시설로부터 배출되는 가스 중의 PCB 배출허용한계	평균 0.15 mg/m³ 이하 (액상 PCB의 경우 평균 0.1 mg/m³ 이하)
대기의 잠정환경농도	0.5 ㎍/m³ 배수기준 0.033 mg/L
수질오염에 관한 환경기준	검출되지 않는 것(0.0005 mg/L)
퇴적물의 잠정제거기준	100 ppm(저질의 건조중량 당)
토양의 오염에 관한 환경기준	검액 중에 검출되지 않는 것(0.0005 mg/L)
작업환경평가기준	0.1 mg/m³

표 11-7. PCB 폐기물의 보관상황 (2004년 3월)[27]

폐기물의 종류	보관사업자수	보관량	폐기물의 종류	보관사업자수	보관량
고압트랜스	2,688	18,687대	PCB	206	53톤
고압콘덴사	45,533	250,739대	PCB을 함유 기름	1,060	176,489톤
저압트랜스	427	35,949대	감압복사지	416	668톤
저압콘덴사	3,520	1,836,705대	웨즈	886	225톤
전주상트랜스	153	2,146,581대	오니	179	15,411톤
안정기	12,358	5,551,983대	그 외의 기기	1,819	114,915톤

(3) 다이옥신류 대책 특별조치법(1999년)

1990년대 후반부터 폐기물 소각 시설 등으로부터 배출된 다이옥신류에 의한 오염이 전국적으로 큰 문제가 되었다. 이것을 감안하여 다이옥신류 대책이 다이옥신 대책 추진 기초지침(1999년 3월)과 다이옥신류 대책 특별초치법(1999년 7월) 등 2개를 축으로 하여 진행되고 있다(표 11-8)

표 11-8. 다이옥신에 관한 환경기준 등

허용1일 섭취량(TDI)	4 pg/kg/일
대기배출기준(폐기물소각로 4t/h 이상)	0.1 ng/m³
대기오염에 관한 환경기준	0.6 pg-TEQ/m³
수질배출 기준	10 pg-TEQ/ l
수질오염에 관한 환경기준	1 pg-TEQ/ l
수저 퇴적물 오염에 관한 환경기준	150 pg-TEQ/g
토양오염에 관한 환경기준	1,000 pg-TEQ/g
작업환경에서 관리해야 할 기준	2.5 pg-TEQ/m³

3) PCB, 다이옥신류의 환경조사결과

(1) PCB

환경성은 현재 가장 정밀한 분석법을 이용하여 일본 전국에서 대기, 수질, 퇴적물, 생물 중의 PCB 농도를 조사하고 있다[28]. 2001년 이후 대기설정 농도 및 수질기준 초과사례는 없다. 2004년의 조사에서 PCB 평균 농도는 대기의 경우 여름철에 200 ng/m³, 겨울철 100 ng/m³, 수질에서 500 pg/L, 퇴적물에서 7,500 pg/g(건중량)이였다. 또한, 환경농도의 연도변화는 수질 · 퇴적물 모두 동일한 추이를 보이는 반면에, 대기는 점차 감소하는 경향이었다.

(2) 다이옥신류

대기에서는 대부분의 지점에서 환경기준을 달성하고 있지만, 공공용수역 수질 · 퇴적물, 지하수 수질에서는 환경기준을 초과한 지점도 나타났다. 토양에 대해서는 환경의 일반적 상황을 조사한 결과(일반 환경파악 조사 및 발생원 주변상황 파악 조사)에서는 환경기준을 초과한 지점은 없었다.

또한, 대기, 공공용수역 수질 · 퇴적물은 계속 조사를 실시하고 있는 지점에서 농도의 평균치가 전년도와 거의 비슷한 정도지만, 1990년대 후반에 비하면 대기 농도는 약 10분의 1인데 반하여 수질농도는 현저히 감소하는 경향이 나타나지 않았다.

9 앞으로의 과제

미량화학물질의 문제는 물 환경오염의 모든 문제 중에서 비교적 역사가 짧고, 연구적인 측면으로부터 행정시책까지 많은 과제를 남겨 두고 있다고 생각된다. 여기에서는 3가지 점을 예로써 지적한다.

1) 환경조사 · 모니터링 수법의 고도화와 효율화 및 정도관리

다이옥신류의 환경분석에는 고분해능 GC/고분해능 MS와 동위체 표식내표준물질을 사용한 농도 보정 정량법(동위체희석법)을 이용하는 고도의 방법이 발달하였다. 이것은 PCB분석이나 다른 화학물질 조사에도 적용될 수 있고, 부차적으로 많은 화학물질의 환경조사 · 분석법의 발전에 공헌해 왔다. 한편, 민간분석 연구실의 분석기술 방향도 MLAP 등의 분석기술인정제도나 각종 정도관리 프로그램의 확립이 진행되고 있다. 앞으로는 수정되는 조사방법의 고도화와 정도관리의 확립을 병행하여 진행할 필요성이 더욱 커져야 할 것이라고 생각된다.

한편, 다수에 걸쳐서 미량화학물질을 빠르게 또는 전체적으로 파악하는 손쉽고 빠른 분석이나 스크리닝(screening) 방법의 필요성도 크다고 생각된다. 이 때에는 스크리닝(screening) 방법의 행정시책에서 위치를 명확하게 하고, 적절한 범위의 신뢰성을 확보하는 것을 기초로 하는 기술과 체제의 양면에서 신뢰가 쌓여야 한다.

2) 화학물질의 제조 · 생성으로부터 환경배출, 거동 또는 감시까지를 포함한 체계적 시책

미량화학물질 대책은 화학물질의 제조 또는 생성과정, 그것이 환경에 배출되는 과정, 환경에 배출된 후 사람이나 생물에 영향을 주는 과정 또는 그들의 상태를 감시하는 과정, 이들 전체를 통해서 화학물질이 위험에 대한 적절한 평가와 관리 등 화학물질의 life cycle에서 다양한 측면이 생각된다. 현재에도 화학물질심사규제법, 환경배출에 대한 각종 배출규제나 PRTR 등 배출량 파악, 환경거동 심사나 모델화, 각종 환경심사 · 감시체계 등 각각의 측면에서 실시되고 있지만, 앞으로는 더욱 체계적인 시책의 실시가 중시된다. 또한, 배출량 파악, 환경거동 추정, 위해성 평가와 관리 수법은 물론 기술적 과제가 큰 영역이므로 서로의 지식을 모으는 것이 바람직하다.

3) 이성체 등의 다성분분석과 오염특성의 해석

예를 들면, PCB동족체는 증기압이 $7.6\times10_{-9}$~1.1×10^{-9}(mmHg), 물 용해도가 2.5×10^{-5}~4.8 (㎎/L), Po/w가 4.5~9.6으로서 폭넓은 물리 · 화학적 성질을 가진다. 이것으로부터 이성체 등의 다성분분석의 해석은 배출특성과 물질의 물리 · 화학적 성질과 합쳐서 고찰하는 것에 의해 환경거동이나 생물농축의 모든 요인과 특성에 관여하는 정보를 얻을 수 있다. 이러한 사항은 환경에 잔류하는 POPs 또는 다른 화학물질에 관해서도 말할 수 있다. 다성분분석과 케모매트릭스(chemomatrix) 기법에 의해 예를 들면 지구규모 오염 해석 및 물질특성에 기초한 생물농축 예측 등 새로운 평가기법으로 활용될 수 있을 것으로 기대된다.

참고문헌

(1) 環境省「化審法條解說 第二部本法の概要」(平成16年3月)
http://www.env.go.jp/chemi/kagaku/etc/tikujyo.html
(2) 環境省「PRTR インホオめーション 廣場」
http://www.env.go.jp/chemi/prtr/risk0.html
(3) 環境省「化學物質の環境リスク初期評価」
http://www.env.go.jp/chemi/risk/index.html
(4) 環境省環境保健部環境安全課「平成 18年度版「化學物質と環境」
http://www.env.go.jp/chemi/kurohon/2006/index.html
(5) 環境省「化學物質の內分泌障碍作用に関する環境省の今後對應方針について-ExTEND2005-」
http://www.env.go.jp/chemi/end/extend2005/index.html
(6) 環境省環境保健部環境安全課「ExTEND2005における取組について」
http://www.env.go.jp/chemi/end/edc_kento/17_02/mat02-2.pdf
(7) 國土交通省河用局河川環境課「平成18年度 全國一級河川における微量化學 物質に関する實態調査の結果について (ダイオキシン類, 內分泌かく化學物質)」
http://www.mlit.go.jp/river/press_blog/past_press/press/200707_12/070821/biryo.pdf
(8) 環境廳水質保全局水質管理課「要調査 項目について」
http://www.env.go.jp/water/chosa/index.html
(9) 環境廳告示第59号 (昭和 46年12月28日)
http://www.env.go.jp/kijun/mizu.html
(10) 環境廳告示第10号 (平成 9年3月13日) http://www.env.go.jp/kijun/tika.html
(11) 環境廳環境管理局水環境部長通知 (環水企發第040331003号,環水土發第040331005号, 平成16年3月 31日) http://www.env.go.jp/water/impure/kanshi.html
(12) 日本植物防疫協會 (平成18年度農藥殘留對策總合調査委託業務結果報告書)
http://www.env.go.jp/water/dojo/noyaku/report2/h18/1.pdf
(13) 農藥環境懇談會 (農藥環境懇談會報告書)
http://www.env.go.jp/water/report/h_14-04/hontai_all.pdf
(14) 環境省水・大氣環境局土壤環境課「自治における街路樹, 公園綠地等での防除實態調査]結果」
http://www.env.go.jp/water/dojo/noyaku/hisan_risk/result070131.html
(15) 農林授産航空協會「平成18年度モニタリング調査結果(抜萃」
http://www.env.go.jp/water/dojo/noyaku/hisan_risk/hyoka_kentou/1901/ref04.pdf
(16) 日本植物防疫協會「平成19年度農藥飛散リスク評価手法確立調査 (基礎調査業務) 報告書 (案)」
http://www.env.go.jp/water/dojo/noyaku/hisan_risk/hyoka_kentou/1902/
(17) 環境省水・大氣環境局「平成18年度公共用水域水質觀測結果」
http://www.env.go.jp/water/suiiki/h18/full.pdf
(18) 環境省水・大氣環境局「平成18年度 地下水質觀測結果」
http://www.env.go.jp/water/report/h19-05/full.pdf

(19) 環境省水・大氣環境局「平成16年度 要調査項目等測定結果」
http://www.env.go.jp/water/chosa/h16.pdf
(20) 環境省水・大氣環境局「ゴルフ場指導指針對象農藥に係る平成18年度水質調査結果について」
http://www.env.go.jp/press/press.php?serial=9096
(21) 環境省水・大氣環境局「低コスト・低附和型土壌汚染調査對策技術検討調査」
http://www.env.go.jp/water/dojo/gijyutsu/index.html
(22) 環境省水・大氣環境局「POPs廢農藥等無害化處理技術關係報告書」
http://www.env.go.jp/water/dojo/pops_rep/index.html
(23) 環境省水・大氣環境局「埋設農藥調査. 掘削等マニュアル」
http://www.env.go.jp/water/dojo/manual/h200117/full.pdf
(24) 環境省環境保健部検討委員會「殘留性有機汚染物質(POPs)検討委員會 第3回會合の結果及び情報提供の依賴について」 http://www.env.go.jp/press/press.php?serial=9139
(25) 環境省環境保健部「平成16年度モニタリング調査地点(水質)」
http://www.env.go.jp/chemi/kurohon/2005/http2005/section03_fig03_01.htm
(26) 環境省環境保健部「平成17年度 POPsモニタリング結果」
http://www.env.go.jp/chemi/pops/monitoring/h17.pdf
(27) 環境省廢棄物・リサイクル對策部「變壓器(トランス) などの重電機器からの微量のPCB検出について」關連資料 http://www.env.go.jp/recycle/poly/trans/ref_pcb.pdf
(28) 環境省\環境保健部「平成14年度 モニタリング調査 検出狀況 一覽表」
http://www.env.go.jp/chemi/pops/monitoring/h14.html

제12장
물 환경 건전성 지표의 활용

1 물 환경의 종합적 지표 필요성

1) 수질지표의 한계

오염된 물 환경 개선이나 새로운 환경 악화 방지를 위한 시책이나 활동이 일본의 구석구석에서 이루어지고 있다. 이러한 시책 · 활동은 행정과 주민에 의해 구체적인 목표가 정해지며, 그것을 달성하기 위한 계획을 기반으로 시행되고 있다. 그렇게 시행된 결과가 당초의 목표를 얼마 만큼 달성하였는가를 평가하는 것은 이러한 시책과 활동을 개선하여 지속가능하게 하기 위하여 필요한 프로세스(process)로 생각된다. 이러한 평가를 위해서는 물 환경 상태와 변화의 방향성 등을 표현하는 지표가 필요하지만 일본에서는 아직까지 사용 가능한 지표는 물에 대한 수질농도가 대부분이다.

그 이유는 고도 성장기에 많은 관심을 가지게 된 일본의 물 환경 문제가 수질오염에 의한 것이 대부분이고, 이로 인하여 사람의 건강과 생활에 대한 영향이 심각하였기 때문이다. 수질지표는 오염된 물 환경 상태를 이해하기 쉽게 표현하며, 대책의 목표설정이나 결과 평가, 그것을 위한 규제행정 등에 있어 매우 효과적으로 이용되어왔다. 그것은 물 환경 시료의 채수에서부터 전처리를 포함한 분석조작에 관한 정도관리나 분석기기의 발전에 뒷받침이 되어서 분석결과에 대해 높은 신뢰성이 보증될 수 있었기 때문이라고 말할 수 있다. 분석기기의 발전에 따라 분석결과의 높은 신뢰성으로 보증되어 왔다고 말할 수 있다.

한편, 물 환경의 질과 양의 표현을 위해서는 수질지표만으로는 불충분한 경우가 있는 것은 당초부터 인식되어 왔고, 지표생물을 이용한 평가와 다양성 지수와 같은 생물지표의 이용도 제안되었으나 실용 예는 한정되어 있다. 그렇지만 21세기를 맞아 물 환경문제가 양성화 및 고도화됨에 따라 수질지표의 한계가 다양한 장소에서 큰 문제가 되고 있다. 이것은 사람들이 물 환경에 대한 인식이 높아져 물 환경을 수질로서만 보지 않고, 물 환경에 관련하는 여러 요소의 질적인 개선을 바라고 있으며, 그에 대한 행정시책도 아직 수질오염으로부터 종합적인 수질을 확인하도록 요구하고 있다(그림 12-1, 그림 12-2)

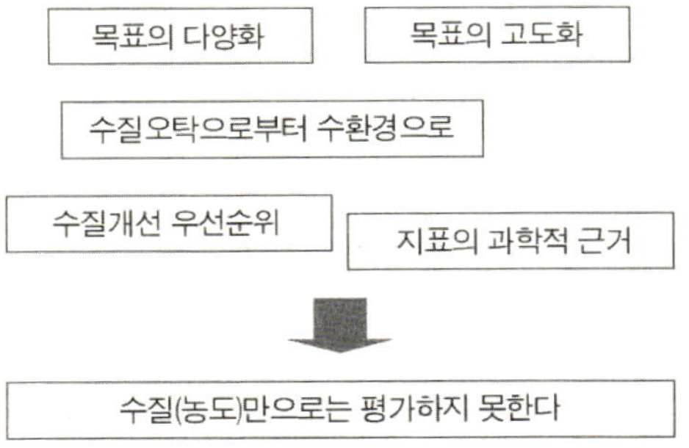

그림 12-1. 다양화, 고도화하는 수환경시책과 활동의 평가를 위해서는 수질지표만으로는 한계

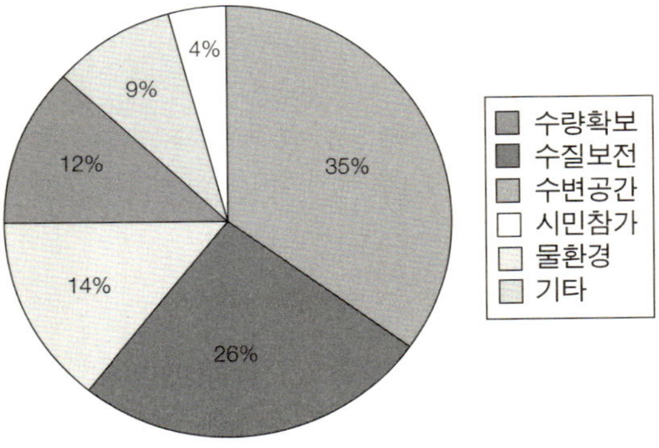

그림 12-2. 다양한 지자체의 수환경 목표설정 내역[1]

예를 들면 ①수질은 개선되었으나 물 환경은 좋아진 것을 실감할 수 없다든가 ②물 환경은 확실히 개선되었으나, 수질(환경기준)개선에는 반영되지 않았다고 말하는 실례가 증가하고 있다. ①과 ②는 언뜻 보기에 정반대의 사례지만 항상 현행 수질항목과 직접 관련되지 않는 새로운 물 문제 중요성이 더해지고 있는 것을 나타내고 있으며, 수질지표의 한계를 나타내고 있는 점은 동등하다.

2) 주민과 행정의 파트너쉽(partnership)

일본의 환경기본법에서는 일본의 환경보전을 위해 국가, 지자체, 사업자, 국민이 각각의 책무를 가지도록 하고 있으며, 21세기에 들면서 그 구체화가 진행되고 있다. 그 이외에는 각 주체간의 파트너쉽(partnership)의 역할도 중요한 것으로 인식되고 있다. 예를 들면 물 환경 보전 시책이나 활동에는 행정과 주민, NGO가 파트너쉽(partnership)을 구축하면서 추진하는 움직임이 서서히 보이고 있다. 특히 지역에 밀착한 과제에서는 행정 단독 또는 주민 · NGO 단독으로는 해결이 곤란하여 상호협력이 중요하게 된다. 지역의 환경 fair(환경전시회, 환경시장)의 성공이나 합병정화조의 정비, 생 쓰레기의 퇴비화 등에 있어서 지역에서 가능한 파트너쉽(partnership)이 계속적으로 이루어지고 있다(그림 12-3).

이와 같은 행정과 주민 · NGO의 물 환경보전 활동에 대한 파트너쉽(partnership)을 추진하는 관점에서도 새로운 물 환경지표의 필요성이 생겨나고 있다. 지자체는 대상수역에 적합한 여러 가지 지표가 제안되고 있으며, NGO는 자신들의 활동성과를 평가할 수 있는 지표가 요구되어 고안되어 있다. 이러한 동향은 수질지표만을 이용한 종래의 생각으로 받아들여지지 않고, 새로운 시점 · 관점의 시책 · 행동이 탄생하여 추진되고 있는 것을 나타내고 있으며, 이러한 행동을 중심으로 이제까지와 다른 의미의 척도로서 지표가 형성되었다고 말할 수 있다. 이러한 지표를 툴(Tool, 수단)로 하여 건전한 물 환경의 구축을 시행하기 위한 대처가 전국 각 지역에서 전개되게 되었다.

그림 12-3. 자치단체가 쓰레기 분리와 자원화, 퇴비조제 강습회 등을 통하여 주민 · NGO와 협력하는 활동을 하고 있는 예

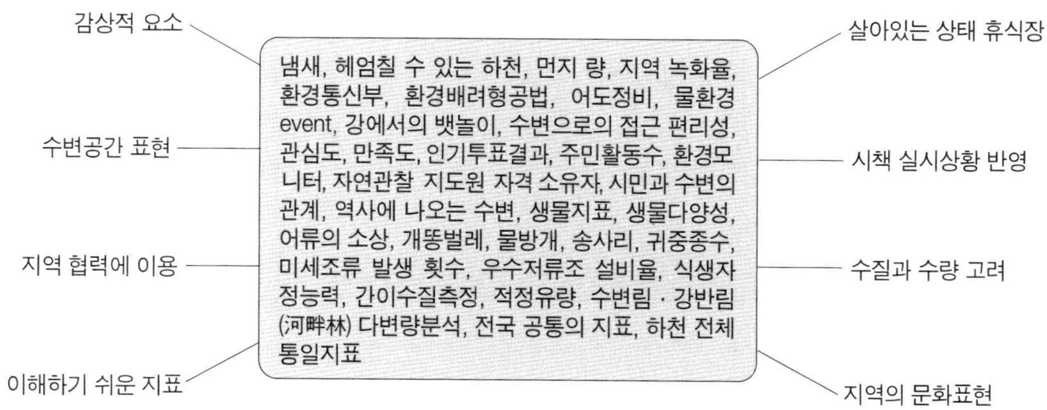

그림 12-4. 지자체와 NGO에서 사용하고 있는 지표의 예와 특징

3) 물 환경의 종합적 지표에 대한 기대

수질지표에서는 건전한 물 환경 구축을 겨냥한 시책 평가에 한계가 있어 전국 각지의 자치단체나 NGO는 그 필요에 따라 자발적으로 새로운 지표가 제안되어 이용되고 있다(그림 12-4).

이들의 특징은 화학지표만이 아닌 생물에 관한 것, 자신에게 밀접하여 알기 쉬운 것, 측정하기 쉬운 것, 주민의 활동과 행정시책에 응용 가능한 것 등 이다. 어느 것도 과거의 수질오염에 관련한 지표로는 표현 할 수 없는 새로운 지표이며, 이와 같은 지표가 제안되고 있다.

또한 물 환경을 구성하는 여러 요소가 개선되면 초기에 물 환경이 좋아졌다고 실감할 수 있으므로 새로운 지표는 물 환경을 종합적으로 표현할 수 있다는 것도 기대하는 일면이 있다. 그러나 지자체와 NGO에서 아직까지 제안되고 있는 지표는 자연성, 생물 다양성, 수변의 쾌적성과 지역, 역사, 문화를 배경으로 한 사람과 물과의 관계라고 하는 개개의 요소를 표현하는 것이 대부분이다. 앞으로는 물 환경의 건전성을 종합적으로 평가하기 위한 지표 개발이 과제이다.

한편, 국토교통성은 하천을 다양한 관점에서 평가하기 위하여 앞으로 하천수질관리의 지표를 검토하고 있으며, 사람과 하천의 풍부한 상호 접촉의 확보 및 다양한 생태계의 보호 관점에서 평가지표가 제안되고 있다.

4) 물 환경 종합적 지표의 조건

이상 서술한 바와 같이 달성 목표의 다양화와 고도화에 대응하여 물 환경의 건전성을 표현하는 종합지표가 요구되며, 그것은 주민 · NGO와 행정의 활동 · 시책을 평가할 수 있다는 기대가 있기 때문이다. 이제까지 이용되고 있는 지표의 특성을 고려하면 기대되는 물 환경에 대한 종합적 지표의 조건으로 아래와 같이 정리할 수 있다.

① 물 환경을 수질만이 아니고 폭넓은 관점에서 다룰 것

② 정신적 생활의 풍요로움 등 심미적인 면에서도 물 환경을 다룰 것

③ 유역 전체를 파악하는 등 물의 순환을 중시할 것

④ 이해하기 쉽고, 사용하기 쉬우며, 계속적으로 이용되어야 할 것

⑤ 주민 · NGO 등의 활동성과를 반영하며, 행정 시책 입안에 역할을 할 수 있을 것

이러한 조건을 고려하여 다음 절에 서술한 구성 지표가 제안되었다.

2 물 환경 건전성 지표의 구성(2)

1) 평가 축과 평가기준

앞에서 살펴본 바와 같이 물 환경을 종합적으로 표현하는 지표의 필요성이 확대되고, 그에 따라 시행할 수 있는 지표의 제안이 전국 각지에서 일어나고 있다. 그에는 각 지표에 공통된 생각과 방식이 배경으로 있는 것 같이 보이나, 개별 지표는 제각각으로 아직 발전도상에 있는 것으로 보인다. 따라서 종합적인 지표 검토에 있어서는 우선 공통적이고 거시적인 관점을 몇 개의 축으로 정리하고, 그 각 축을 평가하기 위한 개별지표는 활용목적이나 활용주체, 지역이나 규모 등의 차이에 따라서 융통성을 가지는 것이 범용성을 갖고 많은 이용자에게 사용하기 쉬울 것이라고 생각된다. 또한, 지표의 명칭은 건전한 물 환경 구축을 목표로 하기 위한 활동 · 시책에 이용되는 것이 기대되어 「물 환경 건전성 지표」가 제안되었다.

먼저 물 환경 평가에서 고려해야 할 요인과 그 평가 기준에 대해서는 아래와 같은 5가지의 평가 축으로 정리되어 있다.

①축 : 자연적인 모습(자연환경이 얼마 만큼 남아 있는가)

②축 : 풍부한 생물(생물생태계의 수량이나 다양도가 풍부한가)

③축 : 깨끗한 물(양호한 수질이 보전되어 있는가)

④축 : 쾌적한 수변(수변 환경의 쾌적함(amenity)은 기분 좋은가)

⑤축 : 지역과의 유대관계(지역의 인간 활동과 결부되어 있는가)

이상의 5가지 축은 현실적으로 전국에서 다루고 있는 지표항목의 대표적인 것을 정리한 것이며, 자연환경 및 인간 활동과의 관계에 대해서는 비교적 광범위하게 배려되고 있다고 생각된다. 그렇지만 각각은 반드시 상호 독립적인 요인이라고 말할 수 없으며, 부분적으로는 상호 연관도 있다고 말할 수 있다. 또한, 이 카테고리(category)는 항구적인 것은 아니고, 장래 지식이 축적됨에 따라 근본적인 개선도 있을 수 있다고 생각된다.

①축은 사람들이 자연환경 보전과 재생을 바라며 전국 수역에서 활동을 하는데 매우 중요한 관점의 하나이며, 과거 어느 한 시기와 비교하여 자연환경이 어느 정도 남아 있는가를 평가기준으로 하고 있다. 비교 시기는 수역에 따라 다르지만 호소수질보전 계획 등 행정시책의 수질재생 목표 시기 등이 참고 된다. 또한 자연환경에 대한 각 지역의 지표 중에서 생물생태 관련이 차지하는 비율이 커지므로 이에 대해서는 ①축과는 독립시켜

②축에서 다루고 있다.

②축은 수역에 서식하고 있거나 수변에 모여 드는 생물들을 사람들이 소중하게 하므로서 물 환경에 가까운 가교 역할을 하고 있으므로 의미가 있는 평가대상으로서 독립한 축이 된다. 그 평가기준은 생물이 풍부한가? 다양성이 풍부한가? 서식장이 보전되어 있는가? 등의 관점에서 수역에 따라서는 독자의 고유종과 희귀종에 주목하며, 외래종의 대책에 초점을 맞추는 장소도 있다.

③축은 수질지표에도 관련이 있는 것으로 물의 깨끗함을 의미하는 축이다. 청정한 물이 갖는 가치에 대해서는 개개의 물 이용목적 특히 마시는 물과 식물연쇄를 통한 사람들의 건강에 미치는 영향 등 수역 생물에 미치는 영향에 대한 관점에서 평가된다.

④축은 오감(五感)을 중심으로 수역의 쾌적함과 기분 좋음을 평가하는 것이다. 이것은 물 환경이 사람들에게 주는 가치로서 그 정신적인 면에 대한 효과도 중요하다는 것이 선정된 배경이다. 쾌적함의 정도에 따라 사람들의 감성에 직접적인 영향을 주는 인자를 평가하는 것으로서 지금까지 없었던 새로운 관점이다. 개개의 지표개발과 적당한 측정수법에 대해서는 향후 연구개발에 기대하는 부분도 많다고 할 수 있다.

⑤축도 신규의 측정수단이며, 수역이 과거와 현재 지역의 사람들과 어떻게 연관하고 있는가? 그 마음이 서로 통하여 밀접한 관계의 강도를 평가하는 것을 말한다. 이것도 개개의 지표와 그 측정수법에 대하여 확립된 것은 없으나 전국 각 지역에서 제안된 사례로부터 우선은 출발하는 것이 중요하다고 생각된다.

이와 같이 여기서 정리 · 제안된 5가지의 평가 축은 수역을 자연과학적 관점 뿐만 아니라 물 환경과 사람들의 생활과의 관계와 같은 사회과학적인 관점도 포함하여 평가하는 점이 지금까지 없었던 큰 특징이다.

2) 개별지표

앞에서 나타낸 5가지 지표 축을 평가하기 위하여 각 축 마다 구체적인 개별 지표가 마련되어 있다. 각 축에서는 다수의 개별지표를 측정하여 평가의 신뢰성을 높일 수도 있지만 너무 많은 지표를 측정하는 것은 곤란하다. 그래서 각 축의 지표는 4~6개 정도가 적당하다고 판단된다.

5가지 축은 다종다수(多種多數)의 물 환경 종합평가에 공통적인 관점이라고 생각되지만 개별지표는 어떤 수역을 대상으로 하는가? 어떤 목적으로 누가 측정하는가?에 따라

표 12-1. 개별지표의 예 (중소하천의 중 · 하류부 대상)

① 자연적인 모습

개별 지표	평가기준
수량 상황	맑은 날 충분한 흐름이 있는가 : 충분한 양의 흐름 ⇔ 흐름이 없음
자연 유량 비율	수량에서 차지하는 자연 유량(하배수 이외)의 비율 : 높음 ⇔ 낮음
호안 상황	호안의 재료와 형식 : 자연 ⇔ 인공
어류 등 생물의 이동저해	어류의 이동을 저해하는 구조물 : 저해 없음 ⇔ 저해 큼

② 풍부한 생물

개별 지표	평가기준
하천 주변의 서식장	주변에 생물 서식이 많은가 : 많음 ⇔ 적음
수원(水原) · 수제(水際)의 식생	식물의 종류와 양은 풍부한가 : 풍부 ⇔ 빈약
조류나 작은 동물의 서식장과 서식	새나 작은 동물이 존재 또는 이들의 서식장 : 많음 ⇔ 적음
어류의 서식장과 서식	어류의 존재 또는 그 서식장 : 많음 ⇔ 적음
저서생물	하천 바닥의 모습과 생물의 존재 : 풍부(충분한 산소)⇔ 빈약(무산소)

③ 깨끗한 물

개별지표	평가기준
BOD 또는 COD	부패성 유기물질 양 : 저농도 ⇔ 고농도
투명도	시각적으로 깨끗함, 현탁성 물질이 적을 것 : 높음 ⇔ 낮음
분변성대장균군수	병원미생물 오염 위험(risk) 시사 : 없음 ⇔ 다량 있음
암모니아	인위적인 오염 시사 : 저농도 ⇔ 고농도
악취	오염 · 이물질 혼입을 냄새로 판단 : 무취 ⇔ 강한 악취
용존산소	수중에 함유된 산소농도, 수서생물에 영향 : 충분 ⇔ 부족

④ 쾌적한 수변

개별지표	평가기준
수변경관(감성)	수변 환경의 전체적인 경관 조화 : 조화한 미관 ⇔ 부조화한 미관
먼지의 산란(시각)	먼지의 산란 정도에 따른 불쾌감 : 산란 먼지 없음 ⇔ 다량
물과의 융합(촉각)	하상이나 수중에 닿거나 들어가고 싶은가 : 쾌적 ⇔ 불쾌
하천의 향기(후각)	수변이나 주변 향기의 질과 강도 : 기분 좋음 ⇔ 불쾌 · 악취
하천의 소리(청각)	수변이나 주변의 소리 질과 크기 : 기분 좋음 ⇔ 불쾌 · 소음

⑤ 지역과의 유대관계

개별지표	평가기준
역사적 · 문화적 지역자원	지역자원의 유무나 활동상황 : 풍부 ⇔ 빈약
수변으로의 접근 편이성	수변으로의 접근이 안전하고 용이한가 : 용이 ⇔ 곤란
일상주민이용	사람들이 수변을 이용한 레져와 산책 이용도 : 빈번 ⇔ 소수
산업활동	어업, 수도, 농업, 관광 등의 이용 : 다수 ⇔ 소수
환경활동	사람들의 청소활동과 환경학습으로 이용 : 활발 ⇔ 빈약

다를 수 있다. 개별지표를 정하는 요인은 다음과 같다.

① 수역 : 대하천, 중소하천, 수로, 호소, 저수지(池), 댐호수, 연안, 내만 · 내해 등

② 주체 : 자치단체[현(県), 시(市), 정(町) 등], NGO, 초등학생, 중고생, 해외 등

③ 목적 : 행정시책 평가, NGO활동 평가, 학교 환경학습 등

대상 수역에 따라 적절한 개별지표는 다를 수 있다. 예를 들면 ②축(풍부한 생물)에 주목할 만한 생물 종류는 담수역과 해수역에서 다르고, 하천과 호소에 따라서도 다를 것이다. 또한 자치단체가 행정시책 평가로 실시하는 경우와 초등학생을 대상으로 환경학습 수단으로 이용하는 경우에서 적절하게 측정 가능한 개별지표는 다를 것으로 생각된다. 이와 같이 활용 목적에 따라서 최적의 개별지표를 이용할 필요가 있으며, 그것이 가능하다는 것이 물 환경 건전성 지표의 특징이다. 이러한 대응에 의해 보다 광범위한 대상에 대하여 측정 가능하고 활용하기 쉬운 형태의 지표를 제공할 수 있다.

지금까지 검토하고 있는 사례로서 중소하천의 중 · 하류부에 대한 주민 · NGO가 자치단체의 자료를 참고하면서 자신의 활동 평가에 이용할 것으로 상정되고 있는 개별지표를 표 12-1의 ①~⑤에 나타내었다. 여기서 평가기준으로 표시한 「⇔」은 개별지표 평가의 높고 낮음의 예를 표현하고 있다.

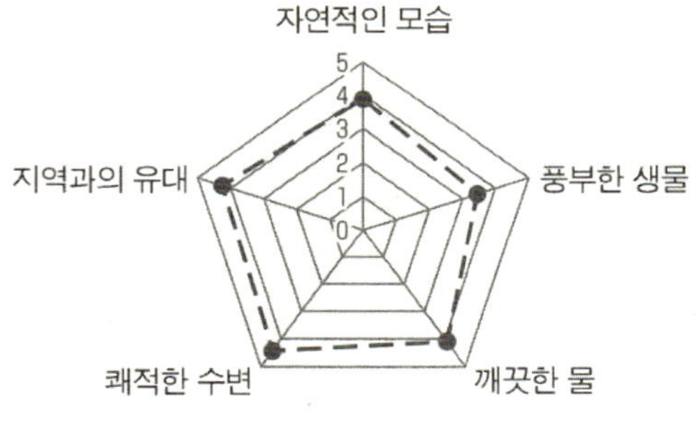

그림 12-5. 수환경 건전성 지표의 각축 점수의 표현 예

3) 종합평가

각 평가축의 개별지표 점수(여기서는 평가가 높은 순으로 5, 4, 3, 2, 1의 5계단 평가로 되어 있다)의 평균치(경우에 따라서는 중첩되어도 검토 가능함)를 이용하여 평가축이 점수화 된다. 즉 각축의 점수는 5점(최고)~1점(최저)의 점수로 된다. 얻어진 5가지 평가축

의 점수를 종합적으로 표현하기 위하여 그림 12-5와 같은 5각형 레이더 차트(radar chart)로 표현된다.

3 지표 활용방법

1) 다양한 활용 가능성

물 환경 건전성 지표는 대상 수역과 활동 주체 및 목적에 따라 다양한 활용 가능성이 있다. 즉 하천과 호소 또는 해역이라는 여러 종류의 수역에 대하여 행정과 주민 · NGO와 그들과의 파트너쉽(partnership) 추진에 있어 초등학생과 중학생의 환경학습으로서 유용한 활동이 가능하다. 여기서는 앞으로 활용이 생각되는 아래의 몇 가지 활용방법 사례에 대해 간간히 서술한다.

① 지표 점수로부터 현상을 평가
② 다른 지점의 지표 점수를 비교
③ 시간의 경과에 따른 지표 점수의 변화
④ 지표를 측정하는 프로세스를 이용
- 환경학습에 활용
- 발전도상국에 활용

2) 물 환경의 현상평가

물 환경 건전성 지표는 5가지 평가 축의 점수를 이용하여 종합적인 수역 상황을 평가하는 것으로 물 환경 현상에서 우수한 측면을 인식할 수 있다. 자치단체와 주민 · NGO가 활동의 주체인 경우에는 측정결과를 이용하여 좀더 신뢰성 높은 시책과 활동방침을 책정할 수 있다.

3) 수역내에서의 상호비교

하천의 상류와 하류라든가 호소의 북부와 남부라든가 대상으로 하는 수역내의 다른 지점에서 물 환경 건전성 지표를 측정한 경우에는 상호 비교가 가능하다. 5가지 평가 축 점수에서 지점 간의 차이를 표현함으로써 그 수역전체의 특성에 대해 파악할 수 있다. 또한 지점 간의 차이를 일으키는 이유를 탐구함으로써 수역의 오염과 물 환경의 교란 · 파괴 원인을 해석하는 것도 가능 할 것이다.

4) 시책 · 활동 결과의 평가

더욱이 동일 장소의 시간적 추이를 측정함에 따라 그 기간에 물 환경의 변화를 파악할 수 있다. 그 변화 방향을 파악하므로써 자치단체와 주민 · NGO에게는 새로운 시책과 활동이 필요할지도 모른다. 또한 기존에 실시해 온 시책과 활동 효과가 어떻게 되었는가와 같은 사후 평가에도 이용할 수 있다. 즉, 그 수역의 시책과 활동에 대한 전후 chart를 비교함으로써 어떤 점에서 효과가 크고, 어떤 점에서는 효과가 없었는가를 밝힐 수 있다.

5) 환경학습에서의 활용

물 환경 건전성 지표로 채택하고 있는 평가 축 및 개별지표는 광범위한 물 환경 상태를 파악하려는 것으로 매우 가까이에 있는 물 환경을 대상으로 초중학생 · 고교생 환경학습에 효과적으로 이용할 수 있다. 이때에는 활용 주체인 학생들이 충분히 이해하고 측정이 가능한 개별지표 선택이 중요하다. 또한 지표 측정이란 작업을 통하여 물 환경에 대한 친밀감을 증대 시켜가는 프로세스(process)를 중시하며, 참가자가 자신이 느끼고 자신이 판단하는 소양을 몸에 익히는 공부가 중요하다.

6) 발전도상국에서의 활동

물 환경 건전성 지표는 지금까지의 수질지표와는 달리 오감과 관찰을 측정하는데 중점을 두고 있다. 따라서 개별지표 선택에 따라서는 고도의 측정기기를 사용하지 않고도 수역의 조사 · 측정이 가능하다. 이러한 관점에서 동남아시아 등 발전도상국에서도 충분히 측정이 가능하며, 각 지역에 적당한 개별지표의 선택과 개발도 진행되고 있다.

4 지표의 활용사례

1) 고교생에 의한 지역 하천 종합 평가

물 환경 건전성 지표를 대략적으로 정리하여 제안된 것을 받아들여 그것을 이용한 시행조사가 이루어졌다. 여기서는 고교생의 조사 사례를 소개하였으며, 이 지표의 이용방법을 생각해보고자 한다. 여기서 소개하는 것은 과수재배가 많은 지방도시에 있는 Y시의 고교생 활동이다. 이 지역의 하천은 하수도정비가 안된 시가지로부터 배수의 유입도 있지만 하천수질이 수질기준을 초과하지 않는다. 그러나 과수원에서 시비(施肥)가 원인인 것으로 추정되는 지하수 중의 질산 오염이 진행되고 있으며, 지하수를 경유하여 질산질소가 하천으로 유입하고 있을 가능성도 생각된다. 이 고교의 생물화학부 학생들은 10여년 전부터 간이 수질측정키트(kit)를 이용하여 인근의 수질조사를 계속하고 있으며, 학교 근처 1개의 하천에서 수중의 질산질소 농도가 다른 곳에 비해 약간 높은 것을 파악하였다. 여기서 이 하천을 조사대상 필드(field)로 지속적으로 활동 범위내에서 여러 가지 조사를 해왔으나 이제까지 이화학적 범위를 넘는 조사지역을 종합적으로 평가한 경험은 없었다.

2) 「풍부한 생물」평가 축으로 본 현저한 변화

연장 20 km 정도의 하천에 5개의 조사지점을 설정하고, 하류부터 상류로 거슬러 가면서 건전성 지표의 각 평가 메뉴얼에 따라 각 평가축의 점수를 매겼다. 또한 각 지점에서 관찰된 식물, 조류, 곤충, 수서생물 등 관찰된 모든 것을 기록에 남겼다. 그림 12-6에는 각 평가축의 점수를 나타낸 종합적인 평가이며, 그림 12-7에는 좀 더 지점간의 차가 명확한

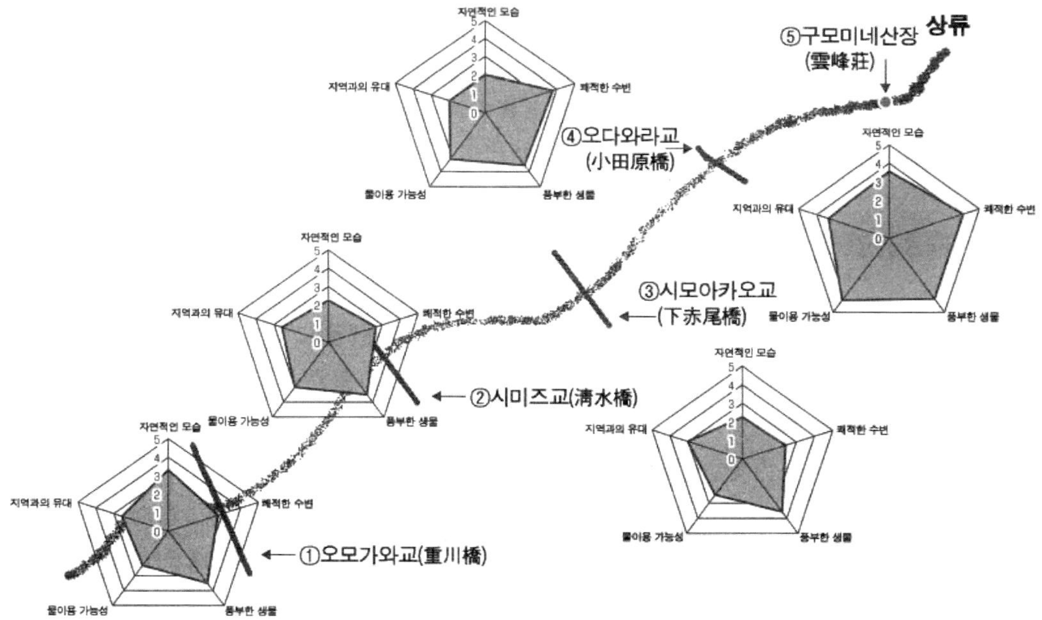

그림 12-6. 조사결과의 종합평가 Radar chart

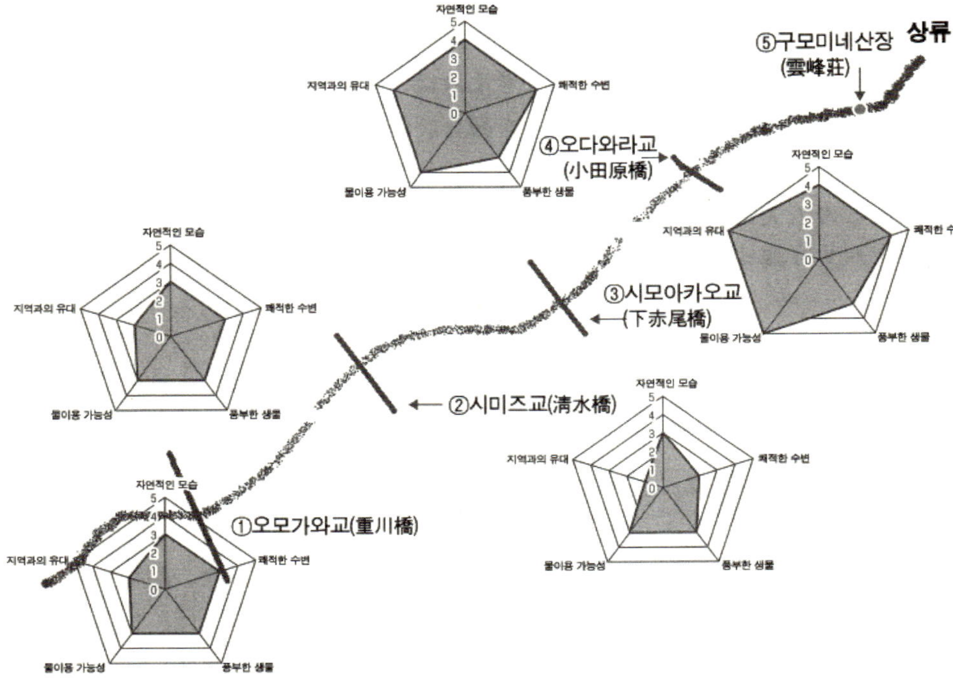

그림 12-7.「풍부한 생물」평가축의 Radar chart

평가 축인「풍부한 생물」조사결과를 각각 radar chart로 나타내었다. 또한「청정한 물」축은 여기서는「물의 이용가능」으로 나타내었다.

최상류부의 지점 ⑤는 약간 열린 천원(川原)을 가진 곳으로 산지계곡의 분위기를 보이나 이것을 제외하면 농촌을 흐르는 하천주변의 토지이용과 경관, 하천구조물의 설치상황은 크게 변하지 않았다. 그렇기 때문에 종합평가로 보면 각 조사지점간 차이는 명확하지 않았다. 그렇지만「풍부한 생물」평가 축으로 비교해보면 시가지부터 배수량이 증가하는 것으로 생각되는 지점 ③을 경계로 radar chart 형태가 변화하는 것이 명확하다. 또 상류부에서도 집락(集落)으로부터 배수가 유입하고 있는 지점 ④의 수질은 그 상류인 지점 ⑤의 수질에 비해 확실히 낮아지고 있으나 수서생물 종은 다양하였다. 오수의 배수량이 적고, 상류로부터 생물의 유하(流下)가 관찰되어 생물에 대한 관심이 낮은 학생들이 수서생물 서식환경의 재미를 깨닫게 하는 기회가 된 조사였다.

3) 종합평가의 한계

이 결과로부터 몇 가지 점을 지적할 수 있다. 첫째는 종합평가에 의해 표현되는 결과의 한계이다. 최상류부의 지점 ⑤를 제외하면 조사지점 마다 차이가 거의 없다는 것은 여기서 얻어진 결과가 상류부를 제외한 이 하천의 특징을 나타내고 있는 것으로 생각할 수 있다. 그러나 종합평가 만으로 하천의 특징을 평가하려면 각 평가 축의 평가에서 행한 상세한 정보를 간과하고 말 가능성도 있다. 따라서 각 평가축의 평가결과와 함께 종합 평가결과를 나타내고, 필요하면 각 평가 축을 비교하여 하천환경을 평가할 필요도 있을 것이다. 어떤 정보까지 사용할 것인가는 이 결과를 사용하여 하천의 어디를 또는 무엇을 개선할 것인가에 따라 달라진다. 앞으로 많은 시행착오를 하면서 수정한다면, 구체적인 활동 방법이 제안될 수 있을 것으로 기대된다.

한편, 이 조사에서 얻은 정보량을 생각한다면 애써 현장에 가서 여러 각도로 하천을 관찰한 것이므로 그것을 종합평가 결과만으로 남기는 것은 너무 아깝다. 관찰된 내용(사항)을 전부 기록하여 남기고, 사진으로 남기고 또는 그림지도로서 남기는 등의 작업이 있으면 좋다. 이 정보의 사용방식도 앞으로 변화되겠지만 장기간에 걸친 조사를 계속한다면 하천 박물학적 정보로서 시간적 변화를 기록한 귀중한 정보가 될 것이다.

4) 조사지 및 조사자를 고려한 최종평가 · 재평가

이 지표를 이용한 조사는 상기의 경우를 포함하여 2007년에는 적어도 전국 28개소에서 행하였다고 한다. 참가자는 수변환경에 대해 활동 하는 시민단체, 고교생과 대학생, 게다가 환경 카운셀러 등의 전문가였다. 조사 매뉴얼은 앞으로도 개량의 여지가 남아 있어서 조사자의 감상에서 폭넓은 관점에서 평가하는 것의 좋다는 의견이 있지만, 이 조사의 폭 넓음에 대한 호감도 기여했다. 지금까지 일반시민들에게 익숙한 수질조사 방법과는 다른 타입의 조사이므로 충분히 이해할 수 없는 경우에는 당연히 감상적일 것이다. 그래서 조사자의 관심 수준에 맞게 각 평가 축에 대한 평가를 조금씩 도입하면서 조사지의 상황을 잘 관찰하여 기록하는 것에 의해 최종평가를 수행해야 할 필요가 있다. 또한 새롭게 조사를 수정하지 말고, 지금까지 개별적으로 행해 온 각종 조사결과를 집약하여 평가축에 비추어 재평가를 수행하는 것도 하나의 방법으로 생각된다. 물 환경을 넓은 시야로 관찰하는 재미와 중요성에 대한 인식이 정착되고, 이 지표가 널리 사용되기 위해서는 이 물 환경 건전성 지표의 의미와 적당한 사용방법을 잘 이해하는 지도자 육성의 중요성은 말할 필요도 없다.

참고문헌

(1) (社)日本水環境學會「平成16年度環境省請負業務報告書水環境健全性指檢討調査」p. 114 (2005年)

(2) (社)日本水環境學會「平成18年度環境省請負業務報告書水環境健全性指檢討調査業務」p. 82 (2007年)

부 록

부록 표 1-1. 물 환경 관련 법규의 제정년도와 관련 사건

년도	법명	국내	해외
1900	오물소제법 R1(오물의 위생적 처리 목적) // 하수도법 R2(구법)		
1918	조수보호 및 수렵에 관한 법률 R3		
1950	도쿄도(東京都) 공장공해방지조례		
1954	청소법 R4(R1 폐지), 해양유오염방지조약		
1957	수도법 R5		
1958	하수도법 R6(구법 R2 폐지) 우라야스(浦安) 어민 소동 공공용수역의 수질 보전에 관한 법률 R7 공장배수 등의 규제에 관한 법률 R8 (R7 + R8 : 수질 2법)		
1961		4대 공해문제화(미나마타병(水俣病) 등)	
1962			레이첼, 카-손(침묵의 봄)
1964	하천법 R9		
1967	공해대책기본법 R10		
1968		가네미油病사건	
1970	공해대책기본법 R10 개정(경제의 건전한 발전과의 조화 조항 삭제 등) 수질오탁방지법 R11(수질 2법의 폐지)// 해양오염 및 해상재해방지에 관한 법률 R12 폐기물의 처리 및 청소에 관한 법률 R13(R4 폐지)	공해국회	
1971		환경청 설치	람사르조약
1972	자연환경보전법 R14 수질오탁방지법 R11 개정(무과실책임 도입)	세토내해(瀨戶內海)에서 대규모 적조에 의한 양식 새끼 방어 대량 폐사	런던해양투기조약 // 인간환경선언 // 로마그룹(성장의 한계)
1973	화학물질의 심사 및 제조 등의 규제에 관한 법률 R15 // 세토내해(瀨戶內海)해양환경보전임시조치법 R16		워싱턴조약
1976	가와사키시(川崎市) 환경영향평가 조례		
1978	세토내해(瀨戶內海)해양환경보전조치법 R17//수질오탁방지법 R11 개정(COD 총량규제 도입)		
1979	시가현(滋賀縣) 비와호(琵琶湖)의 부영양화 방지에 관한 조례		
1980	해양오염 및 해상재해 방지에 관한 법률 R12 개정(런던조약 대응)		
1981	오사까부 高槻市외 각지 트리클로로에틸렌 등에 의한 지하수 오염		
1982			UNEP 나이로비 선언
1984	호소수질보전특별조치법 R18		
1986	화학물질의 심사 및 제조 등의 규제에 관한 법률 R15 개정(비 고농축성물질에 대한 조치)		
1987			몬트리올 의정서
1989			바젤조약
1991	재생자원의 이용 촉진에 관한 법률 R19		
1992			리오선언 // 생물다양성 조약
1993	환경기본법 R20(공해대책기본법 R10 폐지)		
1994	특정수도 이수장애 방지를 위한 수도수원(水道水源)수역의 수질보전에 관한 특별조치법 R21 수도원수수질보전사업의 실시 촉진에 관한 법률 R22(R21 + R22 : 수원 2법)		
1996			시아콜본외 저(빼았긴 나의 미래)
1997	환경영향평가법 R23 // 하천법 R9 개정(「하천환경보전과 정비」를 목적 추가)		"Our Common Future"
1998			로테르담 조약
1999	화학물질 배출 파악관리촉진법 R24 // 다이옥신류대책 특별조치법 R25		
2000	순환형 사회형성촉진기본법 R26 자원의 유효한 이용 촉진에 관한 법률 R27 (R19 개정)		
2001			스톡홀름 POPs 조약
2002	자연공원법 개정(생물다양성의 관점에서 구체적인 조치 등) // 토양오염대책법 R28 조수의 보호 및 수렵 적정화에 관한 법률 R29(R3 전면 개정) 자연재생촉진법 R30		요하네스버그 선언
2003	화학물질의 심사 및 조제 등의 규제에 관한 법률 R15 개정(생태영향 고려 등)		
2004	특정 외래생물에 의한 생태계 등에 관한 피해방지에 관한 법률 R31		

부록 표 1-2. 화심법 이외의 화학물질 등의 규제에 관련한 법률

	법률	제정연도	최신개정	목적
물질종류	원자력기본법	1955	2004	원자력 연구, 개발 및 이용 촉진
	핵원료물질, 핵연료물질 및 원자로의 규제에 관한 법률	1957	2005	핵물질 취급 사업 및 원자로 설치 운전에 대하여 필요한 규제
	방사성 동위원소 등에 의한 방사선 장해의 방지에 관한 법률	1957	2005	방사성 동위원소, 방사선 발생장치의 취급 규제에 의한 방사선 장해 방지
	독물 및 극물 취체(단속)법	1950	2001	보건위생상 개정으로 독물, 극물 단속
	마약 및 향정신약 취체(단속)법	1953	2005	마약 및 향정신약 남용에 의한 보건위생상 위해 방지
	각성제취체(단속)법	1951	2002	각성제 남용에 의한 보건위생상의 위해방지
	화학병기 금지 및 특정물질의 규제 등에 관한 법률	1995	2001	화학병기 금지와 특정물질 규제
	다이옥신류특별대책조치법	1999	2006	다이옥신류에 의한 환경오염 방지 및 그 제거 등
용도	식품위생법	1947	2005	음식에 기인하는 위생상 위해 발생의 방지
	농약취체(단속)법	1948	2005	농약품질 적정화와 안전, 적정한 사용 확보
	비료취체(단속)법	1950	2004	비료 품질보전과 공정취급, 안전 사용을 위한 비료 규격 및 시용기준 공정, 등록, 검사 실시
	음료의 안전성 확보 및 품질개선에 관한 법률	1953	2004	음료 및 음료첨가물의 조제 등에 관한 규제, 음료의 공정 규격 설정 및 이에 의한 검정 등 실시
	약사법	1960	2006	의약품, 의약부외품, 화장품 및 의료용구의 품질, 유효성 및 안전성 확보
과정	노동안전위생법	1972	2005	노동자 안전, 건강 확보와 쾌적한 직장환경 형성 촉진
	환경기본법	1993	2006	환경보전시책을 종합적 · 계획적으로 추진, 현재 · 장래의 국민건강에 문화적인 생활 확보에 기여하는 인류의 복지에 공헌
	수도법	1967	2006	수도의 적정 · 합리적인 시설관리, 계획적 수도정비, 수도사업의 보호육성에 의한 청정하고 풍부하며, 저렴한 물 공급
	수질오탁방지법	1970	2005	공장 · 사업장으로부터 배출수와 지하침투수 규제 및 그에 따른 손해배상 책임기술, 생활배수대책 실시 추진에 의한 수질오염 방지
	하수도법	1958	2005	유역별 하수도정비 종합계획의 책정, 공공하수도 · 유역하수도 · 도시하수로 설치, 관리기준설정에 의한 하수도 정비 계획
과정	폐기물의 처리 및 청소에 관한 법률	1970	2006	폐기물 배출억제, 폐기물의 적정한 분리, 보관, 수집, 운반, 재생, 처분 등의 처리, 생활환경을 청결하게 하기 위함
	해양오염등 및 해상재해방지에 관한 법률	1970	2005	해양에서 선박 등에 의한 기름 · 유해물질 · 폐기물 · 폐가스 등의 배출과 해상에서의 소각 규제
	특정유해폐기물 등의 수출입 등의 규제에 관한 법률	1992	2005	특정유해폐기물의 수출, 수입, 운반 및 처분 규제
	특정화학물질의 환경으로의 배출량 파악 및 관리 개선 촉진에 관한 법률	1999	2002	특정화학물질이 환경으로의 배출량 파악, 사업자에 의한 특정화학물질 성상 · 취급에 대한 정보 제공

부록 표 2-1. 수질오염과 관련된 환경기준, 감시필요항목 및 지침값

별표 1. 사람의 건강보호에 관한 환경기준

항목	기준치
카드뮴	0.01 mg/L 이하
총시안	검출되지 않을 것
납	0.01 mg/L 이하
6가 크롬	0.05 mg/L 이하
비소	0.01 mg/L 이하
총수은	0.0005 mg/L 이하
알킬수은	검출되지 않을 것
PCB	검출되지 않을 것
디클로로메탄(Dichloromethane)	0.02 mg/L 이하
사염화탄소	0.002 mg/L 이하
1,2-디클로로에탄(Dichloroethane)	0.004 mg/L 이하
1,1-디클로로에틸렌(Dichloroethylene)	0.02 mg/L 이하
시스-1,2-디클로로에틸렌(Dichloroethylene)	0.04 mg/L 이하
1,1,1-트리클로로에탄(Trichloroethane)	1 mg/L 이하
1,1,2-트리클로로에탄(Trichloroethane)	0.006 mg/L 이하
트리클로로에틸렌(Trichloroethylene)	0.03 mg/L 이하
테트라클로로에틸렌(Tetrachloroethylene)	0.01 mg/L 이하
1,3-디클로로프로펜(Dichloroprophene)	0.002 mg/L 이하
티우람(Thiuram)	0.006 mg/L 이하
시마진(Simazine)	0.003 mg/L 이하
티오벤카브	0.02 mg/L 이하
벤젠(Benzene)	0.01 mg/L 이하
셀렌(Selenium)	0.01 mg/L 이하
질산성질소 및 아질산성질소	10 mg/L 이하
불소	0.8 mg/L 이하
붕소	1 mg/L 이하

비고 1. 기준치는 연평균값으로 한다. 단, 총시안 기준치는 최고값으로 한다.
2. 「검출되지 않을 것」이란 별도로 정한 방법에 의해 측정한 경우 그 결과가 해당 방법의 정량한계 이하인 것을 말한다.
3. 해역에서는 불소와 붕소의 기준치는 적용하지 않는다.

별표 2. 생활환경 보전에 관한 환경기준

1. 하천 (1)

항목 \ 유형	이용목적 적응성	기준치				
		수소이온 농도(pH)	생물화학적산소 요구량(BOD)	부유물질량 (SS)	용존산소량 (DO)	대장균군수 (MPN/100mL)
AA	수도1급 · 자연환경보전 및 A 이하 등급에 해당하는 것	6.5~8.5	1 mg/L 이하	25 mg/L 이하	7.5 mg/L 이상	50
A	수도2급 · 수산1급 · 수영 및 B 이하 등급에 해당하는 것	6.5~8.5	2 mg/L 이하	25 mg/L 이하	7.5 mg/L 이상	1,000
B	수도3급 · 수산2급 및 C 이하 등급에 해당하는 것	6.5~8.5	3 mg/L 이하	25 mg/L 이하	5 mg/L 이상	5,000
C	수산3급 · 공업용수 1급 및 D 이하 등급에 해당하는 것	6.5~8.5	5 mg/L 이하	50 mg/L 이하	5 mg/L 이상	–
D	공업용수2급 · 농업용수 및 E 등급에 해당하는 것	6.0~8.5	8 mg/L 이하	100 mg/L 이하	2 mg/L 이상	–
E	공업용수3급 · 환경보전	6.0~8.5	10 mg/L 이하	쓰레기 등 부유물이 없을 것	2 mg/L 이상	–

비고 1. 기준치는 일평균값으로 한다(호소, 해역도 이에 준함).
2. 농업용 이수점은 수소이온농도 6.0-7.5, 용존산소량 5 ㎎/L 이상으로 한다(호소도 이를 준용함).

주) 1. 자연환경보전 : 자연관광 등의 환경보전
2. 수도 1급 : 여과에 의해 쉽게 정수처리를 행하는 것
수도 2급 : 침전 · 여과에 의해 통상적인 정수처리를 행하는 것
수도 3급 : 전처리와 같은 고도의 정수처리를 행하는 것
3. 수산 1급 : 산천어 · 곤들매기 등 빈영부수성수역의 수산생물용 및 수산 2급과 수산 3급의 수산생물용
수산 2급 : 연어과 어류와 은어 등 빈부수성수역의 수산생물용 및 수산 3급의 수산생물용
수산 3급 : 잉어, 붕어 등 중부수성수역의 수산생물용
4. 공업용수 1급 : 침전에 의해 통상적인 정수처리를 행하는 것
공업용수 2급 : 약품주입에 의한 고도정수처리를 행하는 것
공업용수 3급 : 특수한 정수처리를 행하는 것
5. 환경보전 : 국민의 일상생활(연안 산책을 포함)에서 불쾌감이 없는 한계

1. 하천 (2)

항목 / 유형	수서생물의 서식상황 적응성	기준치
		총아연
생물A	곤들메기, 송어 등 비교적 저온수역을 좋아하는 수서생물 및 이들의 먹이생물이 서식하는 수역	0.03 ㎎/L 이하
생물 특A	생물 A 수역 중 생물 A 등급에 해당되는 수서생물의 산란장(번식장) 또는 자치어의 생육장으로서 특히 보전이 필요한 수역	0.03 ㎎/L 이하
생물 B	잉어, 붕어 등 비교적 고온수역을 좋아하는 수서생물 및 이들의 먹이생물이 서식하는 수역	0.03 ㎎/L 이하
생물 특B	생물 B 수역 중 생물 B 등급에 포함되는 수서생물의 산란장(번식장) 또는 자치어의 생육장으로서 특히 보전이 필요한 수역	0.03 ㎎/L 이하

비고 1. 기준치는 연평균값으로 한다(호소와 해역도 이에 준함).

2. 호소(천연호소 및 저수량이 1,000만m^2이며, 물의 체류시간이 4일 이상인 인공호소)

①

항목 / 유형	이용목적 적응성	기준치				
		수소이온농도(pH)	화학적산소요구량(COD)	부유물질량(SS)	용존산소량(DO)	대장균군수(MPN/100mL)
AA	수도1급 · 수산1급 · 자연환경보전 및 A 등급 이하에 해당하는 것	6.5~8.5	1 ㎎/L 이하	1 ㎎/L 이하	7.5 ㎎/L 이상	50 이하
A	수도2 · 3급 · 수산2급 · 수욕 및 B 등급 이하에 해당하는 것	6.5~8.5	3 ㎎/L 이하	5 ㎎/L 이하	7.5 ㎎/L 이상	1,000 이하
B	수산3급 · 공업용수1급 · 농업용수 및 C 등급에 해당하는 것	6.5~8.5	5 ㎎/L 이하	15 ㎎/L 이하	5 ㎎/L 이상	−
C	공업용수2급 및 환경보전	6.0~8.5	8 ㎎/L 이하	쓰레기 같은 부유물이 없을 것	2 ㎎/L 이상	−

주) 1. 자연환경보전 : 자연관광을 위한 환경보전
2. 수도1급 : 여과에 의해 쉽게 정수처리를 행하는 것
수도2 · 3급 : 침전 · 여과에 의해 통상적인 정수처리 또는 전처리와 같이 고도정수처리를 행하는 것
3. 수산1급 : 각시송어와 같이 빈영양호형 수역의 수산생물용 및 수산 2급과 수산 3급의 수산생물용
수산2급 : 연어과 어류 및 은어 등 빈영양호형 수역의 수산생물용 및 수산 3급의 수산생물용
수산3급 : 잉어, 붕어 등 중영양형 수역의 수산생물용
4. 공업용수1급 : 침전에 의해 통상적인 정수처리를 행하는 것
공업용수2급 : 약품주입에 의한 고도정수처리를 행하는 것
5. 환경보전 : 국민의 일상생활(연안 산책을 포함)에서 불쾌감이 없는 한계

②

항목 유형	이용목적의 적용성	기준치	
		총질소	총인
I	자연환경보전 및 II 등급 이하에 해당되는 것	0.1 mg/L 이하	0.005 mg/L 이하
II	수도1, 2, 3급(특수한 것 제외) · 수산1종 · 수영 및 III 등급 이하에 해당되는 것	0.2 mg/L 이하	0.01 mg/L 이하
III	수도3급(특수한 것) 및 IV 등급 이하에 포함된 것	0.4 mg/L 이하	0.03 mg/L 이하
IV	수산2종 및 V등급에 해당되는 것	0.6 mg/L 이하	0.05 mg/L 이하
V	수산3종 · 공업용수 · 농업용수 · 환경보전	1 mg/L 이하	0.1 mg/L 이하

비고 1. 기준치는 연평균값으로 한다.
2. 수역유형 지정은 호소 식물플랑크톤이 현저한 증식을 일으킬 수 있는 호소에 적용하고, 총질소 항목의 기준치는 총질소가 호소의 식물플랑크톤 증식 요인으로 작용하는 호소에 적용한다.
3. 농업용수의 경우 총인의 기준치는 적용하지 않는다.

주) 1. 자연환경보전 : 자연관광 환경보전
2. 수도 1급 : 여과에 의해 쉽게 정수처리를 행하는 것
수도 2급 : 침전 · 여과에 의해 통상적인 정수처리를 행하는 것
수도 3급 : 전처리와 같은 고도정수처리를 행하는 것(특수한 것이란 악취물질 제거가 가능한 특수한 정수처리를 행하는 것을 말함)
3. 수산 1종 : 연어과 어류 및 은어 등 수산생물용 및 수산 2종과 수산 3종의 산생물용
수산 2종 : 빙어 등의 수산생물용 및 수산 3종의 수산생물용
수산 3종 : 잉어, 붕어 등의 수산생물용
4. 환경보전 : 국민의 일상생활(연안 산책을 포함)에서 불쾌감이 없는 한계

③

항목 유형	수서생물의 서식상황 적응성	기준치
		총아연
생물A	곤들메기, 송어 등 비교적 저온수역을 좋아하는 수서생물 및 이들의 먹이생물이 서식하는 수역	0.03 mg/L 이하
생물 특A	생물 A 수역 중 생물 A등급에 해당되는 수서생물의 산란장(번식장) 또는 치어의 생육장으로서 특히 보전이 필요한 수역	0.03 mg/L 이하
생물 B	잉어, 붕어 등 비교적 고온수역을 좋아하는 수서생물 및 이들의 먹이생물이 서식하는 수역	0.03 mg/L 이하
생물 특B	생물 B 수역 중 생물 B등급에 해당되는 수서생물의 산란장(번식장) 또는 치어의 생육장으로서 특히 보전이 필요한 수역	0.03 mg/L 이하

3. 해역

항목 유형	이용목적 적응성	기준치				
		수소이온 농도(pH)	화학적산소요구량(COD)	n-헥산추출물질 (유분 등)	용존산소량 (DO)	대장균군수 (MPN/100mL)
A	수산1급 · 수영 · 자연환경보전 및 B등급 이하에 해당하는 것	7.8~8.3	2 mg/L 이하	검출되지 않을 것	7.5 mg/L 이상	1,000 이하
B	수산2급 · 공업용수 및 C등급 이하에 해당하는 것	7.8~8.3	3 mg/L 이하	검출되지 않을 것	5 mg/L 이상	–
C	환경보전	7.0~8.3	8 mg/L 이하	–	2 mg/L 이상	–

비고 1. 수산 1급 중 생식용 원료인 굴 양식의 이수점에서는 대장균군수 70 MPN/100 mL 이하로 한다.

(주) 1. 자연환경보전 : 자연관광 등의 환경보전
2. 수산 1급 : 참돔, 방어, 미역 등의 수산생물용 및 수산 2급의 수산생물용
수산 2급 : 숭어, 김 등의 수산생물용
3. 환경보전 : 국민의 일상생활(연안 산책을 포함)에서 불쾌감이 없는 한계

②

항목 / 유형	이용목적의 적용성	기준치	
		총질소	총인
I	자연환경보전 및 II등급 이하에 해당되는 것(수산 2종 및 3종 제외)	0.2 mg/L 이하	0.02 mg/L 이하
II	수산 1종 · 수영 및 III등급 이하에 해당되는 것(수산 2종 및 3 종제외)	0.3 mg/L 이하	0.03 mg/L 이하
III	수산 2종 및 IV등급에 포함된 것(수산 3종 제외)	0.6 mg/L 이하	0.05 mg/L 이하
IV	수산 3종 · 공업용수 · 생물서식환경보전	1 mg/L 이하	0.09 mg/L 이하

비고 1. 기준치는 연평균값으로 한다.
2. 수역유형 지정은 해양식물플랑크톤이 현저한 증식을 일으킬 수 있는 해역에 적용한다.

(주) 1. 자연환경보전 : 자연관광 등의 환경보전
2. 수산 1종 : 저서어패류를 포함한 다양한 수산생물이 평형을 유지하고, 안정적으로 어획된다.
수산 2종 : 일부 저서어패류를 제외하고, 어류 중심의 수산생물이 많이 어획된다.
수산 3종 : 오염에 강한 특정 수산생물이 주로 어획된다.
3. 생물서식환경보전 : 연간 저서생물이 서식할 수 있는 한계

③

항목 / 유형	수서생물의 서식상황 적응성	기준치
		총아연
생물A	수서생물이 서식하는 수역	0.02 mg/L 이하
생물 특A	생물 A 수역 중 수서생물의 산란장(번식장) 또는 자치어의 생육장으로서 특히 보전이 필요한 수역	0.01 mg/L 이하

주) 수서생물보전에 관련된 환경기준으로서는 2003년 11월 5일부로 고시로 추가 설정된 것이다.

별표 3. 감시필요항목 및 지침값

1. 사람의 건강 보호에 관련된 감시필요항목

항 목	지침값
클로로포름(Chloroform)	0.06 mg/L 이하
트랜스-1,2-디클로로에틸렌(Dichloroethylene)	0.04 mg/L 이하
1,2-디클로로프로판(1,2-dichloropropane)	0.06 mg/L 이하
p-디클로로벤젠(p-dichlorobenzene)	0.2 mg/L 이하
이속사티온(Isoxysathion)	0.008 mg/L 이하
다이아지논(diazinon)	0.005 mg/L 이하
페니트로티온(MEP)	0.003 mg/L 이하
이소프로치올란(Isoprothiolane)	0.04 mg/L 이하
옥신구리(유기구리)	0.04 mg/L 이하
클로로탈로닐(TPN, Chlorothalonil)	0.05 mg/L 이하
프로피자미드(Propyzamide)	0.008 mg/L 이하
EPN	0.006 mg/L 이하
디클로로보스(DDVP)	0.008 mg/L 이하
페노부카브(BPMC)	0.03 mg/L 이하
이프로벤포스(IBP)	0.008 mg/L 이하
클로로니트로펜(CNP)	–
톨루엔(Toluene)	0.6 mg/L 이하
키실렌(Xylene)	0.4 mg/L 이하

프탈산디에틸헥실(di-2-ethylhexyl phthalate)	0.06 mg/L 이하
니켈(Nickel)	–
몰리브덴(Molybdenium)	0.07 mg/L 이하
안티몬(Antimony)	0.02 mg/L 이하
염화비닐모노마(C.M.)	0.002 mg/L 이하
에피클로로히드린(Epichlorohydrin)	0.0004 mg/L 이하
1,4-디옥산(1,4-dioxane)	0.05 mg/L 이하
총망간(total manganese)	0.2 mg/L 이하
우라늄(Uranium)	0.002 mg/L 이하

2007년 3월 31일 현재

감시필요항목이란 1993년 1월 중앙공해대책심의회 답신(수질오염과 관련하여 사람의 건강보호에 관한 환경기준 항목 추가 등에 대해)을 받고, 「사람의 건강보호에 관련된 물질에는 들어 있지만 공공용수역 등에서 검출상황 등을 봐서 바로 환경기준이 되지는 않지만 계속 지식 축적에 노력해야 하는 물질」로서 환경청이 1993년 3월에 설정한 것이다.

2. 수서생물보전과 관련이 있는 감시필요항목(2003년 11월 설정)

항목	수역	유형	지침값
클로로포름(Chloroform)	하천 및 호소	생물 A	0.7 mg/L 이하
		생물 특A	0.006 mg/L 이하
		생물 B	3 mg/L 이하
		생물 특B	3 mg/L 이하
	해역	생물 A	0.8 mg/L 이하
		생물 특A	0.8 mg/L 이하
페놀(Phenol)	하천 및 호소	생물 A	0.05 mg/L 이하
		생물 특A	0.01 mg/L 이하
		생물 B	0.08 mg/L 이하
		생물 특B	0.01 mg/L 이하
	해역	생물 A	2 mg/L 이하
		생물 특A	0.2 mg/L 이하
포름알데하이드 (Formaldehyde)	하천 및 호소	생물 A	1 mg/L 이하
		생물 특A	1 mg/L 이하
		생물 B	1 mg/L 이하
		생물 특B	1 mg/L 이하
	해역	생물 A	0.3 mg/L 이하
		생물 특A	0.03 mg/L 이하

부록 표 2-2. 수질오염과 관련한 구 환경기준(1970년 4월, 각의결정)

별표 1. 사람의 건강에 관한 환경기준

항목	시안	메칠수은	유기인	가드뮴	납	크롬(6가)	비소
기준치	검출되지 않을 것	검출되지 않을 것	검출되지 않을 것	0.01 ppm 이하	0.1 ppm 이하	0.05 ppm 이하	0.05 ppm 이하

비고 1. 기준치는 최고값으로 한다.
2. 유기인이란 파라치온, 메칠파라치온, 메칠디메톤 및 EPN을 말한다.

별표 2. 생활환경과 관련된 환경기준

1. 하천

항목 / 유형	이용목적 적응성	기준치			
		수소이온농도(pH)	생물화학적 산소요구량(BOD)	부유물질량(SS)	용존산소량(DO)
AA	수도1급 · 자연환경보전 및 A등급 이하에 해당하는 것	6.5~8.5	1 mg/L 이하	25 mg/L 이하	7.5 mg/L 이상
A	수도2급 · 수산1급 · 수영 및 B등급 이하에 해당하는 것	6.5~8.5	2 mg/L 이하	25 mg/L 이하	7.5 mg/L 이상
B	수도3급 · 수산2급 및 C등급 이하에 해당하는 것	6.5~8.5	3 mg/L 이하	25 mg/L 이하	5 mg/L 이상
C	수산3급 · 공업용수 1급 및 D등급 이하에 해당하는 것	6.5~8.5	5 mg/L 이하	50 mg/L 이하	5 mg/L 이상
D	공업용수2급 · 농업용수 및 E등급에 해당하는 것	6.0~8.5	8 mg/L 이하	100 mg/L 이하	2 mg/L 이상
E	공업용수3급 · 환경보전	6.0~8.5	10 mg/L 이하	쓰레기 등의 부유물이 없을 것	2 mg/L 이상

비고 1. 기준치는 일평균값으로 한다(호소와 해역도 이에 준함).
2. 농업용 이수점에서는 pH 6.0~7.5, DO 5 ppm 이상으로 한다(호소도 이를 준용함).

(주) 1. 자연환경보전 : 자연관광등의 환경보전
2. 수도 1급 : 여과에 의해 쉽게 정수처리를 행하는 것
수도 2급 : 침전 · 여과에 의해 통상적인 정수처리를 행하는 것
수도 3급 : 전처리와 같이 고도정수처리를 행하는 것
3. 수산 1급 : 산천어 · 곤들매기 등 빈부수성수역의 수산생물용 및 수산 2급과 수산 3급의 수산생물용
수산 2급 : 연어과 어류 및 은어 등 빈부수성수역의 수산생물용 및 수산 3급의 수산생물용
수산 3급 : 잉어, 붕어 등 중부수성수역의 수산생물용
4. 공업용수 1급 : 침전에 의해 통상의 정수처리를 행하는 것
공업용수 2급 : 약품주입에 의해 고도정수처리를 행하는 것
공업용수 3급 : 특수한 정수처리를 행하는 것
5. 환경보전 : 국민의 일상생활(연안 산책을 포함)에서 불쾌감이 없는 한계

2. 호소(천연호소 및 저수량 1,000만m^3 이상의 인공호소)

항목 / 유형	이용목적 적응성	기준치			
		수소이온농도(pH)	화학적산소요구량(COD)	부유물질량(SS)	용존산소량(DO)
AA	수도1급 · 수산1급 · 자연환경보전 및 A등급 이하에 해당하는 것	6.5~8.5	1 mg/L 이하	1 mg/L 이하	7.5 mg/L 이상
A	수도2 · 3급 · 수산2급 · 수영 및 B등급 이하에 해당하는 것	6.5~8.5	3 mg/L 이하	5 mg/L 이하	7.5 mg/L 이상
B	수산3급 · 공업용수1급 · 농업용수 및 C 등급에 해당하는 것	6.5~8.5	5 mg/L 이하	15 mg/L 이하	5 mg/L 이상
C	공업용수2급 및 환경보전	6.0~8.5	5 mg/L 이하	쓰레기 등 부유물이 없을 것	2 mg/L 이상

비고 : 수산 1급, 수산 2급 및 수산 3급은 당분간 SS항목 기준치는 적용하지 않는다.

주) 1. 자연환경보전 : 자연관광을 위한 환경보전
2. 수도1급 : 여과에 의해 쉽게 정수처리를 행하는 것
수도2 · 3급 : 침전 · 여과에 의한 통상적인 정수처리 또는 전처리와 같이 고도정수처리를 행하는 것
3. 수산1급 : 각시송어 등 빈영양호형 수역의 수산생물용 및 수산 2급과 수산 3급의 수산생물용
수산2급 : 연어과 어류 및 은어 등 빈영양호형 수역의 수산생물용 및 수산 3급의 수산생물용
수산3급 : 잉어, 붕어 등 중영양호형수역의 수산생물용

4. 공업용수1급 : 침전에 의해 통상의 정수처리를 행하는 것
   공업용수2급 : 약품주입에 의해 고도정수처리를 행하는 것
5. 환경보전 : 국민의 일상생활(연안 산책을 포함)에서 불쾌감이 없는 한계

3. 해역

항목 / 유형	이용목적 적응성	기준치		
		수소이온농도 (pH)	화학적산소요구량 (COD)	용존산소량 (DO)
A	수산1급 · 수욕 및 B등급 이하에 해당하는 것	7.8~8.3	2 mg/L 이하	7.5 mg/L 이상
B	수산2급 · 공업용수 및 C등급 이하에 해당하는 것	7.8~8.3	3 mg/L 이하	5 mg/L 이상
C	환경보전	7.0~8.3	8 mg/L 이하	2 mg/L 이상

주) 1. 수산 1급 : 참돔, 방어, 미역 등의 수산생물용 및 수산 2급의 수산생물용
   수산 2급 : 숭어, 김 등의 수산생물용
2. 환경보전 : 국민의 일상생활(연안 산책을 포함)에서 불쾌감이 없는 한계

부록 표 2-3. 지하수 수질오염과 관련된 환경기준

(1997년 3월 13일 환경청고시 제10호)

항목	기준치	측정방법
카드뮴(Cadmium)	0.01 mg/L 이하	일본공업규격 K0102(이하 규격이라함) 55에서 정한 방법
총시안(Total cyanide)	검출되지 않을 것	규격 38.1.2 및 38.2에서 정한 방법 또는 38.1.2 및 38.3에서 정한 방법
납(Lead)	0.01 mg/L 이하	규격 54에서 정한 방법
6가 크롬(Cromium)	0.05 mg/L 이하	규격 65.2에서 정한 방법
비소(Arsenic)	0.01 mg/L 이하	규격 61.2, 61.3 및 61.4에서 정한 방법
총수은(Total mercury)	0.0005 mg/L 이하	부록 표 1에 기록된 방법
알킬수은(Alkyl mercury)	검출되지 않을 것	부록 표 2에 기록된 방법
PCB	검출되지 않을 것	부록 표 3에 기록된 방법
디클로로메탄(Dichloromethane)	0.02 mg/L 이하	일본공업규격 K0125의 5.1, 5.2 또는 5.3.2에서 정한 방법
사염화탄소(Carbon tetrachloride)	0.002 mg/L 이하	일본공업규격 K0125의 5.1, 5.2 5.3.1, 5.4.1 또는 5.5에서 정한 방법
1,2-디클로로에탄(1,2-dichloroethane)	0.004 mg/L 이하	일본공업규격 K0125의 5.1, 5.2, 5.3.1 또는 5.3.2에서 정한 방법
1,1-디클로로에틸렌 (1,1-dichloroethylene)	0.02 mg/L 이하	일본공업규격 K0125의 5.1, 5.2 또는 5.3.2에서 정한 방법
시스-1,2-디클로로에틸렌 (cis-1,2-dichloroethylene)	0.04 mg/L 이하	일본공업규격 K0125의 5.1, 5.2 또는 5.3.2에서 정한 방법
1,1,1-트리클로로에탄 (1,1,1-trichloroethane)	1 mg/L 이하	일본공업규격 K0125의 5.1, 5.2, 5.3.1, 5.4.1 또는 5.5에서 정한 방법
1,1,2-트리클로로에탄 (1,1,2-trichloroethane)	0.006 mg/L 이하	일본공업규격 K0125의 5.1, 5.2, 5.3.1, 5.4.1 또는 5.5에서 정한 방법
트리클로로에틸렌(Trichloroethylene)	0.03 mg/L 이하	일본공업규격 K0125의 5.1, 5.2, 5.3.1, 5.4.1 또는 5.5에서 정한 방법
데트라클로로에틸렌 (Tetrachloroethylene)	0.01 mg/L 이하	일본공업규격 K0125의 5.1, 5.2, 5.3.1, 5.4.1 또는 5.5에서 정한 방법
1,3-디클로로프로펜 (1,3-dichloroprophene)	0.002 mg/L 이하	일본공업규격 K0125의 5.1, 5.2 또는 5.3.1에서 정한 방법
티우람(Thiuram)	0.006 mg/L 이하	부록 표4에 기록된 방법
시마진(Simazine)	0.003 mg/L 이하	부록 표5의 제1 또는 제2에 기록된 방법
티오벤카브	0.02 mg/L 이하	부록 표5의 제1 또는 제2에 기록된 방법
벤젠(Benzene)	0.01 mg/L 이하	일본공업규격 K0125의 5.1, 5.2 또는 5.3.2에서 정한 방법
셀렌(Selenium)	0.01 mg/L 이하	규격 67.2, 67.3 또는 67.4에서 정한 방법
질산성질소 및 아질산성질소	10 mg/L 이하	질산질소는 규격 43.2.1, 43.2.3 또는 43.2.5에서 정한 방법, 아질산질소는 규격 43.1에서 정한 방법
불소	0.8 mg/L 이하	규격 34.1에서 정한 방법 또는 규격 34.1(c)(주 (6)제3문 제외)에서 정한 방법(현탁물질 및 이온크로마토그라피법으로 방해되는 물질이 공존하지 않을 경우에는 이것을 생략할 수 있다) 및 부록 표 6에 기록된 방법
붕소	1 mg/L 이하	규격 47.1, 47.3 또는 47.4에서 정한 방법

비고 1. 기준치는 연평균값으로 한다. 단, 총시안 기준치는 최고값으로 한다.

2. 「검출되지 않을 것」이란 측정방법 난에 있는 방법으로 측정한 경우 그 결과가 해당방법의 정량한계 이하인 것을 말한다.

3. 질산성질소 및 아질산성질소의 농도는 규격 43.2.1, 43.2.3 또는 43.2.5에 의해 측정된 질산이온의 농도에 환산계수 0.2259를 곱한 것과 규격 43.1에 의해 측정된 아질산 이온의 농도에 환산계수 0.3045를 곱한 것을 합한다.

부록 표 2-4. 다이옥신류에 의한 대기오염, 수질오염(수저의 저질 오염을 포함) 및 토양 오염에 관한 환경기준

개정 환경성 고시 제46호(2002년 7월 22일)

매체	기준치	측정방법
대기	0.6 pg TEQ/m^3 이하	폴리우레탄폼을 장착한 채취상자를 여과지 후단에 붙이고 air sampler에 의해 채취한 시료를 고분해능 gas-chromatography질량분석기로 측정하는 방법
수질(수저의 퇴적물 제외)	1 pg TEQ/L 이하	일본공업규격 K0312에서 정한 방법
수저의 퇴적물	150 pg TEQ/g 이하	수저의 퇴적물에 함유한 다이옥신류를 soxhlet으로 추출하여 고분해능 gas-chromatography질량분석기로 측정하는 방법
토양	1,000 pg TEQ/g 이하	토양에 함유되어 있는 다이옥신류를 soxhlet으로 추출하여 고분해능 gas-chromatography질량분석기로 측정하는 방법

비고 1. 기준치는 2, 3, 7, 8-사염화디벤조-파라-디옥신 독성으로 환산한 값으로 한다.
2. 대기 및 수질(수저의 저질을 제외)의 기준치는 연평균값으로 한다.
3. 토양에서는 환경기준이 달성되어 있는 경우 토양 중의 다이옥신류가 250 pg TEQ/g 이상의 경우에는 필요한 조사를 실시하도록 한다.

부록 표 3-1. 수도수질기준

(2008년 11월 현재)

항 목 명		기 준 값
1	일반세균	1 mL의 검수에서 형성된 집락수가 100 이하
2	대장균	검출되지 않을 것
3	카드뮴 및 그 화합물	카드뮴량에 대해 0.01 mg/L 이하
4	수은 및 그 화합물	수은량에 대해 0.0005 mg/L 이하
5	셀레늄 및 그 화합물	셀레늄량에 대해 0.01 mg/L 이하
6	납 및 그 화합물	납량에 대해 0.01 mg/L 이하
7	비소 및 그 화합물	비소량에 대해 0.01 mg/L 이하
8	6가 크롬화합물	6가크롬량에 대해 0.05 mg/L 이하
9	시안화물이온 및 염화시안	시안량에 대해 0.01 mg/L 이하
10	질산성질소 및 아질산성질소	10 mg/L 이하
11	불소 및 그 화합물	불소량에 대해 0.8 mg/L 이하
12	붕소 및 그 화합물	붕소량에 대해 1.0 mg/L 이하
13	사염화탄소	0.002 mg/L 이하
14	1,4-다이옥산(1,4-dioxane)	0.05 mg/L 이하
15	1,1-디클로로에틸렌(1,1-dichloroethylene)	0.02 mg/L 이하
16	시스-1,2-디클로로에틸렌(cis-1,2-dichloroethylene)	0.04 mg/L 이하
17	디클로로메탄(Dichloromethane)	0.02 mg/L 이하
18	테트라클로로에틸렌(Tetrachloroethylene)	0.01 mg/L 이하
19	트리클로로에틸렌(Trichloroethylene)	0.03 mg/L 이하
20	벤젠(Benzene)	0.01 mg/L 이하
21	염소산	0.6 mg/L 이하
22	클로로아세트산(Chloroacetic acid)	0.02 mg/L 이하
23	클로로포름(Cchloroform)	0.06 mg/L 이하
24	디클로로아세트산(Dichloroacetic acid)	0.04 mg/L 이하
25	디브롬클로로메탄(Ddibromochloromethane)	0.1 mg/L 이하
26	브롬산(Bromic acid)	0.01 mg/L 이하
27	총트리할로메탄(Total trihalomethane)	0.1 mg/L 이하
28	트리클로로아세트산(Trichloroacetic acid)	0.2 mg/L 이하
29	브로모디클로로메탄(Dichloromethane)	0.03 mg/L 이하
30	브로모포름(Bromoform)	0.09 mg/L 이하
31	포름알데하이드(Formaldehyde)	0.08 mg/L 이하
32	아연 및 그 화합물	아연량에 대해 1.0 mg/L 이하
33	알루미늄 및 그 화합물	알루미늄량에 대해 0.2 mg/L 이하
34	철 및 그 화합물	철량에 대해 0.3 mg/L 이하
35	구리 및 그 화합물	구리량에 대해 1.0 mg/L 이하
36	나트륨 및 그 화합물	나트륨량에 대해 200 mg/L 이하
37	망간 및 그 화합물	망간량에 대해 0.05 mg/L 이하
38	염화물 이온	200 mg/L 이하
39	칼슘, 마그네슘 등(경도)	300 mg/L 이하
40	증발잔류물	500 mg/L 이하
41	음이온계면활성제	0.2 mg/L 이하
42	지오스민	0.00001 mg/L 이하
43	2-메틸이소보르네올(2-methylisoborneol)	0.00001 mg/L 이하
44	비이온계면활성제	0.02 mg/L 이하
45	페놀류	페놀량으로 환산하여 0.005 mg/L 이하
46	유기물(총유기탄소, TOC 량)	5 mg/L 이하
47	pH 값	5.8~8.6
48	맛	이상하지 않을 것
49	냄새	이상하지 않을 것
50	색도	5도 이하
51	탁도	2도 이하

부록 표 3-2. 수도수질기준을 보완하는 항목

○ 수질관리 목표설정 항목(27항목 128물질) (2008년 11월 현재)

	항목명	목표값		항목명	목표값
1	안티몬 및 그화합물	안티몬 량에 대해 0.015 mg/L 이하	15	잔류염소	1 mg/L 이하
2	우라늄 및 그화합물	우란 량에 대해 0.002 mg/L 이하	16	칼슘, 마그네슘 등(경도)	10 - 100 mg/L
3	니켈 및 그화합물	니켈량에 대해 0.01 mg/L 이하	17	망간 및 그화합물	망간 량에 대해 0.01 mg/L 이하
4	아질산성질소	0.05 mg/L 이하(잠정)	18	유리탄산	20 mg/L 이하
5	1,2-디클로로에탄 (1,2-dichloroethane)	0.004 mg/L 이하	19	1,1,1-트리클로로에탄 (1,1,1-trichloroethane)	0.3 mg/L 이하
6	트란스-1,2-디클로로에틸렌 (trans-1,2-dichloroethylene)	0.04 mg/L 이하	20	메틸-t-브틸에테르	0.02 mg/L 이하
7	1,1,2-트리클로로에탄 (1,1,2-trichloroethane)	0.006 mg/L 이하	21	유기물 등(과망간산칼륨 소비량)	3 mg/L 이하
8	톨루엔(Toluene)	0.2 mg/L 이하	22	냄새강도(TON)	3 이하
9	프탈산디에틸헥실	0.1 mg/L 이하	23	증발잔류물	30~200 mg/L
10	아염소산	0.6 mg/L 이하	24	탁도	1도 이하
11	이산화염소	0.6 mg/L 이하	25	pH 값	7.5 정도
12	디틀로로아세트니트릴	0.04 mg/L 이하	26	폐식성 (랑그리아지수)	-1 정도 이상으로하고, 극력 0에 근접
13	클로랄수화제	0.03 mg/L 이하	27	종속영양세균	1mL 검수에서 형성된 집락수가 2,000 이하 (잠정)
14	농약류(102물질*)	검출값과 목표값의 비의 합으로 1 이하			

* 농약류 102물질에 대한 상세한 것은 다음 표에 나타내었다.

○ 수질관리목표설정항목 농약류(102물질) (2008년 11월 현재)

	농약명	용도	목표값 (㎎/L)		농약명	용도	목표값 (㎎/L)
1	티우람(Thiuram)	살균제	0.02	52	메페나세트	제초제	0.009
2	시마진(CAT)	제초제	0.003	53	프레틸라클로	제초제	0.04
3	티오벤카브	제초제	0.02	54	이소프로카브(MIPC)	살충제	0.01
4	1,3-디클로로프로펜 (1,3-dichloroprophene)	토양훈증	0.002	55	티오파네이트메틸	살균제	0.3
5	이속사티오온	살충제	0.008	56	데닐클로르	제초제	0.2
6	다이아지논	살충제	0.005	57	메티다티온(DMTP)	살충제	0.004
7	페니트로티온(MEP)	살충제	0.003	58	카르프로파미드	살균제	0.04
8	이소프로티올란(IPT)	살균/충제	0.04	59	브로모부티드	제초제	0.04
9	클로로탈로닌(TPN)	살균제	0.05	60	몰리네이트	제초제	0.005
10	프로피자미드	제초제	0.05	61	프로시미돈	살균제	0.09
11	디클로로보스(DDVP)	살충제	0.008	62	아닐로포스	제초제	0.003
12	페노부카브(BPMC)	살충제	0.03	63	아트라진	제초제	0.01
13	클로니트로펜(CNP) 주1), 주2)	제초제	0.0001	64	달라폰	제초제	0.08
14	CNP-아미노체	-	-	65	디클로베닐(DBN)	제초제	0.01
15	이프로벤포스(IBP)	살균제	0.008	66	디메토에이트	살충제	0.05
16	EPN	살충제	0.006	67	디크와트(Diquat)	제초제	0.005
17	벤타존 주2)	제초제	0.2	68	디우론(DCMU)	제초제	0.02
18	카보설판(카보설판(대사물)	살충제	0.005	69	엔도설판(벤조에빈)	살충제	0.01
19	2,4-디클로로페녹시아세트산(2,4-D)	제초제	0.03	70	에토펜프록스	살충제	0.08
20	트리클로필	제초제	0.006	71	펜티온(MPP)	살충제	0.001
21	아세페이트	살충제	0.08	72	글리포세이트	제초제	2
22	이소펜포스 주2)	살충제	0.001	73	말라티온)	살충제	0.05
23	크롤피리포스	살충제	0.03	74	메토밀	살충제	0.03
24	트리클로르폰(DEP)	살충제	0.03	75	베노밀	살균제	0.02
25	피리다펜티온 주2)	살충제	0.002	76	벤프라카브프	살충제	0.04
26	이프로디온	살균제	0.3	77	시메트린	제초제	0.03
27	에트리디아졸(에클로메졸)	살균제	0.004	78	디메피퍼레이트 주2)	제초제	0.003
28	옥신구리	살균제	0.04	79	펜트에이트(PAP)	살충제	0.004
29	갭탄	살균제	0.3	80	부프로페딘	살충제	0.02
30	클로로네브	살균제	0.05	81	에틸티오메톤	살충제	0.004
31	톨클로포스메틸	살균제	0.2	82	프로베나졸	살균제	0.05
32	플루톨라닐	살균제	0.2	83	에스프로카브	제초제	0.01
33	펜시쿠론	살균제	0.04	84	다임론	제초제	0.8
34	메탈락실	살균제	0.05	85	비페녹스 주2)	제초제	0.2
35	메프로닐	살균제	0.1	86	벤설프론메틸	제초제	0.4
36	아슐람	제초제	0.2	87	트리시크라졸	살균제	0.08
37	디티오필	제초제	0.008	88	피페로포스 주2)	제초제	0.0009
38	텔브카브(MBPMC) 주2)	제초제	0.02	89	디메타메트린	제초제	0.02
39	나프로파미드	제초제	0.03	90	아족시스트로빈	살균제	0.5
40	피리부티카브	제초제	0.02	91	이미녹타딘아르베실아세트산염	살균제	0.006
41	브타미포스	제초제	0.01	92	호세칠	살균제	2
42	벤스리드(SAP) 주2)	제초제	0.1	93	폴리카바메이트	살균제	0.03
43	벤플라린(베스로딘)	제초제	0.08	94	할로설푸론메틸	제초제	0.3
44	펜디메탈린	제초제	0.1	95	플라자설퍼론	제초제	0.03
45	메코프롭(MCPP)	제초제	0.005	96	티오디카브	살충제	0.08
46	메틸다임론 주2)	제초제	0.03	97	프로피코나졸	살균제	0.05
47	알라클로	제초제	0.01	98	시듀론	제초제	0.3
48	카바릴(NAC)	살충제	0.05	99	피리프록시펜	살충제	0.2
49	에디펜포스(에지펜포, EDDP)	살균제	0.006	100	트리플루라린	제초제	0.06
50	피로킬론	살균제	0.04	101	카펜스트롤	제초제	0.008
51	프탈라이드	살균제	0.1	102	피프로닐	살충제	0.0005

주1) 클로르니트로펜(CNP) 농약에 대해서는 CNP-아니노체의 농도와 합하여 산출한다.

주2) 클로르니트로펜(CNP), 벤타존, 이소펜포스, 피리다펜티온, 델프카브(MBPMC), 벤스리드(SAP), 메틸다임론, 디메피퍼레이트, 비페녹스 및 피페로포스는 실효농약이다.

○ 검토필요항목(40 항목) (2008년 현재)

	항목	목표값		항목	목표값
1	은	–	21	히드라진	–
2	바륨	0.7 mg/L	22	1,2-브타디엔	–
3	비스무스	–	23	1,3-브타디엔	–
4	몰리브덴	0.07 mg/L	24	프탈산디(n-브틸)	0.2 mg/L(잠정)
5	아크릴아미드	0.0005 mg/L	25	프탈산브틸벤졸	0.5 mg/L(잠정)
6	아크릴산	–	26	미크로키스틴-LR	0.0008 mg/L(잠정)
7	17-β-에스트라디올	0.00008 mg/L(잠정)	27	유기주석화합물	0.0006 mg/L(잠정) (TBTO)
8	에티닐-에스트라디올	0.00002 mg/L(잠정)	28	브로모클로로아세트산	–
9	에틸렌디아민4아세트산(EDTA)	0.5 mg/L	29	브로모디클로로아세트산	–
10	에피클로로히드린	0.0004 mg/L(잠정)	30	디브로모클로로아세트산	–
11	염화비닐	0.002 mg/L	31	브로모아세트산	–
12	아세트산비닐	–	32	디브로모아세트산	–
13	2,4-디아미노톨루엔	–	33	트리브로모아세트산	–
14	2,6-디아미노톨루엔	–	34	트리클로로아세트니트릴	–
15	N,N-디메칠아닐린	–	35	브로모클로로아세트니트릴	–
16	스틸렌	0.02 mg/L	36	디브로모아세트니트릴	0.06 mg/L
17	다이옥신류	1 pg TEQ/L(잠정)	37	아세트알데하이드	–
18	트리에틸렌테트라아민	–	38	MX	0.001 mg/L
19	노닐페놀	0.3 mg/L(잠정)	39	클로로피클린	–
20	비스페놀A	0.1 mg/L(잠정)	40	키실렌	0.4 mg/L

부록 표 3-3. 수도원수의 수질기준과 먹는 물 수질기준(1970년 후생성자문기관 생활환경심의회)

구분	기준 종류 / 항목	먹는 물 기준	원수기준 1류	원수기준 2류	원수기준 3류
건강피해	시안이온	검출되지 않을 것	검출되지 않을 것	검출되지 않을 것	검출되지 않을 것
	수은(총수은)	검출되지 않을 것	검출되지 않을 것	검출되지 않을 것	검출되지 않을 것
	유기수은	(검출되지 않을 것)	검출되지 않을 것	검출되지 않을 것	검출되지 않을 것
	유기인	검출되지 않을 것	검출되지 않을 것	검출되지 않을 것	검출되지 않을 것
	납(ppm)	0.1	0.1	0.1	0.1
	6가크롬(ppm)	0.05	크롬 0.05	크롬 0.05	크롬 0.05
	비소(ppm)	0.05	0.05	0.05	0.05
	불소(ppm)	0.8	0.8	0.8	0.8
	카드뮴(ppm)	(0.01)	0.01	0.01	0.01
	질산성질소(ppm)	10	9	9	9
	일반세균(개체/mL)	100	–	–	–
	대장균군(MPN/100mL)	검출되지 않을 것	50	1,000	5,000
수도피해	탁도(도)	2	2	10	30(완)
	색도 (도)	5	5	5	10
	(자격순도)	–	1.5	1.5	1.5
	냄새(TO)		3	5(완) 3(급)	5(완) 3(급)
	맛(TT)	이상하지 않을 것	3	5(완) 3(급)	5(완) 3(급)
	pH	5.8~8.6	6.5~8.6	6.5~8.6	6.5~8.6
	유기물 등(ppm)	KMnO4 소비량 10	BOD 1 COD 1	BOD 2 COD 2	BOD 3 COD 3
	암모니아성질소(ppm)	아질산성질소와 동시에 검출되지 말것	–	0.1	0.1
	염소이온(ppm)	200	–	–	180
	증발잔류물(ppm)	500	–	–	–
	용해성물질(ppm)	–	–	–	400
	총경도(ppm)	300			300
	철(ppm)	0.3	총철 0.3	제1철이온 0.3	제1철이온 0.3
	망간(ppm)	0.3 (0.5)	총망간 0.05	제1망간이온 0.05	제1망간이온 0.05
	구리(ppm)	1.0	총구리 1.0	구리이온 0..1(완) 1.0(급)	구리이온 0..1(완) 1.0(급)
	아연(ppm)	1.0	1.0	1.0	1.0
	페놀류(ppm)	0.005	–	–	0.005
	음이온활성제(ppm)	0.05	–	–	0.05

주 1. 먹는 물 기준은 후생성「수질기준에 관한 성령」, 원수기준은 후생성 장관자문기관 생활환경심의회 답신에 의한다.
2. 표 중의 수치는 pH를 제외한 모든 항목에 대해 최대값을 나타낸다.
3. (완)은 완속여과법, (급)은 급속여과법을 나타낸다.
4. – 는 기준치가 설정되어 있지 않는 것을 나타낸다.
5. ( )안의 수치는 후생성 잠정기준을 나타낸다.
6. 원수기준 「1류」란 지하수, 하천주변하침투수(伏流水), 용천수 및 계류수 등의 표류수에 해당하고, 간단한 정수처리에 의해 음용할 수 있는 한계치
「2류」란 지표수 중 오염부하가 비교적 적은 하천 등에 해당되며, 보통의 정수처리를 할 수 있는 원수수질의 한계치
「3류」란 지표수 중 오염부하가 매우 큰 하천 등에 해당되며, 고도정수처리를 할 수 있는 원수수질의 한계치를 나타낸다.

부록 표 4. 농업용수기준(1970년 농림성공해연구회)와 농업피해농업용수기준(벼농사용, 水稻用)

항목	기준치
pH(수소이온농도)	6.0~7.5
COD(화학적산소요구량)	6 ppm 이하
SS(무기부유물질)	100 ppm 이하
DO(용존산소)	5 ppm 이하
T-N(총질소 농도)	1 ppm 이하
전기전도도(염류농도)	0.3 mΩ/cm 이하
중금속	
As(비소)	0.05 ppm 이하
Zn(아연)	0.5 ppm 이하
Cu(구리)	0.02 ppm 이하

항목	주요피해
pH(수소이온농도)	(논벼에 대한 영향) ① 산성이 강한 경우 : 뿌리의 발육이 악화되어 사자꼬리모양의 뿌리 등이 발생 ② 알칼리성이 강한 경우 : 철 결핍에 의해 황화현상(클로로시스)이 나타난다. (토양에 대한 영향) ① 산성이 강한 경우 : 토양으로부터 염기가 용출되어 노후화를 초래한다. ② 알칼리성이 강한 경우 : 토양점토의 분산, 부식 아교구조 파괴
COD (화학적산소요구량)	① 토양환원 촉진 ② 유해한 물질(황화수소, 유기산) 발생 ③ 이것에 의한 뿌리의 활력 저하, 뿌리 탈락 발생 [참고] 아이치현(愛知縣) 농업시험에 의한 현지재배시험결과 (아래 표 참조)
SS(무기부유물질)	무기질인 미립 현탁물질이 논에 들어가게 되면, 토양중의 공극을 메우고, 토양 투수성, 통기성이 나빠져서 벼의 생육에 장해를 받는다. [참고] 아이치현(愛知縣) 농업시험퇴적장해 시험결과 (아래 그림 참조)

COD (ppm)	6	9	12	15	18
수량비율(%)	0.99	0.94	0.92	0.90	0.89
피해율(%)	0.01	0.06	0.08	0.10	0.11

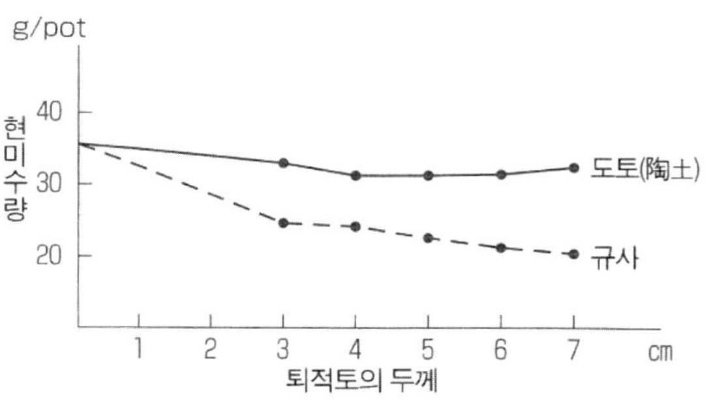

<table>
<tr><th>항목</th><th>주요피해</th></tr>
<tr><td>T-N(총질소)</td><td>논벼에 대한 질소과잉 피해
①과민성 증가 ②벼의 넘어짐 ③벼의 작황 불량 ④벼의 생산량 감소
⑤불임 벼 증가 ⑥쌀 질 악화
[참고] 도쿄도(東京都) 농업시험 결과
<table>
<tr><th>생육수량의 영향</th><th>T-N</th></tr>
<tr><td>전혀 없음</td><td>1ppm 이하</td></tr>
<tr><td>약간 과민성</td><td>1~3 ppm</td></tr>
<tr><td>과민성시 수량감소</td><td>3~5 ppm</td></tr>
<tr><td>수량감소</td><td>5~10 ppm</td></tr>
<tr><td>수량 격감</td><td>10 ppm 이상</td></tr>
</table></td></tr>
<tr><td>DO (용존산소)</td><td>뿌리 생육에 해가 되고, 새로운 뿌리 발생, 뿌리가 길어지며, 뿌리 무게가 감소한다. 또한, 뿌리 호흡의 약화로 양분 흡수가 악화되어 현미 수량이 감소한다
[참고] 도까이(東海) 농정국 조사결과
<table>
<tr><th>구분</th><th>DO</th><th>현미량</th></tr>
<tr><td>대조구</td><td>9.0 ppm</td><td>97 g</td></tr>
<tr><td>오염구 A</td><td>4.0 ppm</td><td>59 g</td></tr>
<tr><td>오염구 B</td><td>3.5 ppm</td><td>52 g</td></tr>
<tr><td>오염구 C</td><td>3.5 ppm</td><td>74 g</td></tr>
</table></td></tr>
<tr><td>전기전도도(염류농도)</td><td>전기전도도는 용해성 염류 농도와 대체적으로 비례관계가 있다
① 삼투압 증가에 의한 작물 뿌리의 흡수장애
② 염류성분 조성, 성분농도의 불균형에 의한 양분흡수장애
③ 최초 잎의 앞쪽에 흑갈색 반점이 생기고, 그 후 그 부분부터 하부로 백색으로 되어 잎의 겉마름이 생기고, 밑의 잎은 못쓰게 된다</td></tr>
<tr><td>As(비소)</td><td>① 잎맥(葉脈, vein)을 자르면 황색으로 변화되고, 더욱 진행되면 잎이 백색으로 변화된다. 황색화 잎은 새로운 잎에서도 나타난다.
② 뿌리가 썩고, 새로운 뿌리의 발생을 억제하며, 피해가 클 때는 줄기, 잎 전체가 황색화되어 고사한다.</td></tr>
<tr><td>Zn(아연)</td><td>① 잎맥 사이가 백황화(clorosis)되고, 풋마름(青枯)병 증상을 나타낸다.
② 뿌리의 생육 장애가 나타난다.</td></tr>
<tr><td>Cu(구리)</td><td>① 잎의 앞부분에서 황색화되고, 뿌리가 수축하여 크지 못한다.
② 0.1 ppm에서 뿌리의 생육장애가 발생하고, 0.3ppm에서 풋마름병 증상이 나타난다.</td></tr>
</table>

부록 표 5-1. 수산용수기준(2005년판)

Ⅳ. 기준치

1. 유기물(COD, BOD)

1) 담수역

(1) 하천

① 자연번식 조건으로서 20℃ 5일간의 BOD는 3 mg/L 이하 일 것
단, 연어, 송어, 은어를 대상으로 할 경우는 2 mg/L 이하 일 것

② 성육조건으로서는 20℃ 5일간의 BOD는 5 mg/L 이하 일 것
단, 연어, 송어, 은어를 대상으로 할 경우는 3 mg/L 이하 일 것

(2) 호소

① 자연번식 조건으로서 COD_{Mn}(산성법)는 4 mg/L 이하 일 것
단, 연어, 송어, 은어를 대상으로 할 경우는 2 mg/L 이하 일 것

② 성육조건으로서는 COD_{Mn}(산성법)는 5 mg/L 이하 일 것
단, 연어, 송어, 은어를 대상으로 할 경우는 3 mg/L 이하 일 것

2) 해역

① 일반적으로 해역에서는 COD_{OH}(알칼리법)는 1 mg/L 이하 일 것

② 김 양식장이나 폐쇄성 내만인 연안역의 COD_{OH}는 2 mg/L 이하 일 것

2. 총질소, 총인

1) 호소

잉어, 붕어를 대상으로 할 경우	총질소	1.0 mg/L 이하
	총인	0.1 mg/L 이하
빙어를 대상으로 할 경우	총질소	0.6 mg/L 이하
	총인	0.05 mg/L 이하
연어과, 은어과를 대상으로 할 경우	총질소	0.2 mg/L 이하
	총인	0.01 mg/L 이하

2) 해역

환경기준이 정한	수산 1종	총질소	0.3 mg/L 이하
		총인	0.03 mg/L 이하
	수산 2종	총질소	0.6 mg/L 이하
		총인	0.05 mg/L 이하
	수산 3종	총질소	1.0 mg/L 이하
		총인	0.09 mg/L 이하
김 양식에 최저로 필요한 영양염 농도		무기질소	0.07-0.1 mg/L
		무기인	0.007-0.0143 mg/L

3. 용존산소(DO)

1) **하천 및 호소에서는** 6 mg/L **이상**
단, 연어, 송어, 은어를 대상으로 할 경우는 7 mg/L 이상일 것

2) 해역에서는 6 ㎎/L 이상일 것
3) 내만 어장의 여름철 저층에서 최저한 유지되어야 하는 용존산소는 4.3 ㎎/L(3 mL/L) 일 것.

4. 수소이온농도(pH)
1) 하천 및 호소에서는 6.7-7.5일 것
2) 해역에서는 7.8-8.4일 것
3) 서식하는 생물에 악영향을 미칠 정도의 급격한 변화가 없을 것

5. 현탁물질(SS)
1) 담수역
(1) 하천
① 현탁물질은 25 ㎎/L 이하일 것
단, 인위적으로 첨가된 현탁물질은 5 ㎎/L 이하 일 것
② 기피행동 등 반응을 일으키는 원인이 되지 않을 것
③ 태양광의 투과를 방해하고, 수서식물의 번식, 성장에 영향을 미치지 않을 것
(2) 호소
① 빈영양호에서 연어, 송어, 은어의 생산에 적합한 호소에서는 자연번식 및 생육에 지장이 없는 조건으로서 투명도는 4.5m 이상, 현탁물질은 1.4 ㎎/L 이하일 것
② 온수성 어류의 생산에 적합한 호소에서는 자연번식 및 생육에 지장이 없는 조건으로서 투명도는 1.0m 이상, 현탁물질은 3.0 ㎎/L 이하일 것
2) 해역
(1) 인위적으로 첨가된 현탁물질은 2 ㎎/L 이하일 것
(2) 해조류의 번식에 적합한 수심에서 필요한 조도가 유지되고, 그 번식과 생육에 영향을 미치지 않을 것

6. 착색
1) 광합성에 필요한 빛의 투과를 방해하지 않을 것
2) 기피행동의 원인이 되지 않을 것

7. 수온
수산생물에 악영향을 미칠 정도의 수온변화가 없을 것

8. 대장균군수
대장균군수(MPN)가 100 mL 당 1,000 이하일 것
단, 생식용 굴을 사육하기 위해서는 100 mL 당 70 이하일 것

9. 유분
1) 수중에서는 유분이 검출되지 않을 것
2) 수면에 유막이 확인되지 않을 것

10. 유해물질

유해물질의 기준치는 표 1, 표 2, 표 3, 표 4, 표 5에 기록된 물질마다 같은 표의 기준치 란에 포함시키도록 한다.

11. 저질(底質)

1) 하천 및 호소에서는 유기물에 의해 오염된 오니(汚泥)상, 물의 오염을 일으키지 않을 것
2) 해역에서는 건조한 오니(汚泥)로서 COD_{OH}(알칼리법)는 20 ㎎/g · dry 이하, 황화물은 0.2 ㎎/g · dry 이하, 노르말헥산추출물질은 0.1% 이하일 것
3) 미세한 현탁물이 암석의 표면, 자갈 또는 모래에 부착하여 종묘의 착생, 발생 또는 그 발육을 방해하지 않을 것
4) 해양오염 및 해상재해 방지에 관한 법률에 정한 용출시험(1973년 2월 17일 환경청 고시 제14호)에 의해 얻어진 검액 중의 유해물질 중 수산용수기준으로 기준치가 정해진 물질에 대해서는 수산용수기준 기준치의 10배 미만일 것. 단 카드뮴, PCB에 대해서는 용출시험에서 얻어진 검액 중의 농도가 각각 화합물의 검출한계치 미만일 것
5) 다이옥신류의 농도는 150 pg TEQ/g을 미만일 것

[비고]

1) 축적 가능성이 있는 성분은 인체에 대한 안전성을 고려한 수산동식물의 허용함유량을 결정하여 기준치를 설정한다.
2) 방사성물질은 관련법규에서 정한 기준을 따른다.
3) 분석방법 : 사람의 건강보호에 관한 환경기준, 생활환경 보전에 관한 환경기준 및 감시필요항목에 포함된 물질은 공정법에 의해 분석하는 것이 바람직하다. 그 외 기준치는 공정법 또는 일반적으로 통용되는 방법[해양관측지침 제1부(1999), 수질오탁조사지침(1980), 연안환경조사메뉴얼(저질 · 미생물편) (1990), 환경측정분석법 주해(1985)] 등을 채택해도 지장이 없다.

표 1. 사람의 건강보호에 관한 환경기준에 정하고 있는 유해물질

항목	기준치 (㎎/L)	
	담수역	해역
카드뮴	검출되지 않을 것	검출되지 않을 것
총시안	0.005	0.001
납	0.003	0.003
6가 크롬	0.0002	0.01
비소	0.01	0.01
총수은	0.0002	0.0001
알킬수은	검출되지 않을 것	0.001
PCB	검출되지 않을 것	검출되지 않을 것
디클로로메탄(Dichloromethane)	0.02	0.02
사염화탄소	0.002	0.002
1,2-디클로로에탄(1,2-dichloroethane)	0.004	0.004
1,1-디클로로에틸렌(1,1-dichloroethylene)	0.02	0.02
1,1,1-트리클로로에탄(1,1,1-trichloroethane)	0.5	0.5
1,1,2-트리클로로에탄(1,1,2-trichloroethane)	0.006	0.006

트리클로로에틸렌(Trichloroethylene)	0.03	0.03
테트라클로로에틸렌(Tetrachloroethylene)	0.01	0.002
1,3-디클로로프로펜(1,3-dichloroprophene)	0.002	0.002
티우람(Thiuram)	검출되지 않을 것	–
시마진(CAT)	0.003	–
티오벤카브	0.001	0.02
벤젠(Benzene)	0.01	0.01
셀렌(Selenium)	0.002	0.01
질산성질소	9	7
아질산성질소	0.03	0.06
불소	0.8	1.4
붕소	검출되지 않을 것	4.5

표 2. 생활환경 보전에 관한 환경기준에 정해져 있는 유해물질

항목	기준치 (㎎/L)	
	담수역	해역
아연	검출되지 않을 것	검출되지 않을 것

표 3. 감시필요항목으로 정해져 있는 유해물질

항목	기준치 (㎎/L)	
	담수역	해역
클로로포름(Chloroform)	0.05	0.06
1,2-디클로로프로판(1,2-dichloroprophan)	0.06	0.06
p-디클로로벤젠(p-dichlorobenzene)	0.1	0.07
이속사티온	검출되지 않을 것	검출되지 않을 것
다이아지논(Diazinone)	검출되지 않을 것	검출되지 않을 것
페니트로티온(MEP)	검출되지 않을 것	검출되지 않을 것
이소프로티올란	0.04	0.04
옥신구리	0.006	–
클로로탈로닐(TPN)	0.001	0.002
프로피자미드	0.008	–
EPN	검출되지 않을 것	검출되지 않을 것
디클로르보스(DDVP)	검출되지 않을 것	검출되지 않을 것
페노부카브(BPMC)	검출되지 않을 것	0.003
이프로벤포스(IBP)	검출되지 않을 것	0.008
클로로니트로펜(CNP)	0.0009	0.08
톨루엔	0.4	0.3
키실렌	0.4	–
프탈산디에틸헥실	0.001	0.06
니켈	0.004	0.007
몰리브덴	0.07	0.07
안티몬	0.008	0.4
망간	0.2	0.2

표 4. 다이옥신류에 의한 대기오염, 수질오염 및 토양오염에 관한 환경기준

항목	기준치 (pg TEQ/L)	
	담수역	해역
다이옥신류	1	1

표 5. 기준치, 지침값이 정해져 있지 않은 유해물질

항목	기준치 (㎎/L)	
	담수역	해역
암모니아성질소	0.01	0.03
잔류염소(잔류옥시탄트)	검출되지 않을 것	검출되지 않을 것
황화수소	검출되지 않을 것	검출되지 않을 것
구리	0.0009	검출되지 않을 것
알루미늄	검출되지 않을 것	0.1
철	0.09	0.2
음이온계면활성제	검출되지 않을 것	검출되지 않을 것
비이온계면활성제	검출되지 않을 것	검출되지 않을 것
벤조(a)피렌	검출되지 않을 것	0.00001
트리부틸주석화합물	0.000007	0.000002
트리페닐주석화합물	–	검출되지 않을 것
페놀류	0.008	0.2
포름알데하이드	0.5	0.04

부록 표 5-2. 수산용수기준(1965년 3월, (사)일본수산자원보호협회)

수산용수기준[1)]

1. BOD(생물화학적산소요구량)
 20℃ 5일간의 BOD가 5 ppm 이하일 것. 단, 연어과 및 은어에 대해서는 3 ppm 이하일 것[2)].
2. DO(용존산소)
 24시간 중 16시간 이상은 5 ppm 이상, 어떤 시간에도 3 ppm 이상일 것[3)].
3. pH(수소이온농도)
 담수역에서는 6.5-8.5일 것[4)].
4. 탁도(착색도 포함)[5), 6)]
 4.1. 인위적으로 첨가된 현탁물질량은 10 ppm 이하일 것.
 4.2. 조류를 대상으로 할 때
  4.2.1. 해양에서는 조류의 번식에 적합한 수위에 대해 그 번식에 필요한 광도가 유지될 것.
  4.2.2. 하천에서는 현저히 착색되지 않을 것.
 4.3. 유기물에 의해 퇴적물 위에 오염된 퇴적상이 발생하지 않을 것.
5. 상품가치 저하를 일으키는 성분
 5.1. 유기물에 이상한 냄새, 맛 베이지 않는 물일 것.
  예를들면 5.1.1. 광유류는 수중 함유량이 0.01 ppm 이하일 것.
  5.1.2. 페놀은 0.01 ppm 이하일 것.
 5.2. 그 외 어항(漁港)에 있는 물품의 상품가치를 떨어뜨리지 않는 물일 것.
  예를들면 5.2.1. 녹색굴이 발생하지 않게 하기 위해서는 구리가 0.0075 ppm 이하일 것.
  5.2.2. 미나마타병(水俣病)의 원인이 되는 어패류가 나오는 것을 방지하기 위해서는 환경조건에 의해 수은이 조재하지 않을 것.
6. 수온
 서식하는 생물에 악영향을 미치지 않는 등 자연수의 수온 변화가 없을 것.
7. 급성독성물질
 7.1. 순수한 화학성분은 아래의 농도 이하일 것[7), 8), 9), 10)].

수은(Hg) 0.004 ppm	구리(Cu) 0.01 ppm	카드뮴(Cd) 0.03 ppm
아연(Zn) 0.1 ppm	납(Pb) 0.1 ppm	알루미늄(Al) 0.1 ppm
니켈(Ni) 0.1 ppm	크롬(Cr) 1.0 ppm	망간(Mn) 1.0 ppm
주석(Sn) 1.0 ppm	철(Fe) 1.0 ppm	시안화물(CN으로서) 0.01 ppm
유리염소(Cl) 0.02 ppm	브롬(Br) 1.0 ppm	불화물(F로서) 1.5 ppm

  황화물 pH 6.5에서의 허용농도는 총황화물성의 황(S)으로 0.3 ppm
  암모니아 pH 8.0에서 허용농도는 총암모니아성질소(N)로서 1.0 ppm
 7.2. 농업폐수(많은 급성 독물질이 불특정한 비율인 물)는 그 관계수역의 중요생물을 이용한 48hr TLM 값의 1/10 이하일 것.
 7.3. 복수의 산업폐수가 혼합된 경우 그 조건에 따른 생물시험 결과에 따라 안전하다고 생각되는 농도 이하일 것.

1) 분석방법은 JISK0102-1964에 따른다. [(1)] 여기(JIS)에 없는 것은 별도로 설명하도록 한다.

2) BOD는 부영양화나 양어장의 경우 5 ppm 보다 높은 것도 있다.
3) DO는 특히 어류에 산소가 결핍되기 쉬운 조건, 이를테면 활어수조를 이용할 경우 3 ppm은 위험하다.
4) pH는 자연수역에서, 이를테면 조류의 동화작용이 왕성한 때에는 일시적으로 pH 8.5 이상이 될 수 있다. 또한 유리 탄산이 혐기(嫌忌)량에 관여할 수 있으므로 알칼리도가 높은 물에서는 이 pH의 하한값 이내에서도 문제가 될 수 있다.
5) 현탁물질은 자연수역에서도 매우 높은 곳이 있다. 또한 강우 및 다른 조건에 의해서도 매우 많이 발생할 수 있다. 수서생물에서 깨끗한 물을 좋아하는 것과 혼탁한 물을 좋아하는 것이 있다. 따라서 자연수역 자체적으로는 문제가 되지 않지만, 생물상을 변화시킬 정도로 인위적으로 가해진 현탁물질은 문제가 된다.
6) 빛의 투과는 수중조도계 등을 사용하여 측정한다.
7) Cr에 대해서 6가크롬은 물벼룩과 조류에 대해 더욱 낮은 농도에서도 문제가 된다. 여기서 이 수치는 어류에 대한 평가에 해당된다.
8) Al, Sn, Fe 염류는 pH 6.5~8.5의 범위에서 문제의 농도에 대해 일부가 불용성이어서 다른 금속과는 동일시 할 수 없다.
9) 황화물의 독성을 일으키는 주체인 H_2S는 pH에 따라 존재량이 변하며, 따라서 pH에 의해 독성이 차이가 난다.
10) 암모니아의 독성은 이온상태로는 없고, 유리된 형태인 암모니아라고 생각되며, 따라서 pH가 변하면 독성이 변화된다.
11) 어류 이외의 생물시험은 「수질오탁조사통계」에 의한다[(2)].

(주)

· BOD

우선 BOD에 대해서 보면, 일반적으로 생물상에 의한 수역구분과 대응시키면

빈부수성수역	BOD	2 또는 3 ppm 이하
β중부수성수역		2~5 ppm
α중부수성수역		5~10 ppm
강부수성수역		10 ppm 이상

으로 정리될 수 있다. 연어 또는 은어는 빈부수성수역이 바람직하고, 일반적으로 하천 어류에는 빈부수성~β중부수성수역이 바람직하다. α중부수성수역은 물 때가 발생하고 있는 수역으로 이곳에서도 잉어과 어류가 보이지만 조건이 불안정하여 수산용수로서는 부적합하다.

· DO

DO는 어류의 활동 상태나 성장 단계에 의해 그 요구량이 차이가 있지만 어느 단계에서도 매우 낮아지면 어류는 질식한다. pH가 6.5~8.5를 초과하면 수중의 영양소의 대부분은 산소와 결합하는 것을 시작으로 용존산소가 줄어들어 식물에 섭취되 먹이생물의 생산성이 낮아지고 전체적으로 생산이 저하된다.

· 탁도

탁도의 영향은 첫째 아가미에 현탁물이 막히면 어류를 질식시키는 직접적인 영향이 있다. 두 번째로 햇빛이 투과되지 않아 조류의 광합성 작용이 영향을 받는 경우가 있고(그 영향이 어류에도 미치는 경우가 있다), 세 번째로 하상이나 해저에 침전 퇴적하여 끈적끈적한 퇴적물을 형성하여 수산 환경을 악화시키는 경우가 있다.

· 상품가치 저하

상품가치를 저하시키는 성분은 첫째 악취가 나는 어류(異臭魚)의 원인이 되는 광유나 페놀 등의 냄새나는 물질이 있고, 두 번째로는 축적 농축되어 문제가 되는 수은, 카드뮴 등 중금속이 있다.

· 급성독물질

급성독물질은 어류의 생리에 직접 영향을 주는 성분이 있고, 일반적으로 그 허용한계농도는 그 성분을 함유한 폐액 중에 어류를 넣은 경우 48시간 후에 시험어류의 50%가 생존하는 농도(이것을 48hr TLM이라 함)의 1/10이 이용되고 있다.

부록 표 6. 공업용수기준(1971년 일본공업용수협회)

용도	희망수질							
	탁도 (ppm)	pH	알칼리도 ($CaCO_3$ ppm)	경도 ($CaCO_3$ ppm)	증발잔류물 (ppm)	염소이온 (ppm)	철 (ppm)	망간 (ppm)
냉각용수	10~30	7~7.5	35~100	50~200	75~300	10~100	0.05~0.1	0.02~0.1
세척용수	1~30	7~7.5	20~100	30~100	50~300	5~100	0.05~0.1	0.01~0.1
원료용수	1~20	7	30~60	10~80	50~200	5~30	0.01~0.1	0.01~0.1
온습조정용수	1~20	7	40~100	20~100	50~200	5~30	0.05~0.1	0.01~0.1
제품처리용수	1~20	7~7.5	40~100	10~100	50~300	5~30	0.05~0.1	0.01~0.1
공업용수 공급표준원수	20	6.5~8.0	75	120	250	80	0.3	0.2

(주) 1) 일본공업용수협회「공업용수수질기준의 제정에 대한 보고서」에 따름.
2) pH 이외에는 업종별로 다른 수질의 상한값을 범위로 나타냄.

부록 표 7-1. 수영장 수질판정기준(1977년 4월, 환경청)

구분		분변성대장균군수	유막 유무	COD	투명도
적합	수질AA	불검출 (검출한계 2개/100 mL)	유막이 확인되지 않을 것	2 mg/L 이하 (호소는 3 mg/L 이하)	전체투과 (또는 1 m 이상)
	수질A	100개/100 mL 이하	유막이 확인되지 않을 것	8 mg/L	전체투과 (또는 1 m 이상)
가능	수질B	400개/100 mL 이하	평상시 유막이 확인되지 않을 것	8 mg/L	1m 미만~50cm 이상
	수질C	1,000개/100 mL 이하	평상시 유막이 확인되지 않을 것	8 mg/L	1m 미만~50cm 이상
부적합		1,000개/100 mL 초과	상시 유막이 확인됨	8 mg/L 초과	50cm 미만*

(주) 판정은 동일 수영장에서 연속하여 얻은 측정값의 평균에 의한다.
「불검출」이란 평균값이 검출한계 미만인 것을 말한다.
투명도(*부분)는 모래의 부상에 의한 원인은 평가에서 제외할 수 있다.

부록 표 7-2. 수영장 수질기준(1970년 생활환경심의회 공해부회 수질에 관련한 환경기준 전문위원회 보고)

항 목	기준치
투명도	30 cm 이상
COD	2 mg/L 이하
유분	유막이 확인되지 않을 것
대장균군	1000 MPN/100 mL 이하

부록 표 8. 지하수 · 토양오염에 관한 각종 기준

	오염물질	토양환경기준	지하수환경기준	토양오염대책법	
				용출량 기준	함유량기준
제1종 특정유해 물질 (휘발성유기화합물)	디클로로메탄 (Dichloromethane)	검액 1L당 0.02 ㎎ 이하	0.02 ㎎/L 이하	검액 1L당 0.02 ㎎ 이하	
	사염화탄소	검액 1L당 0.002 ㎎ 이하	0.002 ㎎/L 이하	검액 1L당 0.002 ㎎ 이하	
	1,2-디클로로에탄 (1,2-Dichloroethane)	검액 1L당 0.004 ㎎ 이하	0.004 ㎎/L 이하	검액 1L당 0.004 ㎎ 이하	
	1,1-디클로로에틸렌 (1,2-Dichloroethylene)	검액 1L당 0.02 ㎎ 이하	0.02 ㎎/L 이하	검액 1L당 0.02 ㎎ 이하	
	시스-1,2-디클로로에틸렌 (cis-1,2-Dichloroethylene)	검액 1L당 0.04 ㎎ 이하	0.04 ㎎/L 이하	검액 1L당 0.04 ㎎ 이하	
	1,1,1-트리클로로에탄 (1,1,1-Trichloroethane)	검액 1L당 1 ㎎ 이하	1 ㎎/L 이하	검액 1L당 1 ㎎ 이하	
	1,1,2-트리클로로에탄 (1,1,2-Trichloroethane)	검액 1L당 0.006 ㎎ 이하	0.006㎎/L 이하	검액 1L당 0.006 ㎎ 이하	
	트리클로로에틸렌 (Trichloroethylene)	검액 1L당 0.03 ㎎ 이하	0.03 ㎎/L 이하	검액 1L당 0.03 ㎎ 이하	
	테트라클로로에틸렌 (Tetrachloroethylene)	검액 1L당 0.01 ㎎ 이하	0.01 ㎎/L 이하	검액 1L당 0.01 ㎎ 이하	
	1,3-디클로로프로펜 (1,3-Dichloroprophene)	검액 1L당 0.002 ㎎ 이하	0.002 ㎎/L 이하	검액 1L당 0.002 ㎎ 이하	
	벤젠(Benzene)	검액 1L당 0.01 ㎎ 이하	0.01 ㎎/L 이하	검액 1L당 0.01 ㎎ 이하	
제2종 특정유해 물질(중금속 등)	카드뮴	검액 1L당 0.01 ㎎ 이하, 농지 : 쌀 1kg당 1 ㎎ 미만	0.01 ㎎/L 이하	검액 1L당 0.01 ㎎ 이하	150 ㎎/㎏ 이하
	총시안	검액중에서 검출되지 않을 것	검출되지 않을 것	검액중에서 검출되지 않을 것	유리시안: 50 ㎎/kg 이하
	납	검액 1L당 0.01 ㎎ 이하	0.01 ㎎/L 이하	검액 1L당 0.01㎎ 이하	150 ㎎/㎏ 이하
	6가 크롬	검액 1L당 0.05 ㎎ 이하	0.05 ㎎/L 이하	검액 1L당 0.05 ㎎ 이하	250 ㎎/㎏ 이하
	비소토양	검액 1L당 0.01 ㎎ 이하, 농지(밭):토양 1kg당 15 ㎎ 미만	0.01 ㎎/L 이하	검액 1L당 0.01 ㎎ 이하	150 ㎎/㎏ 이하
	총수은	검액 1L당 0.0005 ㎎ 이하	0.0005 ㎎/L 이하	검액 1L당 0.0005 ㎎ 이하	15 ㎎/㎏ 이하
	알킬수은	검액중에서 검출되지 않을 것	검출되지 않을 것	검액중에서 검출되지 않을 것	
	셀렌	검액 1L당 0.01 ㎎ 이하	0.01 ㎎/L 이하	검액 1L당 0.01 ㎎ 이하	150 ㎎/㎏ 이하
	불소	검액 1L당 0.8 mg 이하	0.8 ㎎/L 이하	검액 1L당 0.8 ㎎ 이하	4000 ㎎/㎏ 이하
	붕소	검액 1L당 1 ㎎ 이하	1 ㎎/L 이하	검액 1L당 01 ㎎ 이하	4000 ㎎/㎏ 이하
	구리	농지(밭):15 ㎎/kg (토양) 미만			
제3종 특정유해 물질(농약 등)	PCB	검액중에서 검출되지않을 것	검출되지 않을 것	검액중에서 검출되지 않을 것	
	티우람(Thiuram)	검액 1L당 0.006 ㎎ 이하	0.006 ㎎/L 이하	검액 1L당 0.006㎎ 이하	
	시마진(Simazine)	검액 1L당 0.003 ㎎ 이하	0.003 ㎎/L 이하	검액 1L당 0.003㎎ 이하	
	티오벤카브	검액 1L당 0.02㎎ 이하	0.02㎎/L 이하	검액 1L당 0.02 ㎎ 이하	
	유기인	검액중에서 검출되지 않을 것		검액중에서 검출되지 않을 것	
질산성질소 및 아질산성질소			10 ㎎/L 이하		
다이옥신류			1 pg-TEQ/L 이하		1,000 pg-TEQ/g 이하(조사지표 250 pg-TEQ/g)

부록 표 9-1. 수질조사방법의 개요[1]

<table>
<tr><th></th><th colspan="3">조사항목</th><th>조사횟수(주)</th><th>분석방법</th></tr>
<tr><td rowspan="6">공공용수역에 관한 조사항목 및 횟수</td><td rowspan="4">환경기준항목</td><td colspan="2">건강항목</td><td>1일 이상/월, 각 4회/일 정도
1일 이상은 전 항목 분석</td><td rowspan="4">환경기준에 게재된 검정방법</td></tr>
<tr><td rowspan="3">생활환경항목</td><td>a. 연중조사(환경기준점 · 이수상 중요한 지점)</td><td>연간을 통하여 1일 이상/월, 각 4회/일 정도</td></tr>
<tr><td>b 일중조사(연중조사지점 중 일간변동이 큰 지점)</td><td>2회/년 정도, 13회 채수/일</td></tr>
<tr><td>c. 일반조사(a, b 이외의 지점)</td><td>4회 이상/년</td></tr>
<tr><td rowspan="2">환경기준항목 이외의 항목</td><td colspan="2" rowspan="2">배수기준이 정해져 있는 항목, 그 외 수역의 특성파악에 필요한 항목</td><td rowspan="2">건강항목에 준하여 실시</td><td>고시(소화49년 9월 30일 환경청고시제64호)의 방법</td></tr>
<tr><td>환경기준 및 고시에 게재된 이외의 항목은 일본공업규격, 상수시험방법, 하수시험방법 등 과학적으로 확립된 분석방법에 의함</td></tr>
<tr><td rowspan="2">조사항목, 조사빈도, 분석방법에 대한 효율화</td><td>유의사항</td><td colspan="2">조사항목의 효율화</td><td>조사 빈도의 효율화</td><td>분석방법의 효율화</td></tr>
<tr><td>화학물질배출 이동신고(届出)제도</td><td colspan="2">a) 검출될 가능성이 적은 항목은 수년에 한번 조사하는 롤링조사를 도입
b) 농약은 사용실태를 감안하여 조사항목을 줄임</td><td>a) 농약 등: 사용시기 등에 의해 조사시기를 탄력적으로 설정
b) 건강항목은 오랫동안 검출되지 않을 경우 빈도를 줄일 수 있음
c) 일중조사 이외의 조사는 자료의 축적에 따라 일일 채수빈도를 축소할 수 있음</td><td>a) 알킬수은은 총수은 측정으로 screening
b) 공정법 중에서도 다성분 동시측정법을 활용</td></tr>
</table>

주: 하천의 상류부, 해역의 근해 부분 등 수질변동이 적은 지점은 상황에 따라 적절하게 횟수를 감해도 좋다.

부록 표 9-2. 수질조사방법 개요[2]

	하천	호소	해역
조사 시기	유량이 적은 시기 및 물 이용이 행해지는 시기, 수질이 안정한 날	정체기와 순환기, 물 이용에 악영향을 미치는 시기, 수질이 안정한 날	물 이용에 악영향을 미치는 시기, 대조기로 바람이나 비의 영향이 적은 날
채수지점	①이수지점, ②주요한 오염수가 유입 후 충분히 혼합된 지점 및 유입전의 지점, ③지천이 합류 후 충분히 혼합된 지점 및 합류 전 본류 또는 지천의 지점, ④유수의 분류지점, ⑤그 외 필요에 따라 설정하는 지점	①호소수심, ②이수지점, ③오염된 물이 유입 후 충분히 혼합된 지점, ④하천이 유입 후 충분히 혼합한 지점 및 유입하천의 유입전 지점, ⑤호소수의 유출지점	수역의 지형, 해조류(海潮流), 이수상황, 주요한 오염원의 위치, 하천수의 유입상황 등을 고려하고, 오염상황을 종합적으로 파악할 수 있도록 선정 측정지점 사이의 거리는 최단거리 0.5~1 km 정도
채수방법	수면으로부터 수심이 1/5 정도의 깊이	순환기 : 표층, 정체기: 심도별 여러층 채수, 5~10m 마다	표층(0.5m)와 중층(2m), 5m 보다 낮은 수심에서는 표층만, 10m를 초과한 지점에서는 필요에 따라 하층(해면 하 10m)에서 채수
채수량	건간항목: 4~5L, 생활환경항목 : 0.5~1 L	하천에 준 한다	n-헥산추출물질은 10 L
채수시 실시하는 사항	채수일시, 수면폭, 채수지점의 오른쪽 또는 왼쪽 하천가로부터의 거리, 수심, 유량, 유향, 강우상황, 주요한 오염원을 기록 일부시료의 산소고정, 수온, 기온, 수색, 탁도, 생물상 등에 대해 현지측정 · 관측	하천에 준 한다	채수일시, 채수지점 위치, 수심, 간만조의 시간 및 조위, 강우상황, 풍향, 풍속(또는 풍력), 채수지점 부근의 이수상황, 주요한 오염원 등의 기록 일부시료의 산소고정, 수온, 기온, 색상, 탁도, 냄새, 투명도, 염분 등에 대해 현지측정 및 관측
조사지점의 효율화	a)오염원의 상황에 따라 조사지점을 줄일 수 있다. b)오염원이 적은 수역은 수년에 조사가 한번 이루어지도록 롤링조사의 도입을 계획할 수 있다. c)조사지점간의 위치 관계를 고려하여 효율화 할 수 있다. d)생활환경 항목의 환경기준 항목에 대한 일조사는 측정 자료가 충분히 축적된 경우 이수 · 발생원의 상황을 고려함과 동시에 조사지점을 줄일 수 있다.		
조사시기의 효율화	농약은 사용 시기에 의해 조사 시기를 탄력적으로 설정 분석 작업의 효율화 관점에서 조사기기를 설정할 수 있다		
중점화 방법	이수상황, 오염원(휴 · 폐지광산, 민원고충 유무)의 분포에 유의하여 중점화에 대한 지점 · 항목의 설정		
중점화 지점	a)수질변화가 극심한 지점, b)환경기준미달성 지점, c)오랫동안 검출되지 않는 항목이 검출된 지점, d)이상한 값이 검출된 지점		
중점화 수역	a)지정호소, b)폐쇄성 수역, c)그 외 특정 보전계획이 있는 수역		

부록 표 9-3. 지하수조사방법 개요

지하수 조사의 종류	목적 등	조사지점	조사의 기본	조사항목	조사빈도 등
(1) 개황 조사	지역의 전체적인 수질 파악 지역의 실정에 따르며, 연차계획을 세우고, 계획적으로 실시하는 조사	ⓐ지하수의 유동이나 지질구조를 파악하고, 지역전체를 파악할 수 있는 지점을 선정	지속적으로 조사 대수층별 지하수의 수질 측정	ⓐ지하수의 수질오염에 관한 환경기준항목에 대하여 실시 ⓑ관정의 지점명, 위치, 깊이, 얕은우물/깊은우물구분, 용도 등 제원에 대해 파악한다 ⓒ지하수의 특성파악에 필요한 항목에 대해서는 적의조사 ⓓ오염 가능성이 매우 적은 경우에는 일시적으로 대상물질을 제외하여 측정 빈도를 감소시켜도 좋다. 그 판단은 다음과 같다. ①과거 2-3회 연속하여 정량 하한값 이하였던 경우 ②단 자연적 요인 가능성이 있는 항목에 신중히 판단함 ③알킬수은은 총수은이 검출된 경우만 측정	- 연차계획을 수립하여 실시하는 경우는 연 1회 이상 - 수년 후에 재조사
		ⓑⓐ가 곤란한 경우 지하수 오염을 발견한다는 관점에서 평야지역에서는 인구밀도나 공장 · 사업장의 입지상황을 파악한 것에 의해 메시(mesh)로 분할 ①메시(mesh)의 간격은 시가지에서는 1-2 km, 그 주변지역에서는 4-5km 간격 ②과거에 유해물질을 사용한 공장 · 사업장의 입지상황, 지하수의 이용 상황 등을 감안하고, 오염 가능성이 높은 지역 및 오염에 의한 이수 영향이 큰 지역에 중점 ③공장 · 사업장의 오염 가능성이 높은 관정, 오염된 경우 다수의 사람들의 건강에 영향을 미칠 가능성이 높은 관정, 미조사관정을 우선 ④산간지역은 토지 이용, 지하수 이용, 지하수 유동, 수문지질 상황을 파악하고, 대표되는 관정 선정	롤링조사실시 - 조사지점이 편중되지 않게 조사구역을 선정 - 분할한 조사구역 중 매년 조사구역을 선정하여 순차적으로 조사 - 수년간 지역전체 조사 - 롤링방식을 채택할 경우 3-5년에 걸쳐 순회함 - 측정 자료가 충분히 축적된 지역은 순회하는 기간을 적절히 연장 가능함 - 대수층별 지하수의 수질 측정		
(2) 오염 관정 주변 지역 조사	개황조사에 의해 새롭게 발견되거나 또는 사업자로부터 보고 등에 의해 새롭게 밝혀진 오염의 오염범위를 확인하는 조사	ⓐ대수층의 수직분포를 고려, 오염물질의 종류, 대수층의 구조, 지하수의 유향 · 유속을 감안하여 오염이 예상되는 범위 전체	- 오염에 의한 이수 영향이 큰 지역에 중점 - 음용으로 공급되는 관정은 특별한 이유가 없는 한 조사 - 조사범위가 넓고, 대상관정이 많은 경우 음용관정 조사를 우선하고, 다음에 구역을 나누어 순차적으로 조사 - 기존관정 조사를 기본으로함 - 오염범위를 정확히 파악하기 곤란하여 큰 공백이 생길 경우 관측관정 설치도 고려함		- 오염 관정 발견 후 가능한 시급히 실시 - 1지구의 조사는 강우의 영향을 피하여 가능한 단기간에 실시
		ⓑⓐ가 곤란한 경우 ①오염이 발견된 관정으로부터 반경 500m 정도의 범위를 조사하고, 지하수오염 범위를 확인 ②조사범위 전체가 오염된 경우 단계적으로 범위를 확대하여 조사 ③지하수의 유향이 알려져 있는 경우 그 방향을 대상으로 조사대수층별 지하수의 수질 측정			
(3) 정기 모니터 링조사	오염관정 주변지구 조사에 의해 확인된 오염의 지속적인 감시 등의 조사 경년적인 모니터링으로서 정기적으로 실시	ⓐ공장 · 사업장의 입지상황, 지하수 이용 상황을 감안하여 지역의 지하수 수질의 경년변화를 파악하고 대표적인 지점을 선정 ⓑ오염지구에서는 오염원 인접지점 및 하류측 오염지점을 포함하는 것이 바람직함	보다 효율적인 감시를 행하기 위해 필요에 따라서 관측관정의 설치도 고려	오염관정주변지구 조사와 동일	- 연1회 이상 실시 - 조사 시기는 매년 동일한 시기에 설정 - 계절적인 변동을 고려 - 종료한 경우는 조사지점에서 환경기준을 만족하는 것 및 오염지구 내에서 지하수 수질조사를 행하고, 일정기간 환경기준 이하인 것을 확인함

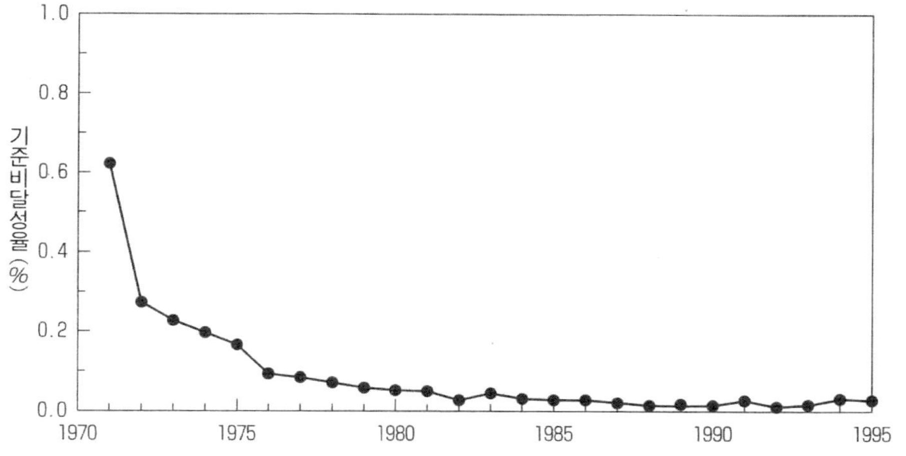

부록 그림 1-1. 환경기준(건강항목)의 비달성률(1993년 이전부터 구기준항목 대상)

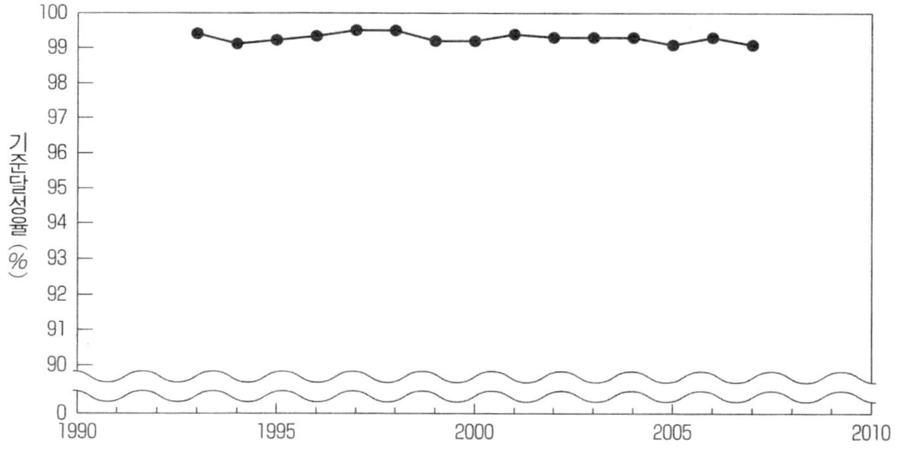

부록 그림 1-2. 환경기준(건강항목)의 달성률(당해년도의 전기준항목 대상)

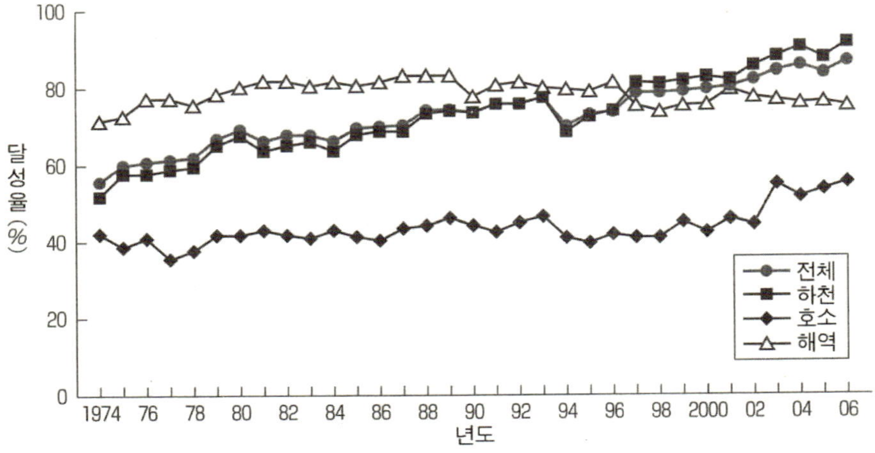

주 1 : 하천은 BOD, 호소 및 해역은 COD임

2 : 달성률(%) = (달성수역수/유형지정수역수) × 100

출처 : 환경성 『2006년도 공공용수역 수질측정결과』 달성율(%)

부록 그림 2-1. 환경기준(BOD, COD) 달성률 추이

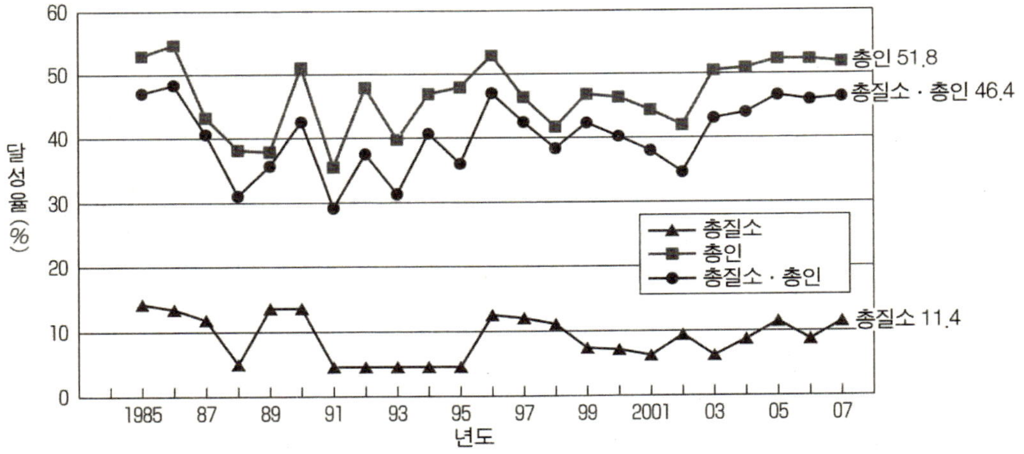

부록 그림 2-2. 호소에 대한 총질소 및 총인의 환경기준 달성률 추이

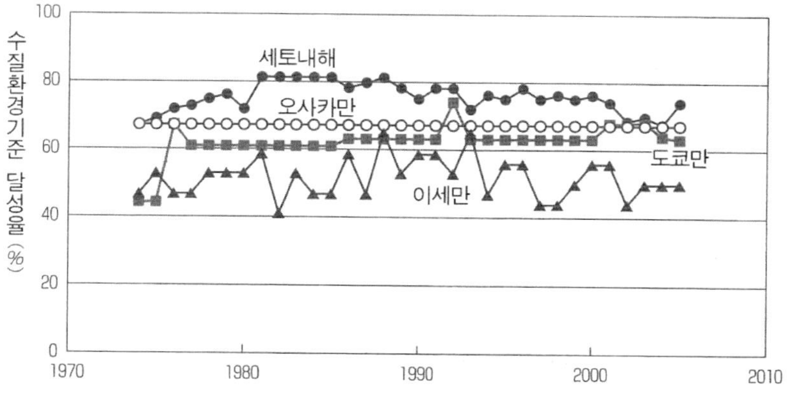

부록 그림 2-3. 해역에서 COD의 환경기준 달성률 추이

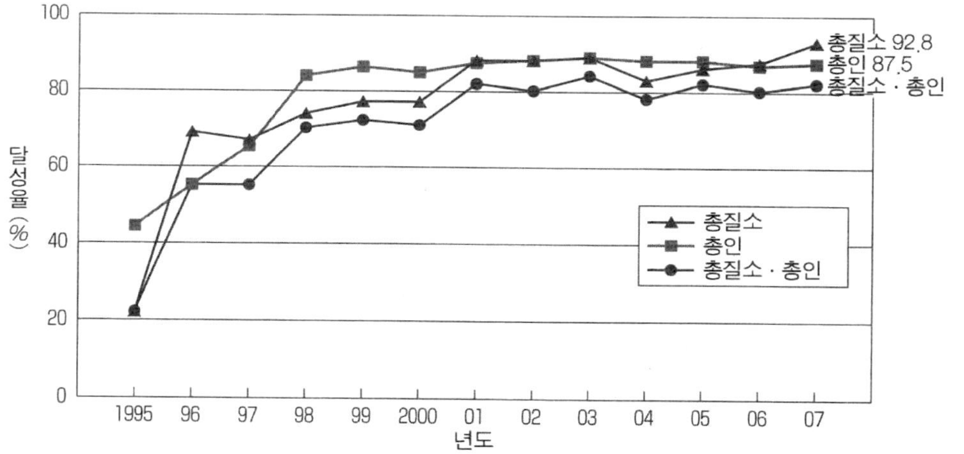

부록 그림 2-4. 해역에서 총질소 및 총인의 환경기준 달성률 추이(%)

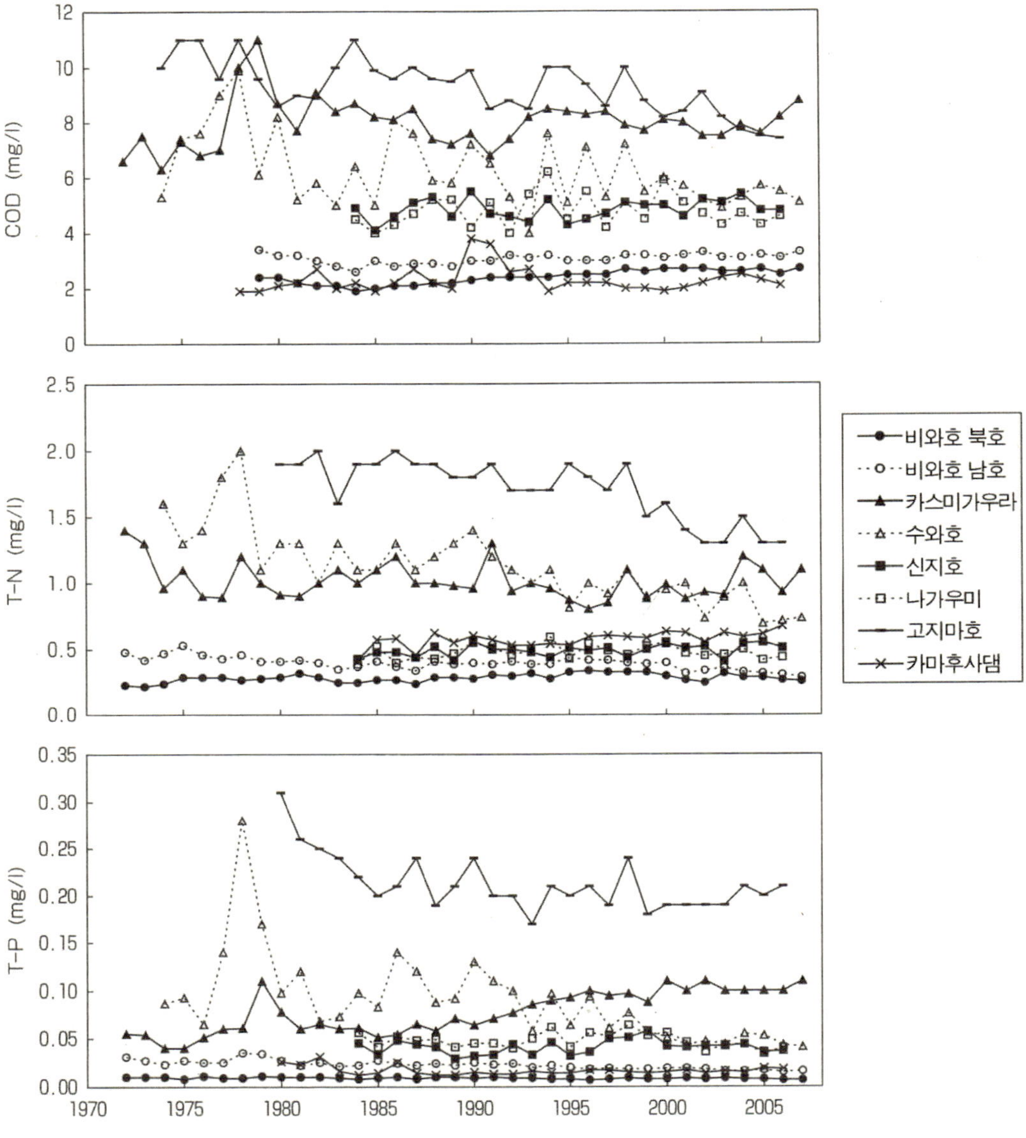

부록 그림 3-1. 주요호소의 수질 경년변화

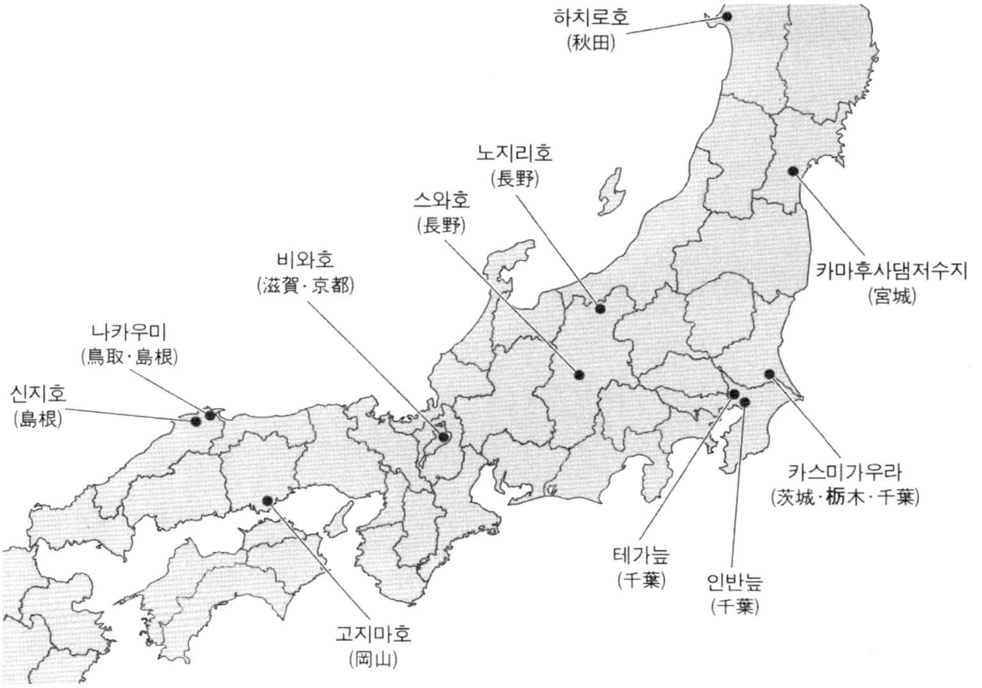

자료: 환경성

부록 그림 3-2. 호소수질보전특별조치법에 따른 지정호소(11호소)

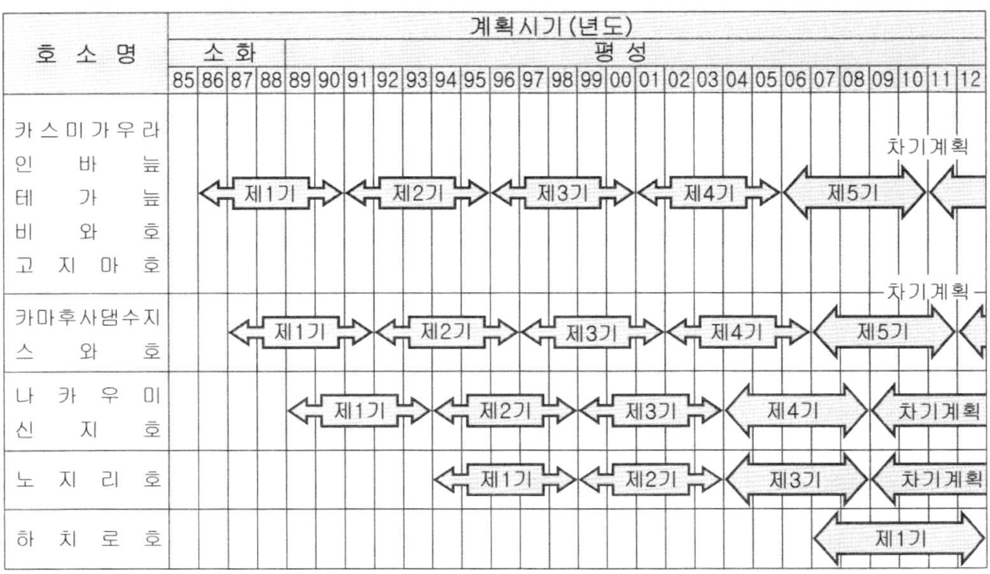

자료: 환경성

부록 그림 3-3. 호소수질보전계획의 책정 상황

그림 및 표 색인

제11장

제12장

부록 표 및 그림

용어 색인

ㅅ

ㅈ

C

D

E

G

법령색인

번역감수

이철희(영남대학교 환경공학과교수, 전 대한환경공학회부회장)

신항식(한국과학기술원 건설 및 환경공학과교수, 전 대한환경공학회회장)

이순화(영남대학교 환경공학과교수, 현 대한환경공학회부회장)

주역자

김성수(해양환경관리공단 기후 · 수질팀장)

제주대학교 해양학과 이학사

부경대학교 해양학과 이학박사

국립수산과학원 해양수산연구관

현: 해양환경관리공단 재직

공동역자

최우정(공학박사 국립수산과학원 기반연구부장)

박종수(공학박사 서해수산연구소 자원환경과장)

이영식(공학박사 남동해수산연구소)

황운기(수산학박사 서해수산연구소)

김상우(수산학박사 동해수산연구소)

일본의 수환경행정

초판 1쇄 인쇄일 2011년 5월 10일
초판 1쇄 발행일 2011년 5월 25일

편 저 자 (사)일본수환경학회
번역감수 이철희 · 신항식 · 이순화
역 자 김성수 · 최우정 · 박종수 · 이영식 · 황운기 · 김상우
편 집 자 주 성 필
발 행 자 주 희 완
발 행 처 아카데미서적

서울특별시 영등포구 당산동 6가 343-2
Tel 516-3131 Fax 542-9254
E-mail: aca97@paran.com
Homepage: http://www.academybook.co.kr

* 파본은 교환해 드립니다.

값 45,000원

ISBN 978-89-7616-472-5 (93470)